量子力学系统控制导论

丛 爽 编著

科学出版社

北 京

内 容 简 介

本书在具有针对性地介绍量子力学系统的理论以及系统分析所需要用到的李群和李代数的基础上,从系统控制的角度对纯态和相互作用的量子力学系统进行模型的建立,以及物理控制过程的分析;对求解薛定谔方程中的幺正演化矩阵的作用及其分解进行了详细的研究;对量子系统的可控性、反馈控制、最优控制等进行了系统深入的探讨,并且对一些具有挑战性的课题如量子测量、相干量子反馈控制以及量子系统的一些应用进行了介绍。本书尽可能以浅显和自成体系的方式叙述主要理论思路,在细节的处理上尽量兼顾严谨性和易读性,以适应不同专业的读者。

本书可供自动控制、计算机、系统工程以及物理专业的研究生作为专业基础教材,也可供相关领域的科研人员参考。

图书在版编目(CIP) 数据

量子力学系统控制导论/丛爽编著. —北京:科学出版社,2005
ISBN 978-7-03-016474-2

Ⅰ.量… Ⅱ.丛… Ⅲ.量子力学-系统理论 Ⅳ.O413.1

中国版本图书馆 CIP 数据核字 (2005) 第 134748 号

责任编辑:鄢德平 张 静/责任校对:鲁 素
责任印制:徐晓晨/封面设计:王 浩

科 学 出 版 社 出版

北京东黄城根北街 16 号
邮政编码:100717
http://www.sciencep.com

北京虎彩文化传播有限公司 印刷
科学出版社发行 各地新华书店经销

*

2005 年 12 月第 一 版 开本:B5 (720×1000)
2019 年 1 月第三次印刷 印张:22 1/4
字数:414 000

定价:149.00元
(如有印装质量问题,我社负责调换)

序

20世纪80年代初,当我和我的同事有关量子力学控制理论的第一篇研究论文刚刚面世的时候,学术界反应寥寥。仅仅过了几年,量子控制在实验和理论上已经取得了激动人心的进展,通过系统地引入最优控制理论,科学家能够设计超短激光脉冲来更有效地控制分子化学键。之后,随着量子计算理论的兴起,量子控制得到了空前的关注,有关研究日益丰富起来。时至今日,量子控制作为交叉学科已经渗入到如纳米材料、玻色-爱因斯坦凝聚态物理等更多的前沿学科分支中。

量子控制理论的物理基础是上世纪初发展起来的量子力学理论。基于薛定谔方程、海森伯方程、刘维尔方程以及在此基础上发展起来的描述各种环境下的量子力学系统的数学模型,可以展开有关系统可控性、可逆性等各种基本结构性质的研究,它们在量子计算以及分子系统的相干控制中已经得到广泛应用;最近,关于散射量子系统的研究也开始取得重要进展。

量子控制系统有别于经典控制系统的最大特征在于其反馈控制的特殊性,因为反馈所需的量子测量即使在理论物理和实验物理领域至今也没有得到完全解决。对量子系统的反馈控制的研究虽然还很不充分,但是已经引起了来自各个领域的众多学者的关注,也成为量子系统控制理论最吸引人的魅力所在之一。在量子系统的控制设计中,最优控制最先取得成功,而且至今仍是主要的研究方向,并且通过引入学习控制等技术使得最优控制不仅在理论上,而且在实验上取得了突破。理论和实验相互促进,产生出更多新的成果和新的问题,为最终量子控制走向实用的技术打下坚实的基础。

丛爽教授是国内最早从事量子力学控制研究的学者之一。她以及她在中国科学技术大学的合作者通过多年的努力,已经具备了深厚的基础,并且在国内率先做出了多项研究成果。在此基础上,丛爽教授积多年研究心得编写了国内第一本有关量子力学系统控制研究的专著。本书内容基本涵盖了当前量子控制的主要研究方向,为正在从事以及将来可能从事这方面研究的老师和学生提供了良好的研究参考。希望这本书能够吸引来自各个领域的更多的研究人员,带动国内相关研究的蓬勃发展。

维纳在他著名的《控制论》中指出:控制论是包含控制、通信与统计力学的综合学科。回顾量子控制的发展,我们可以将它看作是包含控制理论、量子通信和量子统计力学的综合学科,其中每个因素都对其之前的经典理论产生了概念性的革新。几乎所有经典控制中的问题都可以在这里找到量子对应,但是具有独特量子特性的新问题则引起学者们的更多兴趣,它们是潜在的量子技术革命的基础。我期待在 21 世纪,量子控制的理论和技术得到突飞猛进的发展,国内能有更多的学者和学生能够进入这个领域并做出自己的贡献。

谈自忠

于圣路易斯华盛顿大学

2005 年 4 月 26 日

前　言

　　量子力学系统控制的动因起源于量子计算机的设想。仿照经典的计算机(冯·诺依曼计算机),最简单的量子系统就是一个量子位(即量子比特)的两个态(0 或 1)的控制及其物理实现,所以量子系统控制早在 20 世纪 70 年代就有物理学者在做大量的理论以及物理操作实现的有关量子逻辑门操作的研究,直至今日,已在实验室中可以进行 7 位的量子比特的操作。所以可以说直到 1998 年前后,在进行量子系统控制的研究中,物理和化学专业的研究人员占绝大多数,在那些领域,他们对量子状态的变换一般使用"操纵"而不用"控制"这个词。1998 年以后,从事计算机、系统工程、数学等一系列交叉学科的学者开始介入量子系统控制的研究中,开始从系统的角度去审视量子系统(哪怕只是一个量子位的量子系统)的控制问题。以前人们的研究主要是对个案的研究,即对某个专门挑选的微观粒子的某一点进行研究。当关注一般量子系统控制问题时,人们选择了一个典型的自旋 1/2 粒子量子系统作为被控对象,集中注意力来对其进行不同情况下的系统建模、可控性分析以及最优控制等方面的研究。

　　为什么挑选自旋 1/2 粒子作为被控系统? 如何选择被控对象是一件非常重要的事情。由于自旋 1/2 粒子系统的数学模型是双线性的系统模型,它与宏观系统中的双线性系统在数学模型结构上具有完全一样的形式。另外,自旋 1/2 粒子系统在 x、y 和 z 轴上的自旋与宏观世界中的刚体绕 x、y 和 z 轴的旋转是一致的,并且存在的相互之间的关系式满足李群中组成李代数的条件。正是由于自旋 1/2 粒子系统的数学模型与宏观世界中人们已研究过的一些系统有相同的模型形式,所以从数学的角度上来说,它们应当具有相同的特性,完全可以借用宏观世界的研究方式和结果来针对具体情况加以分析和应用。这些正是可以对量子系统进行研究的方法和可能性。

　　有关量子力学系统控制中的研究问题主要集中在以下几个方面。

一、量子位的制备与操控

　　从理论上研究一个系统,就是从它的数学模型入手,通过理论分析和推导来达到某个期望的结果。对量子系统控制的研究也不例外。量子系统的普适关系式就是薛定谔方程,即波函数 ψ 与哈密顿量 H 之间的微分关系式:$i\hbar\dot{\psi} = H\psi$。这是一个齐次方程。对此方程,当已知波函数的初始值 $\psi(0)$,则方程的通解为:$\psi(t) =$

$U(t)\psi(0)$,其中,$U(t)$在系统控制中称为转移矩阵,在量子力学中称为状态演化矩阵,所以从控制理论角度上说,只要求出状态演化矩阵 $U(t)$,就可以获得任何时刻 t 的波函数 $\psi(t)$。

那么,$U(t)$该怎么求? 由波函数 ψ 与哈密顿量 H 所表示出的薛定谔方程可知,如果 H 与时间无关,则有:$U(t) = e^{-iHt/\hbar}$。由此可见,只要 H 已知,则可求出 $U(t)$。现在的问题是,数学公式容易写,但在具体的物理实验中如何去实现数学表达式成为关键,因为要想实现量子计算机以及要验证所做的理论研究的正确性,全都要依赖于物理实验的结果。更何况量子力学中的绝大多数的理论都是假设,也都是通过做出的实验验证了其中的正确性。所以任何有关量子控制系统理论的正确性,都应当建立在能够通过设计实验来实现的基础之上。这也正是我们每个系统控制研究人员必须努力的地方。

由一个复杂的高维的 H 所获得的$U(t)$是无法直接在实验室里进行操纵和实现的,所以在实验物理领域里很早就开始了有关一比特及两比特的简单量子逻辑门操纵的研究,并已证明任何逻辑门都可以用两比特逻辑门来实现。这告诉我们可以通过把复杂的高维的 $U(t)$分解为由一比特或两比特通用逻辑门的组合来实现高维转移矩阵的物理实现问题。所以对转移矩阵 $U(t)$的分解成为目前量子系统控制中的一个重要研究方向,采用最多的是 Cartan 分解、Schmidt 分解、Wei-Norman 分解,涉及的主要是数学问题。对转移矩阵 $U(t)$分解的控制问题的描述为:当给定初始态 $\psi(0)$及终态 $\psi(t_f)$值时,求可实现的状态演化矩阵 $U(t)$。因为由 $\psi(t_f) = U(t)\psi(0)$,则立刻可以得到 $U(t) = \psi(t_f)\psi^{-1}(0)$。但如果希望能够在实验室里实现,则还需要对所获得的 $U(t)$的表达式做进一步的分解工作。解决的方式就是将 $U(t)$分解为低维(通常是直到 2 维)的可实现的量子逻辑门。如何分解以及怎样分解则涉及被控系统的具体参数。对于自旋 $1/2$ 粒量子系统,可将哈密顿量 H 分成两部分:系统内部哈密顿量 H_0 以及外部控制哈密顿量 H_1。通过一定的整理,系统的薛定谔方程可以写成如下的形式:$\dot{X} = \left(A + \sum Bu\right)X = Ax + \sum BXu$。这是一个双线性系统,与经典双线性系统不同之处仅在于该系统中的 A 和 B 是由系统自旋算符组成,而自旋算符在一定的条件下等价于著名的泡利(Pauli)矩阵,泡利矩阵之间满足一定的对易关系,这个对易关系式正好组成李群中李代数的元素,所以对 $U(t)$的分解在一定程度上就转化为对李群的分解。根据泡利矩阵的对易关系式,以及 x、y、z 轴的旋转方式,可以将原薛定谔方程式写成 2 维、3 维或 4 维矩阵方程形式。所以由此可以进行对特殊李群 $SU(2)$、$SU(3)$、$SU(4)$等的分解工作。另外,再加上可以选择是对系统的一个量子位的两个状态(即 0 或 1 态)的控制、还是对系统的一个量子位的 n 个态控制、n 个量子位 n 态控制等而出现大量的有关这方面的状态演化矩阵构造及其分解的研究。

有关这方面的内容,将在第 9 章中作详细的介绍。

二、量子系统的可控性

量子系统控制的理论问题中研究最早并吸引众多数学家研究的、最引人瞩目的是量子系统的可控性问题。的确,许多量子系统的可控性问题已经被解决,如连续光谱量子系统的可控性,双线性量子系统波函数的可控性,分子系统的可控性,分布式系统的可控性,旋转系统的可控性,NMR 分光器量子演化的可控性,紧致李群量子系统的可控性问题等。在解决这些问题中,引入了许多量子可控性的新观点和新概念。

通过对量子系统可控性的对比分析,我们发现量子系统的许多可控性的判定定理是相似的,不同的只是在定义时所考虑的量子系统的物理特性不同。量子系统的可控性通过右不变系统的可控性分析最直观,而且右不变系统可控性与双线性系统的可控性的联系与量子系统的一些可控性定理的联系是一致的。利用李群、李代数的知识,并结合特殊情况下量子系统特有的物理特性,又可获得量子系统的其他一些可控性的判定定理,但这些定理都是在以上所分析由李代数判定可控性的基础上推导出的。

量子系统的可控性完全是在对系统参数 A 和 B 进行李群或李代数的构造基础上进行的。同样也可分为在 $SU(2)$、$SU(3)$、$SU(4)$ 或更高维上的可控性矩阵的构造,不过目前人们主要还是针对有限维系统可控性进行研究的,少数对无限维系统的研究也只是概念性的。本书将在第 8 章对双线性系统可控性进行介绍,然后在第 10 章里着重讨论量子系统的可控性及其与双线性系统可控性之间的关系。

三、量子系统最优控制

量子系统的重要应用之一是量子计算,它是基于量子态的转换,因为任何有效的 k 位量子门可以用特殊幺正李群 $SU(2k)$ 上的一个矩阵来实现,所以有效的量子门的实施是任何量子计算应用的必要条件。幺正算符的时间演化由 $SU(2k)$ 上右张积矢量来确定。这样量子门的产生就变成了一个通过控制理论所获得的可控性、进而根据期望的某一性能指标来执行幺阵变换的控制能量或时间的最优化问题。利用几何控制理论推导出最优控制输入,引导量子系统的幺正算符到目标的演化是目前量子系统最优控制的主要研究内容。具体为在限制控制量最小(但控制形式无限制,或只要求有界),以及时间最优(短)的条件下的量子态转换的控制策略地设计。有关这方面的内容将在第 14 章详细讨论。

四、反馈控制及测量的研究

与经典控制一样,量子系统控制也分为开环和闭环控制。通过激光产生电磁场来时变地控制化学反应是一个众所周知的开环量子控制问题。在利用频率来进行控制的方法中,开发出不同的量子的路径干涉控制方法;在对时间进行的控制中,采用超速光脉冲产生的波包动力学来进行控制。对于化学过程的某些特殊控制,可以通过最优化光脉冲的温度和光谱结构来实现控制。

由于反馈控制涉及到状态变量的测量,而对量子态的测量必然导致塌缩,所以目前所能够在实验室里实现的绝大多数的量子系统的控制都是开环控制。而真正具有无破坏测量的状态估计与反馈控制,研究的较少也较浅。目前人们主要试图通过定义状态之间的距离,构造一个适当的状态反馈,以保证闭环控制系统的渐近稳定性,通过使实际和最终状态之间的距离减少的途径来达到反馈控制的目的。

实际上量子理论本身并没有解决测量问题,因为量子理论没有描述理论与经验的连接纽带——测量过程。在目前的量子理论中,测量过程被简单地当作是一种瞬时的、非连续的波函数的投影过程,然而对于这一过程为何发生及如何发生却说不清楚,因此,目前的量子理论对实在过程的描述是不完备的。本书在不同的章节里对反馈控制及测量问题都进行了深度不同的探讨和研究。

五、混合态及纠缠态的控制

目前几乎所有的有关量子系统状态的控制(即对由波函数所表示的态矢的控制)都是对本征态的控制。虽然也有一些文章是对密度矩阵进行分析与设计的,但也没有强调是对混合态的研究。真正对混合态及纠缠态进行控制的研究还是相当少的,也不深入,而在物理实验室中却已经完成了混合态的制备工作。所以在这点上,实验是超前控制理论的。本书将在第13章里采用几何代数的方法对量子系统的状态进行分析。

六、量子系统仿真实验

有关量子系统仿真的工作,物理化学等方面的学者在进行理论和实验研究的同时,就一直在做这方面的工作。所以要想对量子系统进行合理可实现的控制,必须首先对量子系统所具有的特性掌握清楚,才能够根据这些特性去设计出状态演化矩阵 $U(t)$,然后将其分解为矩阵指数的乘积,构造出具有阵迹为零的斜厄米矩阵的系统参数,以便组成一个李代数的集合,并由此判断系统的可控性,再通过选择合适的控制策略对状态演化矩阵 $U(t)$ 进行适当的分解达到可实现的量子逻辑门操纵的目的。

本书在相关的章节里,通过对量子系统进行仿真实验来阐明所提出方法的正确性;通过对比来揭示量子力学系统中不同参数之间的关系;从控制的角度对量子力学系统进行理论分析、系统建模、综合、控制器的设计和仿真实验的验证及其性能的对比研究。力求对量子力学系统的控制给出一个较全面的导论,引导有志从事量子控制之士,从本书进入量子力学系统控制的领域,开始进行 21 世纪的伟大研究。

要想进行量子系统控制的研究,需要涉及三个方面知识的灵活运用:1)量子力学系统理论;2)李群、李代数及其在量子力学系统中的应用;3)几何控制理论。当然还少不了经典控制理论及其应用的基础。有关量子系统控制的理论与实现的研究任重道远,需要我们大家的共同努力。

量子力学系统控制是一个交叉学科的研究方向,其中充满着极具挑战性的研究课题。本书在写作上定位为教材,考虑到不同读者在背景知识上的差异,尽可能以浅显和自成体系的方式叙述主要理论思路,力图深入浅出;在细节的处理上尽力兼顾严谨性、启发性和易读性,可供自动控制、计算机、系统工程以及物理专业的高年级本科生和研究生使用。本书要求读者具有大学物理和高等数学的基础,但不要求具有相对论、量子力学、量子电动力学以及计算机方面的专门知识。在需要用到这些专门知识的地方,本书力图做到必要的过渡。如果阅读中发现有不太清楚的地方,不妨跳过。有些地方我们不得不用到少量后面的内容才会完整解释的技术术语,这些术语可以暂时简单地接受下来,等深入理解了全部术语后,读者可再返回来阅读。

本书具有多种用途:可作为相关课程的基础教材,从用于教授量子系统控制的短期专题讲座到涉及整个领域的一学期的正式课程。只想对量子系统控制稍做了解的读者可以自学;想进入研究前沿的读者也可以选用本书。本书的目的之一还在于作为该领域的一本参考书,特别希望它对初次接触这个领域的研究人员有价值。

在量子力学理论及其应用迅猛发展的今天,有关量子力学系统的控制还是刚刚起步,国内外有关量子力学系统控制的书籍、教材和参考书都非常少。作者在广泛阅读和研究量子力学系统各方面的理论与实验、加上中国科学技术大学自动化系量子系统控制研究小组人员几年来的勤奋努力,在国内率先做出的多项研究成果的基础上写出的国内第一本有关量子力学系统控制研究的专著。本书共分为18 章,分别为:概论,量子力学系统理论基础,量子态的操控,量子力学系统模型的建立,限制温度下的量子动力学,薛定谔方程的解,李群和李代数及其应用,双线性系统及其控制,幺正演化算符的分解及其实施,量子系统的可控性与可达性,量子系统反馈控制,混合态和纠缠态及其分析,量子系统的几何代数分析,量子系统的最优控制,量子测量,量子系统的反馈相干控制,量子系统的应用。希望通过本书,能够带动国内有关量子力学系统控制研究进一步深入的展开。在此,要特别感谢曾在研究小组做过研究并为本书做出贡献的郑毅松、郑捷、郑祺星和钱辉环;还要感谢研究小组的研究生东宁、匡森、戴谊和姬北辰。没有他们的努力,这本书是不可能这么快就面世的。

　　本书的出版得到了中国科学技术大学研究生院的资助,在此表示衷心的感谢。

　　由于作者水平有限,书中不当之处在所难免,敬请读者批评指教。

丛　爽

于中国科学技术大学

2005 年 4 月 26 日

目　　录

序
前言
第1章　概论 …………………………………………………………………… 1
　1.1　从经典力学系统到量子力学系统 ………………………………………… 1
　1.2　量子系统控制的提出及发展 ……………………………………………… 5
　　1.2.1　量子系统控制的提出及其理论的研究 ……………………………… 6
　　1.2.2　量子系统开环控制 …………………………………………………… 7
　　1.2.3　量子系统闭环学习控制 ……………………………………………… 8
　　1.2.4　量子反馈控制与量子估算及克隆理论 ……………………………… 9
　　1.2.5　量子反馈控制法 ……………………………………………………… 10
　　1.2.6　量子控制最新进展 …………………………………………………… 11
　1.3　量子系统控制的关键性问题 ……………………………………………… 12
　　1.3.1　量子系统控制方法 …………………………………………………… 12
　　1.3.2　量子控制系统建立过程 ……………………………………………… 12
　　1.3.3　量子系统控制面临的几个关键性问题 ……………………………… 13
第2章　量子力学系统理论基础 ……………………………………………… 15
　2.1　量子态的描述 ……………………………………………………………… 15
　　2.1.1　希尔伯特空间 ………………………………………………………… 15
　　2.1.2　狄拉克表示法 ………………………………………………………… 16
　2.2　量子力学系统中的力学量 ………………………………………………… 18
　2.3　量子力学的假设 …………………………………………………………… 22
　　2.3.1　量子态的描述 ………………………………………………………… 23
　　2.3.2　量子态叠加原理 ……………………………………………………… 25
　　2.3.3　力学量的厄米算符表示以及测量力学量算符的取值 ……………… 27
　　2.3.4　量子态的演化 ………………………………………………………… 28
　　2.3.5　幺正变换及其特性 …………………………………………………… 30
　2.4　量子位和量子门 …………………………………………………………… 33
　　2.4.1　量子逻辑门 …………………………………………………………… 35
　　2.4.2　可实现的量子位旋转操作 …………………………………………… 39
　2.5　矩阵指数的性质 …………………………………………………………… 42
第3章　量子态的操控 ………………………………………………………… 45
　3.1　两能级量子系统的控制场的设计 ………………………………………… 46

3.1.1 系统模型的建立 ┈┈┈┈┈┈┈┈┈┈┈┈┈┈┈┈┈┈┈┈┈ 48

3.1.2 控制磁场的设计 ┈┈┈┈┈┈┈┈┈┈┈┈┈┈┈┈┈┈┈┈┈ 50

3.1.3 控制场的操纵 ┈┈┈┈┈┈┈┈┈┈┈┈┈┈┈┈┈┈┈┈┈┈ 52

3.2 量子系统的控制与幺正演化矩阵之间的关系 ┈┈┈┈┈┈┈ 54

3.3 相互作用量子系统的物理控制过程 ┈┈┈┈┈┈┈┈┈┈┈ 58

3.4 非共振 π 脉冲的作用 ┈┈┈┈┈┈┈┈┈┈┈┈┈┈┈┈┈┈ 61

第 4 章 量子力学系统模型的建立 ┈┈┈┈┈┈┈┈┈┈┈┈┈┈┈ 67

4.1 量子系统控制中状态模型的建立 ┈┈┈┈┈┈┈┈┈┈┈┈ 67

4.2 量子系综状态模型的建立 ┈┈┈┈┈┈┈┈┈┈┈┈┈┈┈ 70

4.3 相互作用的量子系统模型 ┈┈┈┈┈┈┈┈┈┈┈┈┈┈┈ 72

4.3.1 自旋 1/2 系统相互作用的哈密顿量 ┈┈┈┈┈┈┈┈┈ 73

4.3.2 薛定谔方程与系统模型 ┈┈┈┈┈┈┈┈┈┈┈┈┈┈ 74

第 5 章 限制温度下的量子动力学 ┈┈┈┈┈┈┈┈┈┈┈┈┈┈┈ 77

5.1 温度在量子系统控制中的作用 ┈┈┈┈┈┈┈┈┈┈┈┈┈ 77

5.2 量子系综的演化过程 ┈┈┈┈┈┈┈┈┈┈┈┈┈┈┈┈┈ 78

第 6 章 薛定谔方程的解 ┈┈┈┈┈┈┈┈┈┈┈┈┈┈┈┈┈┈┈┈ 87

6.1 薛定谔方程的波包解 ┈┈┈┈┈┈┈┈┈┈┈┈┈┈┈┈┈ 88

6.2 定态薛定谔方程的求解 ┈┈┈┈┈┈┈┈┈┈┈┈┈┈┈┈ 91

6.3 含时薛定谔方程的求解 ┈┈┈┈┈┈┈┈┈┈┈┈┈┈┈┈ 92

6.3.1 指数的直积分解 ┈┈┈┈┈┈┈┈┈┈┈┈┈┈┈┈┈┈ 93

6.3.2 幺正演化算符的分解及其物理实现 ┈┈┈┈┈┈┈┈┈ 94

第 7 章 李群和李代数及其应用 ┈┈┈┈┈┈┈┈┈┈┈┈┈┈┈┈ 96

7.1 群的定义和性质 ┈┈┈┈┈┈┈┈┈┈┈┈┈┈┈┈┈┈┈┈ 96

7.1.1 群的一些简单性质 ┈┈┈┈┈┈┈┈┈┈┈┈┈┈┈┈┈ 96

7.1.2 李群 ┈┈┈┈┈┈┈┈┈┈┈┈┈┈┈┈┈┈┈┈┈┈┈┈ 97

7.1.3 子群 ┈┈┈┈┈┈┈┈┈┈┈┈┈┈┈┈┈┈┈┈┈┈┈┈ 99

7.2 无穷小生成元与无穷小算符 ┈┈┈┈┈┈┈┈┈┈┈┈┈┈ 103

7.3 几种典型李群的分析 ┈┈┈┈┈┈┈┈┈┈┈┈┈┈┈┈┈ 104

7.3.1 线性变换群 ┈┈┈┈┈┈┈┈┈┈┈┈┈┈┈┈┈┈┈┈ 104

7.3.2 正交群 ┈┈┈┈┈┈┈┈┈┈┈┈┈┈┈┈┈┈┈┈┈┈ 105

7.3.3 $SO(2)$群 ┈┈┈┈┈┈┈┈┈┈┈┈┈┈┈┈┈┈┈┈┈ 106

7.3.4 $SO(3)$群 ┈┈┈┈┈┈┈┈┈┈┈┈┈┈┈┈┈┈┈┈┈ 107

7.3.5 $SU(2)$群 ┈┈┈┈┈┈┈┈┈┈┈┈┈┈┈┈┈┈┈┈┈ 110

7.3.6 $SU(3)$群 ┈┈┈┈┈┈┈┈┈┈┈┈┈┈┈┈┈┈┈┈┈ 111

7.4 李代数 ┈┈┈┈┈┈┈┈┈┈┈┈┈┈┈┈┈┈┈┈┈┈┈┈┈ 112

7.5 小结 ┈┈┈┈┈┈┈┈┈┈┈┈┈┈┈┈┈┈┈┈┈┈┈┈┈ 118

第8章　双线性系统及其控制 ·· 120

  8.1　双线性系统及其解 ··· 120

    8.1.1　双线性系统的产生和定义 ······················ 120

    8.1.2　双线性系统的解 ·································· 121

  8.2　双线性系统的稳定性及稳定控制 ··················· 123

    8.2.1　用常量反馈实现稳定控制 ······················ 124

    8.2.2　用线性状态反馈实现稳定控制 ················ 125

    8.2.3　用非线性状态反馈实现稳定控制 ············ 127

  8.3　双线性系统的最优控制 ······························· 129

    8.3.1　双线性系统的最优调节器设计 ················ 129

    8.3.2　双线性系统的最优跟踪器设计 ················ 131

第9章　幺正演化算符的分解及其实施 ···················· 135

  9.1　利用李群分解的量子控制 ··························· 135

    9.1.1　控制问题的形成 ·································· 135

    9.1.2　时间演化算符的李群分解 ······················ 136

    9.1.3　例题 ··· 138

  9.2　量子计算中幺正算符的实施 ······················· 149

    9.2.1　分解 ··· 150

    9.2.2　简化 ··· 152

  9.3　Wei-Norman 分解及其在量子系统控制中的应用 ········ 154

    9.3.1　Wei-Norman 分解 ································ 155

    9.3.2　Wei-Norman 分解在量子系统中的应用 ······· 158

  9.4　Lie 系统在量子力学和控制理论中的应用 ·············· 164

    9.4.1　Lie 系统 ··· 164

    9.4.2　Wei-Norman 方程 ······························ 165

    9.4.3　Lie 形式的哈密顿系统 ························· 165

  9.5　Cartan 分解及其在量子系统控制中的应用 ············ 169

    9.5.1　Cartan 分解 ······································ 170

    9.5.2　量子系统中时间最优控制的 Cartan 分解 ······ 172

    9.5.3　数值实例 ·· 173

  9.6　各种分解方法的比较 ································· 179

    9.6.1　Magnus 分解 ····································· 179

    9.6.2　各种分解方法之间的比较 ······················ 180

    9.6.3　小结 ··· 181

第10章　量子系统的可控性与可达性 ···················· 182

  10.1　基本关系和定义 ····································· 183

    10.1.1　双线性系统、矩阵系统和右不变系统之间的关系 ············ 183

10.1.2　双线性系统的李代数 ……………………………………… 185

10.1.3　矩阵李群及其可递性 ……………………………………… 186

10.1.4　可达性和李秩条件 ………………………………………… 187

10.1.5　可控性和可达性定义比较 ………………………………… 189

10.2　双线性系统、矩阵系统和右不变系统可控性及其关系 ………… 190

10.2.1　矩阵系统的可控性 ………………………………………… 190

10.2.2　右不变系统的可控性 ……………………………………… 190

10.2.3　双线性系统的可控性 ……………………………………… 191

10.3　有限维量子系统的可控性 …………………………………………… 193

10.3.1　量子系统的可控性定义 …………………………………… 193

10.3.2　量子系统可控性定理 ……………………………………… 194

10.3.3　量子系统不同可控性之间的关系 ………………………… 197

10.4　量子系统状态的可达性 ……………………………………………… 199

10.5　量子系统与经典系统的可控性与可达性的异同 ………………… 204

第11章　量子系统反馈控制 ………………………………………………… 207

11.1　基于模型的反馈控制策略 …………………………………………… 208

11.1.1　操纵问题的反馈控制 ……………………………………… 208

11.1.2　一个 n 级量子自旋系统的演化操控 …………………… 210

11.1.3　一个 $1/2$ 自旋粒子的反馈控制 ………………………… 211

11.2　基于状态之间距离的反馈控制 ……………………………………… 212

11.2.1　李雅普诺夫函数的选择 …………………………………… 212

11.2.2　反馈控制律的设计 ………………………………………… 214

11.2.3　系统稳定性分析 …………………………………………… 215

11.2.4　自旋 $1/2$ 系统的应用实例 ……………………………… 219

第12章　混合态和纠缠态及其分析 ………………………………………… 224

12.1　纯态与混合态 ………………………………………………………… 225

12.1.1　纯态 ………………………………………………………… 225

12.1.2　混合态 ……………………………………………………… 226

12.2　纠缠态 ………………………………………………………………… 228

12.2.1　纯态纠缠态 ………………………………………………… 228

12.2.2　混合态纠缠态 ……………………………………………… 229

12.2.3　纠缠程度的定量描述 ……………………………………… 230

12.3　耗散量子系统状态的分析 …………………………………………… 232

第13章　量子系统的几何代数分析 ………………………………………… 236

13.1　几何代数 ……………………………………………………………… 236

13.2　施密特分解 …………………………………………………………… 240

13.3　几何代数在单个粒子量子系统中的分析 ………………………… 241

13.4　几何代数在两个粒子量子系统中的分析 ················ 243

13.5　2 个粒子的可观测量 ·································· 245

第 14 章　量子系统的最优控制 ······························ 249

14.1　单个位量子系统的最优控制 ························· 251

14.1.1　Lie-Poisson 约化理论 ···················· 254

14.1.2　无漂移项的最优驱动 ···················· 255

14.1.3　有漂移的最优驱动 ······················ 261

14.2　量子系统最优控制迭代算法的仿真实验研究 ······ 264

14.2.1　模型的建立 ···························· 264

14.2.2　控制器设计 ···························· 265

14.2.3　仿真实验及其结果分析 ·················· 266

第 15 章　量子测量 ·· 269

15.1　量子的一般测量 ·································· 269

15.1.1　投影测量 ····························· 271

15.1.2　量子不完全测量 ························ 274

15.1.3　量子完全测量 ·························· 277

15.1.4　量子态的概率克隆 ······················ 278

15.2　量子测量中纠缠与干涉的影响 ···················· 279

15.2.1　量子干涉 ····························· 283

15.2.2　纠缠和测量 ···························· 285

15.2.3　消相干 ······························· 287

15.3　量子态的无破坏测量 ···························· 288

第 16 章　量子系统的反馈相干控制 ························· 293

16.1　引言 ·· 293

16.2　带有经典反馈的相干控制 ························· 296

16.3　带有量子反馈的相干控制 ························· 298

16.3.1　一个离子阱例子 ························ 299

16.3.2　一个自旋体的例子 ······················ 300

16.3.3　对比 ································· 301

16.3.4　纠缠转移 ····························· 302

16.4　量子反馈的理论特性 ···························· 303

16.4.1　可控性与可观性 ························ 303

16.4.2　开环相干控制系统 ······················ 304

16.4.3　带有测量的闭环量子控制系统 ············· 305

16.5　小结 ·· 308

第 17 章　量子系统的应用 ································· 309

17.1　大数质因子分解的量子算法 ······················ 309

17.1.1　量子有效算法　·················· 309

17.1.2　离散傅里叶变换　·················· 313

17.1.3　大数因子分解的步骤　·················· 315

17.2　量子计算和量子逻辑门的物理实现　·················· 317

17.3　量子纠错技术　·················· 326

17.3.1　纯量子状态纠错　·················· 326

17.3.2　叠加量子状态纠错　·················· 329

参考文献·················· 335

第1章 概 论

1.1 从经典力学系统到量子力学系统

20世纪以前的物理学认为自然界存在着两种不同的物质:一种是可以定义于空间一个小区域中的实物粒子,其运动状态可以由动力学变量坐标和动量的不同取值来描述,其运动规律遵从牛顿力学定律。宏观物体是大量微观粒子的聚集态。对宏观物体运动状态的描述原则上可以单个粒子的描述为基础,应用统计的方法解决;另一类物质是弥散于整个空间中的辐射场,其运动遵从麦克斯韦(Maxwell)方程组。带电粒子在电磁场中的运动则可联立洛伦兹(Lorentz)力公式和麦克斯韦方程组解决。不论是牛顿方程还是麦克斯韦方程组都是拉普拉斯(Laplace)决定论的,即给出系统初始状态,通过解运动方程,就可唯一地决定系统未来任何时刻的运动状态。

具体地说,就是在经典力学中,一个粒子的运动状态可以用它在每一时刻 t 的坐标和动量(即相空间中的一点)给出确切地描述,运动状态随时间的演化遵守牛顿方程(或与之等价的正则方程等),所以,当粒子在初始 $t=0$ 时刻的坐标和动量一旦给定,则以后任何 $t>0$ 时刻粒子的运动状态就随之而确定。控制理论与控制工程依赖的主要是被控系统的数学模型,而系统模型的建立依赖于物理定律。牛顿力学三定律是经典力学的基本定律,这个定律再加上能量守恒定律就可以推演出经典力学的主要框架。这是一个确定性的描述。那么,微观粒子的运动状态又是怎样的呢?

1900年12月14日,普朗克(Planck)在柏林物理学会上提出了关于能量量子化的假说。这一天被公认为是"量子诞生日"。

普朗克的假说是对谐振子做出的,主要内容为:

1) 为了得到与实验一致的平均能量,谐振子吸收或辐射的能量只可能是间断的、不连续的,它们为某一能量元 ε_0 的整数倍,即

$$E_n = n\varepsilon_0, \qquad n = 0,1,2,\cdots \tag{1.1}$$

2) 能量元 ε_0 必须与频率成正比,即

$$\varepsilon_0 = h\nu \tag{1.2}$$

其中, ν 为振子频率, h 为普朗克常数,它的值由实验测定。

普朗克关于能量量子化的假说具有划时代的意义。它以普朗克常数 h 为标志,用能量元(子)的概念具体地显示了一些自然过程的不连续性,是对经典物理关

于一切自然过程连续性的根本否定。

1905 年爱因斯坦(A. Einstein)提出了光量子的假说(陈咸享译　1979):从点光源发出的光是由个数有限并局限在空间各点的能量子组成,这些能量子能够运动,但是不能再分割,只能整个的被吸收或产生出来。经过推导,爱因斯坦独立地得到了光量子的能量方程:$E = h\nu$。后来证明了其正确性,且 h 就是普朗克常数。1916 年,爱因斯坦提出了光不仅具有能量而且也具有动量的论断。通过推导,他建立了动量 p 与波长 λ 之间的关系为:$p = h/\lambda$。这样人们就可以得到描述光子性质的两个方程

$$E = h\nu \tag{1.3}$$

$$p = h/\lambda \tag{1.4}$$

这两个方程通过普朗克常数 h 把表征光子波动性的频率 ν 和波长 λ 与表征粒子特征的能量 E 和动量 p 有机地联系在一起,使光的波动性和粒子性得到了统一。

我们注意到普朗克常数 h 具有动量-长度的量纲;同时等价地具有能量-时间的量纲,它的数值为 $h = 6.626 \times 10^{-34} \text{J·s}$,其中 $1\text{J} = 10^7 \text{erg}$。在大多数量子力学的应用中已经证明,使用量值 $h/2\pi$ 更方便,它可以被简写成 $\hbar = h/2\pi$,$\hbar$ 的数值为 $\hbar = h/2\pi = 1.055 \times 10^{-34} \text{J·s}$。

1924 年,德布罗意(L. de Broglie)将光的波粒二象性的概念推广到其他客体。他提出,不仅电磁场、光波具有粒子性,而且任何其他的实物粒子,比如电子、质子等,也具有波动性。电子的双缝衍射实验也应具有和光子的双缝衍射实验相同的结果。

对于一个自由粒子,其能量 ε 和动量 p 满足与光子相同的关系式,即

$$\varepsilon = h\nu = \hbar\omega, (\hbar = h/2\pi, \omega = 2\pi\nu) \tag{1.5}$$

$$p = \hbar k \tag{1.6}$$

(1.5)式和(1.6)式被称为德布罗意关系式,其中 $k = \dfrac{2\pi}{\lambda}n$,称为波矢量,或约化波数;$n$ 为波传播方向的单位矢量;λ 为德布罗意波长。在这里,ε 和 p 是表征粒子特性的物理量,而频率 ν、波矢 k 是表征波动特性的物理量,它们通过普朗克常数实现了相互转换,表现出波粒二象性。

考察下述一些典型例子中的德布罗意波长的大小是很有意义的(张启仁,2002)。

1) 能量为 $E(\text{eV})$ 的电子的德布罗意波长为(能量 $\varepsilon = p^2/2m$)

$$\bar{\lambda} = \frac{\hbar}{p} = \frac{\hbar}{\sqrt{2mE}} \approx 10^{-8} E^{-1/2} \text{cm}, (\bar{\lambda} \text{ 称为约化波长})$$

2) 能量为 $E(\text{eV})$ 的质子的 $\bar{\lambda}$ 为:$\bar{\lambda} \approx 5 \times 10^{-10} E^{-1/2} \text{cm}$。

3) 以 1cm/s 运动着的 1g 质量的 λ 为:λ≈10⁻²⁷cm。

由这些数值可知,为什么量子效应只是在原子的范围内才明显地表现出来。就宏观范围来说,所有的尺寸都比德布罗意波长要大得多,以致于波的特性是不可能探测到的。在原子和亚原子的范围内,这些尺寸则与德布罗意波长可相比拟,因而波的特性占据着支配地位。

自由粒子不受外部磁场作用,其能量 E 和动量 p 是一个不随时间和空间变化的常数。由德布罗意关系可知,频率 ν 和波长 λ 也必定是常数,因而与自由粒子相联系的波便是一个平面波。在经典物理学中,对于一个沿 x 轴方向传播的平面波在最简单的情况下,可以用一个余弦函数(或正弦函数)来表示。当初始相位为零时,此函数有如下的形式:

$$\psi = A\cos\left[2\pi\left(\frac{x}{\lambda} - \nu t\right)\right] \tag{1.7}$$

如果平面波是沿任意方向(单位矢量为 n)传播的波,则此函数的形式为

$$\psi = A\cos\left[2\pi\left(\frac{r \cdot n}{\lambda} - \nu t\right)\right] = A\cos(k \cdot r - \omega t) \tag{1.8}$$

其中 r 是径向坐标。通过欧拉公式

$$e^{i\alpha} = \cos\alpha + i\sin\alpha \tag{1.9}$$

可以把平面波的三角函数形式改写为下列复指数函数的形式

$$\psi = Ae^{i(k \cdot r - \omega t)} \tag{1.10}$$

其中,A 为一个常数。

利用德布罗意关系式,可以把(1.10)式改写为

$$\psi = Ae^{\frac{i}{\hbar}(p \cdot r - Et)} \tag{1.11}$$

对于一维情况,有

$$\psi = Ae^{\frac{i}{\hbar}(p \cdot x - Et)} \tag{1.12}$$

由此可得,微观自由粒子的德布罗意波是一个在数学上用复指数函数描述的波,它的波长与空间坐标无关,而仅决定于粒子的动量,它的相位则由动量和能量共同确定。所以德布罗意波与经典波在本质上是完全不相同的波。

我们来讨论单个粒子在外力作用下的一维运动。这个外力是任意的,但却是规定的。作为讨论的第一步,我们提出这样的问题:怎样描述这样一个粒子在某个时刻的运动状态呢? 在经典力学中,通常是通过粒子在所研究时刻的特定位置和动量的办法来描述的。牛顿定律就正好提供了一种确定运动的方法。但是我们已强调指出,这样的描述在量子力学中是办不到的,因为粒子的轨迹不能很精确地被加以确定。不过,我们一定要从某处开始进行讨论,因而就需要提出最低限度的假设,这个假设就是:粒子在时刻 t 的状态能够尽可能完全的用一个函数 ψ 来描述。

我们就把 ψ 叫做粒子体系的态函数(又称波函数)。

然后我们必须回答以下几个问题:

1) 怎样确定 ψ,即 ψ 依赖于哪些变量?

2) 如何解释 ψ,即怎样由 ψ 来推断出体系的可观测值的性质?

3) ψ 怎样随时间而演变? 体系的运动方程式是什么样的?

回答第一个问题时,我们提出尽可能简单的假设:在时刻 t 做一维运动的无结构(指不具有如自旋等内部自由度的质子)粒子的态函数可以只用空间坐标来表述,即 $\psi = \psi(x, t)$。已经证明,一个无结构粒子可用 ψ 来表示。这个假设是正确的。这意味着任何一个物理状态都可以用一个适当的 ψ 来描述。而且只有单值、有界的态函数 ψ 才与某个物理状态相对应。

玻恩(M. Born)认为,波函数所刻画的是粒子在某一时刻在空间中某一点的概率分布,表示波函数在某一时刻在空间中某一点的强度,即:波函数振幅绝对值的平方与在这一点中找到粒子的概率成正比。和粒子相联系的波是概率波。

一般认为,波函数 $\psi(r, t)$ 描述了微观粒子的运动状态,即量子态。但在量子力学中,对量子态的描述和经典力学中对状态的描述有着根本的不同。在经典力学中,描述状态依靠给定的一些力学量,如动量、坐标等,在热力学中描述体系的宏观状态依靠给出一些宏观的量,如压强、温度、体积以及状态方程。但在量子力学中,描述粒子的量子态依靠给定的波函数 ψ,但 ψ 本身并不是力学变量,也不具有任何经典物理学中的物理量意义。由 ψ 给定的只是在它所描述的量子态中,测量某力学量的平均值或这个力学量的各种可能值和出现这些可能值的相应概率。

由于微观粒子的运动服从统计规律,因此微观粒子体系的力学性质将由一组力学量及它们的分布概率来表征。所谓微观粒子的态矢量(简称态矢)就是指这些力学量的可能及其分布概率所确定的物理状态。依据波函数的统计,粒子在空间 r 处的概率可由 $|\psi(r, t)|^2$ 求出。同样各力学量的分布概率和它们的平均值也都可由 $\psi(r, t)$ 得到。从这个意义上看,波函数完全描述了微观粒子的运动状态,即不同的 $\psi(r, t)$ 给出了各力学量的不同统计分布,这也就相当于表达了不同的运动状态;$\psi(r, t)$ 随时间的变化,表达了态的变化,即描述了微观粒子的运动过程,所以,波函数 $\psi(r, t)$ 是描述微观粒子运动状态的函数,被称之为态函数。

微观粒子状态概率性的描述,与经典粒子确定性的描述显然完全不同,其根本原因是微观粒子具有波粒二象性,而经典粒子中对波动性的影响则完全可以忽略不计。

光的波粒二象性表现为,光在某一时刻的行为可以用一个波函数 $\psi(r, t)$ 描述,$\psi(r, t)$ 给出光子在 t 时刻在 r 处出现的概率幅值。

1925 年薛定谔(Schrödinger)提出了用微分方程式来描述波函数。通过求解薛定谔方程,能够求出波函数来解决量子力学中的特殊问题。不过,通常不可能获得该方程的精确解。一般需要使用某些假定来对某一具体问题进行近似求解。例如,当对一个粒子的作用力为零时,其势能为零。此时该粒子的薛定谔方程能被精确的解出。这个"自由"粒子的解被称为一个波包(最初看上去像一个高斯钟形曲线)。所以可以利用波包作为被研究粒子的初始状态,然后,当粒子遇到一个外力作用时,它的势能不再为零,施加的力使波包改变。如何找到一种准确、快速地传播波包的方式,使它仍然能够代表下一刻的粒子,就是一个量子系统控制的课题。

波动性和粒子性在经典物理中是互相排斥、对立和不相容的。如何理解在量子理论中它们可以被统一地用来描述微观粒子? 比如电子是分布在 2.82×10^{-15} m 的范围内、质量约为 10^{-31}kg 的粒子,它的空间限度及其质量是如此之小,唯一认识它们的途径是用宏观仪器对它们进行观测。测量它就意味着对它们发生某种作用,因而对它们产生某种干扰,必然使得粒子在某些条件下表现出的性质像宏观粒子,而在另一些条件下又表现出类似经典波的性质。这些由于量子系统本身所具有的与经典系统完全不同的特殊性质,为量子系统的状态观测及其控制带来了与经典系统完全不同的研究课题。

量子力学理论是 20 世纪科学史上重大发现之一。量子力学理论揭示了经典物理对物质世界的描述仅是在宏观条件下才是正确的。微观世界遵循的是量子规律,世界本质上是量子的,经典规律只是量子规律在宏观条件下的近似。微观粒子具有波粒二象性,它的运动状态、性质、描述方法及其运动规律和经典物理根本不同。对结果的预测不再是拉普拉斯决定论的,而是概率的、统计的。量子力学是我们描述微观粒子运动的一个理论框架和数学结构。量子力学的发现改变了我们对微观世界的描述方法,加深了我们对物质世界本质的理解。

1.2　量子系统控制的提出及发展

本节将详细论述量子系统控制理论从提出到现在二十余年的发展过程。将首先介绍量子系统可控性的研究及其进展,并简要分析简单量子系统的开环控制方法,然后把重点放在学习控制和反馈控制等几种典型闭环控制方法研究的介绍上,分析它们各自的优缺点,并根据量子系统控制的发展趋势,对其应用和发展前景进行预测,从整体上系统地描述建立一套完整的量子控制系统所需要的五个基本步骤,并在此基础上提出建立量子系统控制理论所要解决的几个关键性问题(丛爽等　2003a)。

量子力学理论揭示了物质内部原子及其组成粒子的结构和性质,使人们对物质的认识深入到了原子领域。微观量子世界对人们来说是一个崭新的领域,其中很多奇特的现象都同常理相违背,并很难用经典物理的理论进行解释。通过量子力学,人们成功的解决了氢原子光谱等一系列重大问题,并且随着研究的深入,人们逐步认识到,量子论不仅可以解释微观领域的一系列奇特现象,同时通过变换,还可以利用它完美地解释宏观物体的运动规律,并利用薛定谔方程证明例如牛顿定律等许多经典物理中的基本定律。因此可以说量子力学的规律不仅支配着微观世界,而且也支配着宏观世界。长期以来一直被人们用来描述宏观物质运动规律的经典物理从本质上来说也只不过是量子力学规律的一种近似而已,对量子力学的研究已经逐渐成为世界各国基础研究的重点之一。另一方面,随着科学技术的进步,量子力学的应用也已深入到科学技术的各个领域,在化学中,人们通过对原子态的控制可以改变反应物质,并使反应按人们预期的方向发生;在物理中,人们利用量子理论来对物质的电磁性质进行更深入的了解;更重要的是,近几年来随着信息技术的发展,人们又相继提出了量子计算机、量子信息网络等一系列设想,希望利用量子一些特有的性质来突破宏观经典物理对物质属性的限制,使人们的生产和生活方式焕然一新。但随着在不同领域对量子进行的深入研究,如何对量子及其状态进行操纵(控制)成了摆在人们面前的一个难题。世界各国都在企图把量子和控制领域联系起来,希望利用宏观控制领域中的概念和方法,结合微观量子世界的特性来对量子及量子态进行控制和研究。

1.2.1　量子系统控制的提出及其理论的研究

什么是量子力学? 量子力学是一个数学框架或一套构造物理学理论的规则,例如量子电动力学就是一套以惊人的精确度刻画原子和光的相互作用的物理理论。量子电动力学是在量子力学框架下建立的,不过它还包含量子力学未规定的一些特殊规则。有关量子力学系统的控制可以追溯到 20 世纪 70 年代对单量子系统的完全可控性的研究。在那之前,量子力学应用的典型做法是对包含有大量量子力学系统的批量样本的总体控制,但无法单独访问单个量子系统。例如人们对超导现象有很好的解释,但由于超导体涉及导电金属的巨大样本(相对原子尺度而言),所以只能探测到其量子性质的几个方面,而不能访问构成超导体的单个量子系统。

最早从理论上提出量子系统控制的是美国华盛顿大学的 Huang 和 Tarn (Huang G M and Tarn T J 1983)于 1983 年 6 月在《数学物理杂志》上发表的名为"量子力学系统的可控性"的论文。该文从最基本的系统控制概念出发,在理论上对线性量子系统的可控性进行了详细的讨论,具体分析并给出了有限维空间下量子系统可控的条件,同时利用李代数(Lie algebra)对无限维空间下量子系统的可控性进行了一些数学上的分析,并在最后从大的方向上对量子系统的控制进行了一些展望,提出了几个关键性问题。次年,Ong 等(Ong C K et al. 1984)发表了研究量子力学控制系统可逆性的论文,从理论上给出了不同量子系统的可逆性条件,着重分析了在弱时变场下量子系统的可逆性,在假设系统无破坏可观的基础上建立了量子的无限维双线性模型。1985 年,克拉克(Clark)等(Clark J. K et al. 1985)人发表了分析量子系统的可观性的文章,第一次提出并分析了量子的无破坏测量问题(QNDO)。

这三篇文章分别从可控、可逆、可观的角度对量子系统进行了理论上的建模与分析,为其以后的发展奠定了坚实的理论基础,因此,可以被看成是量子系统控制的一个里程碑。

自此之后,世界各国对量子系统控制的研究纷纷开展起来,并在开环控制领域取得了一些成果,1988 年 Peirce 和 Dahleh(Peirce A P et al. 1988)提出了几种近似算法,把量子的无限维控制问题转换为有限维开环控制问题。1993 年 Warren 等(Warren W S et al. 1993b)对量子力学系统控制理论进行了阶段性总结,并结合当时的设备条件,提出了利用激光对量子系统进行开环控制的一些具体方法。随后基于在无破坏测量理论上的突破,反馈控制成为研究的重点,美国麻省理工学院的Lloyd(Llogd S,1997)在 1997 年发表的文章中提出了一种半经典反馈控制器来对量子系统进行控制,给出了半经典量子系统可观性及可控性的条件,指明这种半经典控制器完全可以用来对哈密顿量子系统进行控制。他在文章的最后指出,尽管还存在一些问题,这种量子控制器可能会对量子计算机和量子信息系统的发展起很大的推动作用。随着经典控制方法同量子理论的紧密结合,人们更多的从理论上分析了利用各种经典控制方法对量子系统进行控制的可行性。Altafini(2002)分析了利用根空间分解法对量子系统进行控制的可行性,并在数学上给出了其可控性条件证明,Doherty 等(Doherty A D. et al. 2000a)也在文章中对量子系统控制的鲁棒性在理论上进行了分析。

从以上的介绍可以看出,量子系统控制的理论研究过程同其他系统控制过程相似,也是经过了一个由可控性和可观性分析,到对各种开环、闭环控制方法研究的过程。虽然经过近二十年的研究,在理论上已经取得了一定的成果,但由于人们对量子系统并不完全了解,所以完整的量子控制理论还没有形成。

1.2.2　量子系统开环控制

早期对量子的控制研究主要集中在物理和化学领域,多用来操纵控制粒子运动,例如改变化学反应的结果。由于当时的设备条件以及闭环控制的复杂性,实验室中大都采用开环控制的方法来实现简单的控制目标。

1988 年 Peirce 和 Dahleh(Peirce A P et al. 1988)通过分析实验室中生成分子双极子的客观限制,具体讨论了分子波包的可控性。1989 年 Shi 和 Rabitz(Shi S,Rabitz H 1989)提出了一种在谐振分子系统中通过选择合适的最优设计场来有选择地激发特定分子的方法。这种最优设计场结合了分子系统的力学特性,通过控制分子内部能量交换来最终实现分子系统局部激发的目标。他们还提出利用这种最优设计场可以最终实现对化学反应的控制。同年 Kosloff(Kosloff R et al. 1989)等人具体提出一种根据光脉冲的波形来选择最优控制场的方法,通过这种方法可以有选择的使化学元素按照人们所期望的方向发生反应,并产生相应的生成物。这是量子控制从理论研究向实际应用迈出的重要的一步。随后人们在量子控制化学反应方面做了很多的工作。直到 1993 年 Warren(Warren W S et al. 1993a)等在《科学》上发表文章,对已有的量子开环控制方法进行了总结,并结合当时在激光产生方面的突破,提出了利用激光对量子系统进行开环控制的一些具体方法。

利用对分子系统的开环控制,人们可以在化学上成功的实现一些简单的控制目标。但对于比较复杂的强时变量子系统,开环控制很难满足人们的要求。这是因为要成功的设计开环控制,场函数 $\varepsilon(t)$ 要基于以下条件:(1)为了准确的描述量子系统的状态,系统的哈密顿量 H_0 必须要被极为准确的测量出来。(2)为了求出系统的控制函数 $\varepsilon(t)$,多维薛定谔方程必须被准确地求解。(3)系统的控制场函数 $\varepsilon(t)$ 必须可以在实验室的条件下被精确的实现。但是除了一些极简单的量子系统,以上三条假设在实际中都很难被满足。所以在 1993 年以后,人们纷纷把研究的重点转向了闭环控制的方向上,其中最先被研究的就是对量子的学习控制法。

1.2.3　量子系统闭环学习控制

在量子系统闭环控制方法中主要可以分为学习控制和反馈控制两种方法。在量子闭环控制研究的初期,由于当时对量子状态进行无破坏测量理论上还是空白,所以人们把研究的重点放在了对其进行学习控制上。

在利用学习策略对量子系统控制的过程中,遗传算法是被最早研究和最广泛应用的一种算法。1992 年 Judson 和 Rabitz(Judson R S, Rabitz H　1992)提出了量子系统的遗传控制算法,分析了算法中应该利用"遗传压力"(genetic pressure)来阻止控制场中出现对控制输出结果没有影响的量子控制转化,并通过建模来具体说明"遗传压力"对具体控制系统的影响。随后,1997 年 Ardeen(Ardeen C et al. 1997)利用大约 100 代、每一代为 50 个样本来对一个具体的量子系统进行学习,并获得了很好的计算结果,1998 年 Assion(Assion A et al. 1998)也通过遗传算法利用相当多的参量对量子系统进行学习控制。

继提出遗传算法后,Gross 等(Gross P et al. 1993)又于 1993 年提出了量子的梯度学习控制算法。他们通过对所有量子的代价梯度 $\delta J/\delta\varepsilon(t)$ 求平均,成功地抑制了原先存在于 J 中的噪声,从而得到较精确的梯度 $\delta J/\delta\varepsilon(t)$。他们对梯度学习过程进行建模,并从模型中观测到了很好的鲁棒性。1999 年 Phan 和 Rabitz(Phan H Q, Rabitz H　1999)又提出了利用线性匹配原则来对量子系统进行控制的算法。他们对非线性的量子变量进行了线性化近似,并给出了对其进行匹配迭代的具体算法。

由于量子系统具有高度的非线性特性,所以要对量子系统进行精确控制必须采用非线性的学习算法。美国普林斯顿大学的 Rabitz(Rabitz H 2000)于 2000 年提出了一种非线性学习控制的算法,这种算法克服了线性控制算法的缺点,利用非线性匹配原则来对量子系统的非线性特征进行匹配,以达到对非线性的量子系统进行精确学习的效果,但是报告中只是对其进行了理论上的推导,并没有在实验中证实其可行性。

可以看出,量子学习控制由于具有群体控制、高速控制场转换等一系列优点而被人们广泛的研究,其发展过程总体上经历了一个从理论研究到线性控制,再到最近的非线性学习控制的发展过程。主要研究还是局限在理论上的探索。与此同时,闭环控制中另一个大的体系——反馈控制也随着对量子测量技术的进步而逐步的发展起来。

1.2.4 量子反馈控制与量子估算及克隆理论

反馈控制是经典控制理论的一个重要的组成部分,它通过对系统状态的观测,将获得的系统状态的实际值与期望值进行比较,并通过设计合适的控制律,从而使系统按人们的期望进行动态变化。反馈控制中重要的一个环节就是对其状态进行观测和反馈。对于宏观系统可以通过装置很容易地实现。但是由于量子系统具有不可观测性,采用仪器对其状态的任何测量必将在某种程度上破坏其现有的状态,因此,对量子系统状态进行实时反馈所得到的量子状态值并不等同于测量后的状态值。这就成为了一个很大的难题摆在了人们的面前。尽管量子反馈限定原理(quantum-limited feedback theory)最早于 1994 年就被 Wisemen 和 Milburn 提出,但是由于量子系统的不可观测性,很长一段时间内对其进行的研究并没有很大的进展。因此,这就急需一种方法来解决量子的状态测量问题。

直到 20 世纪 90 年代中后期,随着量子信息技术的提出,世界各国纷纷加大对量子系统研究的力度,对量子测量以及克隆技术取得了一系列研究成果。我国在此方面也处于领先的行列,1998 年段路明和郭光灿(Duan Lu-Ming and Guo Guang-Can 1998)发表了题为"概率克隆和线性独立的量子态辨识"的文章,提出了一种概率量子克隆机的概念,通过把幺正变换同测量过程相结合来达到对量子态进行精确克隆的目的,文章具体描述并证明了如何利用幺正塌缩过程来对两个非正交态的量子进行精确克隆的过程。次年 3 月,Doherty(Doherty A C et al. 1999a)发表文章,结合量子系统的反馈控制过程,具体提出了一种对量子状态进行连续观测以及估计的方法,证实了量子系统反馈控制的可行性。同年 10 月份,张传伟(Zhang Chuan-Wei)(Zhang Chuan-Wei 1999)发表文章具体提出了对量子状态进行识别的一般性策略,这使得人们在对复杂的量子系统进行状态识别以及测量上又前进了一步。2000 年 6 月,他们(Zhang Chuan-Wei 2000)又发表文章总结了在有限范围内对量子状态进行估计的方法,并在数学上给出了严格的公式证明。

1.2.5 量子反馈控制法

反馈控制是对复杂系统进行控制的常用方法之一,量子系统反馈控制的基本思想与经典反馈控制理论相同,即在量子系统的控制过程中,被控量子的状态不断地被测量并被反馈到控制器中,控制器再根据量子此时的状态及时地调整控制函数以使量子始终保持在期望的轨道上。

Wisemen 和 Milburn 所提出的量子反馈限定原理是一种描述系统动态性能的理论,该理论通过实时反馈的测量信号(当时采用的是光电流)来控制一个量子系统的哈密顿函数。但是由于当时量子状态测量无论在理论上还是在应用上都没有深入研究,所以量子反馈系统一直不能精确地测得系统的哈密顿量,这极大的制约了量子反馈控制理论的发展,所以在对量子闭环控制的初期,反馈控制理论一直让位于学习控制方法,未能成为研究的重点。

直到 20 世纪 90 年代后期,随着量子克隆和量子状态估算理论的突破,量子系统反馈控制才成为研究的重点。1999 年 Doherty(Doherty A C et al. 1999b)发表文章初步讨论了量子反馈控制中的测量问题,重点分析了如何在连续地测量后通过量子跃迁原理来估计量子的状态。同年 6 月 Doherty 发表文章首先分析了以往传统反馈控制理论在量子领域遇到的不可测量等一系列困难,然后提出了通过对反馈变量的分析来对系统状态进行估计的新方法,并应用这种理论来对单自由度的量子系统进行冷却和限制,还同原有的直接反馈的方法相比较,得出结论证实这种新的方法较原有的方法能较大的提高对量子系统的控制精度。最后,把这种方法与经典的 LQG 控制原理进行了对比。

2000 年 Doherty 等人(Doherty A C et al. 2000b)又发表文章详细分析了各种量子系统可观性和可控性,并在把经典系统与量子系统进行对比分析的基础上,提出了三种把经典反馈控制理论量子化的方法,同时还对一些重要的经典控制公式量子化,使其能反映波动性和不连续性等一系列量子系统的特点。同年,Doherty 等(Doherty A C 2000c)还发表文章具体讨论了量子反馈控制的信息提取,把量子系统反馈控制分为测量估计阶段和反馈控制阶段,通过分析一个简单的量子系统模型,讨论了上述两步的最优化实现。

2001 年 Ahn 等人发表文章讨论了如何利用量子反馈控制来纠正量子系统误差的问题。他们利用最优化一个代价函数来对量子系统的哈密顿量进行反馈估计,同时还利用连续测量技术和哈密顿操作来尽量减少估计测量给量子系统带来的干扰。以上这些研究主要适用于符合玻尔-马尔可夫近似的量子系统。2002 年 Doherty 等人又把工作重点放在了利用马尔可夫量子轨迹原理来解决不适用于玻尔-马尔可夫近似的量子系统上的干扰问题。

综合以上对量子系统反馈控制的研究成果可以看出,量子反馈控制在理论以及某些物理实验上取得一定的进展,并在很大程度上与经典控制论结合了起来,成为人们在量子控制方面研究的重点。

1.2.6 量子控制最新进展

近几年来在量子控制领域中由于量子计算机的提出,使得如何提高控制系统的鲁棒性也成为量子控制的重点研究方向之一。Doherty 等人在 2000 年研究了鲁棒控制理论在量子控制方面上的应用,并预测利用量子的鲁棒控制技术能实现对量子存储器的模拟,这种量子力学存储器可以适用于高度链接的量子纠错编码,并有可能进行容错计算,因此鲁棒控制将在量子计算中扮演重要的角色。同时量子系统的最优控制也成为研究的另一个重点。D'Alessandro 和 Dahleh 在《IEEE Transactions On Automation Control》上发表文章(D'Alessandro D Dahleh M 2001),重点讨论了两能级量子系统的最优控制问题,并对量子计算机的实现进行了一些初步讨论。

综上所述,量子系统控制经过了一个由可控性研究,到对简单系统的开环控制,然后深入到对系统的闭环控制几个过程。从中可以看出,量子系统控制的发展是与人们的需求紧密联系的:在研究的初期,人们并未对其进行系统的研究,主要是在化学和物理领域,针对特定的实验目的来对单独的量子进行操控研究。可以看出,20 世纪 90 年代以前关于量子控制的文章大都发表在物理、化学的期刊上,而且大都只是为解决一个具体的问题而采用的特定的方法。直到 90 年代中后期,随着量子计算机和量子信息网络的提出,对量子系统控制,特别是反馈控制才开始取得进展。从事计算机、系统工程、数学等一系列交叉学科的学者开始进入量子系统控制的研究中,并从系统的角度去审视量子系统的控制问题。人们对实现量子计算机的设想,更加激励人们重视量子系统的控制,因为仿照经典的计算机(冯·诺依曼计算机),最简单的量子系统就是一个量子位(即量子比特)的两个态(0 或 1)的控制及其物理实现。迄今为止,已在现实的实验室中可以进行 7 位的量子比特的操控。可以说目前国内外的现实情况是,量子系统控制理论的研究滞后于物理实验的操控水平的进展。由于量子力学上的理论基本上都是建立在假设的基础上,任何理论上的结论都必须通过实验来进行验证,而理论研究往往是建立在一般情况下的,所以在量子力学系统控制上的理论研究才刚刚开始,还有很长的路要走。虽然目前人们做的不少有关量子控制理论上的研究还是基础性的,但已经对人们做出的实验给予了理论上的系统分析与综合,所有理论都得到了实验的验证,对今后的量子系统控制的理论与实验的发展起到了积极地推动作用。有关量子系统控制的研究对促进量子计算、量子通讯以及纳米技术的实际应用及其发展有重要的意义。可以预测,随着量子信息时代的到来,量子系统控制一定会取得更大的进展,直至形成一套完整的量子系统控制理论。

1.3　量子系统控制的关键性问题

1.3.1　量子系统控制方法

从上面量子系统控制的发展过程可以看出,人们目前主要还是利用了经典控制理论中的开环控制、反馈控制、最优控制和学习控制等几种控制策略来进行有关的研究。下面对这些控制策略进行总结并分别讨论其优缺点:

1) 量子系统开环控制方法

量子系统开环控制主要利用开环最优设计来寻找合适的控制函数 $\varepsilon(t)$,并直接作用在量子系统上,以使量子系统按人们预期的设想达到一定的期望状态。这种方法的优点是结构清晰,实现简单。但缺点是为求出合适的控制函数 $\varepsilon(t)$,必须精确的求解薛定谔方程,这是很难办到的。同时在理论上所获得的控制场 $\varepsilon(t)$ 也很难在实验室精确的产生。因此量子开环控制方法只适用于一些简单的系统,对于复杂的系统则无能为力。

2) 量子系统的闭环学习控制策略

量子系统的闭环学习控制是通过学习和分析量子系统对输入的反应来寻找最优的控制场以使量子系统按人们预期的设想达到一定的期望状态。用于量子系统的学习控制方法具有群体控制、高速控制场转换等一系列优点。但是对于非线性较强的量子系统在学习中会产生一定的误差。

3) 量子系统的反馈学习算法

量子反馈控制的基本思想是利用经典反馈控制理论来对量子系统状态进行实时、及时的调整,即在量子系统的控制过程中,控制系统不断的检测量子系统的状态,并将其反馈到控制器中,控制器再根据量子的状态及时地调整控制函数,作用在量子系统中以使其始终保持在期望的轨道上。量子反馈控制系统可以实时地对量子系统进行监控,进而做出反应,对其调整,目前在理论上主要还是借用经典反馈控制方法的概念,但是由于对量子态的无破坏测量至今为止还很难做到,因此利用反馈法还很难对复杂量子系统进行精确的控制。

1.3.2　量子控制系统建立过程

从量子系统控制的发展过程可以看出,与其他领域一样,量子控制系统建立也需要经过以下几个过程。

(1) 建立系统模型:建立能真正描述量子系统的动态模型,并且可以利用模型来研究量子在控制场中的相互作用。要想验证任何量子系统控制方法的正确性,必须把此方法同量子的特性相结合,建立合适的量子系统模型,所以量子系统模型必须能正确反映量子的各种特性,并通过模型来验证这种方法的正确性以及相应的性能指标。

(2) 可控性研究:利用建立的量子模型来对各种量子系统的可控性及相应的可观性进行研究,从中推导出系统的可控性和可观性条件。只有这样才能在一定的条件下对系统进行可控性设计。

(3) 控制系统设计:设计一个可以实现期望控制目的的控制场,来使量子系统按照人们所期望的过程进行变化。这是量子系统控制中最重要的一步,在经典控制理论中有各种成熟的控制方法,例如开环控制,反馈控制,自适应学习控制等。但是在微观量子领域内,由于量子存在的波动性、随机性等特殊的性质,经典的方法和公式并不能直接应用在量子系统中,必须与量子特性相结合,建立一套具体的方法。人们虽已做了大量的工作,并取得了一定的进展。但由于人们对量子系统并不完全了解,因此至今为止还没有能拿出一套通用的控制方案,也没能形成一套完整的量子系统控制理论。所以要对复杂的量子系统进行控制,人们还有很长的路要走。

(4) 应用:如何在理论上对量子系统进行控制,并将其成果应用于量子计算、量子光学、量子化学、量子工程学等实际中是人们追求的目标。如今量子计算机已成为各国研究的重点,在算法上已经取得一系列的突破,但是硬件以及合适控制方法的实现始终是制约其发展的关键性问题,量子系统控制理论的研究将有可能对其产生决定性的作用。

1.3.3 量子系统控制面临的几个关键性问题

从量子系统控制的提出到现在已经二十多年了,尽管人们对此做了很多努力,但对其进行的研究仍处于探索期,至今为止还没有形成一套适用于微观世界的量子控制理论。这一方面是由于人们受到现有技术手段和数学理论的局限,另一方面也是由于人们对量子领域还缺乏深入的了解。具体来说,有以下几个急需解决的问题制约着量子控制理论的进一步发展。

(1) 缺乏一个全面综合的理论来反映控制过程对量子系统的影响:这里的控制过程主要包括两个方面:首先是对量子态的测量。由于量子特有的测不准原理,对量子的任何测量都会破坏其状态,而这种破坏干扰的程度还很难预知,这就极大的制约了反馈理论在量子控制中的应用。同时由于在量子领域中还存在着很多未知的现象及规律,所以控制函数对量子系统的影响有时也很难真正准确的预测,这就给量子状态的测量和控制带来了很大的困难。

(2) 虽然在量子状态估测和量子克隆方面已经有了一定的研究成果,对量子态的无破坏测量至今为止还很难做到,这使得量子系统的控制精度很难得到提高,因此阻碍了量子控制理论的进一步发展。

（3）在对粒子进行具体控制的过程中,控制场及量子力学系统不可避免的会带有各种噪声,而且还要解决消相干问题。这就又增加了粒子控制的复杂性,给人们带来了很多问题。

（4）在数学上还没有找到一种好的办法来使经典的控制理论公式与量子的波动性和不连续性结合起来。如果找到了这样一种方法,则可以把宏观控制方法直接应用到量子领域,检测其是否仍然在微观适用,并针对量子的特性对这些定理进行改进或重新建立。

（5）一切关于量子系统控制的实验都还是处于摸索阶段。究竟微观世界中的粒子可以在什么精度下被控制? 人们能否真正在测不准原理的限制下掌握对量子状态的完全控制? 这些都是急需人们解答的问题。

以上几个问题只是量子系统控制中存在的众多问题的一部分,这些都是人们对量子系统研究的重点所在。如果能解决这些问题,则有望使量子系统控制理论获得真正的突破,进而形成一套完整的量子系统控制体系。

综上所述,经过二十余年的努力,人们在量子系统控制方面已经取得了相当大的进展,对量子世界的认识也进一步深入,虽然由于各种原因还未能建立一套完善的理论体系,但是相信随着人们对微观世界认识的深入,以及科学技术的不断进步,人们对微观量子系统进行控制的理想在不久的将来一定能够实现。

第 2 章　量子力学系统理论基础

2.1　量子态的描述

2.1.1　希尔伯特空间

一个量子力学系统的状态由各种粒子的位置、动量、偏振、自旋等组成,并且随时间的演化过程遵循薛定谔(Schrödinger)方程,而状态本身由希尔伯特(Hilbert)空间中的矢量完全描述。

矢量空间(vector space)是一组元素 $\{u, v, w, \cdots\}$ 的集合 L,当满足:

1) L 对加法运算是封闭的;

2) 域 F 的任意一个数与 L 的任一元素相乘结果仍是 L 中的元素;

3) 对于 $u, v \in L, a, b \in F$,满足

$$a(u + v) = au + av \in L$$
$$(a + b)u = au + bu \in L$$
$$a(bu) = (ab)u \tag{2.1}$$

则称 L 为域 F 上的矢量空间。当 F 为复数域,相应的矢量空间就是复矢量空间。

我们称定义内积的矢量空间为内积空间(inner-product space)。

内积定义为:对于每一对元素 $u, v \in L$,都有域 F 中的一个数 (u, v) 与之对应,(u, v) 被称为 u 和 v 的内积。内积有如下性质:

$$(u, u) \geqslant 0$$
$$(u, v) = (v, u)^*$$
$$(w, au + bv) = a(w, u) + b(w, v) \tag{2.2}$$

其中,"$*$"表示取复共轭。

称实数 $(u, u) = |u|^2$ 的非负平方根 $|u|$ 为矢量 u 的模(norm)或矢量长度(length)。

我们称序列 $c_1, c_2, \cdots, c_n$ 为柯西(Cauchy)序列,若对任意小的正实数 ε 都可找到一个正整数 N,使得对任意两个正整数 $n > N$ 和 $m > N$ 都有

$$|c_n - c_m| < \varepsilon$$

成立。根据柯西收敛准则,柯西序列一定有极限存在,即对任意小的正实数 ε,总有一个正实数 N,当 $n > N$ 时,都有 $|c_n - c| < \varepsilon$ 成立,c 称为序列的极限。

若一个内积空间中的元素形成的多个柯西序列的极限也属于这个空间,则称此空间是完备的。一个完备的内积空间就是希尔伯特空间。

在希尔伯特空间中取 m 个矢量 $\boldsymbol{u}_1, \boldsymbol{u}_2, \cdots, \boldsymbol{u}_m$，同时取域 F 中的 m 个数 a_1，$a_2, \cdots, a_m$。如果公式 $a_1\boldsymbol{u}_1 + a_2\boldsymbol{u}_2 + \cdots + a_m\boldsymbol{u}_m = 0$，当且仅当所有 $a_i = 0$ $(i = 1, 2, \cdots, m)$ 才成立，则称矢量 $\boldsymbol{u}_1, \boldsymbol{u}_2, \cdots, \boldsymbol{u}_m$ 是线性独立的。在一个希尔伯特空间中，如果最多只能找到 N 个线性独立的矢量，则称该矢量空间是 N 维的。

复数域上的有限维内积空间通常是完备的，但无限维内积空间有可能是不完备的。

2.1.2　狄拉克表示法

量子力学状态由希尔伯特空间中的矢量表示，表示量子态的矢量称为态矢量 (state vector)。通常量子态空间和作用在其上的变换可以使用矢量或者矩阵来描述，不过，物理学家狄拉克(Dirac)提出了一套更为简洁的符号来表示态矢量。引用一个称为右矢(ket vector)的符号 $|\rangle$ 表示态矢量，其作用类似于三维空间中的矢量符号 "→"。一个具体的态矢量可以用 $|\psi\rangle$ 表示，ψ 是表征具体态矢的特征量或符号，同时还引进符号 $\langle|$ 称为左矢(bra vector)，左矢 $\langle\psi|$ 是右矢 $|\psi\rangle$ 的共轭转置。

例如，一个二维复矢量空间的正交基 $\{(1,0)^T, (0,1)^T\}$，用狄拉克表示法可以表示为 $\{|0\rangle, |1\rangle\}$，转换成矩阵的表示为

$$|0\rangle = \begin{bmatrix} 1 \\ 0 \end{bmatrix}, \quad |1\rangle = \begin{bmatrix} 0 \\ 1 \end{bmatrix}$$

任意矢量 $(a, b)^T$ 与 $|0\rangle$ 和 $|1\rangle$ 的线性组合可以表示为 $a|0\rangle + b|1\rangle$。需要注意的是：基矢量表示顺序的选择是任意的，我们也可以用 $|0\rangle$ 表示 $(0,1)^T$，用 $|1\rangle$ 表示 $(1,0)^T$。

两个矢量 $|\psi_1\rangle$ 和 $|\psi_2\rangle$ 的内积记为 $\langle\psi_1|\psi_2\rangle$，而它们的外积则记为 $|\psi_1\rangle\langle\psi_2|$。由定义 $|0\rangle = \begin{bmatrix} 1 \\ 0 \end{bmatrix}, |1\rangle = \begin{bmatrix} 0 \\ 1 \end{bmatrix}$，可得：$\langle 0| = [1 \quad 0], \langle 1| = [0 \quad 1]$，由此可得内积计算结果为：

$$\langle 0|0\rangle = [1 \quad 0]\begin{bmatrix} 1 \\ 0 \end{bmatrix} = 1$$

$$\langle 0|1\rangle = [1 \quad 0]\begin{bmatrix} 0 \\ 1 \end{bmatrix} = 0$$

$$\langle 1|0\rangle = [0 \quad 1]\begin{bmatrix} 1 \\ 0 \end{bmatrix} = 0$$

$$\langle 1|1\rangle = [0 \quad 1]\begin{bmatrix} 0 \\ 1 \end{bmatrix} = 1$$

由此可见，内积运算时，其结果为一个数，只有左矢和右矢的状态相同时，结果为 1，否则结果为 0。

如果两个矢量 $|v\rangle$ 和 $|w\rangle$ 的内积为 0,则称它们为正交。

定义向量 $|v\rangle$ 的范数为 $\||v\rangle\| = \langle v|v\rangle^{\frac{1}{2}}$。

对于外积运算,则有

$$|0\rangle\langle 0| = \begin{bmatrix} 1 \\ 0 \end{bmatrix}[1 \quad 0] = \begin{bmatrix} 1 & 0 \\ 0 & 0 \end{bmatrix}$$

$$|0\rangle\langle 1| = \begin{bmatrix} 1 \\ 0 \end{bmatrix}[0 \quad 1] = \begin{bmatrix} 0 & 1 \\ 0 & 0 \end{bmatrix}$$

$$|1\rangle\langle 0| = \begin{bmatrix} 0 \\ 1 \end{bmatrix}[1 \quad 0] = \begin{bmatrix} 0 & 0 \\ 1 & 0 \end{bmatrix}$$

$$|1\rangle\langle 1| = \begin{bmatrix} 0 \\ 1 \end{bmatrix}[0 \quad 1] = \begin{bmatrix} 0 & 0 \\ 0 & 1 \end{bmatrix}$$

由此可见,外积 $|m\rangle\langle n|$ 运算时,其结果为一个 m 行 n 列矩阵,且仅有一个非零矩阵元素位于 m 行 n 列上(行和列均从 0 到 1),其余元素均为零。

对于内积 $\langle m|n\rangle$ 的运算规则可以总结为

$$\langle m|n\rangle = \delta_{mn} = \begin{cases} 1, m = n \\ 0, m \neq n \end{cases}$$

由这一运算规则可以得到,当 $|i\rangle\langle m|$ 作用于状态 $|n\rangle$ 时,有下式成立:

$$|i\rangle\langle m| \cdot |n\rangle = \delta_{mn}|i\rangle$$

由此可见量子力学运算是从右向左依次进行的。

外积表示是利用内积表示线性算符的一个有用的方法。设 $|v\rangle$ 是内积空间 V 中的矢量,而 $|w\rangle$ 是内积空间 W 中的矢量,定义 $|w\rangle\langle v|$ 为从 V 到 W 的线性算符:

$$(|w\rangle\langle v|)(|v'\rangle) \equiv |w\rangle\langle v|v'\rangle = \langle v|v'\rangle|w\rangle$$

表达式 $|w\rangle\langle v|v'\rangle$ 有两种可能的含义:算符 $|w\rangle\langle v|$ 在 $|v'\rangle$ 上的作用;$|w\rangle$ 与一个复数 $\langle v|v'\rangle$ 相乘。

现在我们可以用狄拉克表示法来描述希尔伯特空间的一些性质。任意两个矢量 $|\psi\rangle$ 和 $|\phi\rangle$ 的内积为 $\langle\psi|\phi\rangle$,它们具有如下属性:

$$\langle\psi|\psi\rangle \geqslant 0$$
$$\langle\phi|(a|\psi_1\rangle + b|\psi_2\rangle) = a\langle\phi|\psi_1\rangle + b\langle\phi|\psi_2\rangle$$
$$\langle\phi|\psi\rangle = \langle\psi|\phi\rangle^*$$
$$\langle\phi|(a|\psi\rangle) = a\langle\psi|\phi\rangle$$
$$\||\psi\rangle\| = \langle\psi|\psi\rangle^{\frac{1}{2}}$$

2.2　量子力学系统中的力学量

量子力学系统中的每一个力学量都用一个算符表达。算符是矢量空间的一个重要概念。规定一个具体的对应关系,用 A 表示,使得右矢空间中的某些右矢与其中另一些右矢相对应,例如,使 $|\phi\rangle$ 与 $|\psi\rangle$ 相对应,记为

$$|\phi\rangle = A|\psi\rangle$$

这样的对应关系 A 称为算符。我们说算符 A 作用于右矢 $|\psi\rangle$,得到右矢 $|\phi\rangle$。

在算符的定义中,被算符 A 所作用的右矢全体,称为 A 的定义域;得到的右矢全体称为值域,两者可以不同,也可以一部分或全部重合。

一个算符 A,其定义域是一个矢量空间,而又满足下列条件的称为线性算符:

$$A(|\psi\rangle + |\phi\rangle) = A|\psi\rangle + A|\phi\rangle$$
$$A(|\psi\rangle a) = (A|\psi\rangle) \cdot a$$

其中:a 是任意复数。

在量子力学中出现的算符,绝大多数都是线性算符。线性算符具有下列性质:

1) 线性算符的值域也是一个右矢空间;

2) 若定义域是有限空间,则值域空间的维数等于或小于定义域空间的维数;

3) 在定义域中,那些受 A 的作用而得到零矢量的右矢全体,也构成一个右矢空间。

复数对右矢的数乘可以看成算符对右矢的作用,而每一个复数都可以看成一个算符(赵千川译　2004)。其中两个特殊的算符:

$$0|\psi\rangle = |0\rangle; \quad 1|\psi\rangle = |\psi\rangle$$

对所有 $|\psi\rangle$ 均成立。前者称为零算符,后者称为单位算符。

两个算符 A,B 的和 $(A+B)$ 及其乘积 AB 的定义是:

$$(A+B)|\psi\rangle = A|\psi\rangle + B|\psi\rangle$$
$$BA|\psi\rangle = B(A|\psi\rangle)$$

如果两个算符 A,B 满足

$$AB = BA$$

则称这两个算符是可对易的,各个算符之间不都是可对易的。我们规定用对易式

$$[A,B] = AB - BA \tag{2.3}$$

表示两个算符的对易关系。若 $[A,B] = AB - BA = 0$,则算符 A 和 B 是对易的,否则为不对易的。

上面我们在右矢空间中定义了算符 A。由于每一个右矢在左矢空间中都有一个左矢与之对应,所以算符 A 也同时规定了左矢空间中一定范围内的左矢 $\langle\psi|$ 与左矢 $\langle\phi|$ 的对应关系。也就是说,在右矢空间中的每一个算符 A,都对应着左矢

空间中的某一个算符,这个左矢空间中与 A 相对应的算符,就记作 A^+,称为算符 A 的伴随算符,它等于 A 的共轭转置:

$$| \phi \rangle = A | \psi \rangle \equiv | A\psi \rangle \rightarrow \langle \phi | = \langle A\psi | \equiv \langle \psi | A^+$$

换句话说,算符 A 的伴随算符恒等于算符 A 的共轭转置:

$$A^+ = (A^*)^T \tag{2.4}$$

一、厄米算符(Hermitian operator)

如果一个算符 A 与其伴随算符 A^+ 完全相等,则该算符被称为厄米算符:

$$A \text{ 是厄米算符} \Leftrightarrow A^+ = A = (A^*)^T$$

所以,厄米算符又称为自伴(self-adjoint)算符。

伴随算符 A^+ 对于每一个 $|\phi\rangle$ 和 $|\psi\rangle$,有

$$\langle \psi | A^+ | \phi \rangle = \langle \phi | A | \psi \rangle^* \tag{2.5}$$

观察(2.5)式可以发现,要想得到一个表达式的厄米共轭,可以按以下步骤进行:

1)常数用复共轭式代替;

右矢用其相应左矢代替;

左矢用其相应右矢代替;

算符用其伴随算符代替。

2)颠倒因子的次序(常数的位置无关紧要),例如:

$$\lambda \langle \phi | AB | \psi \rangle \rightarrow \lambda^* \langle \psi | B^+ A^+ | \phi \rangle$$

二、幺正算符(unitary operator)

幺正算符是满足下列条件的算符:

$$U^+ U = UU^+ = I$$

换句话说当一个算符的逆算符与其伴随算符相等时,称该算符为幺正算符:

$$U^+ = U^{-1}$$

将一个幺正算符作用于一个矢量空间的全部矢量,则对其中任意两个矢量 $|\psi\rangle$ 和 $|\phi\rangle$ 可获得两个新矢量 $|\psi'\rangle$ 和 $|\phi'\rangle$,这一操作称为矢量的幺正变换。幺正变换不改变矢量的模,也不改变两矢量的内积,从而不改变其正交关系。

三、投影算符

在空间中取一组基矢量 $\{|v_i\rangle\}$,投影算符是

$$P_i = |v_i\rangle\langle v_i|$$

P_i 作用到右矢 $|\psi\rangle$ 上得到

$$P_i |\psi\rangle = |v_i\rangle\langle v_i| \cdot |\psi\rangle = |v_i\rangle\langle v_i|\psi\rangle = C|v_i\rangle$$

这是基右矢 $|v_i\rangle$ 乘以矢量 $|\psi\rangle$ 在 $|v_i\rangle$ 上的分量 $C=\langle v_i|\psi\rangle$。$C$ 是一个数,若沿用三维空间上术语,就是右矢 $|\psi\rangle$ 在 $|v_i\rangle$ 上的投影。P_i 称为 $|v_i\rangle$ 子空间上的投影算符(戴葵等　2001)。

四、矢量空间上的直和运算

矢量空间上的直和运算是用已知矢量空间 R_1 和 R_2 构造一个更大的矢量空间时常用的构造方法。

设矢量空间 R_1 中的矢量是 $|\alpha\rangle,|\beta\rangle,\cdots$,算符是 $A,B,\cdots$;而矢量空间 R_2 中的矢量为 $|\psi\rangle,|\phi\rangle,\cdots$,算符是 $L,M,\cdots$。现在构造它们二者的直和空间。

从 R_1 空间中取一个矢量,从 R_2 空间中取一个矢量放在一起(不改变次序),例如 $|\alpha\rangle$ 与 $|\psi\rangle$ 放在一起,根据一定的规则构成双矢量,我们用下列特殊符号表示:

$$|\alpha\rangle \oplus |\psi\rangle$$

它们称为矢量 $|\alpha\rangle$ 与 $|\psi\rangle$ 的直和。这一类双矢量及其叠加可以构成一个新的矢量空间(李承祖等　2001)。

现在定义这个矢量空间的三种运算:

1) 加法

$$(|\alpha\rangle \oplus |\psi\rangle) + (|\beta\rangle \oplus |\phi\rangle) = (|\alpha\rangle \oplus |\beta\rangle) + (|\psi\rangle \oplus |\phi\rangle)$$

式中左边的加号 $\oplus$ 表示直和空间中的加法,右边的第一个加号 $\oplus$ 是 R_1 中的加法,右边的第二个加号 $\oplus$ 是 R_2 中的加法。

2) 数乘

$$(|\alpha\rangle \oplus |\psi\rangle)a = |\alpha\rangle a \oplus |\psi\rangle a$$

3) 内积

$$(|\alpha\rangle \oplus |\psi\rangle)(|\beta\rangle \oplus |\phi\rangle) = \langle\alpha|\beta\rangle + \langle\psi|\phi\rangle$$

这样就构成了一个新的矢量空间 R。我们称空间 R 是 R_1 和 R_2 的直和空间,表示为

$$R = R_1 \oplus R_2$$

现在可以用 R_1 中的算符 $A,B,\cdots$ 和 R_2 中的算符 $L,M,\cdots$ 构造直和空间的算符 $A\oplus L$,称为 A,L 两算符的直和,其作用为

$$(A \oplus L)(|\alpha\rangle + |\psi\rangle) = A|\alpha\rangle \oplus L|\psi\rangle$$

下面讨论矢量和算符的矩阵表示。

为了具体起见,我们取 R_1 为 2 维,R_2 为 3 维,其基矢分别为 $\{|v_1\rangle,|v_2\rangle\}$ 和 $\{|\varepsilon_1\rangle,|\varepsilon_2\rangle,|\varepsilon_3\rangle\}$,这里,直和空间为 5 维,其基矢为

$$|v_1\rangle \oplus |0\rangle, |v_2\rangle \oplus |0\rangle, |0\rangle \oplus |\varepsilon_1\rangle, |0\rangle \oplus |\varepsilon_2\rangle, |0\rangle \oplus |\varepsilon_3\rangle$$

于是,在 R_1 和 R_2 中,$|\alpha\rangle$ 和 $|\psi\rangle$ 的矩阵表示分别为

$$|\alpha\rangle = \begin{bmatrix} \alpha_1 \\ \alpha_2 \end{bmatrix}, \quad |\psi\rangle = \begin{bmatrix} \psi_1 \\ \psi_2 \\ \psi_3 \end{bmatrix}$$

其中,$\alpha_i = \langle v_i | \alpha \rangle$,$\psi_m = \langle \varepsilon_m | \psi \rangle$。

在直和空间中,矢量 $|\alpha\rangle \oplus |\psi\rangle$ 的矩阵形式为

$$|\alpha\rangle \oplus |\psi\rangle = \begin{bmatrix} \alpha \\ \psi \end{bmatrix} = \begin{bmatrix} \alpha_1 \\ \alpha_2 \\ \psi_1 \\ \psi_2 \\ \psi_3 \end{bmatrix}$$

算符的矩阵形式也是一样:在 R_1 和 R_2 中,算符 A 和 L 的矩阵形式分别为

$$A = \begin{bmatrix} A_{11} & A_{12} \\ A_{21} & A_{22} \end{bmatrix}, \quad L = \begin{bmatrix} L_{11} & L_{12} & L_{13} \\ L_{21} & L_{22} & L_{23} \\ L_{31} & L_{32} & L_{33} \end{bmatrix}$$

在直和空间中,算符 $A \oplus L$ 的矩阵形式为

$$A \oplus L = \begin{bmatrix} A & 0 \\ 0 & L \end{bmatrix} = \begin{bmatrix} A_{11} & A_{12} & 0 & 0 & 0 \\ A_{21} & A_{22} & 0 & 0 & 0 \\ 0 & 0 & L_{11} & L_{12} & L_{13} \\ 0 & 0 & L_{21} & L_{22} & L_{23} \\ 0 & 0 & L_{31} & L_{32} & L_{33} \end{bmatrix}$$

其中,$A_{ij} = \langle v_i | A | v_j \rangle$,$L_{mn} = \langle \varepsilon_m | L | \varepsilon_n \rangle$。

五、矢量空间的直积

矢量空间的直积是由两个已知空间 R_1 和 R_2 构造一个更大的矢量空间的另一种方法。直积空间中的数学对象也是双矢量及它们的叠加;双矢量也是从 R_1 和 R_2 中各取一个矢量不计次序地放在一起。与直和空间的区别表现在三种运算规则的不同上,所以直积空间的性质与直和空间有很大的不同。

矢量 $|\alpha\rangle$ 和 $|\psi\rangle$ 的直积写成

$$|\alpha\rangle \otimes |\psi\rangle = |\alpha\rangle |\psi\rangle = |\alpha\psi\rangle$$

直积空间 R_1 和 R_2 中的运算规则如下:

(1) 加法:$|\alpha\rangle |\psi\rangle + |\beta\rangle |\phi\rangle$ 是一个新的矢量,一般不能表示为双矢量的形式,这与直和空间的加法不同。加法的单位是

$$|0\rangle = |0^{(1)}\rangle |0^{(2)}\rangle$$

(2) 乘数：$|\alpha\rangle|\psi\rangle a = (|\alpha\rangle a)|\psi\rangle = |\alpha\rangle(|\psi\rangle a)$

(3) 内积：$(\langle\alpha|\langle\psi|)(|\beta\rangle|\phi\rangle) = \langle\alpha|\beta\rangle\langle\psi|\phi\rangle$

(4) 直积的分配律：$(|\alpha\rangle + |\beta\rangle)|\psi\rangle = |\alpha\rangle|\psi\rangle + |\beta\rangle|\psi\rangle$

这样就构成了一个新的矢量空间，称为 R_1 和 R_2 的直积空间。

设 R_1 中的算符为 $A, B, \cdots$，R_2 中的算符为 $L, M, \cdots$，那么，直积空间的算符为 $A \otimes L$，其定义为

$$(A \otimes L)(|\alpha\rangle \otimes |\psi\rangle) = A|\alpha\rangle \otimes L|\psi\rangle$$

且满足下列关系：

$$(A + B) \otimes L = A \otimes L + B \otimes L$$
$$(A \otimes L)(B \otimes M) = AB \otimes LM$$

下面讨论矢量和算符的矩阵表示。同样为了具体起见，我们取 R_1 为 2 维，R_2 为 3 维。$|\alpha\rangle \otimes |\psi\rangle$ 的矩阵形式为

$$|\alpha\rangle \otimes |\psi\rangle = \begin{bmatrix} \alpha_1 \\ \alpha_2 \end{bmatrix} \otimes \begin{bmatrix} \psi_1 \\ \psi_2 \\ \psi_3 \end{bmatrix} = \begin{bmatrix} \alpha_1\psi_1 \\ \alpha_1\psi_2 \\ \alpha_1\psi_3 \\ \alpha_2\psi_1 \\ \alpha_2\psi_2 \\ \alpha_2\psi_3 \end{bmatrix}$$

直积算符 $A \otimes L$ 的矩阵形式为

$$A \otimes L = \begin{bmatrix} A_{11}L & A_{12}L \\ A_{21}L & A_{22}L \end{bmatrix}$$

假定我们以 L 位量子字节表示 X，X 可以包含任意一个从 $0 \sim 2^L - 1$ 的数字，任意一个 X 的状态可以描述为

$$|X\rangle = |x_{L-1}x_{L-2}\cdots x_1x_0\rangle = |x_{L-1}\rangle \otimes |x_{L-2}\rangle \otimes \cdots \otimes |x_0\rangle$$

$$X = \sum_{i=0}^{L-1} x_i 2^i, \quad (x_i = 0, 1)$$

其中，x_i 为对应于第 i 个粒子所占据的量子状态。

状态 $|X\rangle$ 中的符号 $\otimes$ 意味着一个张量乘积，是对 L 位量子字节系统状态的一种算符表示。有时忽略符号 $\otimes$，直接写成

$$|X\rangle = |x_{L-1}\rangle |x_{L-2}\rangle \cdots |x_0\rangle = |x_{L-1}x_{L-2}\cdots x_1x_0\rangle$$

2.3　量子力学的假设

量子力学基本原理的正确性不是靠逻辑推理说明的，而是靠在这些原理基础

上建立起来的量子力学理论及预言的实验结果都被实验室证实来保证的。

2.3.1 量子态的描述

在经典力学中,一个力学系统的状态可由其具体位置 r 和动量 p 来确定,并由牛顿定律来确定系统状态随时间的变化规律。在量子力学中,由于微观粒子所特有的波粒二象性,使得量子力学量的描述均以概率的形式出现。这并不表明描述宏观物体的状态变量及其规律在量子力学中完全不适用了,因为宏观世界中的物体运动规律是由大量微观粒子相互作用的结果,所以用来形容宏观客体的物理量在结合微观粒子的特性后可以用来对微观粒子进行描述。

量子力学是反映微观物质世界的运动规律的理论,是对客观存在的一种数学模拟和理论解释,其中对微观粒子的状态是用希尔伯特空间的波函数来反映的,波函数本身并不是力学变量,也不具有任何经典物理量的意义,而是用来刻画具体量子力学量的各种可能值和出现这种可能值的概率。通过它,可以找到与经典力学对应的量子变量,例如在坐标空间中的波函数 $\psi(r)$ 和动量空间中的波函数 $\phi(p)$ 之间的精确关系式分别为(费孝功 2004):

$$\psi(r) = \frac{1}{(2\pi\hbar)^{3/2}} \int_{-\infty}^{\infty} \phi(p) e^{i p \cdot r/\hbar} dp \tag{2.6}$$

$$\phi(p) = \frac{1}{(2\pi\hbar)^{3/2}} \int \psi(r) e^{-i p \cdot r/\hbar} dr \tag{2.7}$$

在经典力学中,牛顿定律被用来描述物质的运动规律,是经典物理的基础,而且它是一个不能用其他更基本的定理或假定来证明的基本假设。在量子力学中,薛定谔方程则是具有与经典力学中牛顿定律同等意义的方程:

$$i\hbar \frac{\partial}{\partial t} \psi(r, t) = \left[-\frac{\hbar^2}{2m} \nabla^2 + V \right] \psi(r, t) \tag{2.8}$$

这是由薛定谔于 1926 年提出的方程,它揭示了原子世界中物质运动的基本规律,描述了量子态 $\psi(r, t)$ 随时间变化的规律。薛定谔方程成功的解释了很多微观世界中的粒子现象。近几十年来的科学进展表明,各种化学和生物现象原则上都可以在量子力学原理和电磁作用的基础上根据薛定谔方程得到满意的理解。更重要的是,当 $\hbar \to 0$ 时,薛定谔方程可以很自然的过渡到牛顿方程,这就再一次证明了薛定谔方程的正确性,也进一步说明了经典物理只是量子物理的宏观近似。

由于微观粒子坐标和动量不再同时取确定值,经典描述方法对微观粒子自然失效。在量子力学中如何描述一个微观粒子或多个微观粒子系统的状态呢?关于这个问题有下面的假设。

量子力学的第一条假设:量子力学系统的态矢由希尔伯特空间中的矢量完全描述。

表示量子态的矢量称为态矢量(state vector)。希尔伯特空间就是态矢量张起的空间。在量子力学中称为态矢(矢量)空间。

总结一下前面的内容。在量子力学中可以使用一个称为右矢的狄拉克符号表示量子态矢量,其作用类似于三维空间中的矢量符号"$\boldsymbol{\psi}$",一个具体的态矢可以用 $|\psi\rangle$ 表示,ψ 是表征具体态矢的特征量或符号。左矢符号表示的态矢为 $\langle\psi|$,左态矢 $\langle\psi|$ 是右态矢 $|\psi\rangle$ 的复共轭转置,可表示为:$\langle\psi| = |\psi\rangle^*$,那么,态矢空间中两矢量 $|\psi_1\rangle$ 和 $|\psi_2\rangle$ 的内积可表示为:$|\psi_1\rangle^* |\psi_2\rangle = \langle\psi_1|\psi_2\rangle$。与一个矢量可以用不同的坐标系表示一样,态矢量也可以用不同的"坐标系"表示。在量子力学中,将表示态矢的具体"坐标系"称为表象。态矢用定义在某个区域上的平方可积复数函数表示,就称为态矢的"坐标表象"。在坐标表象中,常省去狄拉克符号,直接用这个平方可积复值函数表示态矢量。在单粒子情况下,这个函数可记为 $\psi(x)$,x 就是粒子坐标。$\psi(x)$ 描述与单粒子相伴的物质波,所以又称为波函数。根据物质波的概率解释,$\psi(x)$ 描述了粒子坐标取值的概率分布。由于概率是非负实数,量子力学中把 $|\psi(x)|^2 d\tau$ 和这个粒子在 x 体积元 $d\tau$ 内出现的概率联系起来,规定粒子在 x 点体积元 $d\tau$ 内出现的概率

$$\propto |\psi(x)|^2 d\tau = C|\psi(x)|^2 d\tau \tag{2.9}$$

其中,比例系数 C 是实常数。

在非相对论量子力学中,没有虚粒子产生、消灭的情形,粒子在空间出现的概率和等于 1,所以

$$\int_{\infty} C|\psi(x)|^2 d\tau = 1 \tag{2.10}$$

总可以选择适当常数 C,并把 $\sqrt{C}$ 带入 $\psi(x)$ 中,使新的波函数 $\psi'(x)$ 满足

$$\int_{\infty} \psi'(x)|^2 d\tau = 1 \tag{2.11}$$

(2.11)式被称为波函数的归一化条件(normalizing condition),满足归一化条件的波函数称为归一化波函数。对于归一化的波函数 $\psi(x)$,$|\psi(x)|^2 d\tau$ 表示在 x 点附近体积元 $d\tau$ 内出现的概率。$\psi(x)$ 的模方 $|\psi(x)|^2$ 就是在 x 点的概率密度。以后无特殊声明,总假设波函数是归一化的。

由此可知:波函数 $\psi(x)$ 本身只是概率幅(probability amplitude),$\psi(x)$ 的实部和虚部的平方和——模的平方 $|\psi(x)|^2$ 是概率密度,而粒子在空间出现的概率为 $|\psi(x)|^2 d\tau$。$\psi(x)$ 本身并不表示概率,而且由于它是复函数,其本身不代表任何物理量。在量子力学中引入概率幅,使量子力学从根本上区别于经典统计学。经典统计学是以概率为研究对象的,著名物理学家 Feynman 称概率幅的概念是量子力学中最基本的概念之一。

微观体系的运动状态由相应的一个波函数完全的描述,波函数作统计解释,这

表明体系的运动状态是由相应的波函数给出粒子在任一时刻 t 的坐标、动量以及其他所有量子力学量取值的概率分布而完全确定。这种按统计性(而非决定性)方式来完全确定的微观体系运动状态称为量子态。

　　态矢量或波函数的物理意义就在于能够对它所描述的系统实施测量的结果概率分布做出预言。态矢作为希尔伯特空间中的一个矢量是十分抽象的,我们可以从两个方面对其进行理解,一是态矢是获得这个态历史过程的记录,包含着制备这个态过程中使用的宏观仪器,选定的参数值,整个操作过程等全部信息。态函数记录了系统制备的信息,使不同的态对测量结果做出不同的响应。从这个意义上说,态函数是联系态制备历史和测量结果的纽带。另一方面,不同态对测量结果做出不同的响应,说明不同的态具有不同的物理性质。一个态物理性质的辨识需要通过多次重复(不是对同一个态,而是对一批相同的态)测量实现。测量结果不是单值决定的,而且一般的测量过程要引起态的不可逆变化,因而测量过程实质上是新态制备过程。只有对相同态的多次重复测量,得到力学量可能值的概率分布,才能描述态的物理性质。在态矢量中包含着一个或几个力学量实现其某些特定值潜在可能性的全部信息。一般说来,当微观粒子处在某一运动状态时,它的力学量如坐标、动量、角动量、能量等不同时具有确定的数值,而具有一系列可能的值,每一可能的值以一定的概率出现。当给定描述这一运动状态的波函数 ψ 后,力学量出现各种可能的相应的概率就完全确定。利用统计平均的方法,可以算出该力学量的平均值,进而与实验的观测相比较。

　　既然一切力学量的平均值原则上均可由 ψ 给出,而且这些平均值就是 ψ 所描述的状态下相应的力学量的观测结果,从这个意义上讲,态矢完全描述了量子系统。

2.3.2　量子态叠加原理

　　在经典物理中,波动的一个显著特点就是满足线性叠加原理。如果 ψ_1 表示一个波动过程, ψ_2 表示另一个波动过程,那么

$$\psi = a\psi_1 + b\psi_2$$

也是一个波动过程,这里 a 和 b 分别为两个常数。例如空间一点光波振动就是此前时刻波振面上各点发射子波在焦点叠加的结果。应用波叠加原理,可以很好地解释光波、声波的干射、衍射等现象。

　　物质波是否也满足叠加原理呢? 如果 $|\psi_1\rangle$ 是希尔伯特空间中的一个矢量, $|\psi_2\rangle$ 是希尔伯特空间中的另一个矢量,由希尔伯特空间性质(2.1)式可知

$$|\psi\rangle = C_1|\psi_1\rangle + C_2|\psi_2\rangle \tag{2.12}$$

其中,(C_1 和 C_2 是两个复常数)也是希尔伯特空间中的一个矢量。所以,若量子

力学系统处在 $|\psi_1\rangle$ 和 $|\psi_2\rangle$ 描述的态中,则(2.12)式中的线性叠加态 $|\psi\rangle$ 也是系统的一个可能态,这就是量子力学中的叠加原理(principle of superposition)。

量子力学叠加原理和经典物理中波叠加原理显然在形式上相同,但二者意义有本质区别。这种区别表现在:

1) 两个相同态的叠加在经典物理中代表着一个新的态,而在量子物理中则表示同一个态。

2) 在经典物理叠加中的 ψ_1 和 ψ_2 表示两列波叠加,在量子力学中,$|\psi_1\rangle$ 和 $|\psi_2\rangle$ 是属于同一量子系统的两个可能状态。在叠加态中,系统将部分地处在各个叠加态中。

例 2.1　在电子双缝干涉试验中,由 S_1 缝通过的电子状态用波函数 ψ_1 描写,电子在屏幕上的分布是 $|\psi_1|^2$;由 S_2 缝通过的电子状态用波函数 ψ_2 描写,电子在屏幕上的分布是 $|\psi_2|^2$。当两缝都打开时,电子可以从 S_1 缝通过,也可从 S_2 缝通过,即电子可以处在 ψ_1 态,也可以处在 ψ_2 态,由叠加原理,电子所处的叠加态为

$$\psi(x) = C_1\psi_1(x) + C_2\psi_2(x)$$

于是,屏幕上电子分布由

$$
\begin{aligned}
|\psi(x)|^2 &= |C_1\psi_1(x) + C_2\psi_2(x)|^2 \\
&= |C_1\psi_1(x)|^2 + |C_2\psi_2(x)|^2 + C_1^* C_2\psi_1^*(x)\psi_2(x) \\
&\quad + C_1 C_2^* \psi_1(x)\psi_2^*(x)
\end{aligned}
\tag{2.13}
$$

描写。式(2.13)中前两项分别是电子通过 S_1 缝和 S_2 缝时的分布,第三、四项是干涉项。由于干涉项的存在,在两缝都打开的情况下,屏幕上的电子分布不再是简单的 $|\psi_1|^2$ 和 $|\psi_2|^2$ 之和,而是呈现出明暗相间的干涉分布。实验证明了量子力学叠加原理的正确性(张镇九等　2002)。

例 2.2　一个量子位是一个双态量子系统,或者说是一个二维希尔伯特子空间。记它的两个互相独立的基状态分别为:基本态 $|0\rangle$ 和激发态 $|1\rangle$。根据叠加原理,这个量子位可以处在叠加态

$$|\psi\rangle = a|0\rangle + b|1\rangle$$

中,这里 a 和 b 是满足 $|a|^2 + |b|^2 = 1$ 的复数。原则上,通过适当地确定 a 和 b,可以在一个量子位编码无穷多的信息,但实际上,由于这些态并不都是相互正交,所以编码的信息没有可靠方法提取出来。而特别地,可以同时编码为 $|0\rangle$ 和 $|1\rangle$,故在态

$$|\psi\rangle = \frac{1}{\sqrt{2}}(|0\rangle + |1\rangle)$$

中,$|0\rangle$ 和 $|1\rangle$ 以相同的概率出现。

如果一个量子系统含有两个量子位,这两个量子位可以处在四个不同的基状态:$|00\rangle$、$|01\rangle$、$|10\rangle$和$|11\rangle$中,因而也可以处在它们的叠加态中:

$$|\psi\rangle = C_0|00\rangle + C_1|01\rangle + C_2|10\rangle + C_3|11\rangle$$

以此类推,一个有 L 个量子位的系统可以处在 2^L 个不同的叠加态。量子系统可以这种方式指数地增加存储能力。

2.3.3 力学量的厄米算符表示以及测量力学量算符的取值

量子力学的第三条假设:量子力学中,每一个力学量都用一个线性厄米算符表示。

系统中可观测的力学量所对应的算符必为厄米算符。厄米算符的本征函数具有正交、归一和完备性。可以用它作为一组基矢,构成希尔伯特空间。

波函数 ψ 代表粒子的一切可能出现的态,但在单次测量中,只能涉及其中的某一个态 ψ_n。力学量 A 在终态下具有确定的值 A_n,这种具有确定性的态称作本征态,ψ_n 称作本征函数。本征函数具有正交性和归一性,也就是说不同的本征函数是彼此独立的(即"正交性"),正交归一性的数学描述是

$$\int \psi_m^* \psi_n \mathrm{d}t = \delta_{mn} = \begin{cases} 1 & m = n \\ 0 & m \neq n \end{cases} (或\langle\psi_m|\psi_n\rangle = \delta_{mn})$$

对于一个归一化的右矢描述的态$\langle\psi|\psi\rangle=1$,可观测量 A 在态$|\psi\rangle$的平均值定义为

$$\langle A\rangle_\psi = \langle\psi|A|\psi\rangle \tag{2.14}$$

一个可观测量的平均值具有明确的物理意义,假设当系统处于态$|\psi\rangle$,由算符 A 代表的物理量被测量很多次,那么,$\langle A\rangle_\psi$ 表示测量结果的平均值(即每个测量结果乘以得到该结果的概率之和)。

现在既然获得力学量 A 在 ψ_n 下的确定值 A_n,那么它的平均值$\langle A_n\rangle$就是它本身,因为由(2.14)式可得

$$\begin{aligned} \langle A_n\rangle &= \langle\psi_n|A|\psi_n\rangle \\ &= \langle\psi_n|A_n|\psi_n\rangle \\ &= A_n\langle\psi_n|\psi_n\rangle \\ &= A_n \end{aligned} \tag{2.15}$$

由此可得

$$A|\psi_n\rangle = A_n|\psi_n\rangle \tag{2.16}$$

(2.16)式被称为算符 A 的本征值方程(eigenvalue equation),A_n 称为算符 A 的本征值(eigenvalue),相应的态矢$|\psi_n\rangle$称为算符 A 属于本征值的本征矢(eigen-vector)。根据(2.16)式,只要知道了算符以及态矢的具体形式,就可以求得本征

值。由(2.16)式可得:当且仅当 $|\psi_n\rangle$ 是力学量 A 的本征态时,在 A 的本征态 $|\psi_n\rangle$ 中测量 A 才有确定值,而且这个确定值就是 A 在这个态的平均值。

如果属于本征值 A_n 的本征矢只有一个(或属于本征值 A_n 的子空间是一维的),则称本征值或本征矢是非简并的。在简并的情形,属于同一本征值的线性独立的本征函数的个数称为简并度。

对于所有本征矢 $|\psi_n\rangle$,张成一个希尔伯特空间,即有下式成立:

$$|\psi\rangle = \sum_n C_n |\psi_n\rangle \qquad (2.17)$$

用不同的本征矢 $|\psi_m\rangle$ 左乘(2.16)式,可得

$$\langle \psi_m | \psi \rangle = \sum_n C_n \langle \psi_m | \psi_n \rangle = \sum_n C_n \delta_{mn} = C_m \qquad (2.18)$$

所以,(2.17)式中的系数 $C_n = \langle \psi_n | \psi \rangle$,将此式代入(2.17)式,可得

$$|\psi\rangle = \sum_n |\psi_n\rangle\langle \psi_n | \psi\rangle$$

由于 $|\psi_n\rangle$ 是幺正态矢,所以有

$$\sum_n |\psi_n\rangle\langle \psi_n | = I \qquad (2.19)$$

(2.18)式称为算符 A 的本征矢 $|\psi_n\rangle$ 完备性条件。

现在叙述量子力学的第四条假设:测量力学量 A 的可能值谱就是其算符 A 的本征值谱;仅当系统处在算符 A 的某个本征态矢 $|\psi_n\rangle$ 时,测量力学量 A 才能得到唯一的结果 A_n,即本征态 $|\psi_n\rangle$ 的本征值;若系统处于某一归一化态矢 $|\psi\rangle$ 所描述的状态,测得本征值之一 A_n 的概率为 $|C_n|^2$,C_n 是态 $|\psi\rangle$ 按算符 A 的正交归一完备函数 $|\psi_n\rangle$ 展开的系数:$|\psi\rangle = \sum_n C_n |\psi_n\rangle$,其中,$C_n = \langle \psi_n | \psi \rangle$。

对两个或多个可观测量同时进行的测量,只有系统同时处在每个可观测量同一本征态时才能导致每个可观测量具有确定值。这意味着这种同时进行的测量是相互独立的,或彼此互不相干的。如果如此,进行测量的先后次序是无关紧要的,而表征可观测量的算符就一定是相互对易的,即有 $AB = BA$ 成立。

现将线性厄米算符的本征值和本征函数的一些重要性质总结如下

1) 线性厄米算符的本征值都是实数;

2) 线性厄米算符属于不同本征值的本征矢正交;

3) 线性厄米算符的本征矢张起一个完备的矢量空间;

4) 两个力学量算符具有共同完备本征函数系的充要条件是这两个算符相互对易。

2.3.4 量子态的演化

量子力学的目的不仅是描述微观系统的状态,而且还希望了解微观体系状态

变化的过程以及决定变化过程的相互作用力学机制,从而有效的控制、利用量子现象。因此必须掌握量子系统状态随时间变化的规律。典型的量子计算的过程实质上就是量子态按照算法要求演化的过程。

薛定谔方程是量子系统状态演化的基本规律。当量子系统没有进行测量的时候,系统遵循该规律进行持续演变。

$$i\hbar \frac{\partial \mid \psi(t)\rangle}{\partial t} = H(t)\mid \psi(t)\rangle \tag{2.20}$$

或

$$i\hbar \frac{\partial \psi}{\partial t} = H(t)\psi$$

其中:$i=\sqrt{-1}$为虚数,$\hbar=1.0545\times10^{-34}$J·s 为约化普朗克常数,在理论分析中,$\hbar$的精确值对我们并不重要,所以进行系统分析中,常常把因子 $\hbar$ 放到 H 中,并且置 $\hbar=1$。$H(t)$为哈密顿算符(Hamiltonian),它与特定的物理系统相关,决定系统状态的演化。

如果知道了系统的哈密顿量,则(加上对 $\hbar$ 的知识)我们就至少在原则上完全了解了系统的动态。然而,找出描述特定物理系统的哈密顿量一般是一个很难的问题,上世纪物理学界的许多工作都与这个工作有关,这需要从实践得来实质性结果。对我们而言,这是在量子力学框架内,由物理理论来解决的细节问题,即在原子的这样或那样的配置中需要什么样的哈密顿量描述,而并非量子力学理论自身需要解决的问题。在对量子力学系统控制的讨论和研究中,不需要讨论哈密顿量,即使需要,通常也只是假设某个矩阵为哈密顿量作为问题已知起点,然后继续下去,而不考察哈密顿量的来历。

由于哈密顿量是一个厄米算符,故其存在谱分解

$$H = \sum_E E\mid E\rangle\langle E\mid$$

其中,特征值是 E,$\mid E\rangle$是相应的特征向量。状态$\mid E\rangle$习惯上称作能量本征态或定态(stationary state)。E 是$\mid E\rangle$的能量。最低的能量称为系统的基态能量,相应的能量本征态(或本征空间)称为基态。状态$\mid E\rangle$之所以称为定态是因为它们随时间的变化只是一个数值因子

$$\mid E\rangle \rightarrow \exp(-iEt/\hbar)\mid E\rangle$$

例如,设单个量子位具有哈密顿量

$$H = \hbar\omega X$$

式中,ω 是一个参数,实际中需要通过实验来确定。对该参数我们并不是太关心,我们所关心的是量子力学系统中可能会用到上述哈密顿量的类型。这个哈密顿量的能量本征态显然和 X 的本征态相同,即$(\mid 0\rangle+\mid 1\rangle)/\sqrt{2}$和$(\mid 0\rangle-\mid 1\rangle)/\sqrt{2}$,分别对应能量 $\hbar\omega$ 和$-\hbar\omega$,于是,基态是$(\mid 0\rangle-\mid 1\rangle)/\sqrt{2}$的能量为$-\hbar\omega$。

许多实际量子系统中的哈密顿量是可以时变的,即哈密顿量不是常数,而是按照实验者所设置的控制,在实验过程中通过改变某些参数而随时间变化的。于是,虽然系统是不封闭的,但在很好的近似程度上,是按照具有时变哈密顿量的薛定谔方程演化。

在薛定谔方程中计算的是态矢量,也就是概率幅,它不是一个物理量,这是与经典物理的一个根本区别。在经典物理中,所有动力学方程都是描述物理量变化规律的,而在量子力学中,一切可观测的力学量取值都是由概率幅的模决定的。

如果哈密顿算符与时间无关,并且系统的初始状态为 $|\psi(0)\rangle$,那么薛定谔方程就可以简化为

$$|\psi(t)\rangle = \mathrm{e}^{-\mathrm{i}Ht/\hbar}|\psi(0)\rangle = U(t)|\psi(0)\rangle$$

其中,$U(t) = \mathrm{e}^{-\mathrm{i}Ht/\hbar}$ 称为演化算符,满足

$$UU^+ = U^+U = I$$

演化算符的幺正性要求量子信息处理中的逻辑操作必须执行幺正演化。由于幺正操作总有逆操作存在,所以量子信息处理中的逻辑操作都是可逆的。

2.3.5　幺正变换及其特性

幺正变换在量子系统中起着重要的作用,它能够方便地简化我们对量子系统态的操控过程,所以有必要掌握其特性,下面将幺正变换所具备的特性总结一下。

在量子力学中,表示态矢的具体“坐标系”称为表象。态矢用定义在某个区域上的平方可积复数值函数表示为“坐标表象”。幺正变换矩阵是由相互正交的基矢所组成的变换矩阵,所以幺正变换矩阵 U 满足关系式

$$U^+ = U^{-1},\text{或 } U^+U = I$$

幺正变换同时还具有以下特性。

一、幺正变换不改变两个态矢的内积

设态矢从不带表象到带表象:

$$|\psi'\rangle = U|\psi\rangle$$
$$|\phi'\rangle = U|\phi\rangle$$

则:

$$\langle\phi'|\psi'\rangle = \langle\phi|U^+U|\psi\rangle = \langle\phi|\psi\rangle \tag{2.21}$$

所以两态矢的内积在幺正变换下不变。另外,态矢的模(或者归一化条件)在幺正变换下保持不变。

二、态矢在不同表象之间的变换通过幺正变换进行

幺正变换矩阵是新表象基矢左矢和原表象基矢右矢的内积。当态矢变换时,

作用到态矢上的力学量算符也要作相应的逆变换。

设力学量算符 F 在 A 表象中的矩阵元为

$$F_{mn}^{(A)} = \langle a_m | F | a_n \rangle$$

在 B 表象中的矩阵元为

$$F_{mn}^{(B)} = \langle b_m | F | b_n \rangle$$

利用 A 表象基元完备性条件：$\sum_n |\psi_n\rangle\langle\psi_n| = I$，可得

$$\langle b_m | F | b_n \rangle = \sum_{kl} \langle b_m | a_k \rangle\langle a_k | F | a_l \rangle\langle a_l | b_n \rangle$$

写成矩阵形式，即为

$$F^{(B)} = SF^{(A)}S^{-1} \tag{2.22}$$

其中：$F^{(B)}$，$F^{(A)}$ 分别是算符 F 在 B、A 表象中的表示矩阵，S 是从 A 表象到 B 表象的交换矩阵。(2.22)式表示力学量算符在两表象中表示矩阵之间的关系，是用表象基矢交换矩阵之外的一个相似变换。

三、幺正变换不改变算符的本征值

设 F 算符在不带表象中的本征值分别为 F_n，其本征方程为

$$F|\psi\rangle = F_n|\psi\rangle$$

注意到 F_n 是本征值，以 U 左乘上式两边，应用幺正变换条件 $UU^+ = I$，上式可以写为

$$UFU^{-1}U|\psi\rangle = F_nU|\psi\rangle$$

若 U 就是从不带表象到带表象的变换矩阵，则利用(2.22)式，可得

$$F'|\psi'\rangle = F_n|\psi'\rangle$$

这表明在新表象 F' 算符的本征值仍为 F_n，所以幺正变换不改变算符的本征值，算符的本征值表示算子本身的形式，与具体表象无关。

由于算符在自身表象中的矩阵为对角矩阵，该矩阵的对角元就是这个算符的本征值，这就给出了求算符本征值和本征矢的方法。求一个算符本征值的问题，可以归结为寻找一个幺正变换 U，使算符在原来表象中的矩阵表示化到自身表象中，即，使算符的矩阵对角化，对角元就是这个算符的本征值，新表象的基矢就是算符属于各个本征值的正交归一化本征矢，这些本征矢通过 U 变换与原表象基矢关联。

四、算符表示矩阵的迹在幺正变换下不变

由于 $F' = UFU^{-1}$，在求迹号下矩阵乘积因子可以交换，所以存在

$$\text{tr}(F') = \text{tr}(UFU^{-1}) = \text{tr}(UU^{-1}F) = \text{tr}(F)$$

在算符 F 自身表象中,它的迹就是其各本征值之和。

五、在幺正变换下,任何力学量算符的平均值保持不变,或者更一般地说,力学量算符的矩阵元保持不变

设

$$|\psi'\rangle = U|\psi\rangle$$
$$|\phi'\rangle = U|\phi\rangle$$

由于 $F' = UFU^{-1}$,所以

$$\langle\phi'|F'|\psi'\rangle = \langle\phi|U^{-1}UFU^{-1}U|\psi\rangle = \langle\phi|F|\psi\rangle$$

六、在幺正变换下,算符的线性性质、厄米性不变

设 C_1, C_2 是两个任意复常数,在右矢不带撇的表象中有

$$F(C_1|\psi_1\rangle + C_2|\psi_2\rangle) = C_1F|\psi_1\rangle + C_2F|\psi_2\rangle$$

那么,在带撇的表象中,有

$$\begin{aligned}
F'(C_1|\psi_1'\rangle + C_2|\psi_2'\rangle) &= UFU^{-1}(C_1U|\psi_1\rangle + C_2U|\psi_2\rangle)\\
&= UF(C_1|\psi_1\rangle + C_2|\psi_2\rangle)\\
&= C_1UF|\psi_1\rangle + C_2UF|\psi_2\rangle\\
&= C_1UFU^{-1}U|\psi_1\rangle + C_2UFU^{-1}U|\psi_2\rangle\\
&= C_1F'|\psi_1'\rangle + C_2F'|\psi_2'\rangle
\end{aligned}$$

所以,在幺正变换下,算符的线性性质保持不变,与表象无关。

其次,若

$$F^+ = F$$

则:$F'^+ = (UFU^{-1})^+ = UF^+U^+ = UFU^{-1} = F'$

所以,算符的厄米性在幺正变换下也保持不变,与表象无关。

七、算符之间的代数关系在幺正变换下不变

可以证明两个算符相加不随幺正变化而改变。作为例子,下面我们证明两算符的乘积在幺正变换下保持不变。

设 $F = AB$,则:

$$F' = UFU^{-1} = UABU^{-1} = UAU^{-1}UBU^{-1} = A'B'$$

由于算符的相加,相乘是更复杂的代数关系的基础,所以可得一般的算符之间的代数关系在幺正变换下不变。特别是,算符之间的对易关系不随幺正变换而改变。

2.4 量子位和量子门

量子系统中,基本信息单位是量子位(又称量子比特:qubit)。一个量子位就是一个双态量子系统,这里的双态是指两个线性独立的态,常选一对特定的标准正交基$\{|0\rangle, |1\rangle\}$张成,定义在一个二维复向量空间或二维希尔伯特空间。用这一对基可以表示如光子的水平偏振态$|\leftrightarrow\rangle = |0\rangle$,光子的垂直偏振态$|\updownarrow\rangle = |1\rangle$。还可以分别表示其他叠加态,如光子的偏振方向$|\nearrow\rangle = (1/\sqrt{2})(|0\rangle + |1\rangle)$和$|\searrow\rangle = (1/\sqrt{2})(|0\rangle - |1\rangle)$,也可以分别对应半自旋粒子系统(如电子)的自旋向上(spin up)和自旋向下(spin down)状态。

用作量子位物理实现的一个重要双态系统是光子,在量子力学中,光场或一般电磁辐射均是由一个个光子组成。光子的能量 E 和动量 P 通过普朗克常数 $\hbar$ 分别和光场的圆频率 ω 及波矢 k 联系:

$$L = \hbar\omega, \quad P = \hbar k$$

光子的静止质量为零,运动速度为光速 c。光子沿波矢方向自旋角动量 $\hbar$ 对应着经典电磁波左旋圆极化波和右旋圆极化波,存在有左旋圆极化波和右旋圆极化波两种量子态,分别用$|L\rangle$和$|R\rangle$表示,并且沿波矢方向自旋角动量投影,前者为 $+\hbar$,后者为 $-\hbar$。光子可以处在$|L\rangle$和$|R\rangle$的叠加态:

$$|x\rangle = \frac{1}{\sqrt{2}}(|R\rangle + |L\rangle)$$

$$i|y\rangle = \frac{1}{\sqrt{2}}(|R\rangle + |L\rangle)$$

分别表示光子沿 x 方向和 y 方向的两种线性状态,这里假设光子沿 z 方向传播。

一个量子位的纯态可以用两个实参数表示:

$$|\psi\rangle = a|0\rangle + b|1\rangle \tag{2.23}$$

这里 a 和 b 为两个复数,包含四个实参数,但由于其模应满足归一化条件$|a|^2 + |b|^2 = 1$,其总位相是没有可观测物理意义的(对此点在本书的后面章节里将会做进一步的详细解释),可以略去,所以只需要用一个实函数表示它们的相对位相就够了。在(2.23)式中,若 $a = 1, b = 0$ 或 $a = 0, b = 1$,态$|\psi\rangle$蜕化成$|0\rangle$或$|1\rangle$。对于$|0\rangle$态或$|1\rangle$态,当执行一个投影到基$\{|0\rangle, |1\rangle\}$上的测量时(即测量电子的自旋子分量),其中任何一个或者以概率 1 出现,或者根本不出现。测量也不会改变这个态,这些态表现出和经典态相似的性质。由于这个原理,有时称它们为经典态。但当量子位处在$|\psi\rangle = a|0\rangle + b|1\rangle$描述的通常态时,执行投影到基$\{|0\rangle, |1\rangle\}$上的测量时,将以概率 $|a|^2$ 得到态$|0\rangle$,以概率 $|b|^2$ 得到$|1\rangle$态,且测量结果将扰动这个态。测量之后$|\psi\rangle$被制备在一个新态上。如果没有态$|\psi\rangle$的制备知识,凭一次测量

不能求出其中的 a 和 b，从而不可能完全确定这个态。

一般地，n 个量子位的态张成一个 2^n 维的希尔伯特空间，存在 2^n 个互相正交的态。通常取 2^n 个基本态为 $|i\rangle$，i 是一个 n 维二进制数。n 个量子位的一般态可以表示成这 2^n 个基本态的线性叠加。例如 3 个量子位有 8 个互相正交态，它的基右矢可以取作

$$|000\rangle, |001\rangle, \cdots, |111\rangle \tag{2.24}$$

它的一般态为

$$|\psi\rangle = \sum_{i=1}^{8} C_i |i\rangle$$

其中，$|i\rangle$ 就是 (2.24) 式中 8 个态之一，C_i 是叠加系数。

我们已经知道，对于矩阵 A 及其矩阵元素 A_{ik}，A 的共轭转置矩阵 A^+ 定义为：$(A^+)_{ik} = (A^*)_{ki}^{\mathrm{T}}$，即 A 先共轭后转置，"$*$"表示共轭。

例如：$A = \begin{bmatrix} 0 & \mathrm{i} \\ \mathrm{i} & 0 \end{bmatrix}$，$B = \begin{bmatrix} 0 & -\mathrm{i} \\ \mathrm{i} & 0 \end{bmatrix}$

有

$$A^* = \begin{bmatrix} 0 & -\mathrm{i} \\ -\mathrm{i} & 0 \end{bmatrix}, \quad B^* = \begin{bmatrix} 0 & \mathrm{i} \\ -\mathrm{i} & 0 \end{bmatrix}$$

则

$$A^+ = (A^*)^{\mathrm{T}} = \begin{bmatrix} 0 & -\mathrm{i} \\ -\mathrm{i} & 0 \end{bmatrix}, \quad B^+ = (B^*)^{\mathrm{T}} = \begin{bmatrix} 0 & -\mathrm{i} \\ \mathrm{i} & 0 \end{bmatrix} = B$$

这两个矩阵 A 和 B 都有其特殊性。对矩阵 B，有 $B^+ = B$ 成立，我们把这种相等于自身共轭转置矩阵的矩阵称为厄米矩阵。厄米矩阵代表了那些可以在实验中测量到的物理量，例如，能量，旋转投影（即内部角动量），磁力矩投影等。特别地，矩阵 $\frac{1}{2}B$ 描述了电子或质子旋转的 y 向分力。

对于矩阵 A 和 B，还有以下关系成立：

$$A^+A = AA^+ = I, \quad B^+B = BB^+ = I \tag{2.25}$$

其中，I 为单位矩阵，$I = \begin{pmatrix} 1 & 0 \\ 0 & 1 \end{pmatrix}$。

证明：

通过直接计算 A^+A, AA^+, B^+B, BB^+，可得：

$$A^+A = \begin{bmatrix} 0 & -\mathrm{i} \\ -\mathrm{i} & 0 \end{bmatrix} \cdot \begin{bmatrix} 0 & \mathrm{i} \\ \mathrm{i} & 0 \end{bmatrix} = \begin{bmatrix} 1 & 0 \\ 0 & 1 \end{bmatrix} = I$$

$$AA^+ = \begin{bmatrix} 0 & \mathrm{i} \\ \mathrm{i} & 0 \end{bmatrix} \cdot \begin{bmatrix} 0 & -\mathrm{i} \\ -\mathrm{i} & 0 \end{bmatrix} = \begin{bmatrix} 1 & 0 \\ 0 & 1 \end{bmatrix} = I$$

$$B^+B = \begin{bmatrix} 0 & -\mathrm{i} \\ \mathrm{i} & 0 \end{bmatrix} \cdot \begin{bmatrix} 0 & -\mathrm{i} \\ \mathrm{i} & 0 \end{bmatrix} = \begin{bmatrix} 1 & 0 \\ 0 & 1 \end{bmatrix} = I$$

$$BB^+ = \begin{bmatrix} 0 & -\mathrm{i} \\ \mathrm{i} & 0 \end{bmatrix} \cdot \begin{bmatrix} 0 & -\mathrm{i} \\ \mathrm{i} & 0 \end{bmatrix} = \begin{bmatrix} 1 & 0 \\ 0 & 1 \end{bmatrix} = I$$

所以,(2.25)式成立。

满足(2.25)式的矩阵称为幺正矩阵,量子力学系统的时间演化过程是通过幺正矩阵来描述的,对量子位最基本的幺正操作称为逻辑门(logic gate)。所以量子逻辑门可以幺正矩阵(算符)表示。

2.4.1 量子逻辑门

量子状态的变化可以用量子计算的语言来描述。类似于经典计算机是由包含连线和逻辑门的线路组成,连线用于在线路间传送信息,而逻辑门负责处理信息,把信息从一种形式转化为另一种。例如,考虑一个经典单比特逻辑门:非门,其操作由真值表定义,其中 $0 \to 1, 1 \to 0$,即将 $0,1$ 状态交换。

可以类似地定义量子比特的量子逻辑门。对量子位的简单幺正操作称为量子逻辑门孤立量子体系的演化是幺正演化,在这种演化下,能保持所有的量子物理性质。量子态的可叠加性和孤立量子体系演化的幺正性是量子力学的核心。量子操作是由一系列单量子位和双量子的量子门(即同时作用于一个或两个量子位的量子幺正操作)来完成。

下面我们引入几个重要的一位量子逻辑门。

1) 恒等操作

$$I = |0\rangle\langle 0| + |1\rangle\langle 1| = \begin{bmatrix} 1 & 0 \\ 0 & 0 \end{bmatrix} + \begin{bmatrix} 0 & 0 \\ 0 & 1 \end{bmatrix} = \begin{bmatrix} 1 & 0 \\ 0 & 1 \end{bmatrix}$$

用矩阵表示则为单位矩阵

$$I = \begin{bmatrix} 1 & 0 \\ 0 & 1 \end{bmatrix}$$

2) 量子非门(N-门)

非门把基本态 $|0\rangle$ 转换成激发态 $|1\rangle$,把激发态 $|1\rangle$ 转换成基本态 $|0\rangle$。在狄拉克符号中,我们定义非门为

$$N = |0\rangle\langle 1| + |1\rangle\langle 0|$$
$$= \begin{bmatrix} 0 & 1 \\ 0 & 0 \end{bmatrix} + \begin{bmatrix} 0 & 0 \\ 1 & 0 \end{bmatrix}$$
$$= \begin{bmatrix} 0 & 1 \\ 1 & 0 \end{bmatrix}$$
$$N|1\rangle = (|0\rangle\langle 1| + |1\rangle\langle 0|) \cdot |1\rangle$$

$$= |0\rangle\langle 1| \cdot |1\rangle + |1\rangle\langle 0| \cdot |1\rangle$$
$$= |0\rangle \cdot 1 + |1\rangle \cdot 0$$
$$= |0\rangle$$
$$N|0\rangle = (|0\rangle\langle 1| + |1\rangle\langle 0|) \cdot |0\rangle$$
$$= |0\rangle\langle 1| \cdot |0\rangle + |1\rangle\langle 0| \cdot |0\rangle$$
$$= |0\rangle \cdot 0 + |1\rangle \cdot 1$$
$$= |1\rangle$$

由此可见, N 中的第一项的作用实现了 $|1\rangle \rightarrow |0\rangle$ 的状态转换, 第二项实现了 $|0\rangle \rightarrow |1\rangle$ 的状态转换。

对于叠加态, 非门提供了以下变换：

$$N \cdot (C_0|0\rangle + C_1|1\rangle) = C_1|0\rangle + C_0|1\rangle$$

此处, C_0, C_1 是两个状态的复函数。对初始状态 $\psi = C_0|0\rangle + C_1|1\rangle$, $|C_0|^2$ 是系统处在基本态 $|0\rangle$ 的概率, $|C_1|^2$ 是系统处在激发态 $|1\rangle$ 的概率。非门作用后, $|C_0|^2$ 成了系统处在激发态 $|1\rangle$ 的概率, $|C_1|^2$ 成了系统处在基本态 $|0\rangle$ 的概率。当然同样存在 $|C_0|^2 + |C_1|^2 = 1$。

同样, 如果我们以两个列矩阵来表示基本态 $|0\rangle$ 和激发态 $|1\rangle$：

$$|0\rangle = \begin{bmatrix} 1 \\ 0 \end{bmatrix} = \alpha, \quad |1\rangle = \begin{bmatrix} 0 \\ 1 \end{bmatrix} = \beta。$$

那么, 可以用矩阵表示非门为

$$N = \begin{bmatrix} 0 & 1 \\ 1 & 0 \end{bmatrix}$$

稍加推导, 可以得出结论：非门矩阵 N 是一个幺正矩阵, 即有 $N^+N = NN^+ = I$ 成立, 并且 N 还是厄米矩阵, 即有 $N^+ = N$ 成立, 另外矩阵 $\frac{1}{2}N$ 描述了原子或质子旋转的 x 向分力。

证明：由 $N = \begin{bmatrix} 0 & 1 \\ 1 & 0 \end{bmatrix}$, 其共轭矩阵为 $N^* = \begin{bmatrix} 0 & 1 \\ 1 & 0 \end{bmatrix}$

其共轭转置矩阵 $N^+ = (N^*)^T = \begin{bmatrix} 0 & 1 \\ 1 & 0 \end{bmatrix} = N$, 所以 N 为厄米矩阵。又因为 $N^+N = NN^+ = \begin{bmatrix} 0 & 1 \\ 1 & 0 \end{bmatrix}\begin{bmatrix} 0 & 1 \\ 1 & 0 \end{bmatrix} = \begin{bmatrix} 1 & 0 \\ 0 & 1 \end{bmatrix} = I$, 所以 N 为幺正矩阵。

3) 受控非门 (controlled-Not, 简称 CN 门, 或 XOR 门)

受控非门是多量子比特逻辑门的原型。CN 门是完成以下操作的一位门：

$$|00\rangle \rightarrow |00\rangle, \text{即 } CN|00\rangle = |00\rangle$$
$$|01\rangle \rightarrow |01\rangle, \text{即 } CN|01\rangle = |01\rangle$$

$$|10\rangle \rightarrow |11\rangle, 即 \ CN|10\rangle = |11\rangle$$
$$|11\rangle \rightarrow |10\rangle, 即 \ CN|11\rangle = |10\rangle$$

用狄拉克符号可以将受控非门表示为:

$$CN = |00\rangle\langle00| + |01\rangle\langle01| + |10\rangle\langle11| + |11\rangle\langle10| \qquad (2.26)$$

由此可见,CN 门是一个作用于两量子位的逻辑门,第一个量子位是控制位,第二个量子位是目标位,如果控制量子位处于基态 $|0\rangle$ 时,目标量子位在 CN 门作用后状态不变,(2.26)式中前两项($|00\rangle\langle00| + |01\rangle\langle01|$)描述这种性质。相反,当控制量子位处于激发态 $|1\rangle$ 时,目标量子位在 CN 门作用后状态改变,即由 $|0\rangle \rightarrow |1\rangle, |1\rangle \rightarrow |0\rangle$,也就是说,当且仅当第一个量子位处于激发态时,才取第二个量子位的逻辑非,这种情形对应于(2.26)式中的后两项($|10\rangle\langle11| + |11\rangle\langle10|$)。$CN$ 门可以使不纠缠的原来有相互作用的两个初态变为纠缠态。

在十进制中,由于有

$$|00\rangle \rightarrow |0\rangle, |01\rangle \rightarrow |1\rangle, |10\rangle \rightarrow |2\rangle, |11\rangle \rightarrow |3\rangle$$
$$\langle00| \rightarrow \langle0|, \langle01| \rightarrow \langle1|, \langle10| \rightarrow \langle2|, \langle11| \rightarrow \langle3|$$

所以,CN 门又可写为

$$CN = |00\rangle\langle00| + |01\rangle\langle01| + |10\rangle\langle11| + |11\rangle\langle10|$$
$$= |0\rangle\langle0| + |1\rangle\langle1| + |2\rangle\langle3| + |3\rangle\langle2|$$

$$= \begin{bmatrix} 1 \\ 0 \\ 0 \\ 0 \end{bmatrix} \begin{bmatrix} 1 & 0 & 0 & 0 \end{bmatrix} + \begin{bmatrix} 0 \\ 1 \\ 0 \\ 0 \end{bmatrix} \begin{bmatrix} 0 & 1 & 0 & 0 \end{bmatrix} + \begin{bmatrix} 0 \\ 0 \\ 1 \\ 0 \end{bmatrix} \begin{bmatrix} 0 & 0 & 0 & 1 \end{bmatrix} + \begin{bmatrix} 0 \\ 0 \\ 0 \\ 1 \end{bmatrix} \begin{bmatrix} 0 & 0 & 1 & 0 \end{bmatrix}$$

$$= \begin{bmatrix} 1 & 0 & 0 & 0 \\ 0 & 0 & 0 & 0 \\ 0 & 0 & 0 & 0 \\ 0 & 0 & 0 & 0 \end{bmatrix} + \begin{bmatrix} 0 & 0 & 0 & 0 \\ 0 & 1 & 0 & 0 \\ 0 & 0 & 0 & 0 \\ 0 & 0 & 0 & 0 \end{bmatrix} + \begin{bmatrix} 0 & 0 & 0 & 0 \\ 0 & 0 & 0 & 0 \\ 0 & 0 & 0 & 1 \\ 0 & 0 & 0 & 0 \end{bmatrix} + \begin{bmatrix} 0 & 0 & 0 & 0 \\ 0 & 0 & 0 & 0 \\ 0 & 0 & 0 & 0 \\ 0 & 0 & 1 & 0 \end{bmatrix}$$

$$= \begin{bmatrix} 1 & 0 & 0 & 0 \\ 0 & 1 & 0 & 0 \\ 0 & 0 & 0 & 1 \\ 0 & 0 & 1 & 0 \end{bmatrix}$$

因为:$CN^* = \begin{bmatrix} 1 & 0 & 0 & 0 \\ 0 & 1 & 0 & 0 \\ 0 & 0 & 0 & 1 \\ 0 & 0 & 1 & 0 \end{bmatrix}$

$$CN^+ = (CN^*)^{\mathrm{T}} = \begin{bmatrix} 1 & 0 & 0 & 0 \\ 0 & 1 & 0 & 0 \\ 0 & 0 & 0 & 1 \\ 0 & 0 & 1 & 0 \end{bmatrix} = CN$$

$$CN^+ CN = CNCN^+ = \begin{bmatrix} 1 & 0 & 0 & 0 \\ 0 & 1 & 0 & 0 \\ 0 & 0 & 0 & 1 \\ 0 & 0 & 1 & 0 \end{bmatrix} \begin{bmatrix} 1 & 0 & 0 & 0 \\ 0 & 1 & 0 & 0 \\ 0 & 0 & 0 & 1 \\ 0 & 0 & 1 & 0 \end{bmatrix} = \begin{bmatrix} 1 & 0 & 0 & 0 \\ 0 & 1 & 0 & 0 \\ 0 & 0 & 1 & 0 \\ 0 & 0 & 0 & 1 \end{bmatrix} = I$$

所以受控非门 CN 即是厄米矩阵,又是幺正矩阵。

4) Hadamard 门

H 门的作用是将一个量子位变换为两个量子位的相干叠加。H 门应用于离散傅里叶变换中的 A_j 操作符,它的作用以狄拉克算符及矩阵表示为

$$H = \frac{1}{\sqrt{2}}[(|0\rangle + |1\rangle)\langle 0| + (|0\rangle - |1\rangle)\langle 1|] = \frac{1}{\sqrt{2}} \begin{bmatrix} 1 & 1 \\ 1 & -1 \end{bmatrix}$$

$$H|0\rangle = \frac{1}{\sqrt{2}}(|0\rangle + |1\rangle)$$

$$H|1\rangle = \frac{1}{\sqrt{2}}(|0\rangle - |1\rangle)$$

5) 三位控制-控制非门——CCN 门

CCN 门为当且仅当第 1,第 2 位都处于态 $|1\rangle$ 时,才对第 3 个量子位执行逻辑非。这个门的矩阵表示为

$$CCN = \begin{bmatrix} 1 & 0 & 0 & 0 & 0 & 0 & 0 & 0 \\ 0 & 1 & 0 & 0 & 0 & 0 & 0 & 0 \\ 0 & 0 & 1 & 0 & 0 & 0 & 0 & 0 \\ 0 & 0 & 0 & 1 & 0 & 0 & 0 & 0 \\ 0 & 0 & 0 & 0 & 1 & 0 & 0 & 0 \\ 0 & 0 & 0 & 0 & 0 & 1 & 0 & 0 \\ 0 & 0 & 0 & 0 & 0 & 0 & 0 & 1 \\ 0 & 0 & 0 & 0 & 0 & 0 & 1 & 0 \end{bmatrix}$$

用狄拉克算符描述为

$$\begin{aligned} CCN &= |000\rangle\langle 000| + |001\rangle\langle 001| + |010\rangle\langle 010| + |011\rangle\langle 011| \\ &\quad + |100\rangle\langle 100| + |101\rangle\langle 101| + |110\rangle\langle 111| + |111\rangle\langle 110| \\ &= |0\rangle\langle 0| + |1\rangle\langle 1| + |2\rangle\langle 2| + |3\rangle\langle 3| + |4\rangle\langle 4| + |5\rangle\langle 5| + |6\rangle\langle 7| + |7\rangle\langle 6| \end{aligned}$$

除此以外,单个量子位操作还有

6) 相位门

$$S = \begin{bmatrix} 1 & 0 \\ 0 & i \end{bmatrix}$$

7) $\pi/8$ 门(记作 T)

$$T = \begin{bmatrix} 1 & 0 \\ 0 & \exp(i\pi/4) \end{bmatrix}$$

也许有人会问:为什么 T 门称为 $\pi/8$ 门,而定义中出现的却是 $\pi/4$? 这个门被称作 $\pi/8$ 门只是因为除了一个不重要的全局相位,T 等同于一个在对角线上是 $\exp(\pm i\pi/8)$ 的门

$$T = \exp(i\pi/8) \begin{bmatrix} \exp(-i\pi/8) & 0 \\ 0 & \exp(i\pi/8) \end{bmatrix}$$

不管怎样,这个名称从某个方面看不太令人顺眼,所以人们又常把这个门称为 T 门。

另外存在 $S = T^2$。

2.4.2 可实现的量子位旋转操作

相位是量子力学中的常用术语。实际应用中,根据上下文可能会有几种不同的含义,例如,状态 $e^{i\theta}|\psi\rangle$,其中,$|\psi\rangle$ 是状态向量,θ 是实数,我们说除了全局相位因子(global phase factor)$e^{i\theta}$,状态 $e^{i\theta}|\psi\rangle$ 与 $|\psi\rangle$ 相等。有趣的是,这两个状态的测量统计是相同的。设 M_m 是与某个量子测量相联系的测量算符,注意,得到的测量结果 m 的概率分别为 $\langle\psi|M_m^+M_m|\psi\rangle$ 和 $\langle\psi|e^{-i\theta}M_m^+M_me^{i\theta}|\psi\rangle = \langle\psi|M_m^+M_m|\psi\rangle$,于是从观测的角度来看,这两个状态是等同的,所以,可以忽略全局相位因子,因为它与物理系统的可观测性质无关。

另一类相位为相对相位(relative phase),含义很不相同。考虑状态

$$\frac{|0\rangle + |1\rangle}{\sqrt{2}} \quad 和 \quad \frac{|0\rangle - |1\rangle}{\sqrt{2}}$$

第一个状态中 $|1\rangle$ 的幅值是 $1/\sqrt{2}$,第二个状态中 $|1\rangle$ 的幅值是 $-1/\sqrt{2}$。两种状态下的幅值大小一样,但符号不同。更一般地,两个幅值 a 和 b,相差一个相对相位,如果存在实数 θ,使得 $a = \exp(i\theta)b$,如果在此基下的每个幅值都由一个相位因子联系,称两个状态在某个基下,差一个相对相位。例如,上述两个状态除了一个相对相位之外是一致的,因为 $|0\rangle$ 的幅值一致(相对相移因子为 1),而 $|1\rangle$ 的幅值仅相差一个相对相位因子 -1。相对相位因子和全局相位因子的区别在于相对相位因子可以因幅值不同而不同,这使得相对相位依赖于基的选择,这不同于全局相位。结果是,在某个基下,仅相对相位不同的状态具有物理可观测的统计差别,而不能像仅差全局相位状态那样,把这些状态视为物理等价。

一个单量子比特是一个矢量 $|\psi\rangle = a|0\rangle + b|1\rangle$，它有两个复参数 a 和 b，满足 $|a|^2 + |b|^2 = 1$。量子比特上的运算必须保持该范数由 2×2 幺正矩阵给出，其中，最重要的一些矩阵包括泡利(Pauli)矩阵为

$$X \equiv \begin{bmatrix} 0 & 1 \\ 1 & 0 \end{bmatrix}, \quad Y \equiv \begin{bmatrix} 0 & -i \\ i & 0 \end{bmatrix}, \quad Z \equiv \begin{bmatrix} 1 & 0 \\ 0 & -1 \end{bmatrix} \tag{2.27}$$

单量子位的一个很有用的图像是如下的几何表示。因为归一化条件要求 $|a|^2 + |b|^2 = 1$，所以，$|\psi\rangle = a|0\rangle + b|1\rangle$ 的单量子位可以显示为单位球面上的点 (θ, φ)，其中，$a = \cos\left(\dfrac{\theta}{2}\right)$，$b = e^{i\varphi}\sin\left(\dfrac{\theta}{2}\right)$，量子态 $|\psi\rangle = a|0\rangle + b|1\rangle$ 可以改写为

$$|\psi\rangle = e^{i\gamma}\left(\cos\frac{\theta}{2}|0\rangle + e^{i\varphi}\sin\frac{\theta}{2}|1\rangle\right)$$

其中，θ, φ 和 γ 都是实数。由于扩号外的全局相位 $e^{i\gamma}$ 不具有任何观测效果，因此有效的观测形式为

$$|\psi\rangle = \cos\frac{\theta}{2}|0\rangle + e^{i\varphi}\sin\frac{\theta}{2}|1\rangle$$

角度 θ 和 φ 定义了三维单位球面上的一个点。这个球面常被称为 Bloch 球面。矢量 $(\cos\varphi\sin\theta, \sin\varphi\sin\theta, \cos\theta)$ 称为 Bloch 矢量。Bloch 球面是使单个量子位可视化的有效办法。单个量子位的许多操作都是在 Bloch 球面的画面中描绘的。不过，这种直观的想象是有局限的，因为尚不知道如何将 Bloch 球面简单地推广到多量子位的情形。

因为存在无穷多个 2×2 幺正矩阵，所以量子位门的种类也是无限的。不过，整个集合的属性可以从小得多的集合得到。例如，一个任意单量子位幺正门都可以分解成一个旋转：

$$\begin{bmatrix} \cos\dfrac{\gamma}{2} & -\sin\dfrac{\gamma}{2} \\ \sin\dfrac{\gamma}{2} & \cos\dfrac{\gamma}{2} \end{bmatrix}$$

和一个可理解为绕 z 轴旋转的门

$$\begin{bmatrix} e^{-i\beta/2} & 0 \\ 0 & e^{i\beta/2} \end{bmatrix}$$

再加上一个(全局)相移——形式如同 $e^{i\alpha}$ 常系数的乘积。即任意的 2×2 幺正矩阵可分解为

$$U = e^{i\alpha}\begin{bmatrix} e^{-i\beta/2} & 0 \\ 0 & e^{i\beta/2} \end{bmatrix}\begin{bmatrix} \cos\dfrac{\gamma}{2} & -\sin\dfrac{\gamma}{2} \\ \sin\dfrac{\gamma}{2} & \cos\dfrac{\gamma}{2} \end{bmatrix}\begin{bmatrix} e^{-i\delta/2} & 0 \\ 0 & e^{i\delta/2} \end{bmatrix}$$

其中,α、β、γ 和 δ 是实数。注意,第二个矩阵是普通旋转的矩阵,第一个和最后一个可以理解为在不同平面内的旋转。该分解使我们可以通过选用 α、β 和 γ 的某些特殊的固定值对任意单量子位逻辑门的操作进行精确描述。在这种意义下,任意单量子位幺正门可以基于一个有限集合来组成。更一般地,任意数量的量子位上的量子计算,可以从对量子计算具有通用性的一组有限个门产生。任意多量子位门都可以由受控非门和单量子位门复合而成,所以某种意义上说,受控非门和单量子位门是所有其他门的原型。

当出现在指数中时,泡利矩阵导出三类有用的幺正矩阵,称为关于 x,y,z 轴的旋转算符,它们有如下定义:

$$关于\ x\ 方向: R_x(\theta) = e^{-i\theta X/2} = \cos\frac{\theta}{2}I - i\sin\frac{\theta}{2}X = \begin{bmatrix} \cos\dfrac{\theta}{2} & -i\sin\dfrac{\theta}{2} \\ -i\sin\dfrac{\theta}{2} & \cos\dfrac{\theta}{2} \end{bmatrix}$$

$$关于\ y\ 方向: R_y(\theta) = e^{-i\theta Y/2} = \cos\frac{\theta}{2}I - i\sin\frac{\theta}{2}Y = \begin{bmatrix} \cos\dfrac{\theta}{2} & -\sin\dfrac{\theta}{2} \\ \sin\dfrac{\theta}{2} & \cos\dfrac{\theta}{2} \end{bmatrix}$$

$$关于\ z\ 方向: R_z(\theta) = e^{-i\theta Z/2} = \cos\frac{\theta}{2}I - i\sin\frac{\theta}{2}Z = \begin{bmatrix} e^{-i\theta/2} & 0 \\ 0 & e^{i\theta/2} \end{bmatrix}$$

当 $A^2 = I$ 且 x 是一个实数时,有 $\exp(iAx) = \cos(x)I + i\sin(x)A$ 成立。若 $n = (n_x, n_y, n_z)$ 为三维空间中的实单位向量,则可以通过下式定义关于 n 角度为 θ 的旋转,来推广前面的定义:

$$R_n(\theta) = \exp(-i\theta n \cdot \sigma/2) = \cos\frac{\theta}{2}I - i\sin\frac{\theta}{2}(n_x X + n_y Y + n_z Z)$$

$$R_n^+(\theta) = R_n(-\theta) = \exp(i\theta n \cdot \sigma/2) = \cos\frac{\theta}{2}I + i\sin\frac{\theta}{2}(n_x X + n_y Y + n_z Z)$$

单个量子位上的任意幺正算符可以被写成多种形式,如旋转的组合,再加上一个该量子位上的全局相移。下述定理提供了一种表达任意单量子位旋转的方法。

定理 2.1 单量子位的 Z-Y 分解

设 U 是单量子比特上的一个幺正算符,则存在实数 α, β, γ 和 δ 使下式成立:

$$U = e^{i\alpha} R_z(\beta) R_y(\gamma) R_z(\delta) \tag{2.28}$$

证明:由于 U 是幺正的,U 的行和列是正交的,于是可知存在实数 α, β, γ 和 δ 使得

$$U = \begin{vmatrix} e^{i(\alpha - \beta/2 - \delta/2)}\cos(\gamma/2) & e^{i(\alpha - \beta/2 + \delta/2)}\sin(\gamma/2) \\ e^{i(\alpha + \beta/2 - \delta/2)}\sin(\gamma/2) & e^{i(\alpha + \beta/2 + \delta/2)}\cos(\gamma/2) \end{vmatrix} \tag{2.29}$$

从旋转矩阵和矩阵相乘定义,立即可以得到(2.29)式。

一般而言,对于两个非平行的单位矢量 m 和 n,通过合适地选择 α, β_k, γ_k,可以分解任意一个单个量子位的幺正算符 U 为

$$U = \exp(\mathrm{i}\alpha)R_n(\beta_1)R_m(\gamma_1)R_n(\beta_2)R_m(\gamma_2)\cdots。$$

推论 2.1:令 U 是一个单个量子位上的幺正门。在单个量子位上存在幺正算符 A, B 和 C 使 $ABC = I$ 并且有: $U = \exp(\mathrm{i}\alpha)A \times B \times C$,此处 α 是某个全局相位因子。

证明:令 $A = R_z(\beta)R_y(\gamma/2)$,$B = R_y(-\gamma/2)R_z(-(\delta+\beta)/2)$,$C = R_z((\delta-\beta)/2)$

例如取:$A = R_y(\pi/2)$,$B = R_y(-\pi/2)R_z(-\pi/2)$,$C = R_z(\pi/2)$时有:

$$H = \exp(\mathrm{i}\pi/2)A \times B \times C$$

2.5　矩阵指数的性质

1) 结合律:对于任意的 $n \times n$ 矩阵 A,对所有 t, τ 有

$$\mathrm{e}^{At}\mathrm{e}^{A\tau} = \mathrm{e}^{A(t+\tau)} \tag{2.30}$$

2) 矩阵指数对所有 t 值都是非奇异的,且

$$[\mathrm{e}^{At}]^{-1} = \mathrm{e}^{-At} \tag{2.31}$$

3) 矩阵指数的行列式为

$$\det \mathrm{e}^{At} = \mathrm{e}^{\mathrm{tr}(A)t} \tag{2.32}$$

其中,$\mathrm{tr}(A)$ 是 A 的迹,即其对角线元素之和。

4) 对任意两个 $n \times n$ 矩阵 A 和 B,当且仅当 A 和 B 可交换时,即

$$AB = BA$$

才有

$$\mathrm{e}^{At}\mathrm{e}^{Bt} = \mathrm{e}^{(A+B)t} \tag{2.33}$$

5) 对任意标量 σ 和任一矩阵 B

$$A = \sigma I + B$$

则

$$\mathrm{e}^{At} = \mathrm{e}^{\sigma t}\mathrm{e}^{Bt} \tag{2.34}$$

6) 一些普通矩阵与其对应的矩阵指数之间的关系式

$$\exp\begin{bmatrix} \lambda_1 & 0 & \cdots & 0 \\ 0 & \lambda_2 & \cdots & \vdots \\ 0 & 0 & \cdots & 0 \\ 0 & 0 & \cdots & \lambda_n \end{bmatrix}t = \begin{bmatrix} \mathrm{e}^{\lambda_1 t} & 0 & \cdots & 0 \\ 0 & \mathrm{e}^{\lambda_2 t} & \cdots & \vdots \\ 0 & 0 & \cdots & 0 \\ 0 & 0 & \cdots & \mathrm{e}^{\lambda_n t} \end{bmatrix} \tag{2.35}$$

$$\exp\begin{bmatrix} A_1 & 0 & \cdots & 0 \\ 0 & A_2 & \cdots & \vdots \\ 0 & 0 & \cdots & 0 \\ 0 & 0 & \cdots & A_n \end{bmatrix} t = \begin{bmatrix} e^{A_1 t} & 0 & \cdots & 0 \\ 0 & e^{A_2 t} & \cdots & \vdots \\ 0 & 0 & \cdots & 0 \\ 0 & 0 & \cdots & e^{A_n t} \end{bmatrix} \tag{2.36}$$

$$\exp\begin{bmatrix} 0 & 1 & 0 & \cdots & 0 \\ 0 & 0 & 1 & \cdots & 0 \\ \vdots & \vdots & \vdots & & \vdots \\ 0 & 0 & 0 & \cdots & 1 \\ 0 & 0 & 0 & \cdots & 0 \end{bmatrix} t = \begin{bmatrix} 1 & t & \dfrac{t^2}{2} & \cdots & \dfrac{t^{n-1}}{(n-1)!} \\ 0 & 1 & t & \cdots & \dfrac{t^{n-2}}{(n-2)!} \\ \vdots & \vdots & \vdots & & \vdots \\ 0 & 0 & 0 & \cdots & t \\ 0 & 0 & 0 & \cdots & 1 \end{bmatrix} \tag{2.37}$$

$$\exp\begin{bmatrix} 0 & \omega \\ -\omega & 0 \end{bmatrix} t = \begin{bmatrix} \cos\omega t & \sin\omega t \\ -\sin\omega t & \cos\omega t \end{bmatrix} \tag{2.38}$$

$$\exp\begin{bmatrix} \sigma & \omega \\ -\omega & \sigma \end{bmatrix} t = \begin{bmatrix} e^{\sigma t}\cos\omega t & e^{\sigma t}\sin\omega t \\ -e^{\sigma t}\sin\omega t & e^{\sigma t}\cos\omega t \end{bmatrix} \tag{2.39}$$

7) 若 A 可以对角化,即

$$\hat{A} = QAQ^{-1} = \begin{bmatrix} \lambda_1 & 0 & \cdots & 0 \\ 0 & \lambda_2 & \cdots & \vdots \\ 0 & 0 & \cdots & 0 \\ 0 & 0 & \cdots & \lambda_n \end{bmatrix}$$

其中,$\lambda_1, \lambda_2, \cdots, \lambda_n$ 是 A(及 $\hat{A}$)的本征值,则其指数是

$$e^{At} = Q^{-1}e^{\hat{A}t}Q = Q^{-1}\begin{bmatrix} e^{\lambda_1 t} & 0 & \cdots & 0 \\ 0 & e^{\lambda_2 t} & \cdots & \vdots \\ 0 & 0 & \cdots & 0 \\ 0 & 0 & \cdots & e^{\lambda_n t} \end{bmatrix}Q$$

$e^{\lambda_1}, e^{\lambda_2}, \cdots, e^{\lambda_n}$ 是 e^A 的本征值。

8) 考虑两个算符 A 和 B,不需要对易条件,有下式成立

$$e^A B e^{-A} = B + [A, B] + \frac{1}{2!}[A, [A, B]] + \frac{1}{3!}[A, [A, [A, B]]] + \cdots$$

$$= \sum_{n=0}^{\infty} \frac{1}{n!} A^n \{B\}$$

其中,$A^0\{B\} = B, A^1\{B\} = [A,B], A^2\{B\} = [A,[A,B]]$,等。

9) $e^{i\theta\boldsymbol{\sigma}\cdot\boldsymbol{n}} = I\cdot\cos\theta + i\boldsymbol{\sigma}\cdot\boldsymbol{n}\sin\theta$

其中,$\boldsymbol{n}$ 为 3 维单位矢量。

第3章　量子态的操控

随着许多电力电子学工程系统体积的不断减小,量子的影响逐渐明显,更加显示出量子系统控制研究的必要性,也展露出很多潜在的应用范围:从对原子或分子量子态的操纵(Rabitz H et al. 2000),到化学反应(Umeda H et al. 2000)以及量子计算(Feynman R P 1985),从而使量子系统控制的研究具有十分重要的理论及其实际应用的价值。控制一个量子系统的目标可以根据应用领域的不同而不同,从达到一个期望的系统演化(跟踪控制),到操纵系统从初始状态到目标状态(状态控制),或达到最优的期望值或所选择可观测系综的平均值(最优控制)。不过,从物理和技术实现的角度来看,每一个控制问题最终都可以归纳为这样的问题:对一个给定的量子系统,产生所期望的幺正演化矩阵。

量子力学系统的状态 $|\psi\rangle$ 如何随时间变化? 量子力学的第一假设告诉我们,一个封闭量子系统的演化可以由一个幺正变换来刻画,即系统在时刻 t_1 的状态 $|\psi\rangle$ 和系统在时刻 t_2 的状态 $|\psi'\rangle$,可以通过一个仅依赖于时间 t_1 和 t_2 的幺正算符 U 相联系:

$$|\psi'\rangle = U|\psi\rangle$$

正如量子力学不告诉我们状态空间或一个特定的量子系统的量子状态,它也不告诉我们什么样的幺正算符 U 描述了现实世界的量子动态,量子力学仅仅向我们保证,任意封闭量子系统的演化都可以用这种方式描述。一个显然的问题是:选择什么样的幺正算符?

实际上,在单个量子位的情形下,所有的幺正算符都可以在实际系统中实现。对于所描述的系统要求是封闭的,即它与别的系统没有任何相互作用。当然,现实中所有系统(除非把宇宙作为整体),至少在某种程度上与别的系统有相互作用,然而,可以很好地近似描述为封闭的系统是存在的,并且可以用幺正演化很好地近似描述,而且,至少原则上每个开放系统可以描述为一个更大的幺正演化中的封闭系统(宇宙)的一部分。

本章的重点在于,通过直接对含时的薛定谔方程的数学求解过程,并通过幺正变换求解幺正演化矩阵的过程,从控制的角度来解决量子系统控制过程中的三个问题:

1)控制磁场的设计;

2)量子系统控制场的操纵;

3)控制与幺正演化矩阵之间的关系。

3.1　两能级量子系统的控制场的设计

本节以一个自旋 1/2 粒子的量子系统为例(Berman G P et al. 1988),对具有一个量子位的量子系统进行状态变化控制及量子逻辑门实现的设计。通过控制一个两能级的量子系统,详细分析控制在转变一个自旋 1/2 粒子的量子系统状态的过程中所起的作用。同时,通过对量子系统中算符的幺正变换,表明对量子状态控制场的设计等价于对系统中算符实施幺正变换后,对波函数的幺正演化矩阵的设计。

一个两能级量子系统是最简单并令人感兴趣、具有着重要应用价值的量子系统。当一个量子系统具有彼此相互靠得很近,而同时又远离其他能级的双能级时,就可以看成合适的两能级量子系统。一些人感兴趣的两能级量子系统,如苯分子、氢离子 H_2^+、氨微波激射器中的氨分子、在 $|x\rangle$ 或 $|y\rangle$ 方向上激化的光子以及自旋 1/2 的粒子,其中自旋 1/2 的粒子已经被研究了数年,人们通过外加一个具有特殊共振频率的正弦磁场来改变系统的状态。

首先重温一下量子系统的模型。一个量子系统在 t 时刻的状态用希尔伯特空间 H 中的右矢 $|\psi(t)\rangle$ 来描述。$|\psi(t)\rangle$ 的演化由薛定谔方程决定:

$$i\hbar|\dot{\psi}\rangle = H|\psi\rangle \tag{3.1}$$

其中,H 是哈密顿算符,并且与系统及其控制相联系。方程(3.1)的解 $|\psi(t)\rangle$ 具有初始条件 $|\psi(0)\rangle$,可以写成

$$|\psi(t)\rangle = U(t)|\psi(0)\rangle \tag{3.2}$$

其中,$U(t)$ 是幺正演化算符。

从(3.2)式中可以看出,不论是对量子系统进行状态控制、跟踪控制还是最优控制,都是对方程(3.1)中的状态 $|\psi(t)\rangle$ 的控制:在施加控制量的前提下,获得状态 $|\psi(t)\rangle$ 的演化律——方程(3.2),也就是方程(3.1)的解。由此可见,在控制的作用下,只要获得了幺正演化算符 $U(t)$,以及状态的初始条件 $|\psi(0)\rangle$,就可以得到任意 t 时刻系统所处的状态。对算符 $U(t)$ 的控制,或对幺正演化算符 $U(t)$ 的求解,就意味着对状态 $|\psi(t)\rangle$ 的控制。

实验证明,要完全描述电子的运动状态,不仅需要空间坐标变量,还需要指出它的自旋态。自旋是微观物体的重要属性。人们对粒子自旋的认识是从电子自旋开始的。1925 年荷兰科学家乌伦贝克(Uhlenbeck)和哥德斯密特(Goudsmit)提出了电子自旋假设:

(1) 每个电子具有自旋角动量 S,自旋角动量在空间任何方向的投影只有两个值: $\pm\hbar/2$。

(2) 每个电子具有自旋磁矩 M_s,它与自旋角动量 S 的关系为:$M_s = -\dfrac{e}{\mu}S$

其中,e 为单位电荷;μ 为电子的质量。

电子具有自旋就像电子具有电荷、质量一样,是电子固有的属性。除了电子以外,许多其他微观粒子也具有自旋,如质子、中子的自旋角动量与电子相同$\left(\text{均为}\dfrac{1}{2}\right)$,而光子的自旋角动量比电子大(等于 1)。根据粒子自旋的特点,可以将粒子分为玻色子与费米子。电子、质子和中子以及 μ 子、超子都是费米子,它们的自旋均为半整数$\left(\dfrac{1}{2}、\dfrac{3}{2}\right)$;而光子、介子等都是玻色子,它们的自旋均为整数(0、1)。这两类粒子具有不同的统计特性。

为什么根据粒子自旋的特性能够进行量子系统的状态操控及其实验验证? 在电磁学中已经给出(潘根 2002):在外磁场 B 中,磁矩 M 可以产生附加能量,用公式表示为:$\Delta U = -M \cdot B$。如果磁场是不均匀的,还可以产生作用力 F。设磁场沿 z 轴方向且是不均匀的,则有:$F = M_z \dfrac{\partial B}{\partial z}$,其中,$M_z$ 为磁矩在 z 轴上的分量。引入自旋后,原子中的电子既有核运动的轨道角动量 L 和轨道磁矩 M_t,又有固有的自旋角动量和自旋磁矩 M_s。这两个磁矩的相互作用产生附加能量 ΔU。可以形象地理解为:原子中的电子不动,原子核(带电电荷)绕电子旋转,原子核的正电荷形成电流,在电子所在处产生磁场,电子的自旋磁矩 M_s 感受到这个磁场形成附加能量 ΔU,从而引起原子能级的分裂,能级的分裂必然引起光谱线的变化。这就是光谱的精细结构。人们正是根据碱金属原子的光谱的精细结构断言原子的能级分裂成双层能级,进一步推出电子自旋磁矩的大小,提出电子自旋假设的。

具体而言,当波函数可分离变量为空间坐标 r 与自旋坐标 s 两部分的乘积,即

$$\psi(r,s) = \phi(r)\chi(s)$$

其中,

$$\chi(s) = \begin{pmatrix} a \\ b \end{pmatrix} = a\alpha + b\beta, \quad \alpha = \begin{pmatrix} 1 \\ 0 \end{pmatrix}, \quad \beta = \begin{pmatrix} 0 \\ 1 \end{pmatrix}$$

引入泡利(Pauli)算符 σ,1/2 自旋粒子的自旋是量子化的,即自旋算符沿空间任意方向的投影只能取两个值

$$S = \pm(\hbar/2)\sigma$$

σ 的三个分量分别为 $\sigma_x, \sigma_y, \sigma_z$,可写为矩阵形式(这里存在一个相位的不确定性):

$$\sigma_x = \begin{pmatrix} 0 & 1 \\ 1 & 0 \end{pmatrix}; \quad \sigma_y = \begin{pmatrix} 0 & -i \\ i & 0 \end{pmatrix}; \quad \sigma_z = \begin{pmatrix} 1 & 0 \\ 0 & -1 \end{pmatrix}$$

显然,存在关系式:

$$\sigma_x \sigma_y \sigma_z = i$$

引入 $\sigma_{\pm} = \dfrac{1}{2}(\sigma_x \pm \mathrm{i}\sigma_y)$，在泡利表象中，

$$\sigma_+ = \begin{pmatrix} 0 & 1 \\ 0 & 0 \end{pmatrix}, \quad \sigma_- = \begin{pmatrix} 0 & 0 \\ 1 & 0 \end{pmatrix}$$

显然，存在关系式

$$(\sigma_{\pm})^2 = 0$$

σ_+ 和 σ_- 的作用是

$$\sigma_+ \alpha = 0, \sigma_+ \beta = \alpha, \sigma_- \alpha = \beta, \sigma_- \beta = 0$$

因此，σ_+ 被称为上旋算符，σ_- 被称为下旋算符。

有时需要用到极化矢量的概念，它指向粒子的自旋的方向，定义：

$$P_x = 2\mathrm{Re}(\alpha^* \beta), P_y = 2\mathrm{Im}(\alpha^* \beta), P_z = |\alpha|^2 - |\beta|^2$$

容易验证：

$$\rho = (1/2)(I + P \cdot \sigma), \quad P \cdot \sigma |\psi\rangle = |\psi\rangle, \quad P^2 = I$$

其中，σ 是自旋泡利矩阵。而且有

$$\mathrm{tr}\sigma = 0, \quad P = \mathrm{tr}(\rho\sigma)$$

有自旋的粒子的不同自旋态与光的偏振态有相似之处。

3.1.1　系统模型的建立

一个两能级量子系统在希尔伯特空间具有一对可区分的状态：我们可以分别称它们为基态 $|0\rangle$ 和激发态 $|1\rangle$。在 t 时刻，系统的状态可以用 $|0\rangle$ 和 $|1\rangle$ 的线性组合来描述为

$$|\psi(t)\rangle = c_0(t)|0\rangle + c_1(t)|1\rangle \tag{3.3}$$

其中，$c_0(t)$ 和 $c_1(t)$ 是复数，并且对于每一个时刻 t 都满足：

$$|c_0(t)|^2 + |c_1(t)|^2 = 1 \tag{3.4}$$

实际系统可将方程(3.1)中的哈密顿算符 H 分成两部分：未受扰动的系统内部哈密顿 H_0 与受微扰动的外部哈密顿 $H_1(t)$ 之和的形式：

$$H = H_0 + H_1(t) \tag{3.5}$$

其中，H_0 的本征态为已知的态矢 $|0\rangle$ 和 $|1\rangle$，$H_1(t)$ 是为了达到改变量子系统的状态 $|\psi(t)\rangle$ 到期望的值所需要施加的外部控制量。

对于磁场中自旋 1/2 粒子的系统，系统的哈密顿 H 为

$$H = -\hbar\gamma B S_z \tag{3.6}$$

其中，γ 为粒子回旋磁比；B 为磁场强度；S_z 为粒子在 z 方向的分量自旋算符。

系统内部哈密顿 H_0 可以写为

$$H_0 = -\hbar\omega_0 S_z$$

其中，ω_0 为系统的特征频率。

自旋算符在 x、y 和 z 轴的分量分别为

$$S_x = \frac{1}{2}\sigma_x; \quad S_y = \frac{1}{2}\sigma_y; \quad S_z = \frac{1}{2}\sigma_z;$$

取 $|0\rangle = \begin{pmatrix} 1 \\ 0 \end{pmatrix}$，$|1\rangle = \begin{pmatrix} 0 \\ 1 \end{pmatrix}$，系统粒子处于基态 $|0\rangle$ 的能量为 $-\hbar\omega_0/2$；处于激发态 $|1\rangle$ 的能量为 $\hbar\omega_0/2$。该量子系统的薛定谔方程为

$$i\hbar|\dot{\psi}\rangle = H_0|\psi\rangle$$

$$= -\hbar\omega_0 S_z|\psi\rangle = -\frac{\hbar\omega_0}{2}\begin{pmatrix} 1 & 0 \\ 0 & -1 \end{pmatrix}|\psi\rangle$$

$$= -\frac{\hbar\omega_0}{2}(|0\rangle\langle 0| - |1\rangle\langle 1|)|\psi\rangle \tag{3.7}$$

在时刻 t，薛定谔方程的解为

$$|\psi(t)\rangle = c_0(t)|0\rangle + c_1(t)|1\rangle \tag{3.8}$$

将 (3.8) 式代入 (3.7) 式中，有

$$i\hbar[\dot{c}_0(t)|0\rangle + \dot{c}_1(t)|1\rangle]$$

$$= -\frac{\hbar\omega_0}{2}(|0\rangle\langle 0| - |1\rangle\langle 1|) \cdot [c_0(t)|0\rangle + c_1(t)|1\rangle]$$

$$= -\frac{\hbar\omega_0}{2}[c_0(t)|0\rangle\langle 0| \cdot |0\rangle - c_0(t)|1\rangle\langle 1| \cdot |0\rangle$$

$$+ c_1(t)|0\rangle\langle 0| \cdot |1\rangle - c_1(t)|1\rangle\langle 1| \cdot |1\rangle]$$

$$= -\frac{\hbar\omega_0}{2}[c_0(t)|0\rangle - c_1(t)|1\rangle]$$

即：

$$i\hbar[\dot{c}_0(t)|0\rangle + \dot{c}_1(t)|1\rangle] = -\frac{\hbar\omega_0}{2}[c_0(t)|0\rangle - c_1(t)|1\rangle] \tag{3.9}$$

从 (3.9) 式中，我们可以得到

$$i\dot{c}_0(t) = -\frac{\omega_0}{2}c_0(t); \quad i\dot{c}_1(t) = \frac{\omega_0}{2}c_1(t)$$

上式的通解是

$$c_0(t) = c_0(0)e^{i\omega_0 t/2}; \quad c_1(t) = c_1(0)e^{-i\omega_0 t/2}$$

将此解代入 (3.8) 式，可以求出波函数为

$$\psi(t) = c_0(0)e^{i\omega_0 t/2}|0\rangle + c_1(0)e^{-i\omega_0 t/2}|1\rangle$$

$$= e^{-iH_0 t/\hbar}|\psi(0)\rangle$$

$$= \exp\left(\frac{\omega_0}{2}(|0\rangle\langle 0| - |1\rangle\langle 1|)t\right)|\psi(0)\rangle \tag{3.10}$$

$$= U_1(t)|\psi(0)\rangle$$

其中:

$$U_1(t) = e^{-iH_0 t/\hbar} \tag{3.10a}$$

$$|\psi(0)\rangle = c_0(0)|0\rangle + c_1(0)|1\rangle \tag{3.10b}$$

这就是在没有外加磁场的作用下,量子系统在任意时刻 t 可能所处的状态。

量子系统控制的一个基本目标是:通过对系统人为地施加一个外加磁场,迫使系统的状态在外加磁场的作用下从某一个初始状态 $|\psi(0)\rangle$,在 $t = t_f$ 的时间内转变到所期望的终态 $|\psi(t)\rangle$。

3.1.2　控制磁场的设计

为了能够达到期望的控制目标,精心地设计和选择控制量,即外加磁场,是非常重要的。控制磁场的设计就是确定与已有磁场共振的圆形极化磁场的强度,以及操纵粒子旋转状态的时间。首先设计共振磁场强度。我们考虑人为地施加一个与 x-y 横截面平行的圆形极化控制磁场,该控制磁场强度在 x-y 平面的分量分别为

$$B_x = A\cos(\omega t + \varphi), \quad B_y = -A\sin(\omega t + \varphi)$$

其中,ω 为外加磁场频率;φ 为磁场初始角度;A 为外加磁场强度幅值。为了简化起见,我们只考虑 $\varphi = 0$ 的情况。

定义:

$$B^+ = B_x + iB_y = A(\cos\omega t - i\sin\omega t) = A[\cos(-\omega t) - i\sin(-\omega t)] = Ae^{-i\omega t}$$

$$B^- = B_x - iB_y = A(\cos\omega t + i\sin\omega t) = Ae^{i\omega t}$$

定义算符 S^+ 和算符 S^- 分别为

$$S^+ = S_x + iS_y = \frac{1}{2}(|0\rangle\langle 1| + |1\rangle\langle 0|) + i\frac{i}{2}(-|0\rangle\langle 1| + |1\rangle\langle 0|)$$

$$= |0\rangle\langle 1|$$

$$S^- = S_x - iS_y = \frac{1}{2}(|0\rangle\langle 1| + |1\rangle\langle 0|) - i\frac{i}{2}(-|0\rangle\langle 1| + |1\rangle\langle 0|)$$

$$= |1\rangle\langle 0|$$

由(3.6)式,施加控制场后的系统哈密顿量 H 为

$$H = -\hbar\gamma B S_z = H_0 + H_1 = -\hbar\omega_0 S_z - \frac{\gamma\hbar}{2}(B^+ S^- + B^- S^+)$$

$$= -\frac{\hbar}{2}\{\omega_0(|0\rangle\langle 0| - |1\rangle\langle 1|) + \Omega(B^+ S^- + B^- S^+)\}$$

$$= -\frac{\hbar}{2}\omega_0(|0\rangle\langle 0| - |1\rangle\langle 1|) - \frac{\hbar}{2}\Omega(e^{i\omega t}|0\rangle\langle 1| + e^{-i\omega t}|1\rangle\langle 0|) \quad (3.11)$$

其中,$\omega_0 = \gamma B$,$\Omega = \gamma A$,Ω 为处在共振磁场中量子系统的频率,该频率又被称为 Rabi 频率,它描述了在共振磁场的作用下,量子系统在基态 $|0\rangle$ 和激发态 $|1\rangle$ 之间的跃迁。

控制系统的哈密顿算符 H 最后为

$$H = H_0 + H_1(t) = -\frac{\hbar\omega_0}{2}\begin{pmatrix} 1 & 0 \\ 0 & -1 \end{pmatrix} - \frac{\hbar}{2}\Omega\begin{pmatrix} 0 & e^{i\omega t} \\ e^{-i\omega t} & 0 \end{pmatrix} \quad (3.12)$$

将在时刻 t 的薛定谔方程的通解(3.3)式,以及(3.12)式代入薛定谔方程 (3.1)式中可得

$$i\hbar[\dot{c}_0(t)|0\rangle + \dot{c}_1(t)|1\rangle]$$

$$= -\frac{\hbar}{2}[\omega_0(|0\rangle\langle 0| - |1\rangle\langle 1|) + \Omega(e^{i\omega t}|0\rangle\langle 1| + e^{-i\omega t}|1\rangle\langle 0|)]$$

$$\cdot [c_0(t)|0\rangle + c_1(t)|1\rangle]$$

$$= \hbar\left\{ -\frac{1}{2}[\omega_0 c_0(t) + \Omega e^{i\omega t}c_1(t)]0\rangle + \frac{1}{2}[\omega_0 c_1(t) - \Omega e^{-i\omega t}c_0(t)]1\rangle \right\}$$

对比等式两边各项系数,可得

$$i\dot{c}_0(t) = -\frac{1}{2}[\omega_0 c_0(t) + \Omega e^{i\omega t}c_1(t)]$$

$$i\dot{c}_1(t) = \frac{1}{2}[\omega_0 c_1(t) - \Omega e^{-i\omega t}c_0(t)] \quad (3.13)$$

(3.13)式的两个方程中都包含了随时间周期变化的系数 $e^{\pm i\omega t}$。为了获得常系数方程,我们做以下的变换:

$$c_0(t) = c_0'(t)e^{i\omega t/2}; \quad c_1(t) = c_1'(t)e^{-i\omega t/2} \quad (3.14)$$

将(3.14)式代入(3.13)式中,可获得求解 $c_0'(t)$ 和 $c_1'(t)$ 的方程式为

$$i\dot{c}_0'(t) = \frac{1}{2}[(\omega - \omega_0)c_0'(t) - \Omega c_1'(t)]$$

$$i\dot{c}_1'(t) = \frac{1}{2}[-(\omega - \omega_0)c_1'(t) - \Omega c_0'(t)] \quad (3.15)$$

当外加控制磁场频率与系统的特征频率处于共振状态,即在 $\omega = \omega_0$ 时,(3.15)式变为

$$i\dot{c}_0'(t) = -\frac{\Omega}{2}c_1'(t); \quad i\dot{c}_1'(t) = -\frac{\Omega}{2}c_0'(t) \quad (3.16)$$

通过(3.14)式的变换,将系统转换到了具有共振磁场的旋转坐标中。在此坐标中的圆形极化磁场变成了一个常数横向(transverse)磁场,其幅值为 $A = \Omega/\gamma$,

而去掉了指向 z 方向的永久磁场。在下面的进一步的分析中,为了书写的方便,我们将省略(3.16)式变换后 $c_i'(t)$, $i = 1,2$ 中的撇号"'"。求解(3.16)式,可以求出 $c_0(t)$ 和 $c_1(t)$ 的通解分别为

$$c_0(t) = c_0(0)\cos\frac{\Omega}{2}t + ic_1(0)\sin\frac{\Omega}{2}t$$

$$c_1(t) = ic_0(0)\sin\frac{\Omega}{2}t + c_1(0)\cos\frac{\Omega}{2}t \tag{3.17}$$

此时,将(3.17)式代入(3.3)式中,便可求得在外加控制的共振磁场的作用下,由薛定谔方程所决定的系统演化方程所解出的波函数为

$$|\psi(t)\rangle = \left[c_0(0)\cos\frac{\Omega}{2}t + ic_1(0)\sin\frac{\Omega}{2}t\right]|0\rangle$$

$$+ \left[ic_0(0)\sin\frac{\Omega}{2}t + c_1(0)\cos\frac{\Omega}{2}t\right]|1\rangle \tag{3.18}$$

在外加共振磁场的作用下,我们可以对系统的状态进行控制和操作,使系统的状态能够按照我们的期望来获得。

3.1.3　控制场的操纵

本节将给出具体的系统状态在 $|0\rangle \leftrightarrow |1\rangle$ 间转变的控制操纵过程,这也是对一个量子逻辑非门的控制过程。

假定 $t = 0$ 时,系统处于基态 $|0\rangle$,即 $|\psi(0)\rangle = |0\rangle$,由(3.10b)式可得

$$|\psi(0)\rangle = c_0(0)|0\rangle + c_1(0)|1\rangle$$

可求出

$$c_0(0) = 1, \quad c_1(0) = 0$$

把此初始条件代入(3.17)式,可获得 t 时刻的 $c_0(t)$ 和 $c_1(t)$ 分别为

$$c_0(t) = \cos\frac{\Omega}{2}t; \quad c_1(t) = i\sin\frac{\Omega}{2}t \tag{3.19}$$

此时,若人为施加共振磁场的持续时间为 $t_1 = \pi/\Omega$,并代入(3.19)式,可得时间 t 从 0 到 t_1 时的 $c_0(t)$ 和 $c_1(t)$ 值分别为

$$c_0(t_1) = \cos\frac{\Omega}{2}t_1 = \cos\frac{\Omega}{2}\cdot\frac{\pi}{\Omega} = 0;$$

$$c_1(t_1) = i\sin\frac{\Omega}{2}t_1 = i\sin\frac{\Omega}{2}\cdot\frac{\pi}{\Omega} = i$$

代入(3.8)式可得系统的波函数为

$$|\psi(t_1)\rangle = c_0(t_1)|0\rangle + c_1(t_1)|1\rangle = i|1\rangle$$

因为所观测的状态概率为

$$|c_0(t_1)|^2 = |0|^2 = 0; \quad |c_1(t_1)|^2 = |i|^2 = 1。$$

所以角度因子 $e^{i\pi/2}$ 不影响物理量的观测值。因此系统以概率 1 被观测到激发态 $|1\rangle$。

由此可见,当给量子系统施加一个持续时间为 $t_1 = \pi/\Omega$ 的共振磁场脉冲时,将使量子系统从最初的基态 $|0\rangle$ 转变到激发态 $|1\rangle$。这样一个脉冲被称为一个 π 脉冲。一个 π 脉冲定义为 $\Omega t_1 = \pi$,或 $t_1 = \pi/\Omega$。同理可得 $\pi/2$ 脉冲为 $\Omega t_1 = \pi/2$,或 $t_1 = \pi/2\Omega$,$\pi/4$ 和 2π 脉冲分别为 $t_1 = \pi/4\Omega$ 和 $t_1 = 2\pi/\Omega$ 等以此类推。

相应地,若该量子系统最初在 $t = 0$ 时处于激发态 $|1\rangle$,此时有:

$$|\psi(0)\rangle = c_0(0)|0\rangle + c_1(0)|1\rangle = |1\rangle$$

即 $c_0(0) = 0, c_1(0) = 1$。同样代入(3.17)式,可求得

$$c_0(t) = i\sin\frac{\Omega}{2}t \quad 和 \quad c_1(t) = \cos\frac{\Omega}{2}t \tag{3.20}$$

同样,令所施加的共振磁场脉冲的持续时间为 $t_1 = \pi/\Omega$,由(3.20)式可得

$$c_0(t_1) = i\sin\frac{\Omega}{2}t_1 = i\sin\frac{\Omega}{2}\cdot\frac{\pi}{\Omega} = i$$

$$c_1(t_1) = \cos\frac{\Omega}{2}t_1 = \cos\frac{\Omega}{2}\cdot\frac{\pi}{\Omega} = 0$$

可见,态矢由 $|1\rangle \to i|0\rangle$,即使量子系统从最初的激发态 $|1\rangle$ 转变到基态 $|0\rangle$。

综上所述,π 脉冲的作用相当于一个量子逻辑非门的作用,它使量子系统的状态发生转换:从基态 $|0\rangle$ 转换到激发态 $|1\rangle$;或从激发态 $|1\rangle$ 转换到基态 $|0\rangle$。换句话说,在与 x-y 横截面平行的平面上人为地施加一个共振磁场,对其中的粒子持续作用 $t_1 = \pi/\Omega$ 长的时间,则构造(实现)了一个量子逻辑非门。

如果我们施加不同持续时间的脉冲,可能使该系统的状态转换到基态 $|0\rangle$ 和激发态 $|1\rangle$ 的叠加态。由此产生一个量子位的旋转。

例如,人为施加一个持续时间为 $t_1 = \pi/2\Omega$ 的 $\pi/2$ 脉冲,并且量子系统的初始状态为基态 $|0\rangle$,由(3.8)式可得(3.19) 式,然后再代入 $t_1 = \pi/2\Omega$,可得

$$c_0(t_1) = \cos\frac{\pi}{4} = \frac{1}{\sqrt{2}}, \quad c_1(t_1) = i\sin\frac{\pi}{4} = \frac{i}{\sqrt{2}}$$

而

$$|c_0(t_1)|^2 = \frac{1}{2}, \quad |c_1(t_1)|^2 = \frac{1}{2}$$

因此,给该量子系统一个 $\pi/2$ 脉冲,将使量子系统的态矢从最初的基态 $|0\rangle$ 转换到基态 $|0\rangle$ 和激发态 $|1\rangle$ 的叠加态。如果我们观察时间 t_1 时刻系统的状态,将以相等的 $1/2$ 的概率观察到系统的基态 $|0\rangle$ 或激发态 $|1\rangle$。

当量子系统初态处于激发态 $|1\rangle$ 时,对系统人为施加一个持续时间为 $t_1 = \pi/2\Omega$ 的 $\pi/2$ 脉冲,此时的情景为

$$c_0(t_1) = \mathrm{i}\sin\frac{\Omega}{2}t_1 = \mathrm{i}\sin\frac{\pi}{4} = \frac{\mathrm{i}}{\sqrt{2}}, \quad c_1(t_1) = \cos\frac{\Omega}{2}t_1 = \cos\frac{\pi}{4} = \frac{1}{\sqrt{2}}$$

而

$$|c_0(t_1)|^2 = \frac{1}{2}, \quad |c_1(t_1)|^2 = \frac{1}{2}$$

由此可见,不论初始状态是处于基态 $|0\rangle$,还是激发态 $|1\rangle$,在人为施加一个 $\pi/2$ 脉冲后,系统在 t_1 时刻都是处于 $|\psi(t_1)\rangle = \frac{1}{\sqrt{2}}(|0\rangle + |1\rangle)$ 的叠加态。我们以相等的 $1/2$ 概率制备了 $|0\rangle$ 态或 $|1\rangle$ 态。

3.2　量子系统的控制与幺正演化矩阵之间的关系

在第 3.1 节中我们利用描述量子系统状态动力学变化的薛定谔方程,详细推导了采用一个自旋 $1/2$ 的量子位实现量子状态变换的操纵控制以及量子逻辑非门的实现过程。从推导过程可以看出,解决问题的关键是求出薛定谔方程解的波函数关系式(3.18)。比较(3.18)式和(3.2)式可以看出,在我们只考虑本征态的情况下,相当于求(3.2)式中的幺正变换矩阵 $U(t)$。的确我们可以直接通过对量子系统的哈密顿算符进行幺正变换,就能够达到获得(3.18)式的目的。

我们已经熟悉了不随时间变化的量子系统的薛定谔方程(3.1)式:$\mathrm{i}\hbar|\dot{\psi}\rangle = H_0|\psi\rangle$。因为这是一个齐次方程,所以有指数型的解为:$|\psi(t)\rangle = \mathrm{e}^{-\mathrm{i}H_0 t/\hbar} \cdot |\psi(0)\rangle$。由(3.2)式可得量子系统从初始态转换到任意时刻 t 的幺正变换矩阵为(3.10a)式:$U_1(t) = \mathrm{e}^{-\mathrm{i}H_0 t/\hbar}$。现在我们来获得在外加共振磁场的作用下,该量子系统的幺正变换矩阵。此时系统的哈密顿算符变为(3.12)式,我们重新写为

$$H = H_0 + H_1(t) = -\hbar\omega_0 S_z - \hbar\Omega B_c \tag{3.21a}$$

其中,S_z 为 z 分量自旋算符

$$S_z = \frac{1}{2}\begin{pmatrix} 1 & 0 \\ 0 & -1 \end{pmatrix} = \frac{1}{2}(|0\rangle\langle 0| - |1\rangle\langle 1|) \tag{3.21b}$$

B_c 为施加的控制用共振磁场所对应的算符

$$B_c = \frac{1}{2}\begin{bmatrix} 0 & \mathrm{e}^{\mathrm{i}\omega_0 t} \\ \mathrm{e}^{-\mathrm{i}\omega_0 t} & 0 \end{bmatrix} = \frac{1}{2}(\mathrm{e}^{\mathrm{i}\omega_0 t}|0\rangle\langle 1| + \mathrm{e}^{-\mathrm{i}\omega_0 t}|1\rangle\langle 0|)$$

由(3.21)式可以看出,H 变为随时间变化。此时,可以通过幺正变换,将该量子系统转换到与其对等的一个旋转量子系统中来获得不随时间变化的哈密顿算符

$$|\psi'\rangle = U_1^+|\psi\rangle, \quad F' = U_1^+ F U_1 \tag{3.22a}$$

其中,ψ' 是转换后量子系统的波函数;U_1 为实现将原系统转换到对等的旋转量子

系统的幺正矩阵;F 为原系统中的任意一个算符;F' 是转换后旋转量子系统与 F 相对应的算符。

对于所研究的量子系统,因为 $H_0 = -\hbar\omega_0 S_z$,我们取:$U_1^+ = \mathrm{e}^{-\mathrm{i}\omega_0 S_z t}$。则有:

$$|\psi\rangle = \mathrm{e}^{\mathrm{i}\omega_0 S_z t}|\psi'\rangle = U_1(t)|\psi'\rangle \qquad (3.22\mathrm{b})$$

考虑到(3.21)式,并代入(3.1)式得

$$\mathrm{i}\hbar(\mathrm{e}^{\mathrm{i}\omega_0 S_z t}\dot{\psi}' + \mathrm{i}\omega_0 S_z \mathrm{e}^{\mathrm{i}\omega_0 S_z t}\psi') = (-\hbar\omega_0 S_z - \hbar\Omega B_c)\mathrm{e}^{\mathrm{i}\omega_0 S_z t}\psi' \qquad (3.23)$$

整理后可得经过幺正变换后,旋转量子系统的薛定谔方程变为

$$\mathrm{i}\hbar|\dot{\psi}'\rangle = H'|\psi'\rangle$$

其中,

$$H' = -\hbar\Omega\mathrm{e}^{-\mathrm{i}\omega_0 S_z t}B_c\mathrm{e}^{\mathrm{i}\omega_0 S_z t} \qquad (3.24)$$

下面我们计算(3.24)式中 H' 的值。因为 $S^- = |1\rangle\langle 0|$;$S^+ = |0\rangle\langle 1|$,代入 (3.21)式的 B_c 表达式中可得:

$$B_c = \frac{1}{2}(\mathrm{e}^{\mathrm{i}\omega_0 t}|0\rangle\langle 1| + \mathrm{e}^{-\mathrm{i}\omega_0 t}|1\rangle\langle 0|) = \frac{1}{2}(\mathrm{e}^{\mathrm{i}\omega_0 t}S^+ + \mathrm{e}^{-\mathrm{i}\omega_0 t}S^-) \qquad (3.25)$$

取:

$$S^{-\,\prime} = \mathrm{e}^{-\mathrm{i}\omega_0 S_z t}S^-\mathrm{e}^{\mathrm{i}\omega_0 S_z t}; \qquad S^{+\,\prime} = \mathrm{e}^{-\mathrm{i}\omega_0 S_z t}S^+\mathrm{e}^{\mathrm{i}\omega_0 S_z t}$$

我们进行以下的一些运算

$$\frac{\mathrm{d}S^{-\,\prime}}{\mathrm{d}t} = (-\mathrm{i}\omega_0 S_z)\mathrm{e}^{-\mathrm{i}\omega_0 S_z t}S^-\mathrm{e}^{\mathrm{i}\omega_0 S_z t} + \mathrm{e}^{-\mathrm{i}\omega_0 S_z t}S^-\mathrm{e}^{\mathrm{i}\omega_0 S_z t}\mathrm{i}\omega_0 S_z \qquad (3.26)$$

由(3.21b)式:$S_z = \frac{1}{2}\begin{pmatrix} 1 & 0 \\ 0 & -1 \end{pmatrix} = \frac{1}{2}(|0\rangle\langle 0| - |1\rangle\langle 1|)$ 和自旋升算符 $S^- = |1\rangle\langle 0|$,可得

$$S_z S^- = \frac{1}{2}(|0\rangle\langle 0| - |1\rangle\langle 1|) \cdot |1\rangle\langle 0| = -\frac{1}{2}S^-;$$

$$S^- S_z = |1\rangle\langle 0| \cdot \frac{1}{2}(|0\rangle\langle 0| - |1\rangle\langle 1|) = \frac{1}{2}S^-$$

代回(3.26)式得

$$\frac{\mathrm{d}S^{-\,\prime}}{\mathrm{d}t} = \mathrm{i}\omega_0 S^-$$

由此微分方程可以解出:

$$S^{-\,\prime} = \mathrm{e}^{\mathrm{i}\omega_0 t}S^- \qquad (3.27)$$

以同样的方式可以求出:

$$S^{+\,\prime} = \mathrm{e}^{-\mathrm{i}\omega_0 t}S^+ \qquad (3.28)$$

将(3.27)式和(3.28)式以及(3.25)式代回(3.24)式中可得

$$H' = -\frac{\hbar}{2}\Omega(|0\rangle\langle1| + |1\rangle\langle0|) \qquad (3.29)$$

由此可见,经过实施幺正变换后,(3.24)式中的 H' 等于(3.29)式,其值不再随时间变化。故在变换后的自旋量子系统中,我们可以套用不含时间因子的哈密顿算符 H' 对系统动力学方程进行求解得:

$$|\psi'(t)\rangle = e^{-iH't/\hbar}|\psi'(0)\rangle = U_2(t)|\psi'(0)\rangle$$

量子系统从初始状态 $\psi'(0)$ 转变到任意时刻 t 的状态的幺正演化算符为

$$U_2(t) = e^{-iH't/\hbar} \qquad (3.30a)$$

这样我们求出了在控制共振磁场作用下的幺正变换 $U_2(t)$。为了能够把 $U_2(t)$ 写成更加明显的矩阵形式,我们进行如下简化过程。将(3.29)式代入(3.30a)式可得

$$U_2(t) = \exp\left[\frac{i\Omega}{2}(|0\rangle\langle1| + |1\rangle\langle0|)t\right] \qquad (3.30b)$$

(3.30b)式可以写成另一种表达式为:

$$U_2(t) = \sum_{i,k=0}^{1}\left(a_{ik}\cos\frac{\Omega t}{2} + b_{ik}\sin\frac{\Omega t}{2}\right)|i\rangle\langle k| \qquad (3.31)$$

其中,a_{ik} 和 b_{ik} 为不随时间变化的常系数。

下面我们将利用边界初始条件来获得(3.31)式中 a_{ik} 和 b_{ik} 的数值。

因为

$$\frac{\mathrm{d}U_2(t)}{\mathrm{d}t} = \frac{i\Omega}{2}(|0\rangle\langle1| + |1\rangle\langle0|)U$$

以及对于任意算符 F,有下式成立:

$$e^{iF} = I + iF + \frac{(iF)^2}{2!} + \frac{(iF)^3}{3!} + \cdots$$

其中,I 表示单位矩阵。

将上式代入(3.30b)式,并令 $t=0$,可得 $U_2(0)=I$。由此可得

$$\left.\frac{\mathrm{d}U_2(t)}{\mathrm{d}t}\right|_{t=0} = \frac{i\Omega}{2}(|0\rangle\langle1| + |1\rangle\langle0|)U_2(t)$$

将(3.31)式求导一次,并代入 $U_2(t)$ 以及 $U_2(t)$ 的初始条件,联立方程求解得

$$a_{00} = 1, a_{01} = 0, a_{10} = 0, a_{11} = 1$$
$$b_{00} = 0, b_{01} = i, b_{10} = i, b_{11} = 0$$

由此可得幺正演化算符为

$$U_2(t) = \cos\frac{\Omega t}{2}(|0\rangle\langle0| + |1\rangle\langle1|) + i\sin\frac{\Omega t}{2}(|0\rangle\langle1| + |1\rangle\langle0|)$$

或者写成矩阵形式为

$$U_2(t) = \begin{pmatrix} \cos(\Omega t / 2) & i\sin(\Omega t / 2) \\ i\sin(\Omega t / 2) & \cos(\Omega t / 2) \end{pmatrix} \tag{3.32}$$

由(3.32)式可得任意时刻 t 在外加共振磁场作用下,量子系统的状态解波函数 $|\psi'(t)\rangle$ 为

$$\begin{aligned} |\psi'(t)\rangle &= U_2(t)|\psi'(0)\rangle \\ &= U_2(t)(c_0'(0)|0\rangle + c_1'(0)|1\rangle) \\ &= c_0'(t)|0\rangle + c_1'(t)|1\rangle \end{aligned}$$

其中

$$c_0'(t) = c_0'(0)\cos\frac{\Omega}{2}t + ic_1'(0)\sin\frac{\Omega}{2}t$$

$$c_1'(t) = ic_0'(0)\sin\frac{\Omega}{2}t + c_1'(0)\cos\frac{\Omega}{2}t$$

与省略了撇号"′"的(3.17)式完全一致。

由(3.22b)式和(3.30a)式,同时考虑初始本征态在旋转前后的不变性,即有 $|\psi'(0)\rangle = |\psi(0)\rangle$ 成立。我们可以得到

$$\begin{aligned} |\psi(t)\rangle &= U_1(t)|\psi'(t)\rangle \\ &= U_1(t)U_2(t)|\psi'(0)\rangle \\ &= e^{i\omega S_z t}e^{-iH't/\hbar}|\psi'(0)\rangle \\ &= e^{-iH_0 t/\hbar}e^{-iH't/\hbar}|\psi(0)\rangle \\ &= U(t)|\psi(0)\rangle \end{aligned} \tag{3.33}$$

其中,

$$U(t) = e^{-iH_0 t/\hbar}e^{-iH't/\hbar} \tag{3.34}$$

为所要求解的系统状态的幺正演化矩阵。

对照 3.1 节的分析推导过程可知,$U_1(t)$ 的变换式是由(3.14)式的变换体现出来的。

由(3.34)式可以看出,外加控制场后求解系统状态演化规律的过程,等同于对算符进行幺正变换后求解幺正演化矩阵的过程。所以对一个量子系统控制场的设计可以转化为对该系统的幺正演化矩阵的设计。

同经典力学系统控制一样,对于量子力学系统的控制就是要求解被控系统的状态随时间变化的规律。由于描述量子力学系统的动力学演化规律的薛定谔方程是一个含时(偏)微分方程,一般情况下很难对其进行求解。所以,和处理经典力学系统控制一样,我们必须想其他办法,不通过具体对方程求解,也能够达到了解系统状态特性的目的。采用对幺正演化矩阵的设计就是一个切实可行的途径。本节

中只是给出了一个量子位的两能级量子系统状态的演化求解过程,也只是考虑了最简单和最理想的情况。对于量子计算机等应用,还需要考虑实现对多位量子系统的状态演化的控制。可能还需要考虑相互邻位之间的相互作用等影响因素。这些都是需要进一步研究的内容。

3.3　相互作用量子系统的物理控制过程

与周围很好隔离的、含有核自旋的原子(离子)的线性链状排列的固体是典型的相互作用量子系统。我们假定原子链与链之间的任何相互作用都可以忽略不计,考虑的重点放在同一链中最相邻的原子之间的相互作用。假定固体被置于一个沿 z 轴正向的均匀磁场中,那么每个原子的无相互作用的哈密顿量可以写为:$H_{0i} = -\gamma\hbar B_i I_i^z = -\hbar\omega_0 I_i^z$。注意,这里所用到 I_i 是自旋矢量,在本节的某些公式中,也将其用作前面用过的自旋算符 S,不过 I_i 主要表示粒子间的相互作用。

用来描述两个物质之间能量的相互作用的自旋矢量 I_j 和 I_k 是海森伯(Heisenberg)模型:能量 $\propto -JI_jI_k$,其中 $J > 0$ 为相互作用强度,是一个定常系数。当相互作用只限制在取自旋矢量的 z 分量时,则得到所谓的 Ising 模型:能量 $\propto -JI_j^z I_k^z$。

假定现有一个链中含有三种类型的原子核排列成 $ABCABCABC\cdots$(Berman G P et al. 1998)。这三种类型的原子核均有相同的自旋 $I = 1/2$,不过它们都有着不同的运动。假定同一链中自旋之间的相互作用(例如耦极子的相互作用)与外部磁场的相互作用比较小,此时,我们仅考虑同一链中相邻原子之间 zz 部分的相互作用:$2\hbar J_{i,i+1} I_i^z I_{i+1}^z$(Ising 相互作用)。它改变了系统无相互作用的哈密顿量。此时整个系统的无外部磁场作用的哈密顿量为

$$H = -\hbar\sum(\omega_i I_i^z + 2J_{i,i+1} I_i^z I_{i+1}^z) \tag{3.35}$$

考虑到链中所有不同的自旋情况,我们取

$$\begin{aligned}\omega_1 &= \omega_4 = \cdots = \omega_A\\\omega_2 &= \omega_5 = \cdots = \omega_B\\\omega_3 &= \omega_6 = \cdots = \omega_C\end{aligned} \tag{3.36}$$

同样(3.35)式中的系数 $J_{i,i+1}$ 也为 i 的周期函数:

$$\begin{aligned}J_{12} &= J_{45} = \cdots = J_{AB}\\J_{23} &= J_{56} = \cdots = J_{BC}\\J_{34} &= J_{67} = \cdots = J_{CA}\end{aligned} \tag{3.37}$$

(3.35)式中的哈密顿算符没有非对角线项,表明哈密顿算符的本征态代表了自旋状态的类型,如 $|00111011\cdots\rangle$。所以,本征态中的某些态"上升"(处于基态

$|0\rangle$),而其余的态"下降"(处于激发态$|1\rangle$)。假定自旋量子系统的某一状态,例如B"上升"时,而该系统的另一自旋体A处于"下降",并且其他自旋体的状态均不变化,那么在这两种状态下的能量差别为

$$\Delta E = \hbar(\omega_B \pm J_{AB} \pm J_{BC}) \tag{3.38}$$

(3.38)式中J_{AB}前面的"+"号表示对应着与B相邻的自旋体A处于基态$|0\rangle$;"-"号则对应与B相邻的自旋体A处于激发态$|1\rangle$。对于J_{BC}前面的"+"、"-"号的含义同J_{AB}。由此对(3.35)式所描述的哈密顿可以获得以下特征频率:

$$\omega_B^{00} = \omega_B + J_{AB} + J_{BC}$$
$$\omega_B^{01} = \omega_B + J_{AB} - J_{BC}$$
$$\omega_B^{10} = \omega_B - J_{AB} + J_{BC}$$
$$\omega_B^{11} = \omega_B - J_{AB} - J_{BC} \tag{3.39}$$

该特征频率即为实现相应的状态转变必须人为外部施加的磁场脉冲频率,其中ω_B^{00}表示当B类自旋在其左侧A和其右侧C均处于基态$|0\rangle$时,B类状态由$|0\rangle\leftrightarrow|1\rangle$转换时所需要施加的磁场脉冲频率,即对应于$B$类状态的转变,在(3.39)式中所表示的$\omega_B^{ij}$意味着当左侧相邻自旋体$A$处于$|i\rangle$态,而右侧相邻自旋$C$处于$|j\rangle$态,$i,j = 0$或1时所需要施加的磁场脉冲频率。$\omega_A^{ij}$和$\omega_C^{ij}$的表达式类似于(3.39)式,只需要将(3.39)式中的B换成A或C即可。例如,链中最左端的自旋体为A,则A状态转换的特征频率为:

$$\omega_A^{00} = \omega_A + J_{AB}; \quad \omega_A^{01} = \omega_A - J_{AB} \tag{3.40}$$

(3.40)式中ω_A^{0i}意味着与A右侧相邻的自旋体B处于状态$|i\rangle$。由于边界自旋体为A(最左端)或处于最右端(假定是C)的特殊情况,我们可以列出三种情况下(最左端、中间和最右端),对应于每个自旋体转换的所有16个特征频率:

A类自旋:

$$\begin{cases} |0\rangle \rightarrow |1\rangle : \omega_A^{00} \quad \omega_A^{01} \\ |1\rangle \rightarrow |0\rangle : \omega_A^{10} \quad \omega_A^{11} \end{cases} \tag{3.41a}$$

B类自旋:

$$\begin{cases} |0\rangle \rightarrow |1\rangle : \quad \omega_B^{00} \quad\quad \omega_B^{01} \quad\quad \omega_B^{10} \quad\quad \omega_B^{11} \\ |1\rangle \rightarrow |0\rangle : -\omega_B^{00} \quad -\omega_B^{01} \quad -\omega_B^{10} \quad -\omega_B^{11} \end{cases} \tag{3.41b}$$

C类自旋:

$$\begin{cases} |0\rangle \rightarrow |1\rangle : \omega_C^{00} \quad \omega_C^{01} \\ |1\rangle \rightarrow |0\rangle : \omega_C^{10} \quad \omega_C^{11} \end{cases} \tag{3.41c}$$

在此我们仅考虑对相互作用自旋1/2量子系统的两个本征态$|0\rangle$和$|1\rangle$之间

的转换控制,不考虑叠加态和纠缠态,因此状态的相角对我们来说是不重要的。控制一个相互作用量子系统的第一个所要解决的问题是如何操控一个给定的量子位。我们在上一节中已做了详细的研究:可以使用一个 π 共振脉冲驱动一个自旋体从状态 $|0\rangle$ 转变到状态 $|1\rangle$,反之亦然。但该脉冲会对其他邻近自旋体产生影响,这个问题由 Lloyd 得以解决。Lloyd 建议提供一个特别的 π 脉冲序列来改变相邻自旋体之间的状态,例如,为实现相邻自旋体 A 和 B 状态的改变,假定 A 处于 $|0\rangle$,B 处于 $|1\rangle$,希望通过外加共振磁场的控制来操纵 A 变为 $|1\rangle$,而使 B 变为 $|0\rangle$。为此可以施加如下的系列脉冲:

$$\omega_A^{01} \omega_A^{11} \omega_B^{10} \omega_B^{11} \omega_A^{01} \omega_A^{11} \tag{3.42}$$

(3.42)式中各 ω 的表达含义见(3.41)式。由(3.42)式所给出的序列脉冲的作用效果见表 3.1。

表 3.1 序列脉冲的作用及其效果

初始状态	AB	A^*B	AB^*	A^*B^*
$\omega_A^{01} \omega_A^{11}$ 作用后	AB	A^*B	A^*B^*	AB^*
$\omega_B^{10} \omega_B^{11}$ 作用后	AB	A^*B^*	A^*B	AB^*
$\omega_A^{01} \omega_A^{11}$ 作用后	AB	AB^*	A^*B	A^*B^*

表 3.1 中符号"$*$"表示该自旋体处于 $|1\rangle$ 态,例如 $AB^* = |0\rangle|1\rangle$。从表 3.1 中可以看出,在第一对脉冲 $\omega_A^{01} \omega_A^{11}$ 作用后,当 A 的右侧 B 处于激发态 B^* 时,A 的状态改变,即 $A \leftrightarrow A^*$(条件是同时存在 B^*);若 A 右侧 B 处于基态 B,自旋体 A 的状态保持不变。在第二对脉冲 $\omega_B^{10} \omega_B^{11}$ 作用后,其结果为:若 B 左侧的 A 处于激发态 A^*,自旋体 B 的状态改变:$B \leftrightarrow B^*$;若 B 左侧的 A 处于基态 A,自旋体 B 的状态保持不变。在第三对脉冲 $\omega_A^{01} \omega_A^{11}$ 作用后,自旋体 A 状态的变换规律与第一对脉冲作用结果相同。由此我们可以看出,通过施加一个序列脉冲,我们得到了相邻一对自旋体 A 和 B 状态的相互转换。类似地可以通过施加一组像(3.42)式所述的脉冲序列,实现一个原子链状态的转换来达到记录信息的目的。以含有 6 个自旋体 $ABCABC$ 为例,我们想把数字 7 下载到此自旋链中,即让该自旋链记录"7"这个信息,使自旋链量子状态从 $ABCABC$ 转换到 $ABCA^*B^*C^*$,实现从 $|0_A0_B0_C0_A0_B0_C\rangle \rightarrow |0_A0_B0_C1_A1_B1_C\rangle$ 的转换。为了达到此目标所需施加的 π 脉冲序列,以及作用后所对应的量子系统状态的转换过程如下:

1) $\omega_C^{00} : ABCABC \rightarrow ABCABC^*$

2) $\omega_B^{01} : ABCABC^* \rightarrow ABCAB^*C^*$

3) $\omega_A^{01} : ABCAB^*C^* \rightarrow ABCA^*B^*C^*$

显然,数字控制非门(CNOT)可以通过施加一组类似于(3.42)式所描述的脉冲来实现。例如施加两个具有频率 ω_A^{10} 和 ω_A^{11} 的 π 脉冲,则使自旋体 A 的状态发生转换当且仅当在其左侧的自旋体 B 处于激发态 B^*,即 A 为目标字节,B 为控制字节。

由此可见,对量子系统状态的控制,从粒子之间的相互作用以及物理可实现的角度来看,就是寻找一组达到期望状态变换的、可实现的脉冲序列。这个问题从控制的角度来看就变成:通过对薛定谔方程的求解,可以得到解的一般形式 $\psi(t) = U(t)\psi(0)$,当初始状态 $\psi(0)$ 和终态 $\psi(t_f)$ 已知时,如何对所获得的期望幺正演化矩阵 $U(t)$ 进行分解,使之成为一组可物理操作的脉冲序列。系统状态控制的问题是要根据薛定谔方程来进行的。对幺正演化矩阵 $U(t)$ 的分解必须根据薛定谔方程的具体形式在李群的特殊幺正群中进行。

3.4 非共振 π 脉冲的作用

仅仅通过施加不同频率的共振脉冲还不能 100% 地对一个给定的共振自旋提供一个激励,即不能确保该脉冲只作用于该自旋上,这是由于存在非共振的影响。这类影响可以通过显式的数学计算来研究。让我们以基于 $I = \frac{1}{2}$ 的两个自旋系统的 CN 门为例,该系统处于 z 轴正方向指向的常数磁场 B 中。我们来考虑两自旋之间的 Ising 相互作用及其每个自旋的相互作用。电磁场是在 x-y 面上旋转的磁场,系统的内部哈密顿可以写为(Berman G P et al. 1998):

$$H_0 = -\hbar(\gamma_1 B I_1 + \gamma_2 B I_2 + 2J I_1^z I_2^z) \tag{3.43}$$

两个自旋分别具有不同的回旋磁场 γ_1 和 γ_2,自旋以一个圆形极化转换电磁场频率 ω 进行相互作用,电磁场可以被写为 $B^x = A\cos\omega t$,$B^y = -A\sin\omega t$,此时,系统的哈密顿量可以表示为:

$$H = -\hbar\left\{\sum_{k=1}^2\left[\omega_k I_k^z + \frac{1}{2}\Omega_k(e^{-i\omega t}I_k^- + e^{i\omega t}I_k^+)\right] + 2J I_1^z I_2^z\right\} \tag{3.44}$$

式中 $\omega_k = \gamma_k B$,称为相应自旋粒子的本征频率;$\Omega_k = \gamma_k A$ 为相应自旋粒子的 Rabi 频率。

该两自旋粒子系统的能级如图 3.1 所示,其中假定 $\omega_1 > \omega_2$,虚线表示单个自旋的转换,例如,加一个 $(\omega_1 \pm J)$ 频率的 π 脉冲,作用于该量子系统上,该脉冲可以将量子系统从 $|10\rangle$ 转换到 $|00\rangle$,或从 $|00\rangle$ 转换到 $|10\rangle$。这里的 $\omega_i \pm J$ 中的 ω_i,$i = 1,2$ 指明与左数第 1 或第 2 个位上的频率共振,于是该量子位成为目标字节,同时也表明了另一位是控制字节。而 $\pm J$ 指明控制字节处于 $|0\rangle$(对应于 $+J$)或 $|1\rangle$(对应于 $-J$)时,目标字节翻转。例如,若我们施加 $\omega = (\omega_2 - J)$ 的 π 脉冲作用于该量

子系统上,该脉冲可以实现把对应于本征频率 ω_2 的第 2 个量子位(即右侧)作为目标字节,此时左侧第 1 量子位(本征频率 ω_1)则作为控制字节的量子 CN 门的状态转换:只有左侧量子位对应的自旋粒子处于激发态 $|1\rangle$(对应于 $-J$),右侧量子位所对应的自旋粒子状态才翻转($|0\rangle\leftrightarrow|1\rangle$),可以由 $|10\rangle\rightarrow|11\rangle$ 或由 $|11\rangle\rightarrow|10\rangle$。

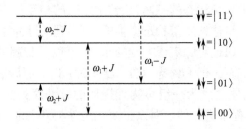

图 3.1　两自旋粒子系统的能级图

下面我们给出 CN 门动力学数值计算的结果,该系统独立于时间的薛定谔方程波函数可以表示为

$$\psi(t) = C_{00}(t)|00\rangle + C_{01}(t)|01\rangle + C_{10}(t)|10\rangle + C_{11}(t)|11\rangle \quad (3.45)$$

我们采用一个等价变换,取

$$C_{00}(t) = C'_{00}(t)\exp(\mathrm{i}\omega t + \mathrm{i}\phi(t)), C_{01}(t) = C'_{01}(t)\exp(\mathrm{i}\phi(t))$$
$$C_{10}(t) = C'_{10}(t)\exp(\mathrm{i}\phi(t)), C_{11}(t) = C'_{11}(t)\exp(-\mathrm{i}\omega t + \mathrm{i}\phi(t)) \quad (3.46)$$

(3.46)中,$\phi(t)$ 为一个普通的超前角,被用来辅助简化薛定谔方程中 $C_{ik}(t)$ $(i, k = 0, 1)$项的表达形式,由薛定谔方程:

$$\mathrm{i}\hbar\dot{\psi}(t) = H\psi(t)$$

可得

$$\mathrm{i}\dot{\psi}(t) = \frac{H}{\hbar}\psi(t) \quad (3.47)$$

将(3.45)式代入(3.47)式有(已省略撇号)

$$\mathrm{i}(\dot{C}_{00}(t)|00\rangle + \dot{C}_{01}(t)|01\rangle + \dot{C}_{10}(t)|10\rangle + \dot{C}_{11}(t)|11\rangle)$$
$$= \frac{H}{\hbar}[C_{00}(t)|00\rangle + C_{01}(t)|01\rangle + C_{10}(t)|10\rangle + C_{11}(t)|11\rangle] \quad (3.48)$$

式中

$$\frac{H}{\hbar} = -\sum_{k=1,2}\left[\omega_k I_k^z + \frac{1}{2}\Omega_k(\mathrm{e}^{-\mathrm{i}\omega t}I_k^- + \mathrm{e}^{\mathrm{i}\omega t}I_k^+)\right] - 2JI_1^z I_2^z$$

将 $\frac{H}{\hbar}$ 以及(3.46)式代入(3.48)式中,整理后可得如下方程:

$$-2\mathrm{i}\dot{C}_{00}(t) + 2\dot{\phi}\,C_{00}(t) + 2\omega C_{00}(t)$$
$$= \omega_1 C_{00}(t) + \omega_2 C_{00}(t) + \Omega_1 C_{10}(t) + \Omega_2 C_{01}(t) + JC_{00}(t)$$

$$- 2i\dot{C}_{01}(t) + 2\dot{\phi}\, C_{01}(t)$$

$$= \omega_1 C_{01}(t) - \omega_2 C_{01}(t) + \Omega_1 C_{11}(t) + \Omega_2 C_{00}(t) - JC_{01}(t)$$

$$- 2i\dot{C}_{10}(t) + 2\dot{\phi}\, C_{10}(t)$$

$$= - \omega_1 C_{10}(t) + \omega_2 C_{10}(t) + \Omega_1 C_{00}(t) + \Omega_2 C_{11}(t) - JC_{10}(t)$$

$$- 2i\dot{C}_{11}(t) + 2\dot{\phi}\, C_{11}(t) - 2\omega C_{11}(t)$$

$$= - \omega_1 C_{11}(t) - \omega_2 C_{11}(t) + \Omega_1 C_{01}(t) + \Omega_2 C_{10}(t) + JC_{11}(t) \tag{3.49}$$

对于(3.49)式中的参数分别选择为

$$\omega_1 = 5\omega, \omega_2 = 100, J = 5, \omega = \omega_2 - J = 95, \Omega_1 = 0.5, \Omega_2 = 0.1 \tag{3.50}$$

对于该两自旋粒子系统,每个自旋粒子的本征参数可由所选参数 $\times 2\pi \times 10^6 \mathrm{s}^{-1}$,对应于 1MHz 频率时,在该条件下的状态转换 $\omega = \omega_2 - J = 95$ 对应于 $|10\rangle \leftrightarrow |11\rangle$,即控制(左侧)量子位处于激发态 $|1\rangle$ 时,目标(右侧)量子位的状态转换,选择所施加的脉冲超前相角为

$$\phi(t) = \frac{(\omega_2 - \omega_1 - J)t}{2}$$

将参数设置(3.50)式代入量子(3.49)式中可以求得 t 时刻的复函数 $C_{00}(t)$, $C_{01}(t)$, $C_{10}(t)$ 和 $C_{11}(t)$。

对于给定的一组初始条件:

$$C_{00}(0) = C_{01}(0) = C_{11}(0) = 0, C_{10}(0) = 1$$

可以算出 $|C_{10}(t)|$ 和 $|C_{11}(t)|$ 的时间演化过程如图 3.2 所示,其中的两个箭头分别表示脉冲作用的开始和结束。

由图 3.2 中可以得出,频率为 $\omega = \omega_2 - J = 95$ 的 π 脉冲作用后,$|C_{10}(t)|$ 的值接近于 0,$|C_{11}(t)|$ 的值接近于 1,而其他两个复系数 $C_{00}(t) = C_{11}(t) = 0$,即由 (3.45)式所表达的波函数 $\psi(t)$ 在该 π 脉冲作用后,由 $\psi(0) = |10\rangle$ 变换到 $\psi(t) = |11\rangle$。类似地,若量子系统的开始状态 $\psi(0) = |11\rangle$,则在 π 脉冲作用后,变换为 $\psi(t) = |10\rangle$,并且该 π 脉冲不影响量子系统的 $|00\rangle$ 和 $|01\rangle$ 状态,从能量图 3.1 可知

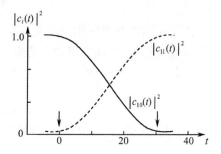

图 3.2 $|C_{10}(t)|$ 和 $|C_{11}(t)|$ 的时间演化过程

一个 ω_2 实现了量子状态 $|10\rangle \leftrightarrow |11\rangle$ 的互相转换,因此在上述量子系统中,π 非共

振脉冲实现量子 CN 门的功能,即该非共振脉冲的作用等同于一个量子受控非门的作用。

下一个问题是当 π 非共振脉冲对旋转磁场影响较大时,如何避免这种影响?例如,当我们以 ω_B^{01} 施加一个非共振脉冲作用于第三类自旋线性链 $ABCABC\cdots$ 时,若自旋 B 左侧自旋 A 与其右侧的自旋 C 分别处于 $|0\rangle$ 和 $|1\rangle$ 状态,则该脉冲作用后,自旋 B 状态改变($|0\rangle \rightarrow |1\rangle$,或 $|1\rangle \rightarrow |0\rangle$),但若是自旋 B 左侧 A 处于 $|1\rangle$ 态,而右侧自旋 C 处于 $|0\rangle$ 态,该 π 非共振脉冲依旧会影响自旋 B 的状态,因为该 π 非共振脉冲频率 ω_B^{01} 与 ω_B^{10} 仅相差一个较小的值 $2(J_{AB} - J_{BC})$,由(3.47)式可得

$$\omega_B^{01} = \omega_B + J_{AB} - J_{BC}$$
$$\omega_B^{10} = \omega_B - J_{AB} + J_{BC}$$
$$\omega_B^{01} - \omega_B^{10} = 2(J_{AB} - J_{BC})$$

现在我们估计频率 ω_B^{01} 的 π 非共振脉冲作用后左侧自旋 A 为 $|1\rangle$ 态,右侧自旋 C 为 $|0\rangle$ 态,对自旋 B 的影响。为此,我们引入"有效磁场"的概念,给定了一个自旋 A^*(即处于激发态),产生的作用与相邻右侧自旋 B 的有效磁场均为

$$B_1 = -e_z J_{AB}/\gamma_B \tag{3.51}$$

其中:γ_B 是自旋 B 的自旋磁场比率系数,e_z 是指向 z 轴正方向的单位矢量。同样,自旋 C(即处于基态 $|0\rangle$)所产生的作用与相邻左侧自旋 B 的有效磁场为

$$B_2 = +e_z J_{BC}/\gamma_B \tag{3.52}$$

因此在该频率 ω_B^{01} 的 π 非共振脉冲作用下,自旋 B 所处的纯有效磁场为 B_e

$$B_e = B_2 + B_1 + B_0 = B_0 + (J_{BC} - J_{AB})/\gamma_B \tag{3.53}$$

该磁场的方向指向 z 轴正方向,B_0 为外部沿 z 轴正向作用的永久磁场。此时,该自旋 B 状态发生转换,被施加的 π 脉冲频率为

$$\omega_B^{10} = \gamma_B B_e \tag{3.54}$$

由于波函数此时的相位不重要,可以方便地使用平均自旋运动方程,为了得到这些方程,我们在海森伯表象中考虑自旋的动力学,在这个表象中,波函数是不随时间变化的,自旋矢量由海森伯方程给出:

$$i\hbar \frac{d}{dt} I = [I, H] \tag{3.55}$$

其中,H 为哈密顿,$[I, H]$ 为对易操作:

$$[I, H] = IH - HI \tag{3.56}$$

I 沿 x 轴,y 轴,z 轴三个方向的分量分别为 I^x、I^y、I^z,可以推导出

$$I^x I^y - I^y I^x = iI^z$$
$$I^y I^z - I^z I^y = iI^x$$
$$I^z I^x - I^x I^z = iI^y \tag{3.57}$$

由(3.55)式～(3.57)式可以得到

$$\frac{\mathrm{d}}{\mathrm{d}t}I^x = \gamma_B(I^y B_e^z - I^z B_e^y)$$

$$\frac{\mathrm{d}}{\mathrm{d}t}I^y = \gamma_B(I^z B_e^x - I^x B_e^z)$$

$$\frac{\mathrm{d}}{\mathrm{d}t}I^z = \gamma_B(I^x B_e^y - I^y B_e^x) \tag{3.58}$$

采用叉积"×"运算,我们可以获得众所周知的描述自旋 B 的动力学的方程:

$$I = \gamma_B I \times B_e$$

$$= \gamma_B \begin{bmatrix} i & j & k \\ I^x & I^y & I^z \\ B_e^x & B_e^y & B_e^z \end{bmatrix} = \gamma_B \begin{bmatrix} i & j & k \\ a_1 & a_2 & a_3 \\ b_1 & b_2 & b_3 \end{bmatrix}$$

$$= \gamma_B[(a_2b_3 - a_3b_2)i + (a_3b_1 - a_1b_3)j + (a_1b_2 - a_2b_1)k] \tag{3.59}$$

当考虑该量子力学系统算符(I, I^x, I^y, I^z)的平均值$\langle I \rangle, \langle I^x \rangle, \langle I^y \rangle, \langle I^z \rangle$时,也同样满足上述方程。

如果人为地在 x-y 平面上施加一个频率为 ω,幅度为 A 的磁场脉冲,则(3.59)式中有效磁场的各分量为

$$\left.\begin{aligned} B_e^x &= A\cos\omega t \\ B_e^y &= -A\sin\omega t \\ B_e^z &= \omega_B^{10}/\gamma_B \end{aligned}\right\} \tag{3.60}$$

由此,关于$\langle I \rangle$的方程可以表示成:

$$\frac{\mathrm{d}}{\mathrm{d}t}\langle I^+ \rangle + \mathrm{i}\omega_B^{10}\langle I^+ \rangle = \mathrm{i}\Omega_B\mathrm{e}^{-\mathrm{i}\omega t}\langle I^z \rangle$$

$$\frac{\mathrm{d}}{\mathrm{d}t}\langle I^- \rangle - \mathrm{i}\omega_B^{10}\langle I^- \rangle = -\mathrm{i}\Omega_B\mathrm{e}^{\mathrm{i}\omega t}\langle I^z \rangle$$

$$\frac{\mathrm{d}}{\mathrm{d}t}\langle I^z \rangle = \frac{\mathrm{i}}{2}\Omega_B(\langle I^+ \rangle\mathrm{e}^{\mathrm{i}\omega t} - \langle I^- \rangle\mathrm{e}^{-\mathrm{i}\omega t}) \tag{3.61}$$

其中,$\Omega_B = \gamma_B A$,$\langle I^{\pm} \rangle = \langle I^x \rangle \pm \mathrm{i}\langle I^y \rangle$

我们用下式来分别表示$\langle I^+ \rangle$和$\langle I^- \rangle$

$$\langle I^+ \rangle = \langle I^x \rangle + \mathrm{i}\langle I^y \rangle = s\mathrm{e}^{-\mathrm{i}\omega t}$$

$$\langle I^- \rangle = \langle I^x \rangle - \mathrm{i}\langle I^y \rangle = s^*\mathrm{e}^{\mathrm{i}\omega t}$$

令 $m = \langle I^z \rangle$,由此我们可以从(3.61)式中得到描述平均值的动力学方程式

$$\dot{s} + \mathrm{i}(\omega_B^{10} - \omega)s = \mathrm{i}\Omega_B m$$

$$\dot{m} = \frac{\mathrm{i}}{2}\Omega_B(s - s^*) \tag{3.62}$$

当我们施加一个共振脉冲频率 $\omega = \omega_B^{10}$，且有初态 $m(0) = \dfrac{1}{2}$，$s(0) = 0$ 时，(3.62)式的最终解为

$$s(t) = \frac{i}{2}\sin\Omega_B t, \quad m(t) = \frac{1}{2}\cos\Omega_B t \tag{3.63}$$

现在考虑施加非共振脉冲的情形，即脉冲频率 $\omega = \omega_B^{01} \neq \omega_B^{10}$ 时，此时电磁脉冲倾向于用 ω_B^{01} 的频率激活自旋 B，则(3.62)式的解为

$$s(t) = \pm\frac{1}{2}\sin\theta\left[2\cos\theta\sin^2(\omega_e t / 2) + i\sin(\omega_e t)\right]$$

$$m(t) = \pm\frac{1}{2}\left[1 - 2\sin^2\theta\sin^2(\omega_e t / 2)\right] \tag{3.64}$$

其中，方程(3.64)中以"＋"号对应着初始条件

$$m(0) = \frac{1}{2}, s(0) = 0$$

"－"号对应着初始条件

$$m(0) = -\frac{1}{2}, s(0) = 0$$

其他关系式分别为

$$\omega_e = \sqrt{\Omega_B^2 + (\omega_B^{10} - \omega_B^{01})^2}$$

$$\cos\theta = (\omega_B^{10} - \omega_B^{01}) / \omega_e$$

$$\sin\theta = \Omega_B / \omega_e$$

现在我们可以讨论如何消除频率 $\omega = \omega_B^{01}$ 的非共振脉冲对系统的影响。从(3.64)式中可以得出：当 $\omega_e t = 2\pi k$，$k = 1,2,3,\cdots$，其中，t 为所施加的非共振脉冲的旋转时间，且 $\Omega_B t = \pi$ 时，有

$$s(t) = \pm\frac{1}{2}\sin\theta\left[2\cos\theta\sin^2\left(\frac{2\pi k}{2}\right) + i\sin(2\pi k)\right] = 0$$

$$m(t) = \pm\frac{1}{2}\left[1 - 2\sin^2\theta\sin^2\left(\frac{2\pi k}{2}\right)\right] = \pm\frac{1}{2}$$

此时，该非共振 π 脉冲使系统返回到其初始状态。换句话说，此时该非共振 π 脉冲对量子系统无影响。为了实现这一结果，外部施加的非共振 π 脉冲必须满足

$$\omega_e t = \sqrt{\Omega_B^2 + (\omega_B^{01} - \omega_B^{10})^2}\, t$$

$$= \sqrt{\Omega_B^2 + (\omega_B^{01} - \omega_B^{10})^2} \cdot \frac{\pi}{\Omega_B} = 2\pi k, \quad k = 1,2,3,\cdots$$

$$\Omega_B = \left| \omega_B^{01} - \omega_B^{10} \right| / \sqrt{4k^2 - 1}, t = \pi / \Omega_B \tag{3.65}$$

符合(3.65)式的非共振 π 脉冲对初始态为 $m(0) = \pm\dfrac{1}{2}$，$s(0) = 0$ 的自旋 B 无任何影响，以上分析同样符合自旋 A 和自旋 C 的情形。

第4章 量子力学系统模型的建立

本章将从控制理论的角度出发,分别通过把量子力学系统的态矢波函数和密度矩阵算符转化为几何空间状态的演化矩阵形式,对量子力学系统和系综进行可实现的系统理论建模。把一个对抽象物理概念的操纵问题,转变成对一个实在的、易于数学操作以及控制理论处理的几何空间状态的控制设计问题。最后还给出了基于所建模型可以进一步解决的有关量子力学控制中的5个基本问题。

4.1 量子系统控制中状态模型的建立

迄今为止,理论和实验研究证实,量子信息在提高运算速度、确保信息安全、增大信息容量等方面可以突破现有信息系统的极限,引起世界各国学术界的高度重视。人类在激光技术和微电子学装置领域中的理论与技术的进步,不断地激发人们进行有关量子力学系统控制的研究(Dahleh M et al. 1996, Divincenz D P 1995)。从控制理论的角度看,量子控制在量子计算等方面具有重要的应用前景。实际上,通过有限维数的系统复数状态所携带的量子信息是通过操纵系统状态到指定的目标态来传递的。物理学家们在腔量子电动力学(C-QED)场和离子囚禁等中的实验技术已开发出具体的量子系统,它能通过非常低的噪声连续不断地被监视,并可以在系统的时间域内对其量子态进行快速操纵。因此,自然使人们考虑使用控制理论与技术对具体量子力学系统进行控制的可能性。相对于经典力学系统的控制,实现量子力学系统控制的难点主要在于三个方面。

首先,所涉及到的数学较复杂。众所周知,基于薛定谔方程的系统模型,在控制上是非线性的,而且,系统的物理状态并不是落在普通的欧几里得(Euclid)坐标系中,而是落在一个投影复数空间中。各种状态具有等价的类别,即我们将要处理的矢量并不能以经典控制的方式来代表状态,因为它们不是被唯一的确定。

第二,不能以通常的方式运用经典控制理论,因为在对状态的测量过程中会出现"波函数的坍缩"现象。一个量子系统中每一个可以测量的量被称为"可观测的",它与一个具有可被测量结果的本征值的算符相关联。包含在薛定谔方程中的状态仅仅含有每一测量可能结果的已知概率。根据量子力学的解释,当某一测量值是已知的,那么系统的状态所等于的本征矢量将与所测量的本征值相对应,即在本征空间里"坍缩"。因此,此时就不得不慎重地考虑用于控制过程中基本的反馈原理。因为观测过程对系统的状态进行了修改。

最后,每一个量子粒子与周围的环境(包括外加的控制量)相互作用,这种相互作用是经典控制中所不存在的,必须被慎重的考虑和对待。

量子力学系统控制的主要目的是寻找一个量子系统随时间演化的途径。从目前所涉及的研究方向上,具体可分为 5 个方面(丛爽等　2003b):(1)某一初始化纯态的制备;(2)可控性分析;(3)驱动一个给定的初始态到事先确定的终态(目标态);(4)最优化一个可观测的目标期望值;(5)量子状态的非破坏性测量。不论希望达到何种目的,当希望系统地对量子力学系统进行分析与控制时,都必须对被控系统进行建模,然后针对所建立的系统模型进行分析与控制器设计。所以,本节的目的是从控制理论的角度出发,对量子力学系统进行理论建模,为以后的系统分析与设计做准备。这里我们仅考虑具有有限维的量子系统模型的建立。

量子系统控制理论的一般思想是基于能够改变系统与控制器之间的相互作用的假定。这意味着人们能够操纵一个(可能是取决于时间的)哈密顿(算符)H,或系统的内部哈密顿通过外部的接触作用于系统的哈密顿上。有时假定至少能够找到一个微扰动的哈密顿。所谓的微扰动是指,外部所施加的控制(扰动)作用的影响足够的微弱,不足以导致量子系统内部粒子能级等特性的跃变。当然,这样的思想在许多现实的物理系统中已被证实是可行的。

为了便于叙述和使用的方便,有必要先解释一下几个术语:

(1) 纯态:可以用一个态矢量描写的量子态 $|\psi\rangle$ 称为纯态。由 $|\psi\rangle$ 构成线性算符 $\rho = |\psi\rangle\langle\psi|$,它作用于态 $|\phi\rangle$ 上,得到 $\rho|\phi\rangle = |\psi\rangle\langle\psi|\phi\rangle = C|\psi\rangle$,其中,数 $C = \langle\psi|\phi\rangle$ 是态 $|\phi\rangle$ 在 $|\psi\rangle$ 上的投影,所以称 ρ 为投影算符。

(2) 纯态系综:大量处于宏观条件下的、都处于性质完全相同的量子状态 $|\psi(t)\rangle$ 的、各自独立的量子系统的集合称为纯态系综。

(3) 混态系综:大量处于相同宏观条件下的、性质完全相同却可以处于不同的量子状态 $|\psi^i(t)\rangle$ 的、各自独立的量子系统的集合称为混态系综。

为了对量子系统进行建模,通常对一个量子系统的状态不是仅使用一个矢量,而是一组矢量,即采用复希尔伯特空间 H 中的一维矢量空间。我们采用狄拉克符号法来表示一个状态矢量,这个态矢的"右矢",被写为 $|\psi\rangle \in H$。而在其对等空间的矢量被称为"左矢",写为 $\langle\psi| \in H^*$。左矢是右矢的共轭转置。众所周知,在 t 时刻量子力学系统的状态 $|\psi(t)\rangle$ 的演化由薛定谔方程决定:

$$i\hbar|\dot\psi\rangle = H|\psi\rangle \tag{4.1}$$

其中,$\hbar$ 是普朗克常数;$H:H \to H^*$ 是哈密顿算符,且 $H = H^*$。因此其本征值是实数。

由(4.1)式可知,如果 $|\psi(t)\rangle$ 满足(4.1)式,那么 $|\widetilde\psi(t)\rangle = e^{i\theta}|\psi(t)\rangle$ 也满足(4.1)式。因此,薛定谔方程是不随相位的变化而变化的。不过,当 θ 是时间的一个复函数时,$|\widetilde\psi(t)\rangle$ 虽然与 $|\psi(t)\rangle$ 代表同样的状态,但不再是(4.1)式中的解。

为了解决这个问题,我们采用一种较简单的方法:选用归一化的矢量 $|\psi(t)\rangle$,即假定 $\langle\psi(t)|\psi(t)\rangle=1$,并且要求所推导出的所有结果都独立于相位。

可以用许多不同的图景表示方式来实现量子态的逻辑操作,其中通过对幺正演化算符的操纵也是一种达到对态矢 $|\psi(t)\rangle$ 操纵的可能方式。我们正是希望通过量子系统的幺正演化算符来达到所期望的控制目的。对于具有初始条件 $|\psi(0)\rangle$ 的情况,采用幺正演化算符 $X(t)$,可以得到薛定谔方程的解 $|\psi(t)\rangle$ 为

$$|\psi(t)\rangle = X(t)|\psi(0)\rangle \tag{4.2}$$

演化算符 $X(t)$ 同样满足方程

$$i\hbar\dot{X}(t) = HX(t) \tag{4.3}$$

因此,对算符 $X(t)$ 的操作控制就意味着对态矢 $|\psi(t)\rangle$ 的操作控制。

另一方面,我们讨论方程(4.1)中的哈密顿算符 H,系统的哈密顿被假定为由未受扰动的(或内部的)哈密顿 H_0 与受微扰动的(或外部的)哈密顿 $H_e(t)$ 之和的形式组成:

$$H = H_0 + H_e(t) \tag{4.4}$$

其中,$H_e(t) = \sum_{k=1}^{m} H_k u_k(t)$,$H_k(t)$,$k = 1,\cdots, m$ 是厄米线性算符 $H_k:H\to H$,$u_k(t)$ 为实函数,通常代表外加的电磁场,是输入的控制量。在(4.4)式的作用下,系统状态 $|\psi(t)\rangle$ 的薛定谔方程变为

$$i\hbar|\dot{\psi}\rangle = \Big(H_0 + \sum_{k=1}^{m} H_k u_k(t)\Big)|\psi\rangle \tag{4.5}$$

与(4.5)式相对应的演化算符 $X(t)$ 方程此时为

$$i\hbar\dot{X}(t) = \Big(\overline{H}_0 + \sum_{k=1}^{m} \overline{H}_k u_k(t)\Big)X(t) \tag{4.6}$$

此时我们可以把问题转化为对具有初始条件 $X(0) = I$ 的(4.6)式系统考虑其状态的演化或操纵问题。对 $X(t)$ 的操纵,就是操纵系统(4.5)式中的状态到期望终态的一个途径。

定义:$\widetilde{A}:=(1/i\hbar)\overline{H}_0$,$\widetilde{B}_k:=(1/i\hbar)\overline{H}_k$,$k=1,\cdots,m$,则(4.6)式便可以被重写为

$$\dot{X}(t) = \widetilde{A}X(t) + \sum_{k=1}^{m} \widetilde{B}_k X(t)u_k(t) \tag{4.7}$$

矩阵 $\widetilde{A}$,$\widetilde{B}_k$,$k=1,\cdots,m$ 为斜(skew)厄米矩阵(即存在关系式:$\widetilde{A}^+ = -\widetilde{A}$,$\widetilde{B}_k^+ = -\widetilde{B}_k$)。如果我们进行如下变换:

$$\widetilde{A}:=D_A + A,\widetilde{B}_k:=D_{B_k} + B_k,k=1,\cdots, m$$

其中:

$$D_A := \operatorname{diag}\left(\frac{1}{n}\operatorname{tr}(\widetilde{A}), \cdots, \frac{1}{n}\operatorname{tr}(\widetilde{A})\right)_{n \times n} \quad D_{Bk} := \operatorname{diag}\left(\frac{1}{n}\operatorname{tr}(\widetilde{B}_k), \cdots, \frac{1}{n}\operatorname{tr}(\widetilde{B}_k)\right)_{n \times n}$$

$$k = 1, \cdots, m$$

矩阵 D_A 和 D_{B_k} 对(4.7)式的解给出了纯相位,而这些项对态矢的相对相位不做贡献。既然这些项仅在相位上不同,对其物理量不产生影响,所以可以被忽略。结果,我们所研究的系统形式变为

$$\dot{X}(t) = AX(t) + \sum_{k=1}^{m} B_k X(t) u_k(t) \tag{4.8}$$

这就是量子力学系统的状态空间模型(丛爽　2004b)。它是通过把原系统的状态——态矢波函数$|\psi(t)\rangle$,转化为几何空间的状态——演化矩阵 $X(t)$。把一个抽象的物理概念变成了一个实在的、易于数学操作以及控制理论处理的几何空间的状态。

4.2　量子系综状态模型的建立

设想我们感兴趣的是两个(及以上)不同物理系统组成的复合量子系统,将如何来描述复合系统的状态? 下面的假设描述了如何从分系统的状态空间构造出复合系统的状态空间:复合量子系统的状态空间是分系统状态空间的张量积,若将分系统编号为 1 到 n,系统 i 的状态被置为$|\psi_i\rangle$,则整个系统的总状态为$|\psi_1\rangle \otimes \cdots \otimes |\psi_n\rangle$。

从前节的推导中可以看出,量子力学系统的(纯)状态可以用归一化的波函数$|\psi\rangle$来表示,它是希尔伯特空间 H 中的一个单位矢量。实际上除了用波函数$|\psi\rangle$来表示外,一个量子力学系统的状态还可以用在希尔伯特空间 H 上的密度算符 ρ 来表达。这种形式在数学上等价于状态矢量方法,不过它为量子力学某些最常见场合提供了更加方便的语言,因为密度算符为描述状态不完全已知的量子系统提供了一条方便的途径。如果系统处于纯态$|\psi\rangle$,那么 ρ 则是简单的状态投影:$\rho = |\psi\rangle\langle\psi|$。不过,密度算符公式允许我们处理更加一般系统的状态如量子状态的系综(ensemble)。

例如,我们可以考虑一个由大量相同的、非相互作用的粒子组成的量子系统,它们分别处于不同的内部量子状态,即系统处于状态$|\psi_1\rangle$的概率分量为 ω_1,处于状态$|\psi_2\rangle$的概率分量为 ω_2,等等。因此,系统的状态作为一个整体,由一个具有非负权值 ω_n 且总和为 1 的离散的量子态$|\psi_n\rangle$的系综描述。这样一个量子态的系综被称为混合态。因此,我们把具有精确已知状态的量子系统称为处于纯态,这种情况下的密度算符就是:$\rho = |\psi\rangle\langle\psi|$,否则,$\rho$ 处于混合态,称为在 ρ 的系综中不同纯态的混合。有时也将纯态用于指一个状态向量$|\psi\rangle$,以区别于密度算符 ρ。混合态

是不能用一个波函数来表达的。它可以用纯态的希尔伯特空间 H 中具有谱表达式的密度算符 ρ 来描述:

$$\rho = \sum_{n=1}^{N} \omega_n |\psi_n\rangle\langle\psi_n| \tag{4.9}$$

其中,$0 \leqslant \omega_n \leqslant 1$,且 $\sum_{n=1}^{N} \omega_n = 1$。

密度算符又常被称作密度矩阵,我们将不区分这两个术语。实际上,量子力学的全部假设都可以以密度算符的语言重新描述。使用密度算符语言或状态矢量语言是个人的喜好,因为两者给出相同的结果,只是有时是用一种观点处理问题要比另一种观点容易得多。

系统的状态必须是正交的。因此一般有:$N \leqslant \dim H$。不过我们可以假定 $N = \dim H$,因为我们可以通过增加概率 $\omega_n = 0$ 的方式将线性独立的量子态子集扩大成为希尔伯特空间 H 上的一个基。在此,同样我们仅考虑具有有限维离散能级的量子系统。我们假定所选择的本征态 $|n\rangle$ 在 H 上形成完全正交集,因此我们可以用相应的本征态 $|n\rangle$ 来描述密度算符 ρ 为

$$\rho = \sum_{n=1}^{N} \rho_{nn} |n\rangle\langle n| + \sum_{n=1}^{N} \sum_{m>n} \rho_{nm} |n\rangle\langle m| + \rho_{nm}^* |m\rangle\langle n| \tag{4.10}$$

其中,ρ_{nn} 为对角矩阵,代表能量本征态 $|n\rangle$ 的群;$\rho_{nm}(n \neq m)$ 为非对角矩阵,确定本征态之间的相干态。后者从能量本征态 $\rho = \sum_{n=1}^{N} \omega_n |n\rangle\langle n|$ 的统计系综中分辨出能量本征态的相干叠加态 $|\psi\rangle = \sum_{n=1}^{N} c_n |n\rangle$。

系统的密度矩阵 ρ 满足量子 Liouville 方程:

$$i\hbar \frac{\partial}{\partial t}\rho = [H, \rho] = H\rho - \rho H \tag{4.11}$$

其中,H 为系统总的哈密顿。如果系统受外部控制,那么 H 取决于一个有限数量的控制函数 $f_m(t)(m=1,\cdots,M)$,它是被定义在时间间隔 $[t_0, t_F]$ 上的有界、可测量的实数函数,并且根据具体所考虑的问题可能还有其他限制。如果与场的相互作用足够的小,系统的哈密顿 H 可以被分解为

$$H = H_0 + \sum_{m=1}^{M} f_m(t) H_m \tag{4.12}$$

其中,H_0 是内部的哈密顿;H_m 为对场 f_m 的相互作用哈密顿。

密度矩阵 ρ 的演化满足:

$$\rho(t) = U(t, t_0)\rho(t_0)U^*(t, t_0) \tag{4.13}$$

其中,演化算符 $U(t, t_0)$ 满足薛定谔方程:

$$i\hbar \frac{\partial}{\partial t}U(t, t_0) = HU(t, t_0) \tag{4.14}$$

将(4.12)式代入(4.14)式中可得

$$i\hbar \frac{\partial}{\partial t}U(t,t_0) = H_0 U(t,t_0) + \sum_{m=1}^{M} f_m(t)H_m U(t,t_0) \tag{4.15}$$

令 $x(t) = U(t,t_0)$，$X_0(x(t)) = H_0 x(t)$，$X_m(x(t)) = -\frac{i}{\hbar}H_m U(t,t_0)$，$m = 0,\cdots,M$，那么方程(4.15)变为

$$\frac{\mathrm{d}x}{\mathrm{d}t} = X_0(x(t)) + \sum_{m=1}^{M} f_m(t)X_m(x(t)) \tag{4.16}$$

以此方式可以将量子系综密度算符的演化方程转换成对演化算符的操纵问题。

本节利用波函数对量子力学系统的纯态建立了演化模型,同时利用密度矩阵对量子力学系统的混合态建立了演化模型。在所建立的模型基础上,我们可以重新叙述量子系统控制的 5 个主要目标如下。

(1) 某一纯态的初始化:令 ρ 为 H 上的一个任意密度矩阵,且 $|\psi\rangle \in H$,是将要被制备的状态矢量。那么初始化包括引起的迁移 $\rho \rightarrow |\psi\rangle\langle\psi|$。

(2) 可控性分析:所需要设计的演化矩阵 X 是在 n 维的幺正矩阵的李群 $U(n)$(或 $SU(n)$)上变化。对于这些控制问题的理论探索的数学工具较多,其中包括代数、群理论以及拓扑方法。尤其可以借助于李群理论对经典系统的可控性问题的基本结果,来解决对量子系统可控性问题。

(3) 幺正控制:即驱动一个给定的初始态到事先确定的终态(目标态)。目标为设计一个幺正演化矩阵 X,以使得态矢 $|\psi\rangle$ 被转变成 $X|\psi\rangle$;或一个密度矩阵 ρ 转变成 $X\rho X^+$。

(4) 最优化控制:可观测的值用 H 上的厄米算符 A 来描述,它的期望值(系综的平均值)为:$\langle A(t)\rangle = \mathrm{tr}(A\rho(t))$。最优控制的目标就是寻找一个控制,在某个目标时刻 t_F 时,控制系统的一个特别的量子状态群、一个量子状态的子空间或系统的能量等等达到一个可观测的期望值的最大值。

(5) 量子状态的非破坏性测量(QND):令 $(P_i)_{i \in I}$ 是投影的一个子完全正交(或可观测的)群。令 H_c 是希尔伯特空间,其上作用于作为测量仪器的任何系统(下标"c"为控制器的意思)。可观测的 (P_i) 的测量是一个幺正演化。始于一个积态 $|\phi\rangle \otimes |\psi\rangle \in H \otimes H_c$,并终止于状态 $\sum_i |\phi_i\rangle \otimes P_i|\psi\rangle$,其中,$(|\phi_i\rangle)_{i \in I}$ 为测量仪器状态的一个正交归一化群。

4.3　相互作用的量子系统模型

本节在充分考虑量子系统中粒子之间的相互作用以及可能需要的几何控制的

基础上,建立了一个变量在李群 $SU(4)$ 上变化的、两个具有相互作用的自旋 1/2 粒子系统的数学模型。详细地描述了对具有相互作用的量子系统的物理控制过程 (丛爽　2006)。

量子系统控制的一个主要目标就是量子系统状态的制备与操纵,尤其是对量子光学和量子通信中的量子系统的操纵,主要都是通过被控系统与粒子或围绕它的场相互作用来实施的。系统控制总是建立在被控系统的模型基础之上的。当我们仅考虑由孤立的单个量子所组成的量子系统模型,实际上是在理想状况下,即在绝对零度的条件下才能获得的结果。该温度条件意味着与能级差异相比,温度非常小。当不满足此条件时,或在更一般的情况下,我们需要考虑建立粒子之间的相互作用下的量子系统模型。

具有不为零角动量的最简单系统是自旋 1/2 粒子。作为控制系统的被控对象,自旋 1/2 量子系统有其自身独特的优越性。所以,有必要很好地研究自旋 1/2 系统。被研究的粒子通常还具有其他一些特性,如运动学能量,轨迹角动量等。不过,目前我们只集中在对粒子自旋特性的研究上。第 3 章中描述了对单个量子位状态的控制与操纵可以通过将被控系统处于 z 轴正向指向的定常均匀磁场中,而人为施加一个外部的平行 x-y 平面的旋转控制磁场,并使其与原磁场频率共振一个时间长度来达到。实际上,在对系统的控制过程中,是存在着非共振因素的影响的,即不是在理想的条件下,则无法确保所施加的脉冲一定只作用在所要控制的粒子上。所以有必要进一步研究两个相邻粒子之间的相互作用。本节首先考虑在所有的 x、y 和 z 三个方向磁场的作用下,两个自旋 1/2 粒子之间的相互作用及其每一个自旋的自身作用,根据薛定谔方程建立其被控系统的数学模型。

4.3.1 自旋 1/2 系统相互作用的哈密顿量

用来描述两个物质之间能量的相互作用的自旋矢量 I_j 和 I_k 是海森伯模型:

$$\text{能量} \propto - JI_jI_k \tag{4.17}$$

其中,$J>0$ 为相互作用强度,是一个定常系数。

当将(4.17)式限制在只取自旋矢量的 z 分量时,则得到常用的 Ising 模型:

$$\text{能量} \propto - JI_{jz}I_{kz} \tag{4.18}$$

为了建立考虑两个相邻粒子之间的相互作用的量子系统的数学模型,众所周知,在 t 时刻量子力学系统的状态 $|\psi(t)\rangle$ 的演化由薛定谔方程决定:

$$i\hbar|\dot{\psi}\rangle = H(t)|\psi\rangle \tag{4.19}$$

其中,$\hbar$ 是普朗克常数;$H: H \rightarrow H^*$ 是哈密顿算符,且 $H = H^*$。

系统的哈密顿被假定为由未受扰动的(或内部的)哈密顿 H_0 与受微扰动的(或外部的)哈密顿 $H_1(t)$ 之和的形式组成:

$$H(t) = H_0 + H_1(t) \tag{4.20}$$

当考虑一般的海森伯模型的相互作用时,两个自旋 1/2 粒子系统内部未受扰动的哈密顿 H_0 为(为方便起见,令 $\hbar = 1$):

$$H_0 = -\gamma_1 \bar{u}_z I_{1z} - \gamma_2 \bar{u}_z I_{2z} - J \sum_{k=x,y,z} I_{1k} I_{2k} \tag{4.21}$$

其中两粒子分别具有不同的回旋磁比(gyromagnetic ratios)γ_1 和 γ_2;$\bar{u}_z$ 为一个定常磁场强度。

在外加一个平行于 x-y 平面的可控变化的圆形极化磁场的作用下,可得系统外部扰动的哈密顿 H_1 为

$$H_1(t) = -(\gamma_1 I_{1x} u_x(t) + \gamma_1 I_{1y} u_y(t) + \gamma_2 I_{2x} u_x(t) + \gamma_2 I_{2y} u_y(t)) \tag{4.22}$$

由此可以写出被控系统总的哈密顿 H 为

$$\begin{aligned} H(t) &= H_0 + H_1(t) \\ &= -\sum_{k=x,y,z}(\gamma_1 I_{1k} + \gamma_2 I_{2k}) u_k(t) - (\gamma_1 I_{1z} + \gamma_2 I_{2z})\bar{u}_z - J\sum_{k=x,y,z} I_{1k} I_{2k} \end{aligned} \tag{4.23}$$

作为更一般情况的考虑:在一个可以对其进行控制的 z 方向磁场 u_z 的作用下(定常磁场是其中的一个特例),此时(4.23)式可以写为

$$H(t) = -\sum_{k=x,y,z}(\gamma_1 I_{1k} + \gamma_2 I_{2k}) u_k(t) - J\sum_{k=x,y,z} I_{1k} I_{2k} \tag{4.24}$$

(4.24)式中右端第一项代表两粒子在外加磁场作用下随时间变化的相互作用;第二项是两粒子之间的相互作用,为海森伯模型,其形式为:$aI_{1x} I_{2x} + bI_{1y} I_{2y} + cI_{1z} I_{2z}$。当取 $a=0, b=0, c=J \neq 0$ 时,则为 Ising 相互作用模型。对于 $k=x,$ y, z 有

$$I_{1k} = \sigma_k \otimes 1 \tag{4.25}$$

$$I_{2k} = 1 \otimes \sigma_k \tag{4.26}$$

$$I_{1k} I_{2k} = \sigma_k \otimes \sigma_k, k = x, y, z \tag{4.27}$$

其中,$\sigma_k, k = x, y, z$ 为泡利矩阵:$\sigma_x = \begin{pmatrix} 0 & 1 \\ 1 & 0 \end{pmatrix}$;$\sigma_y = \begin{pmatrix} 0 & -i \\ i & 0 \end{pmatrix}$;$\sigma_z = \begin{pmatrix} 1 & 0 \\ 0 & -1 \end{pmatrix}$;1 为 2×2 单位矩阵:$1 = \begin{pmatrix} 1 & 0 \\ 0 & 1 \end{pmatrix}$。

4.3.2 薛定谔方程与系统模型

对具有初始条件 $|\psi(0)\rangle$ 的情况,可以得到薛定谔方程(4.19)的解 $|\psi(t)\rangle$ 为

$$|\psi(t)\rangle = X(t)|\psi(0)\rangle \tag{4.28}$$

其中,$X(t)$ 称为演化算符,它同样满足薛定谔方程。本节中所研究的自旋 1/2 粒子系统演化算符 X 的薛定谔方程可以写为

$$\dot{X} = -\mathrm{i}H(t)X \tag{4.29}$$

其中，$H(t)$ 由 (4.24) 式给出。

我们考虑所确定的 4 维希尔伯特空间中的基 $|00\rangle$，$|01\rangle$，$|10\rangle$，$|11\rangle$。在这组基下，(4.25) 式、(4.26) 式和 (4.27) 式中所表示的张积是 2×2 算符矩阵的 Kronecker 积（直乘）。通过直乘运算和相似变换可以将 (4.29) 式写成如下的形式：

$$\dot{X} = \bar{A}X + \bar{B}_x X \bar{u}_x + \bar{B}_y X \bar{u}_y + \bar{B}_z X \bar{u}_z \tag{4.30}$$

其中：$\bar{A} = \mathrm{i}J \sum\limits_{k=x,y,z} I_{1k}I_{2k}$；$\bar{B}_x = \mathrm{i}\gamma_1(I_{1x} + rI_{2x})$；

$\bar{B}_y = \mathrm{i}\gamma_1(I_{1y} + rI_{2y})$；$\bar{B}_z = \mathrm{i}\gamma_1(I_{1z} + rI_{2z})$；

$r = \gamma_2/\gamma_1$。

矩阵 $\bar{A}$，$\bar{B}_x$，$\bar{B}_y$ 和 $\bar{B}_z$ 是 4×4 具有阵迹为零的斜厄米矩阵。通过对 (4.30) 式中的参数进行坐标变换：

$$X \to TXT',\ T = \frac{1}{\sqrt{2}}\begin{bmatrix} 0 & \mathrm{i} & -\mathrm{i} & 0 \\ 0 & 1 & 1 & 0 \\ -\mathrm{i} & 0 & 0 & -\mathrm{i} \\ -1 & 0 & 0 & 1 \end{bmatrix}$$

并调整控制变量幅值，最终可使方程 (4.30) 式的形式变为

$$\dot{X} = AX + B_x X_{u_x} + B_y X_{u_y} + B_z X_{u_z} \tag{4.31}$$

其中：

$$A := \mathrm{diag}(-3\mathrm{i},\mathrm{i},\mathrm{i},\mathrm{i});$$

$$B_x := \begin{bmatrix} 0 & 0 & 0 & -(r-1) \\ 0 & 0 & r+1 & 0 \\ 0 & -(r+1) & 0 & 0 \\ r-1 & 0 & 0 & 0 \end{bmatrix};$$

$$B_y := \begin{bmatrix} 0 & 0 & -(r-1) & 0 \\ 0 & 0 & 0 & -(r+1) \\ r-1 & 0 & 0 & 0 \\ 0 & r+1 & 0 & 0 \end{bmatrix};$$

$$B_z := \begin{bmatrix} 0 & -(r-1) & 0 & 0 \\ r-1 & 0 & 0 & 0 \\ 0 & 0 & 0 & r+1 \\ 0 & 0 & -(r+1) & 0 \end{bmatrix}$$

(4.31) 式就是在考虑了两个粒子之间的相互作用后，自旋 1/2 粒子量子系统模型的具体表达形式。进而，当相互作用模型取 Ising 模型，即取 (4.30) 式中的 $\bar{A} = \bar{A}_1 = \mathrm{i}JI_{1z}I_{2z}$ 时，相似变换以后的矩阵 A_1 为

$$A_1 := \text{diag}(-i, -i, i, i) \tag{4.32}$$

在获得(4.31)式模型后,该量子系统的控制问题即可变为寻找控制函数 u_x, u_y 和 u_z 来操纵状态演化矩阵 X 到 $SU(4)$ 上期望的值,为一个在李群上的操纵问题。大量有关经典力学上的几何控制的应用都可以帮助我们来解决有关量子系统的可控性以及操纵和反馈控制问题。

第5章 限制温度下的量子动力学

5.1 温度在量子系统控制中的作用

第3章中对一个孤立的纯态量子系统,通过数学推导实现了单个量子位的操控和制备。但是实际上,人们常常关心的量子系统并不是孤立的,而是多个孤立量子系统的系综。在这种情形下,就需要由量子力学的一般原理,在研究了描述大系统的一个子系统以及子系统如何演化的基础上,研究各子系统之间的关系和系综的描述(Berman G P et al. 1998)。

我们对一个孤立的量子系统态的操控,实际上是在理想状态下实现的,即在绝对零度的条件下才能获得的结果。实际上,该温度条件意味着,与能级差异相比,温度非常之小,即

$$K_B T \ll \hbar\omega_0 \tag{5.1}$$

其中:K_B 是玻尔兹曼(Boltzmann)常数,ω_0 为量子系统特征频率,T 是温度。

而在常温下实现量子逻辑门和量子态的操控时,意味着

$$K_B T \gg \hbar\omega_0 \tag{5.2}$$

这个不等式对于电子或原子核自旋系统是极其典型的。例如,对一个旋转的原子核,量子系统的特征频率通常为:$\omega_0/2\pi \approx 10^8$ Hz。因此,在室温($T \approx 300$K)时有

$$\omega_0/(K_B T) \approx 10^{-5}$$

即 $K_B T \gg \hbar\omega_0$。

这就是为什么我们需要研究在一个热温下描述量子系统以及在室温下量子逻辑门的实现。

在温度为零度(K)时,对于孤立的量子系统,初始态为基态 $|0\rangle$。为了使该量子系统的态矢从基态变为激发态 $|1\rangle$,通常施加额外的磁场脉冲,在持续一个时间间隔 t_1 内实现非逻辑门的操作或一个量子位的计算。此时,要求 t_1 应小于松弛时间(电子消相干时间)t_R,即 $t_1 < t_R$。

在绝对零度时的孤立量子系统以及限定温度下的量子系综中,松弛过程都是存在的。对于任意自身的量子系统,t_R 通常是有限的。那么,在进行量子逻辑门操作和量子计算时,这两种系统在零度时和限定温度下有何不同?

在绝对零度时,孤立量子系统可以被预置为任意期望的初始态,例如,对一个孤立的两能级量子系统,这个初始态可以是基态 $|0\rangle$、激发态 $|1\rangle$,或是这两个态的

任意叠加态，$\psi(0) = C_0(0)|0\rangle + C_1(0)|1\rangle$，唯一的限制是必须满足关系式：$|C_0(0)|^2 + |C_1(0)|^2 = 1$。之后，经历一个小于系统松弛(消相干)时间 t_R 的时间间隔 t，我们可以用该量子系统实现量子逻辑门的操作，对应的在 $t < t_R$ 时间段内的量子动力学过程，可以用薛定谔方程描述。

当我们在限定温度下处理同样的两能级量子系统时，这些原子(或质子，电子等)与处在热温下的原子相比，具有不同的能量水平(或量子系统特性描述)，由于具体的温度是限定的，所以一个具体原子的初始状态无法被准确地获得。例如，已知观测同时处于平衡状态下热温原子，该原子处于基态 $|0\rangle$ 或激发态 $|1\rangle$ 的概率为

$$P(E_i) = \frac{e^{-E_i/K_B T}}{\sum\limits_{i=0}^{1} e^{-E_i/K_B T}} \tag{5.3}$$

此时，即使在零度情况下所述的松弛时间足够大，即允许作用的时间间隙 t_1 足够长，我们也无法实现量子逻辑门的操作。原理上对应的在 $t_1 < t_R$ 的时间段内的量子动力学过程也无法用薛定谔方程描述。因为波函数 $\psi(t) = C_0(t)|0\rangle + C_1(t)|1\rangle$ 的初始条件无从得知。

对于一个原子系综可以通过采用密度矩阵的途径来实现量子逻辑门，因为在平衡时，处于不同状态的原子数目是不相同的。因此，如果引进一个新的可以描述处于 $|0\rangle$ 和 $|1\rangle$ 这两种状态的原子的差异随时间变化过程的有效密度矩阵，那么，该有效密度矩阵将等价于一个有效的孤立的量子系统的密度矩阵。

限定温度下原子系综的量子动力学过程，可以由冯·诺依曼(von Neumann)介绍的密度矩阵来描述。本章中我们将讨论在限定温度下非单一原子的原子系综随时间演化的过程。

5.2　量子系综的演化过程

该原子系综的每一个原子依旧可以用波函数描述为

$$\psi(t) = C_0(t)|0\rangle + C_1(t)|1\rangle \tag{5.4}$$

首先我们引入在温度为绝对零度时，已被制备为同一状态的统一原子系综的密度矩阵 ρ，用狄拉克算符可以表述为

$$\rho = |C_0|^2|0\rangle\langle 0| + C_0 C_1^*|0\rangle\langle 1| + C_1 C_0^*|1\rangle\langle 0| + |C_1|^2|1\rangle\langle 1|$$

$$= \begin{bmatrix} |C_0|^2 & C_0 C_1^* \\ C_1 C_0^* & |C_1|^2 \end{bmatrix} \tag{5.5}$$

采用矩阵表示，有

$$\rho = \begin{bmatrix} \rho_{00} & \rho_{01} \\ \rho_{10} & \rho_{11} \end{bmatrix} \tag{5.6}$$

其中

$$\rho_{00} = |C_0|^2, \rho_{01} = C_0 C_1^*, \rho_{10} = C_1 C_0^*, \rho_{11} = |C_1|^2 \tag{5.7}$$

密度矩阵 ρ 满足以下方程

$$i\hbar\dot{\rho} = [H, \rho] \tag{5.8}$$

其中,算符 $[H, \rho]$ 定义为

$$[H, \rho] = H\rho - \rho H \tag{5.9}$$

定义哈密顿算符为

$$H = \sum_{i,k=0}^{1} H_{ik} |i\rangle\langle k| \tag{5.10}$$

写成矩阵形式则为

$$H = \begin{bmatrix} H_{00} & H_{01} \\ H_{10} & H_{11} \end{bmatrix}$$

将(5.9)式和(5.10)式代入(5.8)式中,可得

$$i\hbar\dot{\rho} = [H, \rho] = H\rho - \rho H$$

即有

$$i\hbar \begin{bmatrix} \dot{\rho}_{00} & \dot{\rho}_{01} \\ \dot{\rho}_{10} & \dot{\rho}_{11} \end{bmatrix} = \begin{bmatrix} H_{00} & H_{01} \\ H_{10} & H_{11} \end{bmatrix} \begin{bmatrix} \rho_{00} & \rho_{01} \\ \rho_{10} & \rho_{11} \end{bmatrix} - \begin{bmatrix} \rho_{00} & \rho_{01} \\ \rho_{10} & \rho_{11} \end{bmatrix} \begin{bmatrix} H_{00} & H_{01} \\ H_{10} & H_{11} \end{bmatrix}$$

最后得

$$\begin{bmatrix} i\hbar\dot{\rho}_{00} & i\hbar\dot{\rho}_{01} \\ i\hbar\dot{\rho}_{10} & i\hbar\dot{\rho}_{11} \end{bmatrix}$$

$$= \begin{bmatrix} H_{01}\rho_{10} - \rho_{01}H_{10} & H_{00}\rho_{01} + H_{01}\rho_{11} - \rho_{00}H_{01} - \rho_{01}H_{11} \\ H_{10}\rho_{00} + H_{11}\rho_{10} - \rho_{10}H_{00} - \rho_{11}H_{10} & H_{10}\rho_{01} - \rho_{10}H_{01} \end{bmatrix} \tag{5.11}$$

当处于限定温度时,人们对该原子系综使用的是平均密度矩阵:

$$\rho = \begin{bmatrix} \langle |C_0|^2\rangle & \langle C_0 C_1^*\rangle \\ \langle |C_1 C_0^*|\rangle & \langle |C_1|^2\rangle \end{bmatrix} \tag{5.12}$$

设算符同样满足薛定谔方程(5.8)。此时若量子系统处于热力学平衡状态,平均密度矩阵中的各元素为

$$\rho_{kk} = \frac{e^{-E_k/K_B T}}{e^{-E_0/K_B T} + e^{-E_1/K_B T}}, (k = 0, 1)$$

$$\rho_{01} = \rho_{10} = 0 \tag{5.13}$$

其中，E_k 为系综处于第 k 态（$|0\rangle$ 或 $|1\rangle$ 态）时的能量，比较(5.7)式和(5.13)式可以得到在零度被置为某一状态的原子系综，与在限定温度下处于热力学平衡状态下的同一组原子系综的密度矩阵之间的不同：对在零度被置为某一状态的原子系综的密度矩阵来说：只要 $\rho_{00}\neq0$，$\rho_{11}\neq0$，那么 ρ_{01}，ρ_{10} 均不为 0。而对于在限定温度下，处于热力学平衡状态的统一原子系综的平均密度矩阵，则有参数矩阵元素 $\rho_{00}\neq0$，$\rho_{11}\neq0$，但 ρ_{01}，ρ_{10} 始终为 0。

两种情形下的相同点是，不论零度还是限定温度的 ρ 都满足以下关系：

(1) 零度：$\rho_{00} + \rho_{11} = |C_0|^2 + |C_1|^2 = 1$

$$\rho_{01} = C_0 C_1^* = C_1 C_0^* = \rho_{10}^*$$

(2) 限定温度：$\rho_{00} + \rho_{11} = \dfrac{e^{-E_0/K_BT}}{e^{-E_0/K_BT} + e^{-E_1/K_BT}} + \dfrac{e^{-E_1/K_BT}}{e^{-E_0/K_BT} + e^{-E_1/K_BT}} = 1$

$$\rho_{01} = 0 = 0^* = \rho_{10}^*$$

无论两种情形中的哪一种，ρ_{00}，ρ_{11} 的值均描述了该原子系综占据相应量子状态的概率，处于基态 $|0\rangle$ 和激发态 $|1\rangle$ 的概率。

下面，我们考虑在 z 轴正方向均匀分布的磁场 B 中原子系综的自旋，$S = \dfrac{1}{2}$，对于该系综有

$$E_0 = -\frac{\hbar}{2}\omega_0, \quad E_1 = \frac{\hbar}{2}\omega_0$$

由此可得，系综在限定温度下处于热力学平衡状态下的密度矩阵元为

$$\rho_{00} = \frac{e^{\hbar\omega_0/2K_BT}}{e^{\hbar\omega_0/2K_BT} + e^{-\hbar\omega_0/2K_BT}}$$

$$\rho_{11} = \frac{e^{-\hbar\omega_0/2K_BT}}{e^{\hbar\omega_0/2K_BT} + e^{-\hbar\omega_0/2K_BT}}$$

$$\rho_{01} = \rho_{10} = 0 \tag{5.14}$$

在限定温度 T 较高时，即 $\hbar\omega_0 \ll K_BT$，有 $\hbar\omega_0/K_BT \approx 0$，此时我们用以下指数展开式代入(5.13)式

$$e^x = 1 + x + \frac{x^2}{2!} + \frac{x^3}{3!} + \cdots$$

$$\lim_{x\to0}e^x = 1 + x, \lim_{x\to0}e^{-x} = 1 - x$$

可得

$$\rho_{00} = \frac{1}{2}(1 + \hbar\omega_0/2K_BT)$$

$$\rho_{11} = \frac{1}{2}(1 - \hbar\omega_0/2K_BT)$$

$$\rho_{01} = \rho_{10} = 0 \tag{5.15}$$

(5.15)式可以用狄拉克算符表示为

$$\rho = \frac{1}{2}I + (\hbar\omega_0 / 2K_B T)S_z \tag{5.16}$$

其中,I 为单位矩阵:$I = \begin{bmatrix} 1 & 0 \\ 0 & 1 \end{bmatrix}$,$S_z$ 为 z 轴方向自旋算符:$S_z = \frac{1}{2}\begin{bmatrix} 1 & 0 \\ 0 & -1 \end{bmatrix}$。

(5.16)式中的第一项描述了当限定温度 $T \to \infty$ 时,平均密度矩阵等于单位矩阵的 $\frac{1}{2}$;第二项描述了当在有限温度 T 时,对第一项的修正。

(5.16)式的另一种通用表达式为

$$\rho = \frac{\exp(-H/K_B T)}{\mathrm{tr}[\exp(-H/K_B T)]} \tag{5.17}$$

其中,$H = -\hbar\omega_0 S_z$ 为该量子系综的哈密顿,tr 为求迹符号,等于密度矩阵对角线矩阵元素之和。

现在考虑当人为施加一个谐振磁场脉冲时,平均密度矩阵的时间演化过程。此时的哈密顿算符为

$$
\begin{aligned}
H(t) &= -\hbar\omega_0 S_z - \frac{r\hbar}{2}(B^+ S^- + B^- S^+) \\
&= -\frac{\hbar}{2}[\omega_0(|0\rangle\langle 0| - |1\rangle\langle 1|) + \Omega(e^{i\omega t}|0\rangle\langle 1| + e^{-i\omega t}|1\rangle\langle 0|)] \\
&= \begin{bmatrix} -\frac{1}{2}\hbar\omega_0 & -\frac{1}{2}\hbar\Omega e^{i\omega_0 t} \\ -\frac{1}{2}\hbar\Omega e^{i\omega_0 t} & \frac{1}{2}\hbar\omega_0 \end{bmatrix} \\
&= \begin{bmatrix} H_{00}(t) & H_{01}(t) \\ H_{10}(t) & H_{11}(t) \end{bmatrix}
\end{aligned} \tag{5.18}
$$

将(5.18)式代入(5.11)式中,取 $\omega = \omega_0$,并注意各密度矩阵元素之间的关系,整理后得

$$
\begin{aligned}
2i\dot{\rho}_{00}(t) &= -\Omega(\rho_{10}e^{i\omega_0 t} - \rho_{01}e^{-i\omega_0 t}) \\
2i\dot{\rho}_{11}(t) &= \Omega(\rho_{10}e^{i\omega_0 t} - \rho_{01}e^{-i\omega_0 t}) \\
2i\dot{\rho}_{01}(t) &= -2\omega_0\rho_{01} + \Omega e^{i\omega_0 t}(\rho_{00} - \rho_{11}) \\
2i\dot{\rho}_{10}(t) &= 2\omega_0\rho_{10} - \Omega e^{-i\omega_0 t}(\rho_{00} - \rho_{11})
\end{aligned} \tag{5.19}
$$

由(5.18)式和(5.19)式可得,外加旋转磁场脉冲后,原子系统中已知算符随时间变化。为了消除时间的影响,我们进行幺正旋转变换:

$$\rho_{01}(t) = \rho_{01}'(t)e^{i\omega_0 t}, \quad \rho_{10}(t) = \rho_{10}'(t)e^{-i\omega_0 t}$$

将此变换代入(5.19)式,整理后得到

$$2i\dot{\rho}_{00}(t) = \Omega[\rho'_{01}(t) - \rho'_{10}(t)]$$

$$2i\dot{\rho}_{11}(t) = -\Omega[\rho'_{01}(t) - \rho'_{10}(t)]$$

$$2i\dot{\rho}'_{01}(t) = \Omega[\rho_{00}(t) - \rho_{11}(t)]$$

$$2i\dot{\rho}'_{10}(t) = -\Omega[\rho_{00}(t) - \rho_{11}(t)]$$

最后求解得

$$\rho_{11} = 1 - \rho_{00}, \quad \rho_{10} = \rho_{01}^*$$

$$\rho_{00}(t) = a\cos\Omega t + b\sin\Omega t + \frac{1}{2}$$

$$\rho_{11}(t) = -a\cos\Omega t - b\sin\Omega t + \frac{1}{2}$$

$$\rho_{01}(t) = C + i(b\cos\Omega t - a\sin\Omega t)$$

$$\rho_{10}(t) = C^* - i(b^*\cos\Omega t - a^*\sin\Omega t) \tag{5.20}$$

其中

$$a = \rho_{00}(0) - \frac{1}{2}, b = \frac{\rho_{01}(0) - \rho_{10}(0)}{2i}, c = \frac{\rho_{01}(0) + \rho_{10}(0)}{2}$$

下面分别讨论以下 6 种情况:

(1) 当给定量子系综处在限定温度下,初始状态为热力学平衡状态,即(5.14)式所指定情形时,有

$$\rho_{00}(0) = \frac{e^{\hbar\omega_0/2K_BT}}{e^{\hbar\omega_0/2K_BT} + e^{-\hbar\omega_0/2K_BT}}$$

$$\rho_{11}(0) = \frac{e^{-\hbar\omega_0/2K_BT}}{e^{\hbar\omega_0/2K_BT} + e^{-\hbar\omega_0/2K_BT}}$$

$$\rho_{01}(0) = \rho_{10}(0) = 0$$

此时可得

$$b = \frac{1}{2i}[\rho_{01}(0) - \rho_{10}(0)]$$

$$c = \frac{1}{2}[\rho_{01}(0) + \rho_{10}(0)]$$

那么,(5.20)式可得密度矩阵元素为

$$\rho_{00}(t) = \left[\rho_{00}(0) - \frac{1}{2}\right]\cos\Omega t + \frac{1}{2}$$

$$\rho_{11}(t) = -\left[\rho_{00}(0) - \frac{1}{2}\right]\cos\Omega t + \frac{1}{2}, (\rho_{11}(t) = 1 - \rho_{00}(t))$$

$$\rho_{01}(t) = -i\left[\rho_{00}(0) - \frac{1}{2}\right]\sin\Omega t$$

$$\rho_{10}(t) = i\left[\rho_{00}(0) - \frac{1}{2}\right]\sin\Omega t \tag{5.21}$$

(2) 当该量子系综的限定温度 T 较大,有 $\hbar\omega \ll K_B T$,初始状态为热力学平衡状态,即由(5.15)式所述情形时,各密度矩阵元素为

$$\rho_{00}(0) = \frac{1}{2}(1 + \hbar\omega_0/2K_B T)$$

$$\rho_{11}(0) = \frac{1}{2}(1 - \hbar\omega_0/2K_B T)$$

$$\rho_{01}(0) = \rho_{10}(0) = 0 \tag{5.22}$$

此时,可得

$$\rho_{00}(t) = \frac{1}{2}\left(\frac{\hbar\omega_0}{2K_B T}\cos\Omega t + 1\right)$$

$$\rho_{11}(t) = \frac{1}{2}\left(1 - \frac{\hbar\omega_0}{2K_B T}\cos\Omega t\right)$$

$$\rho_{01}(t) = -\frac{i}{2}\frac{\hbar\omega_0}{2K_B T}\sin\Omega t$$

$$\rho_{10}(t) = \frac{i}{2}\frac{\hbar\omega_0}{2K_B T}\sin\Omega t \tag{5.23}$$

(3) 当该量子系综的限定温度 $T \to \infty$,初始状态为热力学平衡状态时,由(5.23)式可得

$$\rho_{00} = \frac{1}{2}, \quad \rho_{11} = \frac{1}{2}, \quad \rho_{01} = \rho_{10} = 0 \tag{5.24}$$

(4) 当对 2)中所述系综施加一个 π 脉冲,即 $t_1\Omega = \pi$ 时,由(5.23)式可得

$$\rho_{00}(t_1) = \frac{1}{2}\left(1 - \frac{\hbar\omega_0}{2K_B T}\right) = \rho_{11}(0)$$

$$\rho_{11}(t_1) = \frac{1}{2}\left(1 + \frac{\hbar\omega_0}{2K_B T}\right) = \rho_{00}(0)$$

$$\rho_{01}(t_1) = \rho_{10}(t_1) = 0 \tag{5.25}$$

由此可见,对于平均密度矩阵 ρ 而言,施加一个 π 谐振磁场脉冲,使系综发生如下转换:

$$\begin{bmatrix} \frac{1}{2}\left(1 + \frac{\hbar\omega_0}{2K_B T}\right) & 0 \\ 0 & \frac{1}{2}\left(1 - \frac{\hbar\omega_0}{2K_B T}\right) \end{bmatrix} \to \begin{bmatrix} \frac{1}{2}\left(1 - \frac{\hbar\omega_0}{2K_B T}\right) & 0 \\ 0 & \frac{1}{2}\left(1 + \frac{\hbar\omega_0}{2K_B T}\right) \end{bmatrix} \tag{5.26}$$

粗略地讲,我们可以将描述原子系综状态的矩阵(5.23)作为单个自旋原子量

子系统所处基态$|0\rangle$;相似的,将描述原子系综状态的矩阵(5.25)作为单个自旋原子量子系统所处激发态$|1\rangle$。这样,我们就可以以$|0\rangle$、$|1\rangle$分别表示对应单个原子基态$|0\rangle$和激发态$|1\rangle$的量子系统的状态,由(5.26)式可得,一个π脉冲驱使原子系统的状态进行了如下的转变:

$$|0\rangle \leftrightarrow |1\rangle$$

这里不同于施加在单个自旋原子量子系统上的π脉冲作用效果,在那里的变换实质上为

$$|0\rangle \rightarrow i|1\rangle, \quad |1\rangle \rightarrow i|0\rangle$$

在角度上是垂直翻转。而原子系综进行的是水平翻转,它不带任何角度因子。

5) 下面来探讨对应于单个自旋原子量子系统叠加态的量子系统的情形。为此,我们给 2) 中系综施加一个$\frac{\pi}{2}$脉冲,即$\Omega t_1 = \frac{\pi}{2}$。同样,由(5.23)式可得施加脉冲后的矩阵为

$$\rho_{00} = \frac{1}{2}$$

$$\rho_{11} = \frac{1}{2}$$

$$\rho_{01} = -\frac{i}{2}\frac{\hbar\omega_0}{2K_BT}$$

$$\rho_{10} = \frac{i}{2}\frac{\hbar\omega_0}{2K_BT}$$

即$\frac{\pi}{2}$脉冲的作用,使原子系综的状态发生如下转换:

$$\begin{bmatrix} \frac{1}{2}\left(1 + \frac{\hbar\omega_0}{2K_BT}\right) & 0 \\ 0 & \frac{1}{2}\left(1 - \frac{\hbar\omega_0}{2K_BT}\right) \end{bmatrix} \rightarrow \begin{bmatrix} \frac{1}{2} & -\frac{i}{2}\frac{\hbar\omega_0}{2K_BT} \\ \frac{i}{2}\frac{\hbar\omega_0}{2K_BT} & \frac{1}{2} \end{bmatrix} \quad (5.27)$$

同样与作用于单个自旋原子量子系统的$\frac{\pi}{2}$脉冲作用相比,由(5.27)式所得变换说明,描述原量子系统的状态的平均密度矩阵ρ上非对角元素对应于单个原子自旋量子系统的叠加态。

6) 对纯量子系统与量子系综状态平均值随时间变化的过程进行比较。相对于纯量子系统,量子系统x轴、y轴、z轴平均自旋分量为

$$\langle S_x \rangle (t) = 0$$

$$\langle S_y \rangle (t) = \frac{1}{2}\sin\Omega t$$

$$\langle S_z \rangle (t) = \frac{1}{2}\cos\Omega t \quad (5.28)$$

对于量子系综,任意一个物理量 A 的平均值由以下形式给出:

$$\langle A \rangle = \mathrm{tr}(A\rho) \tag{5.29}$$

其中,tr 表示对矩阵 A 求迹,即求对角线上元素之和。

所以由自旋算符 $S_x = \dfrac{1}{2}\begin{bmatrix} 0 & 1 \\ 1 & 0 \end{bmatrix}$,$S_y = \dfrac{1}{2}\begin{bmatrix} 0 & -i \\ i & 0 \end{bmatrix}$ 和 $S_z = \dfrac{1}{2}\begin{bmatrix} 1 & 0 \\ 0 & -1 \end{bmatrix}$,以及 ρ 为情形 2)中(5.23)式所决定的结果有

$$\langle S_x \rangle(t) = \mathrm{tr}(\rho S_x) = \rho_{01}S_{10}^x + \rho_{10}S_{01}^x = \frac{1}{2}(\rho_{01} + \rho_{10}) = 0$$

$$\langle S_y \rangle(t) = \mathrm{tr}(\rho S_y) = \rho_{01}S_{10}^y + \rho_{10}S_{01}^y = \frac{1}{2}(\rho_{01} - \rho_{10}) = \frac{\hbar\omega_0}{4K_\mathrm{B}T}\sin\Omega t$$

$$\langle S_z \rangle(t) = \mathrm{tr}(\rho S_z) = \rho_{00}S_{00}^z + \rho_{11}S_{11}^z = \frac{1}{2}(\rho_{00} - \rho_{11}) = \rho_{00} - \frac{1}{2} = \frac{\hbar\omega_0}{4K_\mathrm{B}T}\cos\Omega t$$

$$\tag{5.30}$$

由(5.30)式中所获 $\langle S_z \rangle$,可得其初始态为

$$\langle S_z \rangle(0) = \frac{\hbar\omega_0}{4K_\mathrm{B}T} \tag{5.31}$$

(5.31)式重新代入(5.30)式中可得

$$\langle S_x \rangle(t) = 0$$
$$\langle S_y \rangle(t) = \langle S_z \rangle(0)\sin\Omega t$$
$$\langle S_z \rangle(t) = \langle S_z \rangle(0)\cos\Omega t \tag{5.32}$$

将(5.32)式与(5.28)式相比,可得对于纯量子系统有:$\langle S_z \rangle(0) = \dfrac{1}{2}$,而对于量子系综则有:$\langle S_z \rangle(0) = \dfrac{\hbar\omega_0}{4K_\mathrm{B}T}$。

对本节内容作如下总结:纯量子系统与量子系综之间并无精确的对应关系,从已获得的纯系统的波函数系数求解公式

$$C_0(t) = \cos\frac{\Omega t}{2}, \quad C_1(t) = i\sin\frac{\Omega t}{2}$$

中可求出

$$U^\pi|0\rangle = i|1\rangle, \qquad U^\pi|1\rangle = i|0\rangle$$
$$U^{2\pi}|0\rangle = -|0\rangle, \qquad U^{2\pi}|1\rangle = -|1\rangle$$
$$U^{3\pi}|0\rangle = -i|1\rangle, \qquad U^{3\pi}|1\rangle = -i|0\rangle$$
$$U^{4\pi}|0\rangle = |0\rangle, \qquad U^{4\pi}|1\rangle = |1\rangle$$

注意:一个 π 脉冲提供了额外的相角 $i = e^{i\pi/2}$,因此一个 2π 脉冲并不使系统回到最初状态,而是增加了相角 $-1 = e^{i\pi} = e^{i\left(\frac{\pi}{2}\times 2\right)}$。然而,对于量子系综来说,从前

面分析中可以得出:在一个 π 脉冲作用后,有

$$\pi:|0\rangle \rightarrow |1\rangle$$

　　而一个 2π 脉冲作用后,有

$$2\pi:|0\rangle \rightarrow |1\rangle \rightarrow |0\rangle$$

即一个 2π 脉冲使量子系综回到了最初的状态。

第 6 章 薛定谔方程的解

人们通过测量认识微观客体,然而,即使对条件做了最严格的控制,对微观客体的测量往往也得不到确定的结果。测量一个力学量时可能得到它的这个或那个本征值。与一定条件对应的是测量结果的一个统计分布。由于波函数能给出任意一个力学量的统计分布,因此可以认为它包含了关于微观客体的全部信息,是对微观客体状态的完全描述。状态随时间变化的规律应表现为波函数随时间变化的微分方程——波动方程。

由于力学量不止一种,不同的力学量涉及不同类型的波函数,人们通过定义作用在波函数上的一种运算或操作为一种算符,这样不论何种力学量,只要知道它的算符和粒子在坐标空间里的波函数,就可以利用算符之间的不同操作进行相互变换。量子力学系统中常用的算符有位置算符 r,时间算符 t,动量算符 p,角动量算符 L 和能量算符。在能量算符中,哈密顿算符 H 为动能算符与势能算符之和,而总能量算符 E 与坐标、时间的关系由微分方程确定为(曾谨言 1997)

$$E = i\hbar \frac{\partial}{\partial t} \tag{6.1}$$

1925 年薛定谔提出了用微分方程式来描述波函数。薛定谔方程是量子系统状态演化所遵循的随时间变化的基本规律,当量子系统没有进行测量时,系统遵循薛定谔方程进行持续的演变:

$$i\hbar \frac{\partial \psi(r,t)}{\partial t} = H\psi(r,t) \tag{6.2}$$

其中,ψ 是定义在空间和时间上的波函数;i 是虚数为 $\sqrt{-1}$;$\hbar$ 是约化普朗克常数,$\hbar = 1.0545 \times 10^{-34} \mathrm{J \cdot s}$;$H$ 为哈密顿算符。哈密顿算符与特定的物理系统结构相关,决定着系统状态的演化。

薛定谔方程(6.2)是量子力学的一个基本方程,因而不能由更基本的原理证明,它的正确性只能由实践检验。实际上,它已被迄今为止的全部实践所证实(丛爽 2004c)。

将(6.1)式代入(6.2)式得:

$$H\psi(r,t) = E\psi(r,t) \tag{6.3}$$

(6.3)式被称为定态薛定谔方程。相对于(6.3)式,(6.2)式又被称为含时薛定谔方程。

波函数 ψ 代表粒子的一切可能出现的态,但在每一个单次测量中只能涉及其

中的某一个态 ψ_n。某个力学量算符 A 在该态下具有确定的值 A_n。在量子力学系统中把这种具有确定性的态叫做本征态,ψ_n 被称为本征函数。算符 A 属于本征值 A_n 的本征态由下式表示:

$$A\psi_n = A_n\psi_n \tag{6.4}$$

(6.4)式叫做算符 A 的本征方程,A_n 叫做算符 A 的本征值。将(6.4)式与(6.3)式进行比较可得:定态薛定谔方程就是能量算符 H 的本征方程。能量 E 是 H 的本征值,具有该能量的定态波函数是相应的本征函数。这样就把能量和一个算符联系起来。或者说,算符 H 是能量的数学表示。

更准确地说,用算符 A 作用在某个波函数上,可以等效地看成是对相应于 A 的可观测量进行实际测量。任意动力学变量的测量结果必属于一组代表动力学变量算符的本征值。每一个本征值与一个本征态相关联,如果测量落到一个特殊的本征值,对应的本征方程是测量后粒子的波函数,测量结果的预测只能是概率的:在对一个动态变量测量中,所得到的是一个给定结果的概率。因此当粒子处于能量算符 H 的本征函数所描述的状态时,粒子的能量具有确定的值 E,这个确定值就是 H 的本征函数所对应的本征值。此时对系统状态进行测量,所测量到的结果必定是的 E 的概率或概率密度的平方,与时间无关。

本章通过量子力学系统的基本概念,解释基本的薛定谔方程。分别对定态薛定谔方程和含时薛定谔方程的求解进行分析,指出对定态薛定谔方程的求解实际上可以通过求解原系统本征方程的本征值来实现。而一般具有外加微扰作用力的含时薛定谔方程的求解需要通过李群分解。着重介绍了几种人们常用的解决问题的方法,从中揭示出基本量子系统控制的实质。

6.1　薛定谔方程的波包解

在经典力学中,一个粒子在给定时间 t 时的动力学状态的描述是基于六个参数来确定的位置 $r(t)$,粒子的线性动量 $p(t)$,所有的动力学变量(能量,角动量等),都由 $r(t)$ 和 $p(t)$ 来确定。牛顿定律允许我们通过解相对于时间的二阶微分方程来计算 $r(t)$。所以只要 $r(t)$ 和 $p(t)$ 的初始时刻已知,则可以求出任何其他时刻 t 时的值。

量子力学采用较复杂的描述手段。一个粒子的动力学状态在给定时刻 t 是由一个波函数 $\psi(r,t)$ 来确认的,其状态不再取决于六个参数,而是取决于参数的无穷多个数值:波函数 $\psi(r,t)$ 在一个坐标空间中所有点 r 的值。经典粒子在连续时间里不同状态的轨迹概念,必须用与粒子相关联的波函数演化的概念来替代,$\psi(r,t)$ 被解释为粒子存在的概率幅值,$|\psi(r,t)|^2$ 被认为是粒子在 t 时刻,在体积元为 r 点的 d^3r 中存在的概率密度。

当一个质量为 m 的粒子受一个标量势能影响时,薛定谔方程中粒子的哈密顿算符可以表示为

$$H = T + V(r, t)$$

其中,T 是动力学能量算符,形式为

$$T = \frac{p^2}{2m} = \frac{\hbar^2 k^2}{2m} = -\frac{\hbar^2}{2m}\Delta, \quad \Delta = \mathbf{V}^2$$

薛定谔方程为

$$i\hbar \frac{\partial \psi(r,t)}{\partial t} = H\psi(r,t) \tag{6.5}$$

该方程决定了物理系统的时间演化过程,从(6.5)式中可以看出,给定初始状态 $\psi(r, t_0)$,终态 $\psi(r, t)$ 对任意时刻 t 时的状态均确定。没有时间上独立的量子系统的演化过程,独立性仅出现在测量物理量时,那时态函数承受一个不可预测的修正。然而,在两个测量之间,态函数根据方程(6.5)以一个完美的确定方式进行演化,薛定谔方程是线性齐项的,其解是线性可叠加的波效应。

考虑一个在空间每一个点上的势能为 0 的粒子(或具有一个常数值),该粒子不受任何外力作用,被认为是自由粒子,即当 $V(r, t) = 0$,此时薛定谔方程变为

$$i\hbar \frac{\partial \psi(r,t)}{\partial t} = -\frac{\hbar^2}{2m}\mathbf{V}^2 \psi(r,t) \tag{6.6}$$

所以,可得一个平面波形为

$$\psi(r, t) = A\mathrm{e}^{\mathrm{i}(k \cdot r - \omega t)} \tag{6.7}$$

其中,A 为常数,(6.7)式是(6.6)式的一个解,其条件是 k 和 ω 满足自由粒子的关系

$$\omega = \frac{\hbar k^2}{2m} \tag{6.8}$$

既然 $|\psi(r,t)|^2 = |A|^2$,那么这类平面波代表其存在概率为均匀的整个空间的粒子。从叠加原理可以得出,满足(6.8)式的每一个平面波的线性结合也是薛定谔方程的一个解,这个叠加可以写为

$$\psi(r, t) = (2\pi)^{-3/2} \int_{-\infty}^{\infty} g(k)\mathrm{e}^{\mathrm{i}(k \cdot r - \omega t)} \mathrm{d}^3 k \tag{6.9}$$

其中,$\mathrm{d}^3 k$ 根据定义代表 k 空间的无限体积元 $g(k)$,可以是复数,必须在积分区间内可微,(6.9)式中的波函数是所有平面波的叠加,被称为一个三维波包(wave packet)。

一个平面波,它的模在整个空间内是常数,但不是平方可积的,因此,严格的说它不能代表一个粒子的物理状态。另一方面,而平面波的叠加可能是平方可积的,所以,任何平方可积的解可以被写成(6.9)的形式。

在给定的瞬间 t 的波包的形式,如果我们选择这个瞬间为原点,则有:

$$\psi(r,0) = (2\pi)^{-3/2} \int_{-\infty}^{\infty} g(k,0) e^{ik\cdot r} d^3 k \tag{6.10}$$

则 $g(k)$ 是 $\psi(r,0)$ 的傅里叶变换：

$$g(k) = (2\pi)^{-3/2} \int_{-\infty}^{\infty} \psi(r,0) e^{-ik\cdot r} d^3 r \tag{6.11}$$

这个结果不仅限用于自由粒子的情况,任何势能为 $\psi(r,0)$ 都可以写成(6.11)式。在一般情况下,势能 $V(r)$ 是任意的,而公式(6.8)不成立,所以引入函数 $\psi(r,0)$ 的三维傅里叶变换是有用的：

$$\psi(r,t) = (2\pi)^{-3/2} \int_{-\infty}^{\infty} g(k,t) e^{ik\cdot r} d^3 k = F^{-1}[g(k,t)] \tag{6.12}$$

$g(k,t)$ 带来了时间的依赖,并且由势能 $V(r)$ 决定。在坐标空间波函数的表达式 $\psi(r,t)$ 以及在 k 空间中 $g(k,t)$ 的表达式形成一个傅里叶对：

$$g(k,t) = (2\pi)^{-3/2} \int_{-\infty}^{\infty} \psi(r,t) e^{-ik\cdot r} d^3 k = F[\psi(r,t)] \tag{6.13}$$

波包的速度的演化是群速度

$$v = \frac{\partial \bar{\omega}}{\partial k} \tag{6.14}$$

考虑一维模型中的高斯波包：一个粒子 $[V(x),0]$,一个归一化的高斯波包可以通过带有系数的平面波 e^{ikx} 的叠加来获得

$$\frac{1}{\sqrt{2\pi}} g(k,0) = \frac{\sqrt{a}}{(2\pi)^{3/4}} e^{-\frac{a^2}{4}(k-k_0)^2} \tag{6.15}$$

(6.15)式对应于中心在 $k=k_0$ 且波函数为归一化处理后用数值系数相乘的一个高斯函数。在时间 $t=0$ 的波函数是

$$\psi(x,0) = \frac{\sqrt{a}}{(2\pi)^{3/4}} \int_{-\infty}^{\infty} e^{-\frac{a^2}{4}(k-k_0)^2} e^{ikx} dk = \left(\frac{2}{\pi a^2}\right)^{1/4} e^{ik_0 x} e^{-x^2/a^2} \tag{6.16}$$

(6.16)式表明：一个高斯函数的傅里叶变换也是高斯的,因此,在时间 $t=0$ 时粒子的概率密度为

$$|\psi(r,t)|^2 = \left(\frac{2}{\pi a^2}\right)^{1/2} e^{-2x^2/a^2} \tag{6.17}$$

该波包的中心在 $x=0$,这是便于通过 Δx 定义波函数的宽度,即 x 偏差的平方根。因此 $\Delta x = a/2$。既然 $|g(k,0)|^2$ 也是高斯函数,我们用相似的方式来计算其宽度,可得 $\Delta k = 1/a$。

自由粒子 $\psi(x,t)$ 的波函数,在时间 t 是

$$\psi(x,t) = \frac{\sqrt{a}}{(2\pi)^{3/4}} \int_{-\infty}^{\infty} e^{-\frac{a^2}{4}(k-k_0)^2} e^{i[kx-\omega(k)t]} dk \tag{6.18}$$

具有 $\omega(k) = \dfrac{\hbar k^2}{2\pi}$ 的关系。

通过对(6.18)式进行求积分,可表明在任何时刻 t 波包的卷积,仍然是高斯的,但它以时间扩展,波包的宽度(Δx)是时间的函数:

$$\Delta x(t) = \frac{a}{2}\sqrt{1 + \frac{4\hbar^2 t^2}{m^2 a^4}} \qquad (6.19)$$

波包的高度也是变化的,它随着波包的扩展而减少,所以 $\psi(x,t)$ 的模方(norm)保持不变。

$g(k,t)$ 函数的特性,与 $\psi(x,t)$ 的傅里叶变换是完全不同的,从(6.18)式可得:

$$g(k,t) = \mathrm{e}^{-\mathrm{i}\omega(k)t} g(k,0) \qquad (6.20)$$

$g(k,t)$ 与 $g(k,0)$ 有相同的模方,所以波包的平均动量($\hbar k_0$)及其动量色散($\hbar\Delta k$)不随时间变化,这带来一个事实,即对自由粒子的动量是一个运动的常数,既然粒子未遇到障碍,其动量是不可能变化的。

为了跟踪系统状态的演化,必须求解量子力学的运动方程取决于时间的薛定谔方程。而实际上只对于一些极其简单的情况存在解析解。

6.2　定态薛定谔方程的求解

通过求解薛定谔方程,能够求出波函数来解决量子力学中的特殊问题。不过,通常不可能获得该方程的精确解。一般需要使用某些假定来求解某一具体的问题或它的近似解。例如,当对一个粒子的作用力为零时,其势能为零。此时该粒子的薛定谔方程能被精确的解出。这个"自由"粒子的解被称为一个波包。所以可以利用波包作为被研究粒子的初始状态,然后,当粒子遇到一个力作用时,它的势能不再为零,施加的力使波包改变。如何找到一种准确、快速地传播波包的方式,使它仍然能够代表下一刻的粒子,是含时薛定谔方程求解的问题。本节我们首先考虑定态薛定谔方程的求解问题。

对于由(6.3)式所表示的定态薛定谔方程,在动量空间可以重新写为

$$E\psi(r,t) = -\frac{\hbar}{\mathrm{i}}\frac{\partial \psi(r,t)}{\partial t} \qquad (6.21)$$

即如果哈密顿算符不显含时间,且在初始时刻 $t=0$ 系统处于某能量的本征态

$$\psi(r,0) = \psi_n(r) \qquad (6.22)$$

则在以后的任何时刻,由于该定态不随时间变化,系统仍将处于该能量的本征态,即有

$$\psi(r,t) = \psi(r,0)\mathrm{e}^{-\frac{\mathrm{i}}{\hbar}Et} = \psi(r)\mathrm{e}^{-\frac{\mathrm{i}}{\hbar}Et} \qquad (6.23)$$

由此可以看出定态薛定谔方程的求解就是要求出可能的定态波函数 $\psi(r,t)$ 和在这个态中的能量 E，如果以 E_n 表示系统能量算符的本征值，$\psi_n(r)$ 表示它的本征函数的空间部分，系统的第 n 个定态波函数是

$$\psi_n(r,t) = \psi_n(r)\mathrm{e}^{-\frac{\mathrm{i}}{\hbar}E_n t} \qquad (6.24)$$

所以定态波函数的一般解可以写成不含时的定态波函数(6.24)式的线性叠加，即

$$\psi(r,t) = \sum_n c_n(t)\psi_n(r)\mathrm{e}^{-\frac{\mathrm{i}}{\hbar}E_n t} \qquad (6.25)$$

这就是方程(6.2)在初始条件(6.21)下的解。该方程决定了物理系统的时间演化过程，从(6.1)式中可以看出，给定初始状态 $\psi(r,t_0)$，终态 $\psi(r,t)$ 对任意时刻 t 时的状态均确定。在两个测量之间，态函数根据方程(6.1)以一个完美的确定方式进行演化，薛定谔方程是线性齐项的，其解是线性可叠加的波效应。对于不含时的定态薛定谔方程求解的另一种做法是根据关系式(6.1)对方程(6.3)中的与时间相关的函数与不含时的部分进行分离，然后对其进行微分求解。

如果 H 不显含时间 t，求解定态薛定谔方程就是解哈密顿算符的本征方程。在矩阵力学中可把它代替波动力学中求解偏微分方程的能谱，即 H 的本征值，也可以用矩阵运算的方法，使 H 所对应的矩阵对角化而求得。由于算符在自身表象中对应对角矩阵，而且对角线上的元素就是它的本征值。所以通过一个幺正变换 T，使得并不对角化的 H 矩阵变成对角化的 H' 矩阵，则 $H' = T^{-1}HT$ 矩阵对角线上的元素就是相应的本征值。

如此一来，求本征值的问题就归结为使矩阵对角化的问题。特别是，如果想求定态薛定谔方程的能谱，既可不通过波动力学的求解在特定的边界条件下的微分方程，也可不通过求解线性齐次的微分方程组，而直接通过幺正变换使哈密顿算符的矩阵对角化而求得。

通过对体系的某个力学量进行测量，可以得到其某个具体的本征值，再由本征值与本征函数的对应关系(6.4)式 $A\psi_n = A_n\psi_n$，唯一地确定出体系所处的状态波函数。在量子力学中，体系的初始状态就是这样获得的。

6.3 含时薛定谔方程的求解

为了跟踪系统状态的演化，必须求解量子力学取决于时间的薛定谔方程。而实际上只对于一些极其简单的情况存在解析解。

另一方面，状态在初始时间 t 的 $\psi(x,t_0)$ 转变成 $\psi(x,t)$ 是线性的，所以存在一个线性算符 $U(t,t_0)$ 有

$$\psi(x,t) = U(t,t_0)\psi(x,t_0) \tag{6.26}$$

算符 $U(t,t_0)$ 被定义为系统的演化算符，$U(t,t_0)$ 是一个幺正算符，它保存所作用矢量的范数，幺正性表达了概率的守恒，在守恒系统的情况下，当算符 H 不取决于时间时，方程(6.26)可以很容易地被积分，我们可得

$$U(t,t_0) = e^{-iH\delta_t/\hbar} \tag{6.27}$$

其中：$\delta_t = t - t_0$。

从(6.26)式中可以看出，含时的薛定谔方程的解也应具有(6.26)式的表达形式。所以，求解薛定谔方程就转化为求解(6.26)式中幺正演化算符的问题。实际上，目前大量的有关量子态的操控，量子系统的控制或量子逻辑门的实现等研究，都是基于对一般(含时)薛定谔方程解形式中的幺正演化算符的获取研究来进行的：只要获取了正确的幺正演化算符，就获得了薛定谔方程的解。因此不论是对量子系统进行状态操控、跟踪控制还是最优控制，都是对方程(6.2)中的状态 ψ 的控制：在施加控制量的前提下，获得状态 ψ 的演化律——方程(6.26)，也就是方程(6.2)的解。由此可见，在控制的作用下，只要获得了幺正演化算符 $U(t)$，以及状态的初始条件 ψ_0，就可以得到任意 t 时刻系统所处的状态。对算符 $U(t)$ 的控制，或对幺正演化算符 $U(t)$ 的求解，就意味着对状态 ψ 的控制。

对于不同的被控对象所获得的薛定谔方程的形式是不同的，所以在求解时需要具体问题具体分析。近年来人们一直致力于对由薛定谔方程所决定的被控系统的幺正演化算符的求解的研究。在下面几节里将着重简要介绍几种方法(丛爽 2004a)。

6.3.1 指数的直积分解

当 H 为含时时，很难估计出 $U(t,t_0)$ 的数值解。如果通过将其表达为指数次方序列形式，并截断来对其进行估计，可能导致演化算符的幺正性的丢失，使它不再有概率的守恒性，所以要尽量避免。

当哈密顿算符 H 是由标量势能和 $V(r)$ 动力学能量算符 T 组成，即 $H = T + V$ 时，可以将演化算符分离成两个指数的直积：一个仅包含微分算符，另一个是标量函数 $V(r)$，这样，只要这两项均能被精确地估计出，那么则保留了幺正性。但由于动力学能量算符 T 和势能算符 $V(r)$ 不对易，演化算符分离成两个指数的直积

$$U(t,t_0) = e^{-iH\delta_t/\hbar} \approx e^{-iT\delta_t/\hbar}e^{-iV\delta_t/\hbar} \tag{6.28}$$

只能是一个近似解，根据 Glauber's 公式，如果两个算符 A 和 B 是对易的，用它们对易关系 $[A,B]$ 进行变换：

$$e^A e^B = e^{A+B}e^{\frac{1}{2}[A,B]} \tag{6.29}$$

是成立的,且由(6.28)式对演化算符近似所引进的误差为 $O(\delta_t^2)$ 数量级。通过对称分解演化算符来进行稍微修正,可以得到更好的逼近:

$$U(t,t_0) = e^{-iH\delta_t/\hbar} \approx e^{-iT\delta_t/2\hbar}e^{-iV\delta_t/\hbar}e^{-\frac{i\delta_t}{2\hbar}[T,V]} \tag{6.30}$$

它导致误差降至 $O(\delta_t^3)$ 数量级。注意,如果势能 V 是常数,且 T 和 V 对易,那么,通过将演化算符分离成指数的乘积所引进的误差将消失,这意味着(6.34)式精确的处理了一个自由粒子的运动。

根据(6.30)式,在波函数 $\psi(x,t)$ 上的演化算符作用的估计被分离成 3 个连续的步骤。精确估计的逼近是:一个自由粒子对 1/2 时间增量的演化,乘以一个对全时间增量的势能演化,再加上一个对另外半个时间增量的自由粒子的演化。通过采用一个小的时间增量,可以获得一个收敛的精确结果。

6.3.2　幺正演化算符的分解及其物理实现

对于一个量子态的操控,就是希望从一个已知的初始态到一个期望的终态转变的操控。操控意味着在微扰外力的作用下的实现过程。这一问题转变到对幺正演化算符的控制就变成:在外加控制场的作用下,对期望的演化算符进行分解的问题。

现在的关键问题有两个,一个是如何求解幺正演化矩阵 $U(t)$? 或对期望的幺正演化算符进行分解? 另一个是在具体的物理实验中如何去实现状态变化所需要的数学表达式? 因为要想实现量子计算机以及要验证所做的理论研究结构的正确性,全都要依赖于物理实验的结果。更何况量子力学中的绝大多数的理论都是假设,只有通过做出的实验来验证其正确性。所以任何有关量子控制系统理论的正确性,都应当建立在能够通过设计实验来实现的基础之上。

关于求解幺正演化矩阵 $U(t)$,或求解微分方程(6.2),在数学上早在 1964 年就由 Wei-Norman 对形式(6.2)的微分方程给出了具体的求解过程,它是通过将微分方程(6.2)的求解转化为另一组微分方程组的求解,使原微分方程的解为微分方程组解的指数因子乘积,所以又称为 Wei-Norman 分解。

关于幺正演化矩阵 $U(t)$ 的分解。由一个复杂的、高维的 H 所获得的 $U(t)$ 是无法直接在实验室里进行操纵和实现的,所以实验物理领域里很早开始了有关一个比特及两比特的简单量子逻辑门操纵的研究,并已证明任何逻辑门都可以用两比特逻辑门来实现。这告诉我们可以通过把复杂的高维的 $U(t)$ 分解为由一个比特或两比特通用逻辑门的组合来实现高维转移矩阵的物理实现问题。所以对转移矩阵 $U(t)$ 的分解成为量子系统控制中的一个重要研究方向,除了 Wei-Norman 分解是求解方程的同时进行幺正演化矩阵的分解外,目前有关对矩阵分解方法研究最多的是 Cartan 分解,所涉及的主要是数学问题。如果希望能够在实验室里实现,则还需要对所获得的复杂的高阶 $U(t)$ 的表达式做进一步的分解工作。解决的方式就是将 $U(t)$ 分解为低维(通常是直到 2 维)可实现的量子逻辑门。如何分解以及怎样分解则涉及被控系统的具体参数,以及由系统参数所构成的李群的分解。与 Wei-Norman 分解不同,Cartan 分解是通过把系统(6.2)转化到几何流形上进行分析,分析的是微分方程(6.2)的作用李群 G,通过李群 G 的 Cartan 分解,可实现李群 G 中的任意元素的指数乘积分解,从而可以得到期望的幺正演化矩阵的指数乘积分解。有关微分方程的求解和分解的方法还有 Magnus 分解和李群分解等众多数学上可以利用的分解方法。

采用幺正算符将自旋 $1/2$ 系统哈密顿表述为算符乘积的通用方法可用于核磁共振量子计算中。该方法利用一个幺正算符 U 总是由 $U = \exp(-iG)$ 给定,其中 G 是厄米算符,一旦算符的产生器 G 被找到,它就可以通过适当的基本算符来拓展,那么,U 可以被表达为仅用一些基本操作作为产生器的各算符的乘积。然后根据李群分解对被控系统模型进一步的分解和简化。不必说,所分解出的允许的单个算符的数目越多,执行一个操控就越容易。具体内容将在第 9 章中做详细介绍。

可以看出,李群和李代数在量子力学系统的分析和控制中占有很重要的地位,所以下一章中我们将进行李群和李代数及其在量子力学系统应用的介绍。

第7章 李群和李代数及其应用

挪威数学家 Sophus Lie（1842～1899）是李群论的奠基人,李群论起源于他的连续群论,它是 S. Lie 在研究求解微分方程时提出来的。当时所指的群是变换群。如今连续群论在各种不同的领域中,如微分几何、微分方程、原子结构、高能物理等,都发挥了巨大作用。

7.1 群的定义和性质

一些不同数学对象(简称元素)构成的集合 $G = \{E, A, B, C, \cdots\}$ 中,各元素间能按某一确定的法则(简称"群乘法")相结合,即满足下面四个条件,则此集合形成一个群。

1) 封闭性:集合中任意两个元素 A 和 B 的"乘积"(包括一个元素自乘),仍得到集合中的另一个元素 C,用符号表示为

$$AB = C \tag{7.1}$$

2) 乘法满足结合律:

$$A(BC) = (AB)C \tag{7.2}$$

一般地,$(AB)(CD)(EF)\cdots = A(BC)(DE)F\cdots = (ABC)D(EF)\cdots$

3) 集合中存在一个单位元素(或称恒等元素,常用 E 表示),对集合中任一元素 A 有

$$EA = AE = A \tag{7.3}$$

4) 集合中任意一个元素都有一个逆元存在,如 $B = A^{-1}$

则

$$AB = BA = AA^{-1} = A^{-1}A = E \tag{7.4}$$

群中各元素代表的数学对象可以是一组符号、一组数字、一组对称变换操作或一组矩阵等等。

群中元素的个数叫做群的阶。若群中元素个数有限叫有限群;若元素个数无限而可数叫分立无限群;若无限而不可数叫无限连续群(方可 1987)。

7.1.1 群的一些简单性质

1) 群中任意一个元素 A,若有

$$[A]_\alpha^n = \overbrace{[AAA\cdots]}^{n} = E \tag{7.5}$$

则整数 n 叫做元素 A 的阶。这里 α 标记给定某种群乘法。

2) 元素 A 的逆元的逆元仍是 A

$$(A^{-1})^{-1} = (A^{-1})^{-1}E = [(A^{-1})^{-1}(A^{-1})]A = EA = A \tag{7.6}$$

3) 群中任意两个元素 A，B 的积的逆元为

$$(AB)^{-1} = B^{-1}A^{-1} \tag{7.7}$$

一般地有

$$(ABCD\cdots XY)^{-1} = Y^{-1}X^{-1}\cdots D^{-1}C^{-1}B^{-1}A^{-1}$$

4) 单位元素 E 的逆元仍是 E：按单位元素的定义知：$EA = AE = A$，取 $A = E^{-1}$，则

$$E^{-1} = E$$

5) 阿贝尔(Abel)群：群中任意两个元素的积一般不可交换，即

$$AB \neq BA$$

若 $AB = BA$，则此群叫阿贝尔群。换句话说，阿贝尔群为可交换群。

6) 循环群：若群 $G = \{E = A^n \cdot A \cdot A^2 \cdots A^{n-1}\}$，则它是一个 n 阶循环群，因为群中任意元素有如下形式：$A^k \cdot A^l \cdots$ 和 $A^k \cdot A^l = A^l \cdot A^k$，$kl \leqslant n$，所以循环群是阿贝尔群。但逆命题不成立。

7.1.2 李群

一个体系的某些性质常可用其所具有的对称性来判断,而对称度的高低,决定于群元的多少,即独立对称操作数的多少。

定义 7.1 一个体系的性质(或由其图形、函数作代表)若能相对于某一点、线和面作某种变换而能复原,就像没有进行操作变换前的情况一样,则这种变换叫做对称操作。一个体系的所有对称操作构成一个**对称变换群**。

群的数学结构本身及其有关性质对于对称性问题的处理并无很多直接作用,主要的是群元作为算符对矢量的变换性质有着重要的应用。事实上,一切物质都是在一定的空间和时间内运动,因此,描述一个具体物体或体系的运动在一定的坐标系内进行,或一般而言,在一定的矢量空间中进行,微观体系的状态可用矢量空间中的矢量来描写,所以,了解群首先就要研究抽象矢量空间,特别是内积线性矢量空间及相应的线性算符和线性变换的一般性质。在研究群的对称操作时,凭直觉或想象对一个物体进行对称操作很不方便。而用群元对应的方矩阵对物体或体系中一点的位矢进行对称操作计算时则非常方便。将群元看作算符,而算符又对应变换方矩阵,从而可将群用矩阵表示出来,即用一个方矩阵代表一个群元,从而得到矩阵群。这样,除了便于具体计算群的对称操作外,还可进一步发展群表示的许多重要概念和有关定理。这是群论的最重要的内容,它在其他学术领域的很多分支中都有非常重要的作用。

　　我们考虑一个集合,元素 R 依赖于一系列连续实参数,$R(a) \equiv R(a_1, a_2, \cdots, a_r)$。如果这些元素满足构成群的条件,同时还满足"连续性",即构成乘积的两元素之一发生了微小变化就导致其相应乘积发生一个微小的变化,那么我们就称这些元素组成一个**连续群**。如果群中的元素依赖于 r 个参数,就称其为 r 参数连续群。

　　拓扑群就是连续群,它同时具有群的结构和拓扑结构,而且群的运算对于其拓扑结构来说是连续的。

　　定义 7.2　设 G 是一个非空集合,满足

　　1) G 是一个群;

　　2) G 也是一个微分流形;

　　3) 群的运算是可微分的,即由 $G \times G$ 到 G 的映射 $(A, B) \mapsto AB^{-1}$ 是可微分映射,则称 G 是一个**李群**(Lie group)。

　　微分流形是一类可以进行微分运算并局部同胚于 R^n 的拓扑空间。同胚的拓扑空间具有相同的拓扑性质。因此,在拓扑学中把同胚的拓扑空间看作同一个空间(陈维桓　2001)。

　　简单的说,李群就是可微分的群。李群的结构同时含有群和微分流形的结构,而且群的运算对于其微分结构而言是可微分的。这样我们就可以用群的运算的可微性把群的结构线性化,即在无穷小的层面上的线性化,因此李群的结构应该具有它的线性化所得的一种"无穷小群"的结构,这也就是挪威数学家 Sophus Lie 在可微分的群的结构理论上的重大成就。现在把这种线性的"无穷小群"的结构叫做李代数。

　　一般说来,连续集合组成群的条件包括:对乘法的封闭性、结合律、单位元素的存在、和每个元素逆元素的存在。

　　如果 f 是一个解析的函数,即它在参数域里面可以有收敛的 Taylor 展开式,这样的群就称为 r 参数李群。

　　我们的兴趣在于物理上的应用,围绕着 n 维空间的变换。例如欧几里得空间,变量是空间坐标;Minkowski 空间,变量是空间－时间坐标;与内部自由度相关的空间,如自旋体或同位自旋体(isospin)。在所有的例子中,都存在着一个空间到它自己的映射,一般形式为:

$$x_i' = f_i(x_1, x_2, \cdots, x_d; a_1, a_2, \cdots, a_r), i = 1, 2, \cdots, n$$

如果 f_i 是解析的,这就定义了 r 参数的变换李群。

　　例 7.1　考虑一维的变换

$$x' = ax \qquad\qquad (7.8)$$

a 是一个非零的实数。这种变换对应于在实轴上以 a 为参数的伸缩。两次运算,$x'' = ax'$,$x' = bx$,它们的乘积为:$x'' = ax' = abx$。令 $x'' = cx$,我们得到

$$c = ab \tag{7.9}$$

可见,两个变换的乘积是一个解析的函数,它产生了形如(7.1)式的变换。显然,这样的运算是有结合律的,同样也是阿贝尔的(即可交换的)。变换的乘积取决于实数的乘积。

在(7.9)式中取 $c=1$ 则 $x'' = x$,(7.8)式的逆就相应于参数 $a' = a^{-1}$ 的变换,因而需要 $a \neq 0$。

最后,我们来确定单位元素。由 $x' = x$ 我们得到 $a = 1$。

因此,(7.8)式定义的变换构成了一个单参数阿贝尔李群。

例 7.2 下面我们考虑另一个一维变换

$$x' = a_1 x + a_2 \tag{7.10}$$

a_1 是一个非零实数。与例 7.1 一样,这种变换在实轴上有一个按照参数 a_1 的伸缩,同时还有一个按照 a_2 的平移。两次变换的乘积为

$$x'' = a_1 x' + a_2 = a_1(b_1 x + b_2) + a_2 = a_1 b_1 x + a_1 b_2 + a_2$$

令 $x'' = c_1 x + c_2$,我们可以得到

$$c_1 = a_1 b_1, c_2 = a_1 b_2 + a_2$$

因此两次变换的乘积可以用一个解析函数表示。

然而,尽管这样的乘积是满足结合律的,但是它不是阿贝尔的(可交换的)。在 c_2 的表达式中各个参数不是对称的。当 $x' = a_1 x + a_2$ 是单位元素而 $x' = b_1 x + b_2$ 是另一元素时,由 $a_1 b_1 = b_1, a_1 b_2 + a_2 = b_2$ 我们得到单位元素 $a_1 = 1, a_2 = 0$。

由 $c_1 = 1, c_2 = 0$,则(7.10)式的逆变换为

$$x' = \frac{x}{a_1} - \frac{a_2}{a_1}$$

由 $x' = x$,我们得到单位元素 $a_1 = 1, a_2 = 0$。因此,(7.10)式的变换构成两个参数的(非阿贝尔)李群。

7.1.3 子群

一、子群的定义

研究子群的重要意义在于,如果某个体系原属于某个较大的对称群,在加上微扰作用后,对称性降低而属于某个子群。原来的简并能级分裂情况,可由于子群的性质得出。

定义 7.3 若群 G 中的一个子集 S,按群 G 中所采用的运算也构成一个群,则 S 叫做群 G 的子群。

显然,单位元和大群 G 本身都形成伪子群。只有小于 G 的阶而大于 E 的阶的子群才是真子群。

幺正矩阵的积仍是幺阵矩阵,且幺正矩阵的逆矩阵也是幺正矩阵,因此 N 阶幺正矩阵的全体按矩阵乘法的定义组成一个群,称为**酉群 $U(N)$**(或称为幺正群)。

行列式为 1 的幺正矩阵为特殊幺阵矩阵。由于矩阵乘积的行列式等于矩阵行列式的积。行列式为 1 的性质不会在相乘中失去,因此,N 阶特殊幺正矩阵的全体也按矩阵乘法的定义组成一个群,称为**特殊酉群 $SU(N)$**(或称为特殊幺正群)。

表示 N 维欧几里得空间中转动的 N 阶实正交矩阵就是矩阵元全为实数的 N 阶幺正矩阵。由于矩阵元素为实数的性质不会在相乘中失去,因此,N 阶正交矩阵的全体组成正交群 $O(N)$。

实际上,表示纯转动(没有反演)的矩阵行列式恒为 1,$O(N)$ 中的这一部分组成 $SO(N)$,所以,$SU(N)$ 和 $O(N)$ 为 $U(N)$ 的子群;$SO(N)$ 为 $SU(N)$ 和 $O(N)$ 的子群。矩阵表示的是线性变换,这些矩阵群也是变换群。

下面给出一些典型群及其相互关系的例子。

1)n 维实线性变换群 $GL(n,R)$(或 L_n)

n 维实线性变换群是 n 维实矢量空间上所有 n 维非奇异实变换方矩阵构成的矩阵乘法群,它有 n^2 个连续变化的实参数。设群元为 A,$\det A \neq 0$;线性变换为 $x' = Ax$。$GL(n,R)$ 为 n^2 阶非阿贝尔李群。

2)n 维复线性变换群 $GL(n,C)$

n 维复线性变换群是 n 维复矢量空间上的一切齐次线性变换的集合构成的群,或所有 n 维非奇异复方矩阵构成的矩阵乘法群,它有 n^2 个连续变化的复参数,或 $2n^2$ 个连续变化的实参数。

3)特殊实线性群 $SL(n,R)$(或 SL_n)

特殊实线性群是由一般的 n 维实线性变换群 $GL(n,R)$ 加上 $\det A = 1$ 的幺模条件所构成的群。所以,$SL(n,R)$ 的实参数变量的个数为 $n^2 - 1$。

4)特殊复线性群 $SL(n,C)$

特殊复线性群是由一般的 n 维复线性变换群 $GL(n,C)$ 加上 $\det A = 1$ 的幺模条件所构成的群。它有 $2(n^2 - 1)$ 个实参数变量。

5)n 维复幺正变换群 $U(n,C)$(或 U_n)

n 维复幺正变换群是 n 维复矢量空间上所有 n 维幺正矩阵 U 的乘法群。换句话说,$U(n,C)$ 是由满足幺正条件 $U^+ U = 1$ 所有的矩阵集合所构成的群。它有 $2n^2$ 个连续变化参数,或含有 n^2 个独立实参量的非阿贝尔李群。

6)特殊幺正群(或幺正幺模群)$SU(n)$

它是由满足幺正条件 $U^+ U = 1$ 和幺模条件 $\det U = 1$ 的所有的 n 维复矩阵的集合所组成的群。$SU(n)$ 群比 $U(n)$ 群的独立参量数少 1,为 $n^2 - 1$ 个。所以,$SU(n)$ 是 $U(n)$ 的子群。

7)n 维实正交变换群 $O(n,R)$ 或 $O(n)$ 以及特殊正交群 $SO(n,R)$

n 维实正交变换群是 n 维实矢量空间上所有 n 维实正交变换矩阵所构成的矩阵乘法群。$O(n)$ 群的连续变化独立参数为 $n(n-1)/2$ 个。原点 O 固定的实三维空间的旋转构成一个非阿贝尔群，它以正交群 O_3 或旋转群 $SO(3,R)$ 或 $R(3)$ 来表示，它是实三维空间中的正交变换群，$SO(3)$ 群有三个参数可以连续变化，但球心一点是固定不动的；$O(3)$ 群的群元参数除有三个与 $SO(3)$ 群元的相同外，还有第 4 个参数表示一个群元矩阵的行列式值可取 ±1，此参数是非连续变化的。$SO(3)$ 群是 $O(3)$ 群的子群。绕固定轴的旋转构成一个阿贝尔群，它可用 O_2 或 $SO(2,R)$ 表示。n 维复正交变换群 $O(n,C)$ 有 $n(n-1)$ 个连续变化参数；$SO(n,C)$ 也有 $n(n-1)$ 个连续变化参数。

8) 辛群(sympletic group)$Sp(n)$

辛群的任意一个元代表实 n 维空间的正交变换，并不改变空间中任何两矢量的标量积。$Sp(n)$ 是实空间中保持斜乘积(skew product)不变的变换群。$SP(2n,C)$ 群为变换矩阵为复数的复辛群。

9) $U(p,m)$ 群和 $SU(p,m)$ 群

$U(p,m)$ 群是由 $(p+m)(p+m)$ 阶伪幺正(pseudo unitary)矩阵构成的群；而 $SU(p,m)$ 群是在 $U(p,m)$ 群上加上幺模条件的群。

10) 洛伦兹(Lorentz)群

实四维矢量空间中使二次型 $x_1^2 + x_2^2 + x_3^2 - x_0^2$ 保持不变，且不使过去和将来发生交换的非奇异变换构成洛伦兹群。洛伦兹群是一个复 4 维正交群，它是一个 6 阶李群。

3 维空间旋转群 O_3 或 $SO(3,R)$ 是洛伦兹群的子群；绕某个轴的转动群 O_2 或 $SO(2,R)$ 是旋转群的子群；特殊线性群 $SL(n)$ 是线性群 $GL(n)$ 的子群。一般而言，S_{n-1} 是 S_n 的子群，S_{n-2} 是 S_{n-1} 的子群，即

$$S_n \supset S_{n-1} \supset S_{n-2} \cdots \supset S_1 = E$$

二、关于子群的一些定理

群的表示：一个群有无数个表示。可以采用等价表示，同时对等价可以进行约化表示为一维或二维的不可约表示的直和。阿贝尔群的不可约表示都是一维的。群的有效信息都包含在不可约表示中。不可约表示的基函数之间是正交的。因为我们采用的都是幺正变换，所以其基矢都是正交的，因而所得的表示都是不可约的。

1) 子群的阶定理(Lagrange 定理(项武义 2000))

如果一个有限群 G 的阶是 g，G 的一个子群 S 的阶是 h，则 g 是 h 的整数倍。用数学表示为

$$g = hl$$

式中 l 是整数,称为 S 在群 G 下的指数。

2) 形成子群的条件定理

群 G 中的一个非空集合 H 是 G 的一个子群的充分必要条件是:

(1) 若 H 包含元素 a 和 b,它也应当包含 a 和 b 的乘积 ab。

(2) 若 H 包含元素 a,它也应当包含 a 的逆元 a^{-1}。

因为条件(1)说明群元的组合规则在 G 中成立,则在 H 中也成立。条件(2)说明单位元和逆元的存在。

三、陪集、不变子群、单群和半单群、连通群和紧致群

设阶数为 g 的大群 G 有阶数为 h 的子群 $S = \{E, S_2, S_3, \cdots, S_h\}$,今取 G 中任一元 x 与 S 作乘积构成另一集合。

$$xS = \{xE, xS_2, xS_3, \cdots, xS_h\}$$

则若 x 是 S 中的一元,则按群的定义 xS 和 S 相同。即 xS 中的元仅是 S 中的元重新排列而已。若 x 不是 S 中的一元,则集合 xS 中没有一个元素属于 S。此时,xS 称为群 G 中子群 S 相对于元 x 的左陪集。

则若 x 是 S 中的一元,那么生成的左陪集就是子群 S 本身;若 x 不是 S 中的一元,那么由它所生成的左陪集不构成子群,因为在这一左陪集中不包含单位元素;若两个左陪集中有一个元素是相同的,则这两个左陪集完全相同;若两个左陪集不同,则它们所有的元素都不同。因此可以将群所有元素分成不同的左陪集,每一个元素只属于一个左陪集。

用类似的方法可以定义右陪集 Sx 并讨论右陪集的性质。

定义 7.4 若对任一 $x \in G$,满足

$$xS = Sx \text{ 或 } xSx^{-1} = S$$

则子群 S 叫做群 G 的**不变子群**(正规子群)。可以看出:

(1) 任一群 G 有两个平庸(伪)的不变子群,即

$$S = \{E\} \text{ 和 } S = \{G\}$$

(2) 阿贝尔群的任一子群都是不变子群;

(3) $xS = Sx$ 并不意味着 $xy = yx (y \in S)$,而是表明不变子群的左陪集与右陪集相同。

定义 7.5 如果一个群,除单位元素外,没有不变子群,则此群叫**单群**。

定义 7.6 如果一个群,除单位元素外,没有不变阿贝尔子群,则此群叫**半单群**。

显然,单群一定是半单群(单参数单群除外)。反之不成立。洛伦兹群,4 维和 3 维转动群是半单群;2 维幺模幺正群 $SU(2)$ 是单群。单群和半单群在物理学上有重要意义。

定义 7.7 任取连通群的一个元素 $A(a)$,若令 a 连续变化至 a_0,则 $A(a)$ 经过群元素连续变化至单位元素 $E(a_0)$,那么就说这个连续群是**连通的**。可见连通群中任二元素均可通过参量的连续变化二重合。正交群 $O(3)$ 不是连通群,但旋转群 $R(3)$ 却是连通群。

定义 7.8 若群元素的任一无穷序列的极限元素也是群元素,则此群是**紧致的**。在一定意义上说,一个紧致群的参数空间的体积元是有限的闭集。3 维正交群和旋转群是紧致群。洛伦兹群不是紧致群。

7.2 无穷小生成元与无穷小算符

Lie 对李群作了大量的研究,其中一个非常有用的成果是无穷小生成元。这个概念的引入使得我们不必考虑整个群,在通常情况下只要研究单位元素附近的无穷小变换即可。任何变换都可以通过重复使用无穷小变换,或其"积分",而得到。

1. 生成元的矩阵形式

由 r 个参数 $\alpha \equiv \{\alpha_1, \alpha_2, \cdots, \alpha_r\}$ 表征的一个连续群 G 有无限个群元,但其大多数性质可由 r 个所谓无穷小算符推断出来。

1) 无穷小算符的引入

设一个群 G 有一个表示 $S(a)$,对所有参数 $\alpha_1 = \alpha_2 \cdots = \alpha_r = 0$,有单位元 $G(0, 0, \cdots, 0)$,因而可取单位元的表示为

$$S(0, 0, \cdots, 0) = 1 \tag{7.11}$$

若所有参数都很小,则可将 $S(a)$ 在 $S(0)$ 的邻域内展开成泰勒级数得

$$S(a) = 1 + \sum_{q=1}^{r} a_q X_q \tag{7.12}$$

式中

$$X_q = \lim_{a_q \to 0} \{S(0, 0, \cdots, 0)\}/a_q = \left[\frac{\partial}{\partial a_q} S(a)\right]_{a=0} \tag{7.13}$$

且 X_q 是与参数 a_q 无关得一个固定的线性算符,称为表示 $S(a)$ 的无穷小算符。也叫做与单位元相邻的群 G 的无穷小生成元。生成元另一种定义是:对于一个群,有可能从它的某几个群元出发,作乘幂和乘积而得出该群的所有其他元素,这最少个数的几个元素叫该群的生成元。一个群的生成元的选择不是唯一的。

2) 无穷小算符 X_q 的一些性质和有关定理

为了进一步用无穷小算符求连续群的表示和有关性质,下面给出无穷小算符的一些有关性质。

(1) 若 $S(a)$ 为幺正表示,则 X_q 是斜(skew)厄米算符(即 $X_q^+ = -X_q$)。

因为 a_k 是实数,(7.12)式的一级近似式有

$$S \approx 1 + aX \tag{7.14}$$

在 S 的幺正性条件要求下,必需满足

$$SS^+ = (E + aX)(E + aX^+) = E + a(X + X^+) = E$$

所以只有取上式中的一阶项为零,从而得

$$X^+ = -X \tag{7.15}$$

若略去 X 中所含因子 $i = \sqrt{-1}$,则 X 为厄米算符(自伴算符)。另外,一阶近似(7.14)式的行列式为

$$\det(s) = 1 + a\,\mathrm{tr}X$$

因为要求行列式值为 1,导致

$$\mathrm{tr}X = 0$$

即:X 的阵迹为零。

(2) 若一个群 G 的两个表示有相同的无穷小算符,则它们是相同的表示。此定理说明连续群的表示可被无限小算符唯一地确定。

(3) 对于群 G 的任何一个表示 S,无穷小算符 X_q 的集合,满足下面的对易关系

$$[X_q, X_p] = \sum_t C_{qp}^t X_t \tag{7.16}$$

式中各 C_{kj}^i 叫做群 G 的结构常数,对于 G 的一切表示 S 均相同。它由群元乘法规则唯一地决定。此定理决定了无穷小算符的乘法规则。一般地讲,任两个群元的乘积的无穷小算符是每个群元的无穷小算符之和,因为

$$S(a)S(b) \approx \left(1 + \sum_q a_q X_q\right)\left(1 + \sum_q b_q X_q\right) \approx 1 + \sum_q (a_q + b_q)X_q \tag{7.17}$$

对于小的 a 和 b,有乘积

$$S(a)S(b)S^{-1}(a)S^{-1}(b) \approx 1 + \sum_{q,p} a_q b_p [X_q, X_p] + 大于 2 阶的项 \tag{7.18}$$

又从群的性质,对某个参数 c 有

$$S(a)S(b)S^{-1}(a)S^{-1}(b) = S(c) \approx 1 + \sum_t c_t X_i \tag{7.19}$$

比较两式可知,$[X_k, X_j]$ 必为 X_t 的线性组合,即(7.16)式成立,且

$$c_t = C_{qp}^t a_q b_p \tag{7.20}$$

(4) 如果定义在一个空间 L 上的算符 X_q 的任一集合满足对易关系(7.16),则 X_q 是群 G 的一个表示的无穷小算符。

7.3　几种典型李群的分析

7.3.1　线性变换群

n 维线性变换群是一类重要的变换,可以用 $n \times n$ 的方阵表示。例如,2 维空

间中最一般的变换的矩阵表示形式为

$$\begin{pmatrix} x' \\ y' \end{pmatrix} = \begin{bmatrix} a_{11} & a_{12} \\ a_{21} & a_{22} \end{bmatrix} \begin{pmatrix} x \\ y \end{pmatrix} \tag{7.21}$$

其中,$\det(A) = a_{11}a_{22} - a_{12}a_{21} \neq 0$。如果没有别的限制条件,同时定义两元素的合成运算为矩阵乘法,变换矩阵就构成一个 4 参数李群。上例中的李群叫做二维一般线性群,记作 $GL(2,R)$,R 表示矩阵中的元素都是实数。相应的复数元素构成的群记作 $GL(2,C)$。在 n 维空间中,这些变换群相应记为 $GL(n,R)$ 或 $GL(n,C)$。

7.3.2 正交群

物理应用中,许多变换要求在一定的空间保持长度不变。如果是在欧式空间,长度不变的约束就是

$$x'^2_1 + x'^2_2 + \cdots + x'^2_n = x^2_1 + x^2_2 + \cdots + x^2_n \tag{7.22}$$

相应的群称为正交群,记作 $O(n)$,它是一般线性群的子群。

考察二维的正交群 $O(2)$,坐标是 x,y。把一般形式(7.11)代入(7.12),得到

$$x'^2 + y'^2 = (a_{11}x + a_{12}y)^2 + (a_{21}x + a_{22}y)^2$$

$$= (a^2_{11} + a^2_{21})x^2 + 2(a_{11}a_{12} + a_{21}a_{22})xy + (a^2_{12} + a^2_{22})y^2$$

要使得对于所有的 x,y,等号右边的项恒等于 $x^2 + y^2$,就必须使

$$a^2_{11} + a^2_{21} = 1, a_{11}a_{12} + a_{21}a_{22} = 0, a^2_{12} + a^2_{22} = 1$$

这样四个参数有了三个约束条件,只剩下了一个自由参量。由约束条件可以推导出

$$(a_{11}a_{12} - a_{21}a_{22})^2 = 1$$

括号里面就是变换矩阵的行列式,因此

$$\det(A) = \pm 1$$

如果 $\det(A) = 1$,则变换不改变坐标系的同等性;对应于正常旋转。如果 $\det(A) = -1$,则变换改变了坐标系的同等性,对应于不正常旋转。这两种变换在物理应用中都是很重要的,但我们先考查一下两维正常旋转。这样的群称为两维特殊正交群,记作 $SO(2)$,"特殊"的含义就是正常旋转。我们用以下矩阵参数化这样的群:

$$R(\varphi) = \begin{pmatrix} \cos\varphi & -\sin\varphi \\ \sin\varphi & \cos\varphi \end{pmatrix} \tag{7.23}$$

φ 是这个李群的唯一参数,表示变换的转角。使用三角恒等式容易发现

$$R(\varphi_1 + \varphi_2) = R(\varphi_1)R(\varphi_2) \tag{7.24}$$

因此,特殊正交群是阿贝尔群。

7.3.3 *SO*(2)群

SO(2)群(或记为 R_2 群)为一个单参数的连续阿贝尔群,又称回转群或单轴转动群,它是 *SO*(3)的一个子群,它的矩阵表示可取

$$D(\phi) = \begin{pmatrix} \cos\phi & -\sin\phi \\ \sin\phi & \cos\phi \end{pmatrix}, \text{或者 } D(\phi) = \begin{pmatrix} \cos\phi & -\sin\phi & 0 \\ \sin\phi & \cos\phi & 0 \\ 0 & 0 & 1 \end{pmatrix}$$

对于 *SO*(2),我们先对 $R(\varphi)$ 在单位元素($\varphi=0$)附近展开成 Taylor 级数:

$$R(\varphi) = R(0) + \frac{\mathrm{d}R}{\mathrm{d}\varphi}\bigg|_{\varphi=0} \varphi + \frac{1}{2}\frac{\mathrm{d}^2R}{\mathrm{d}\varphi^2}\bigg|_{\varphi=0} \varphi^2 + \cdots \tag{7.25}$$

级数的系数可以通过(7.23)式求得。

然而,在(7.24)式进行对 φ_1 的求导

$$\frac{\mathrm{d}}{\mathrm{d}\varphi_1}R(\varphi_1 + \varphi_2) = \frac{\mathrm{d}R(\varphi_1)}{\mathrm{d}\varphi_1}R(\varphi_2) \tag{7.26}$$

令 $\varphi_1=0$,等号左边变为

$$\left[\frac{\mathrm{d}R(\varphi_1 + \varphi_2)}{\mathrm{d}(\varphi_1 + \varphi_2)}\frac{\mathrm{d}(\varphi_1 + \varphi_2)}{\mathrm{d}\varphi_1}\right]\bigg|_{\varphi=0} = \frac{\mathrm{d}R(\varphi_2)}{\mathrm{d}\varphi_2}$$

这样等式(7.26)化为

$$\frac{\mathrm{d}R(\varphi)}{\mathrm{d}\varphi} = XR(\varphi) \tag{7.27}$$

其中

$$\frac{\mathrm{d}R(\varphi_1)}{\mathrm{d}\varphi_1}\bigg|_{\varphi_1=0} = \begin{pmatrix} 0 & -1 \\ 1 & 0 \end{pmatrix} \equiv X \tag{7.28}$$

我们可以通过等式(7.27)式与(7.28)式求得(7.26)式的系数。在(7.27)式中令 $\varphi=0$,又有

$$R(0) = I, I = \begin{pmatrix} 1 & 0 \\ 0 & 1 \end{pmatrix}$$

因此

$$\frac{\mathrm{d}R(\varphi)}{\mathrm{d}\varphi}\bigg|_{\varphi=0} = X \tag{7.29}$$

要求出 R 的高阶导数,可以在 $\varphi=0$ 处对(7.27)式进行 n 次微分:

$$\frac{\mathrm{d}^nR(\varphi)}{\mathrm{d}\varphi^n}\bigg|_{\varphi=0} = X\frac{\mathrm{d}^{n-1}R(\varphi)}{\mathrm{d}\varphi^{n-1}}\bigg|_{\varphi=0}$$

结合(7.29)式,可以得到

$$\frac{\mathrm{d}^nR(\varphi)}{\mathrm{d}\varphi^n}\bigg|_{\varphi=0} = X^n$$

把上面的结果代入(7.25)式中的 Taylor 级数后

$$R(\varphi) = I + X\varphi + \frac{1}{2}X^2\varphi^2 + \cdots = \sum_{n=0}^{\infty}\frac{1}{n!}(X\varphi)^n \equiv \mathrm{e}^{\varphi X}$$

用 Taylor 展开式定义了矩阵指数。因此,每一个有限角度旋转变换可以通过 X 矩阵的指数来实现,这被称为**无穷小生成元**。由于 $X^2 = I$,根据第 2 章中矩阵指数的性质(2.38)式以及(7.28)式,我们可以得到

$$\mathrm{e}^{\varphi X} = \begin{pmatrix} \cos\varphi & -\sin\varphi \\ \sin\varphi & \cos\varphi \end{pmatrix}$$

无穷小生成元直接建立了与量子力学的联系,微分算符是另一种无穷小生成元的表示方法。对(7.23)式进行展开

$$x' = x\cos\varphi - y\sin\varphi \approx x - y\mathrm{d}\varphi$$
$$y' = x\sin\varphi + y\cos\varphi \approx x\mathrm{d}\varphi + y$$

$F(x,y)$ 是一个任意阶可微的函数,有

$$F(x',y') \approx F(x - y\mathrm{d}\varphi, x\mathrm{d}\varphi + y)$$

等式右边展开,保留 φ 的一阶形式

$$F(x',y') \approx F(x,y) + \left(-y\frac{\partial F}{\partial x} + x\frac{\partial F}{\partial y} \right)\mathrm{d}\varphi$$

由于 F 是一个任意阶可微的函数,我们给无穷小旋转引入一个算符

$$X = x\frac{\partial}{\partial y} - y\frac{\partial}{\partial x}$$

这个算符与角动量算符的 z 轴分量是成比例的。

从简单的群 $SO(2)$ 中我们看不到无穷小生成元的全部优点。在下一节中,我们将讨论 $SO(3)$。无穷小产生元体现了整个群的全部结构信息。

7.3.4　$SO(3)$群

三维的正交群 $O(3)$ 包括了所有满足 $x^2 + y^2 + z^2$ 不变的变换。群 $GL(3,R)$ 含有 9 个参数,但是长度不变的限制包含了 6 个独立的限制条件,因而剩下了 3 个自由参数,$O(3)$ 构成了一个 3 参数李群。如果再限制变换的行列式为 1,就变为三维正则旋转群 $SO(3)$。

有三种通常的方法来给这种旋转参数化:

- 顺次绕三个固定正交轴的旋转
- 顺次按照 z 轴,新的 y 轴和新的 z 轴旋转。这几个角成为**欧拉角**。
- 轴-角表示法:一个单位向量(两个参数)和绕这个轴的旋转(一个参数)。

在这一节中,我们使用第一种参数化方法来得到 $SO(3)$ 的一些性质。

一、旋转矩阵表示

先考查绕 z 轴角度 φ_3:

$$R_3(\varphi_3) = \begin{bmatrix} \cos\varphi_3 & -\sin\varphi_3 & 0 \\ \sin\varphi_3 & \cos\varphi_3 & 0 \\ 0 & 0 & 1 \end{bmatrix}$$

使用(7.21)计算相应的无穷小生成元:

$$X_3 = \left.\frac{\mathrm{d}R_3}{\mathrm{d}\varphi_3}\right|_{\varphi_3=0} = \begin{bmatrix} 0 & -1 & 0 \\ 1 & 0 & 0 \\ 0 & 0 & 0 \end{bmatrix}$$

上面的结果与 $SO(2)$ 得到的结果相似,但是在 $SO(3)$ 中,还有另外两条旋转轴要考虑。绕 x 轴旋转角度 φ_1 的变换矩阵是

$$R_1(\varphi_1) = \begin{bmatrix} 1 & 0 & 0 \\ 0 & \cos\varphi_1 & -\sin\varphi_1 \\ 0 & \sin\varphi_1 & \cos\varphi_1 \end{bmatrix}$$

相应的生成元是

$$X_1 = \left.\frac{\mathrm{d}R_1}{\mathrm{d}\varphi_1}\right|_{\varphi_1=0} = \begin{bmatrix} 0 & 0 & 0 \\ 0 & 0 & -1 \\ 0 & 1 & 0 \end{bmatrix}$$

绕 y 轴旋转角度 φ_2 的变换矩阵及其生成元为

$$R_2(\varphi_2) = \begin{bmatrix} \cos\varphi_2 & 0 & \sin\varphi_2 \\ 0 & 1 & 0 \\ \sin\varphi_2 & 0 & \cos\varphi_2 \end{bmatrix}$$

$$X_2 = \left.\frac{\mathrm{d}R_2}{\mathrm{d}\varphi_2}\right|_{\varphi_2=0} = \begin{bmatrix} 0 & 0 & 1 \\ 0 & 0 & 0 \\ -1 & 0 & 0 \end{bmatrix}$$

易证, $R_i(\varphi_i)$, X_i 都不是对易的(commute),但是 X_i 有一种交换的封闭性 (closure under commutation)。例如,考虑乘积 $X_1 X_2$ 和 $X_2 X_1$:

$$X_1 X_2 = \begin{bmatrix} 0 & 0 & 0 \\ 0 & 0 & -1 \\ 0 & 1 & 0 \end{bmatrix} \begin{bmatrix} 0 & 0 & 1 \\ 0 & 0 & 0 \\ -1 & 0 & 0 \end{bmatrix} = \begin{bmatrix} 0 & 0 & 0 \\ 1 & 0 & 0 \\ 0 & 0 & 0 \end{bmatrix}$$

$$X_2 X_1 = \begin{bmatrix} 0 & 0 & 1 \\ 0 & 0 & 0 \\ -1 & 0 & 0 \end{bmatrix} \begin{bmatrix} 0 & 0 & 0 \\ 0 & 0 & -1 \\ 0 & 1 & 0 \end{bmatrix} = \begin{bmatrix} 0 & 1 & 0 \\ 0 & 0 & 0 \\ 0 & 0 & 0 \end{bmatrix}$$

因此，X_1, X_2 的对易子(commutator)$[X_1, X_2]$为

$$[X_1, X_2] \equiv X_1 X_2 - X_2 X_1 = \begin{pmatrix} 0 & -1 & 0 \\ 1 & 0 & 0 \\ 0 & 0 & 0 \end{pmatrix} = X_3$$

同样有

$$[X_2, X_3] = X_1, [X_3, X_1] = X_2$$

乘法的对易运算可以简记为

$$\lfloor X_i, X_j \rfloor = \varepsilon_{ijk} X_k \tag{7.30}$$

其中，ε_{ijk} 称为反对称符号(anti-symmetric symbol)，如果 i, j, k 顺次循环排列，则其值为 1；如果不顺次排列，则其值为 -1；若 i, j, k 中有相同值，则为 0。

小结 $SO(3)$ 群的无穷小算符的对易关系如下。

$$[X_x, X_y] = X_z, [X_y, X_z] = X_x, [X_z, X_x] = X_y$$

其中：$X_x = \begin{pmatrix} 0 & 0 & 0 \\ 0 & 0 & -1 \\ 0 & 1 & 0 \end{pmatrix}, X_y = \begin{pmatrix} 0 & 0 & 1 \\ 0 & 0 & 0 \\ -1 & 0 & 0 \end{pmatrix}, X_z = \begin{pmatrix} 0 & -1 & 0 \\ 1 & 0 & 0 \\ 0 & 0 & 0 \end{pmatrix}$

二、无穷小旋转的算符表示

无穷小生成元除了矩阵表示，还有微分算符表示。假如顺次绕 xyz 轴的旋转角度为 $\varphi_i (i = 1, 2, 3)$，则变换矩阵为

$$\begin{bmatrix} x' \\ y' \\ z' \end{bmatrix} \approx \begin{pmatrix} 1 & -\varphi_3 & \varphi_2 \\ \varphi_3 & 1 & -\varphi_1 \\ -\varphi_2 & \varphi_1 & 1 \end{pmatrix} \begin{bmatrix} x \\ y \\ z \end{bmatrix}$$

$F(x, y, z)$是一个可微函数，把坐标变换代入其中

$$F(x', y', z') \approx F(x - \varphi_3 y + \varphi_2 z, y + \varphi_3 x - \varphi_1 z, z - \varphi_2 x + \varphi_1 y)$$

把等号右边展开到 φ_i 的一阶形式

$$F(x', y', z') \approx F(x, y, z) + \left(\frac{\partial F}{\partial z} y - \frac{\partial F}{\partial y} z \right) \varphi_1$$

$$+ \left(\frac{\partial F}{\partial x} z - \frac{\partial F}{\partial z} x \right) \varphi_2 + \left(\frac{\partial F}{\partial y} x - \frac{\partial F}{\partial x} y \right) \varphi_3$$

因为 F 任意阶可导，可以通过系数 φ_i 的位置来确定绕对应轴旋转的生成元相应的微分算符：

$$X_1 = y \frac{\partial}{\partial z} - z \frac{\partial}{\partial y}$$

$$X_2 = z \frac{\partial}{\partial x} - x \frac{\partial}{\partial z}$$

$$X_3 = x\frac{\partial}{\partial y} - y\frac{\partial}{\partial x}$$

注意到 X_3 是从 $SO(2)$ 得出的算符。现在我们讨论它们的物理意义。比照用坐标表示的角算符的分量表示

$$L = r \times p = r \times (-\mathrm{i}\hbar\mathbf{V})$$

将叉积展开,按 xyz 的顺序表示为

$$L_1 = -\mathrm{i}\hbar\left(y\frac{\partial}{\partial z} - z\frac{\partial}{\partial y}\right)$$

$$L_2 = -\mathrm{i}\hbar\left(z\frac{\partial}{\partial x} - x\frac{\partial}{\partial z}\right) \qquad (7.31)$$

$$L_3 = -\mathrm{i}\hbar\left(x\frac{\partial}{\partial y} - y\frac{\partial}{\partial x}\right)$$

因此 $L_i = -\mathrm{i}\hbar X_i$,$i = 1,2,3$,角动对易关系为

$$\lfloor L_i, L_j \rfloor = -\mathrm{i}\hbar\varepsilon_{ijk}L_k$$

这样,我们就把角动量算符的分量与无穷小旋转的生成元联系起来。线性动量算符的坐标表示与在相应方向上的微分平移算符也有类似的关系。

7.3.5　$SU(2)$ 群

$SU(2)$ 群的群元是二维空间中 2×2 的复幺正矩阵,但满足幺模条件。它的定义是

$SU(2) = \{A \mid A$ 为一个 2×2 的复矩阵,$\det A = 1$,$AA^* = A^*A = E\}$(这里 $E = I$,代表单位矩阵)。

在 $SU(2)$ 中,"S" 代表"特殊"的意思,指的是 $\det A = E$,而"U"表示"幺正",指的是 $AA^+ = A^+A = E$。伴随矩阵 A^+ 是复共轭转置矩阵,

$SU(2)$ 群的一般群元为

$$U = \begin{bmatrix} \alpha & \beta \\ -\beta^* & -\alpha^* \end{bmatrix} = \begin{pmatrix} a + b\mathrm{i} & c + d\mathrm{i} \\ c - d\mathrm{i} & a - b\mathrm{i} \end{pmatrix} \qquad (7.32)$$

$$\det U = |\alpha|^2 + |\beta|^2 = 1 \qquad (7.33)$$

故 U 为三实参数矩阵,$SU(2)$ 是三实参数群或两复参数群。

此外,$SU(2)$ 群的矩阵 U 和它的共轭矩阵 U^* 只相差一个相似变换。取幺正矩阵 $S = \begin{pmatrix} 0 & 1 \\ -1 & 0 \end{pmatrix}$,则 $S^{-1} = \begin{pmatrix} 0 & -1 \\ 1 & 0 \end{pmatrix}$,作相似变换 $SUS^{-1} = \begin{pmatrix} 0 & 1 \\ -1 & 0 \end{pmatrix}$ $\cdot \begin{pmatrix} \alpha & \beta \\ -\beta & -\alpha \end{pmatrix}\begin{pmatrix} 0 & -1 \\ 1 & 0 \end{pmatrix} = \begin{bmatrix} \alpha^* & \beta^* \\ -\beta & \alpha \end{bmatrix} = U^*$。这意味着 U 和 U^* 是等价的。进一步设 $\alpha = a + \mathrm{i}b$,$\beta = c + \mathrm{i}d$ 代入(7.25)式中可得:$a^2 + b^2 + c^2 + d^2 = 1$,这表明 $SU(2)$ 群的每个矩阵与四维空间中球面上的一点相联系。由于球面是有限的,所

以 $SU(2)$ 是紧致的。

很明显，$E \in SU(2)$，如果 $A, B \in SU(2)$，那么，$\det(AB) = \det(A)\det(B) = E$，并且有 $(AB)(AB)^+ = ABB^+A^+ = AEA = E$，所以，$AB \in SU(2)$。另外，如果 $A \in SU(2)$，那么，$A^{-1} = A^+ \in SU(2)$，所以，$SU(2)$ 是个群。

因为无穷小算符必定是斜厄米算符，即 $X_q^+ = -X_q$，又因为厄米算符 H 与幺正算符 U 之间满足关系式：$U = e^{iH}$，且任何 2×2 的厄米矩阵可以写成下列 4 个矩阵的线性组合：

$$E = \begin{pmatrix} 1 & 0 \\ 0 & 1 \end{pmatrix}, \tau_x = \begin{pmatrix} 0 & 1 \\ 1 & 0 \end{pmatrix}, \tau_y = \begin{pmatrix} 0 & -i \\ i & 0 \end{pmatrix}, \tau_z = \begin{pmatrix} 1 & 0 \\ 0 & -1 \end{pmatrix} \qquad (7.34)$$

不过对于 $SU(2)$ 群的 2×2 矩阵 U 还要求 $\det U = 1$。另一方面，由于 $SU(2)$ 群的厄米矩阵的迹应为零，所以 (7.34) 式中的 4 个矩阵中，除了单位矩阵外，其余 3 个可以取作 $SU(2)$ 的生成元。定义 $X_q = -\frac{i}{2}\tau_q (q = x, y, z)$，可得 $SU(2)$ 的无穷小算符为

$$X_x = -\frac{i}{2}\begin{pmatrix} 0 & 1 \\ 1 & 0 \end{pmatrix}, X_y = \frac{1}{2}\begin{pmatrix} 0 & -1 \\ 1 & 0 \end{pmatrix}, X_z = -\frac{i}{2}\begin{pmatrix} 1 & 0 \\ 0 & -1 \end{pmatrix} \qquad (7.35)$$

这与 $S = \frac{1}{2}$ 的泡利 (Pauli) 自旋矩阵只相差一个常数。显然，它满足与 $SO(3)$ 群的无穷小算符的 (7.30) 式相同的对易关系。因为一个群的一切不可约表示的性质都可以从它的无穷小算符的对易关系推出，故 $SU(2)$ 群的不可约表示与双值 $SO(3)$ 群的不可约表示相同。由此可以得出以下结论：$SU(2)$ 群和 $SO(3)$ 群的无穷小算符有相同的对易关系，并有相同的结构常数组，但不一定同构，只有 $SU(2)$ 群和双值 $SO(3)$ 群同构。

7.3.6　$SU(3)$ 群

$SU(3)$ 群是复空间上所有 3×3 复幺正幺模的矩阵乘法群。$SU(n)$ 群的参数个数为 $n^2 - 1$。对于 $n = 3$，可得 $SU(3)$ 的实参数为 8 个。$SU(3)$ 群的无穷小算符个数也是 8 个，且为 $SU(3)$ 群的生成元，它们与参数无关，但应当是阵迹为零的斜厄米算符。可取 $SU(3)$ 的 8 个无穷小算符如下：

$$X_1 = -\frac{1}{2}\begin{bmatrix} 0 & i & 0 \\ i & 0 & 0 \\ 0 & 0 & 0 \end{bmatrix}, X_2 = -\frac{1}{2}\begin{bmatrix} 0 & 1 & 0 \\ -1 & 0 & 0 \\ 0 & 0 & 0 \end{bmatrix}, X_3 = -\frac{1}{2}\begin{bmatrix} i & 0 & 0 \\ 0 & -i & 0 \\ 0 & 0 & 0 \end{bmatrix}$$

$$X_4 = -\frac{1}{2}\begin{bmatrix} 0 & 0 & i \\ 0 & 0 & 0 \\ i & 0 & 0 \end{bmatrix}, X_5 = -\frac{1}{2}\begin{bmatrix} 0 & 0 & 1 \\ 0 & 0 & 0 \\ -1 & 0 & 0 \end{bmatrix}, X_6 = -\frac{1}{2}\begin{bmatrix} 0 & 0 & 0 \\ 0 & 0 & i \\ 0 & i & 0 \end{bmatrix}$$

$$X_7 = -\frac{1}{2}\begin{bmatrix} 0 & 0 & 0 \\ 0 & 0 & 1 \\ 0 & -1 & 0 \end{bmatrix}, X_8 = -\begin{bmatrix} i & 0 & 0 \\ 0 & i & 0 \\ 0 & 0 & -2i \end{bmatrix} \tag{7.36}$$

因为 $SU(2)$ 是 $SU(3)$ 的子群,(7.29)式前 3 个算符中,若略去与第三个基有关的第三列,就得到二维子空间中 $SU(2)$ 的无穷小算符。X_4、X_5 和 X_6、X_7 这两对算符类似于 X_1、X_2 这一对算符。前者略去与第二个基矢相联系的第二行和第二列后与子群 $SU(2)$ 的无穷小算符相对应;后者略去与第一个基矢相联系的第一行和第一列后与子群 $SU(2)$ 的无穷小算符相对应。X_8 也是阵迹为零的斜厄米矩阵,它与 X_3 无关。这 8 个无穷小算符满足李群无穷小算符的一般对易关系式(7.16)。

由上面无限小算符看出,可以取定 $SU(3)$ 的多变量空间中的两维空间来构造子群 $SU(2)$。例如

取法(1):X_1、X_2 和 X_3

取法(2):X_4、X_5 和 $\dfrac{1}{2}\left(X_3 + \dfrac{1}{2}X_8\right)$

取法(3):X_6、X_7 和 $\dfrac{1}{2}\left(-X_3 + \dfrac{1}{2}X_8\right)$

这些子群可以被扩大,例如 X_8 与 X_1、X_2 和 X_3 对易,这四个算符集合产生直积群:$U_1 \otimes SU(2) = U(2)$。

除了 $SU(3)$ 的无限小算符可构造三个 $SU(2)$ 子群外,另一个子群可由实幺模幺正矩阵 X_2、X_5 和 X_7 构成,它们的对易关系满足(7.30)式,即由 X_2、X_5 和 X_7 产生 $SO(3)$ 群,所以 $SO(3)$ 是 $SU(3)$ 群的子群。子群从小到大的关系有:$SO(n) \subset SU(n)$,$O(n) \subset U(n)$。

7.4　李　代　数

应用上述定理及其性质,可建立起无穷小算符的代数关系叫李代数。对连续群的进一步研究可变为对李代数的研究。李代数虽然来源于李群的研究,它与李群有着密切的关系,但后来李代数已经发展成一个独立的研究领域。

(7.30)定义了两个生成元的"乘积",也是一个生成元。因此生成元的集合在这种运算下是封闭的。只用到对易子(又被称为李括号)的定义,不需要参照其他性质,就可以得到一个简洁的等式,说明这种运算是满足结合律的。

$$[A,[B,C]] = A[B,C] - [B,C]A = ABC - ACB - BCA + CBA$$

在等式右边加上再减去 BAC 与 CAB,整理得 Jacobi 等式

$$[A,[B,C]] + [B,[C,A]] + [C,[A,B]] = 0$$

注意到这个等式只涉及对易子的定义。

运用(7.30)式,把旋转运算的无穷小生成元代入 Jacobi 等式后,每个项都退化成 0。因此

$$[A,[B,C]] = [[A,B],C]$$

可见,生成元之间的乘积是满足结合律的。然而,一般量在乘法对易子下是不满足结合律的。李群引出了无穷小生成元,而在李群上的**李代数**由以下量组成:$A,B,C,\cdots$其中

$$A = \sum_{k=1}^{3} a_k X_k, B = \sum_{k=1}^{3} b_k X_k, C = \sum_{k=1}^{3} c_k X_k, 等等$$

$a_k, b_k, c_k, \cdots$是实系数。由 X_1, X_2, X_3 张成了李代数的空间。

从上面各式可以看到李代数空间中的元素具有这样的格式

$$A = \begin{bmatrix} 0 & -a_3 & a_2 \\ a_3 & 0 & -a_1 \\ -a_2 & a_1 & 0 \end{bmatrix}$$

定义一个算符$\otimes$

$$a = \begin{bmatrix} a_1 \\ a_2 \\ a_3 \end{bmatrix}, (a \otimes) = \begin{bmatrix} 0 & -a_3 & a_2 \\ a_3 & 0 & -a_1 \\ -a_2 & a_1 & 0 \end{bmatrix}$$

李括号还具有如下性质

$$[A,B] = -[B,A] \tag{7.37}$$

显然,Jacobi 等式也是满足的。

而数学上的李代数比较抽象,定义如下。

定义 7.9 若在实数域或复数域中,r 个参数构成 r 阶李群,则可由 r 个无限小算符$\{X_q\}$为基矢构成矢量空间 R,此空间上的对易关系给出了一个代数结构。若下面条件满足,则此代数结构称为李代数。

1) 幂零性:$[x_q, x_q] = 0$

2) 雅各比(Jacobi)恒等式

$$[[X_q, X_p], X_t] + [[X_p, X_t], X_q] + [[X_t, X_q], X_p] = 0$$

结构常数满足关系式

$$C_{pq}^n C_{tn}^m + C_{pt}^n C_{qn}^m + C_{tq}^n C_{pn}^m = 0$$

3) 双线性

$$[a_q X_q + b_p X_p, X_t] = a_q [X_q, X_t] + b_p [X_p, X_t]$$

$$[X_t, a_q X_q + b_p X_p] = a_q [X_t, X_q] + b_p [X_t, X_p]$$

4) 反对称性

$$[X_q, X_p] = -[X_q, X_p]$$

即对易子具有反对称性: $C_{qp}^t = -C_{pq}^t$。

注意,李群的 r 个参数可以只定义在实域上,故相应的代数称为实李代数。每个李群有一个李代数结构。若李群的参数可定义在矢量空间 R 的一个子空间上,则得到一个李子代数,它对应有一个子群。一般用相同的字母标记李群和李代数,但前者用大写字母,后者用小写字母。

李代数的核心是其基底元素的乘法关系,可得一组实数 C_{ij}^k,称为李群 G 的结构常数。反过来,根据李群所获得的一组实数结构常数 C_{ij}^k,必定有一个抽象的李代数以 $\{C_{ij}^k\}$ 为结构常数。

李代数的表示和不可约表示

量子泊松括号在李代数中变为

$$[A,B] = \frac{AB - BA}{\mathrm{i}} \tag{7.38}$$

一般而言,设 $A_1 A_2 \cdots A_N$ 为 N 维李代数的一组基,则必有

$$[A_a, B_b] = 2\sum_{c=1}^{N} f_{abc} A_c \tag{7.39}$$

其中, $f_{abc}(a,b,c = 1,2,\cdots,N)$ 为常数。常数 f_{abc} 的全体表征了这个李代数的结构,称为结构常数。两个结构相同的李代数称为同构的。

如果李代数的一个子集对这个李代数的所有运算是封闭的,即由子集中的元素运算得到的结果仍是这个子集的元素,则称这个子集是原来李代数的李子代数,或简称子代数。如将线性组合的系数限定为实数,则阵迹为零的二阶自伴矩阵的全体按运算(7.38)组成一个李代数。

称由矩阵组成的李代数为矩阵李代数,如一个矩阵李代数与某个李代数同构就称这个矩阵李代数为该李代数的一个表示。N 阶矩阵可当作 N 维空间的线性变换,它将一个 N 维矢量变成另一个 N 维矢量,用矩阵表示李代数就是用线性变换表示李代数,由表示的矩阵变换的空间称为表示空间,表示空间的维数称为表示的维数。

由表示空间的一个子空间中每一矢量被表示矩阵变换后都仍是这个子空间的矢量,即若这个子空间在表示矩阵变换下是不变的,就称它为这个表示的不变子空间。如一个表示有不变子空间,就称它为可约的,否则称为不可约的。N 维可约表示在它的 N 维不变子空间的变换自然也组成一个李代数,并与原来的李代数同构,这个李代数可表示为一个 N' 维矩阵李代数,是原来李代数的 N' 维表示,它由 N 维表示约化得来有 $N' < N$。

泡利矩阵

$$\sigma_1 = \begin{pmatrix} 0 & 1 \\ 1 & 0 \end{pmatrix}, \sigma_2 = \begin{pmatrix} 0 & -\mathrm{i} \\ \mathrm{i} & 0 \end{pmatrix}, \sigma_3 = \begin{pmatrix} 1 & 0 \\ 0 & -1 \end{pmatrix} \tag{7.40}$$

是它的一组基,且按(7.39)式运算可得

$$[\sigma_a, \sigma_b] = 2\sum_{c=1}^{3}\varepsilon_{abc}\sigma_c \qquad (7.41)$$

其中结构常数

$$\varepsilon_{abc} = \begin{cases} 1 & \text{如果 } abc \text{ 为 123 的偶排列} \\ -1 & \text{如果 } abc \text{ 为 123 的奇排列} \\ 0 & \text{如果两个下标相等} \end{cases}$$

为多变量全反对称张量。这个李代数称为 $SU(2)$ 的李代数。

泡利矩阵同时满足下列关系式:

$$\sigma_1^2 = \sigma_2^2 = \sigma_3^2 = E$$
$$\sigma_1\sigma_2 = -\sigma_2\sigma_1 = \mathrm{i}\sigma_3$$
$$\sigma_2\sigma_3 = -\sigma_3\sigma_2 = \mathrm{i}\sigma_1$$
$$\sigma_3\sigma_1 = -\sigma_1\sigma_3 = \mathrm{i}\sigma_2 \qquad (7.42)$$

对于每一个 $\boldsymbol{a} = (a_1, a_2, a_3) \in R^3$,令矩阵

$$\boldsymbol{a} \cdot \sigma = a_1\sigma_1 + a_2\sigma_2 + a_3\sigma_3$$

那么,(7.42)式可以被写为

$$(\boldsymbol{a} \cdot \sigma)(\boldsymbol{b} \cdot \sigma) = \boldsymbol{a} \cdot \boldsymbol{b}E + \mathrm{i}\boldsymbol{a} \times \boldsymbol{b} \cdot \sigma \qquad (7.43)$$

由此可得:任何 2×2 复矩阵具有唯一的一个表达式的形式:

$$a_0E + \mathrm{i}a_1\sigma_1 + \mathrm{i}a_2\sigma_2 + \mathrm{i}a_3\sigma_3$$

由

$$a_0E + \mathrm{i}a_1\sigma_1 + \mathrm{i}a_2\sigma_2 + \mathrm{i}a_3\sigma_3 = \begin{bmatrix} a_0 + \mathrm{i}a_3 & \mathrm{i}a_1 + a_2 \\ \mathrm{i}a_1 - a_2 & a_0 - \mathrm{i}a_3 \end{bmatrix}$$

可得

$$a_0E + \mathrm{i}a_1\sigma_1 + \mathrm{i}a_2\sigma_2 + \mathrm{i}a_3\sigma_3 = \begin{bmatrix} \alpha & \beta \\ \gamma & \delta \end{bmatrix} \Longleftrightarrow$$

$$a_0 = \frac{\alpha + \delta}{2}, a_1 = \frac{\beta + \gamma}{2\mathrm{i}}, a_2 = \frac{\beta - \gamma}{2}, a_3 = \frac{\alpha - \delta}{2\mathrm{i}}$$

线性组合的系数为实数的阵迹为零的三阶自伴矩阵(厄米矩阵)的全体也是按运算(7.38)式组成李代数。它的一组基为

$$\lambda_1 = \begin{pmatrix} 0 & 1 & 0 \\ 1 & 0 & 0 \\ 0 & 0 & 0 \end{pmatrix}, \lambda_2 = \begin{pmatrix} 0 & -\mathrm{i} & 0 \\ \mathrm{i} & 0 & 0 \\ 0 & 0 & 0 \end{pmatrix}, \lambda_3 = \begin{pmatrix} 1 & 0 & 0 \\ 0 & -1 & 0 \\ 0 & 0 & 0 \end{pmatrix}$$

$$\lambda_4 = \begin{pmatrix} 0 & 0 & 1 \\ 0 & 0 & 0 \\ 1 & 0 & 0 \end{pmatrix}, \lambda_5 = \begin{pmatrix} 0 & 0 & \mathrm{i} \\ 0 & 0 & 0 \\ \mathrm{i} & 0 & 0 \end{pmatrix}, \lambda_6 = \begin{pmatrix} 0 & 0 & 0 \\ 0 & 0 & 1 \\ 0 & 1 & 0 \end{pmatrix}$$

$$\lambda_7 = \begin{bmatrix} 0 & 0 & 0 \\ 0 & 0 & -i \\ 0 & i & 0 \end{bmatrix}, \lambda_8 = \frac{1}{\sqrt{3}} \begin{bmatrix} 1 & 0 & 0 \\ 0 & 1 & 0 \\ 0 & 0 & -2 \end{bmatrix} \tag{7.44}$$

按(7.38)式运算可获得关系式

$$[\lambda_a, \lambda_b] = 2 \sum_{c=1}^{8} f_{abc} \lambda_c \tag{7.45}$$

其中结构常数 f_{abc} 为

$$f_{123} = 1, f_{147} = -f_{156} = f_{246} = f_{257} = f_{345} = -f_{367} = \frac{1}{2}, f_{458} = f_{678} = \frac{\sqrt{3}}{2}$$

这个李代数称为 $SU(3)$ 的李代数。一般地说,阵迹为零的 N 阶自伴矩阵的全体都按运算(7.38)组成的李代数,称为 $SU(N)$ 李代数。

在(7.44)式中取 3 个矩阵

$$L_1 = \lambda_7, L_2 = \lambda_5, L_3 = \lambda_2 \tag{7.46}$$

它们按(7.38)式运算是封闭的,即

$$[L_a, L_b] = \sum_{c=1}^{3} \varepsilon_{abc} L_c \tag{7.47}$$

因而可以线性组合成一个李代数,它是 $SU(3)$ 李代数的子代数。下面将会看到它与三维欧几里得空间中的转动有关,称为三维转动李代数,或 $O(3)$ 李代数。

在上述 $SU(2)$ 李代数中取新基

$$S_a = \frac{1}{2} \sigma_a, (a = 1, 2, 3) \tag{7.48}$$

由(7.41)式可得

$$[S_a, S_b] = \sum_{c=1}^{3} \varepsilon_{abc} S_c \tag{7.49}$$

将它与(7.47)式比较可得:$SU(2)$ 李代数与 $O(3)$ 李代数同构,因此互为表示,$SU(2)$ 李代数的表示都是 $O(3)$ 李代数的表示,$O(3)$ 李代数的表示也都是 $SU(2)$ 李代数的表示。

考虑下面 6 个阵迹为零的 4 阶自伴矩阵

$$L_1 = \begin{bmatrix} 0 & 0 & 0 & 0 \\ 0 & 0 & -i & 0 \\ 0 & i & 0 & 0 \\ 0 & 0 & 0 & 0 \end{bmatrix}, L_2 = \begin{bmatrix} 0 & 0 & i & 0 \\ 0 & 0 & 0 & 0 \\ -i & 0 & 0 & 0 \\ 0 & 0 & 0 & 0 \end{bmatrix}, L_3 = \begin{bmatrix} 0 & -i & 0 & 0 \\ 0 & 0 & 0 & 0 \\ 0 & 0 & 0 & 0 \\ 0 & 0 & 0 & 0 \end{bmatrix}$$

$$M_1 = \begin{bmatrix} 0 & 0 & 0 & -i \\ 0 & 0 & 0 & 0 \\ 0 & 0 & 0 & 0 \\ i & 0 & 0 & 0 \end{bmatrix}, M_2 = \begin{bmatrix} 0 & 0 & 0 & 0 \\ 0 & 0 & 0 & -i \\ 0 & 0 & 0 & 0 \\ 0 & i & 0 & 0 \end{bmatrix}, M_3 = \begin{bmatrix} 0 & 0 & 0 & 0 \\ 0 & 0 & 0 & 0 \\ 0 & 0 & 0 & -i \\ 0 & 0 & i & 0 \end{bmatrix}$$

$$\tag{7.50}$$

它们按(7.38)式运算是封闭的

$$[L_a, L_b] = \sum_{c=1}^{3} \varepsilon_{abc} L_c$$

$$[L_a, M_b] = [M_a, L_b] = \sum_{c=1}^{3} \varepsilon_{abc} M_c$$

$$[M_a, M_b] = \sum_{c=1}^{3} \varepsilon_{abc} L_c$$

$$[L_a, L_b] = \sum_{c=1}^{3} \varepsilon_{abc} L_c$$

因而也可线性组合出一个李代数,它是 $SU(4)$ 李代数的子代数。下面将看到,它们与四维欧几里得空间中的转动有关,称为四维转动李代数,或 $O(4)$ 李代数。

一般地,$SU(N)$ 群的生成元为阵迹为零的 N 阶自伴矩阵(厄米矩阵)。它们的集合显然是系数为实数的线性集合,且已知,如 A 和 B 自伴(即有 $A^+ = A, B^+ = B$),则

$$[A, B]^+ = \frac{B^+ A^+ - A^+ B^+}{-\mathrm{i}} = \frac{AB - BA}{\mathrm{i}} = [A, B]$$

即 $[A, B]$ 也自伴,又因为

$$\mathrm{tr} AB = \sum_{j=1}^{N} (AB)_{jj} = \sum_{k,j=1}^{N} A_{jk} B_{jk} = \mathrm{tr}(BA)$$

即 $[A, B]$ 的阵迹为零。可见阵迹为零的 N 阶自伴矩阵的系数为实数的线性集合按运算(7.38)式组成一个李代数。由于它是 $SU(N)$ 群生成的李代数,称为 $SU(N)$ 李代数。

N 阶矩阵由 N^2 个独立数组成,因此共有 N^2 个线性独立的 N 阶矩阵,将它们取为自伴的,任何自伴的 N 阶矩阵可由它们用实系数线性组合而成。阵迹为零的条件将线性独立的矩阵数减为 $N^2 - 1$,这就是 $SU(N)$ 李代数的维数。可见 $SU(2)$ 李代数有 3 个线性独立的基,可取为泡利矩阵(7.40)的形式;$SU(3)$ 李代数有 8 个线性独立的基,可取(7.44)式中矩阵。

N 阶实正交矩阵的行列式只能是 ± 1,其中只有行列式为 1 的矩阵可连续地变为幺正矩阵,可见 $O(N)$ 群中与幺正矩阵相联地部分就是 $SO(N)$ 群,它们有相同的李代数,称为 $O(N)$ 李代数。$SO(N)$ 群为 $SU(N)$ 的子群,$O(N)$ 李代数必是 $SU(N)$ 李代数的子代数。为了使 $S \approx 1 + aX$ 式矩阵 S 中的矩阵元全为实数,其右边矩阵 X 中的矩阵元必须为虚数,$O(N)$ 李代数由 $SU(N)$ 李代数中矩阵元全为虚数的那些矩阵组成。$O(N)$ 李代数的基也就由 $SU(N)$ 李代数的基中矩阵全为虚数的那些矩阵组成,于是,(7.46)式中的 L 矩阵组成 $O(3)$ 李代数的基,(7.50)式中的 L 矩阵和 M 矩阵组成 $O(4)$ 李代数的基。

当人们说一组力学量按量子泊松括号的运算组成某个李代数时,实际是说,它们组成这个李代数的一个表示,表示矩阵就是表示这些力学量的矩阵或线性算符,表示空间就是态空间如果动力学对这个李代数中的每一变换都是对称的,哈密顿量算符就应与哈密顿量是对易的,所得的态应当仍然是哈密顿量的本征态,且仍然属于原来的能级。将李代数的表示分解为一个一个的不可约表示,相应的表示空间分解为一个一个的不变子空间,李代数的变换可以把这种不变子空间中的任意一个态变成这同一子空间的另一个任一指定的态,因为否则这个子空间中就会存在更小的不变子空间,相应的表示就可进一步约化,这就与前设表示的不可约性矛盾,可见表征系统动力学对称的李代数的一个不可约表示中的每一态都属于同一能级,能级对一个不可约表示是简并的。由于李代数的变换不能把一个不可约表示的态变到另一个不可约表示,不同不可约表示的能量不一定相同,万一有不同的不可约表示隶属同一能级,就说发生了偶然简并。

代数方法的优越性在于,它不要求了解动力学的详情,仅由对称性就可导出一些有益的结果。

7.5 小　　结

在本章中,我们通过特殊的例子(特别是 $SO(2)$, $SO(3)$)介绍了李群的性质。具有了这些背景知识之后,我们可以把我们的讨论推广到任意的李群上去。一个 n 维空间上 r 参数的变换李群如下:

$$x_i' = f_i(x_1, x_2, \cdots, x_n; a_1, a_2, \cdots, a_r), i = 1, 2, \cdots, n$$

若 $r-1$ 个参数都固定,只有参数 a_i 从零发生了变化,就可以求出该李群的无穷小变换 X_i。通过对照任意阶可微函数的无穷小坐标变换,可以把 X_i 对应于微分算符;考查无穷小坐标变换对任意阶可微的函数 F 的作用:

$$dF = \sum_{j=1}^{n} \frac{\partial F}{\partial x_j} dx_j = \sum_{j=1}^{n} \frac{\partial F}{\partial x_j} \left(\sum_{i=1}^{r} \frac{\partial f_j}{\partial a_i} \Big|_{a=0} da_i \right)$$

$$= \sum_{i=1}^{r} da_i \left(\sum_{j=1}^{n} \frac{\partial f_j}{\partial a_i} \Big|_{a=0} \frac{\partial}{\partial x_j} \right) F$$

把微分算符 X_i 对应于 da_i 的系数:

$$X_i = \sum_{j=1}^{n} \frac{\partial f_j}{\partial a_i} \Big|_{a=0} \frac{\partial}{\partial x_j}, i = 1, 2, \cdots, r$$

这些算符满足关系

$$[X_i, X_j] = c_{ij}^k X_k$$

其中,c_{ij}^k 称为**结构常数**,是群的一个性质。

李括号满足 Jacobi 等式,

$$[X_i, [X_j, X_k]] + [X_j, [X_k, X_i]] + [X_k, [X_i, X_j]] = 0$$

这对结构常数产生一定的约束。李括号、Jacobi 等式及 X_i 可以进行实线性组合,使得生成元具有了代数结构。我们把它们称为李群上的李代数。

$n \times n$ 复矩阵 X 可以写成 $X = A + \sqrt{-1}B$,其中,A, B 是 $n \times n$ 实矩阵,分别称为 X 的实部和虚部,记作:$A = \mathrm{Re}X, B = \mathrm{Im}X$,这样,一般线性群 $GL(n)$ 可以记为:

$$GL(n) = \{X \in GL(n, C) : \mathrm{Im}X = 0\}$$

$GL(n)$ 是一个李群,并且是 $GL(n, C)$ 的李子群,有很多李子群,列举如下:

特殊线性群:$SL(n) = \{A \in GL(n) : \det A = 1\}$

正交群:$O(n) = \{A \in GL(n) : A^{\mathrm{T}} \cdot A = E\}$

特殊正交群:$SO(n) = O(n) \bigcap SL(n)$

复特殊线性群:$SL(n, C) = \{A \in GL(n, C) : \det A = 1\}$

复正交群:$O(n, C) = \{A \in GL(n, C) : A^{\mathrm{T}} \cdot A = E\}$

酉群:$U(n) = \{A \in GL(n, C) : A^+ \cdot A = E\}$

定理 7.1　设 G 是 r 维李群,g 是它的李代数,则对于任意的 $X, Y \in T_e G = g$,有

$$(ad(X))(Y) = [X, Y]$$

其中,$T_e G$ 表示群 G 在单位元 e 处切向量的集合,$T_e G$ 是一个切向量空间。$ad: g \to gl(g)$ 为李代数 g 的伴随表示。

定理 7.1 给出了李代数 g 的伴随表示的具体计算公式,它和结构常数直接相关:$ad_{A_j} A_i = [A_j, A_i] = \sum_{k=1}^r c_{ji}^k A_k$。

定理 7.2　设 G 是李群,g 是它的李代数,则对于任意的 $X, Y \in T_e G = g$,有

$$ad(\exp(X)) = \exp(ad(X))$$

第8章 双线性系统及其控制

双线性系统(bilinear systems,BLS)的概念是在 20 世纪 60 年代引入到自动控制理论中的。该理论是从时变线性系统理论和矩阵李群论发展而来的,已经应用于科学技术的许多领域。这一类系统的特别之处在于,它关于状态或控制量都是线性的,但是二者结合来看却是二次的,所以这类系统被称为双线性系统。

对 BLS 的研究需要对线性控制系统的了解,同时也是研究非线性控制理论的第一步。与大多数其他非线性系统相比,BLS 更简单,也研究得更透彻。对 BLS 的研究涉及两种不断地相互影响且很有用的观点:把 BLS 看成非时变非线性系统和看成时变线性系统。可以将非线性系统近似成双线性系统,它的近似精度高于非线性系统的线性化。因此,双线性系统理论引起了国内外不少学者的兴趣。从 20 世纪 60 年代后期开始,双线性系统方面的研究大量地开展起来,特别是 70 年代左右达到高峰。C. Bruni 等人在 1974 年发表了第一篇综述文章,详尽地介绍了有关双线性系统早期的研究工作。R. R. Mohler 等人在 1980 年发表了有关双线性系统理论与应用的综述文章。在最优化方面,R. R. Mohler 等人已证明,双线性系统最优控制比线性情况下有更好的性能。进入 90 年代,越来越多的数学工具(如微分几何、李群论)被用于分析双线性系统的性质和控制问题,D. L. Elliott 在 1998 年发表的综述文章是对此前的研究的总结。近年来,对双线性系统的研究主要集中在对它的自适应控制、鲁棒控制、随机控制等理论方面以及它在量子系统控制等控制的前沿领域中的应用。本章重点介绍双线性系统及其稳定控制和最优控制。有关双线性系统的可控性和可达性只做简单的介绍,其详细内容在第 10 章的量子系统可控性中将会作进一步的阐述和对比。

8.1 双线性系统及其解

8.1.1 双线性系统的产生和定义

绝大部分系统都是非线性系统。在一平衡点附近对一个非线性系统通过采用双线性系统近似将能够得到更好的线性化结果。考虑单输入非线性系统

$$\dot{x} = a(x) + uq(x), a(x_e) = 0 \tag{8.1}$$

令 $A = \dfrac{\partial a}{\partial x}\Big|_{x=x_e}$, $b = q(x_e)$, $B = \dfrac{\partial q}{\partial x}\Big|_{x=x_e}$。变换坐标原点,使 $x_e = 0$,保留 x, u 的

一阶项后得:$\dot{x} = Ax + u(Bx + b)$,$y = h'x$。多输入多输出时,它的一般形式为

$$\dot{x} = Ax + \sum_{i=1}^{m} u_i B_i x + bu, y = Cx \tag{8.2}$$

通常我们假设 $b = 0$,此时的双线性系统被称为齐次双线性系统:

$$\dot{x} = Ax + \sum_{i=1}^{m} u_i B_i x \tag{8.3}$$

双线性系统的单输入和多输入的形式分别为

$$\dot{x} = Ax + uBx$$

或

$$\dot{x} = Ax + \sum_{i=1}^{m} u_i B_i x \tag{8.4}$$

如果(8.4)式中的 $A = 0$,则该双线性系统称为是对称的,或无漂移的。方程(8.4)作为控制系统是非时变的,如果要求所采用的控制信号能够随意开始或停止,那么逐段常值控制信号不仅符合上述要求,还能够使我们将开关线性系统看作是双线性系统。这种情况下,控制量只取一些离散集合,如 $\{-1, 1\}$ 或 $\{0, 1\}$。

对于一个纯态量子系统,可以用如下薛定谔方程来建立数学模型

$$i\hbar\dot{\psi} = \left(H_0 + \sum_{i=1}^{m} H_i u_i(t)\right)\psi \tag{8.5}$$

其中,$\psi(t)$ 为系统状态向量,属于一个合适的希尔伯特(Hilbert)空间。H_0、H_i 为该空间的自伴随算符,分别称为系统与控制哈密顿算符。通常感兴趣的都是 $\psi(t) \in C^r$ 的情形,即有限维量子系统。这种情况下,H_0 与 H_i 为 $r \times r$ 厄米矩阵。尽管也可用一复数状态空间研究量子系统,但是为便于分析和计算,我们用实数空间描述。即可以把系统(8.5)看成如下齐次双线性系统:

$$\dot{x} = \left(A + \sum_{i=1}^{m} B_i u_i(t)\right)x \tag{8.6}$$

其中,A、B 均为斜对称阵,即满足关系式 $A' + A = 0, B' + B = 0$。

由于由薛定谔方程所建立的量子力学系统的数学模型是(8.5)式和(8.6)式所表示的双线性的形式,所以研究双线性系统的特性对于量子系统控制研究有着重要的意义。

8.1.2 双线性系统的解

可以用转移矩阵或 Volterra 级数两种方法求双线性系统的解,本节将分别介绍这两种方法。

一、转移矩阵表示

对于(8.4)式的双线性系统来说,满足微分方程

$$\dot{\Phi}(u;t,t_0) = \Big(A + \sum_{i=1}^{m} u_i B_i\Big)\Phi(u;t,t_0) \tag{8.7}$$

及初始条件 $\Phi(u;t_0,t_0) = I$ 的矩阵 $\Phi(u;t,t_0)$ 称为双线性系统的状态转移矩阵。于是,当初始条件为 $x(0)$ 时,(8.4)式的解可以由下式计算:

$$y(t) = C\Phi(u;t,0)x(0) + C\int_0^t \Phi(u;t,\tau)Bu(\tau)\mathrm{d}\tau \tag{8.8}$$

无论是单输入还是多输入双线性系统,它的转移矩阵都有很多有用的性质,如

$$\Phi(u;t,t) = I$$
$$\Phi(u;t_2,t_0) = \Phi(u;t_2,t_1)\Phi(u;t_1,t_0) \tag{8.9}$$

另外,对于双线性系统控制中常用的逐段连续信号,转移矩阵也有很好的性质。假设持续时间分别为 τ_1,τ_2 的两个控制量 u,v,它们的连结是持续时间为 $\tau_1+\tau_2$ 的另一个容许控制,记作 $u\circ v$:

$$(u\circ v)(t) = \begin{cases} u(t), t\in(0,\tau_1) \\ v^\sigma(t), t\in(\tau_1,\tau_1+\tau_2) \end{cases} \tag{8.10}$$

则双线性系统的转移矩阵可以用简洁的形式表示 u 和 v 的结合控制为

$$\Phi(u,v;\tau,0) = \Phi(v^\sigma;\tau,\sigma)\Phi(u;\sigma,0) \tag{8.11}$$

转移矩阵通常都可逆,但双线性系统的转移矩阵通常不可逆。然而,如果双线性系统是对称的($A=0$),同时容许控制集合 U 是符号对称的(即,当 $u\in U$,则 $-u\in U$),那么,由控制量 $\{u,0\leqslant t\leqslant\tau\}$ 得到的转移矩阵有一个逆矩阵,它是通过加上颠倒原来的控制效果的控制量得到的:

$$u_\tau^*(t) = -u(2\tau-t), \tau\leqslant t\leqslant 2\tau$$
$$\Phi(u_\tau^*;2\tau,\tau)\Phi(u;\tau,0) = I \tag{8.12}$$

对于非对称双线性系统,$\dot{x} = (A+u_1B_1+\cdots+u_kB_k)x$,可以看作是一个对称系统,其中 $B_0 = A$,控制量是常数 $u_0\equiv1$,它的符号无法改变,因此它的转移矩阵不可逆。

双线性系统的转移矩阵还有一些其他的性质需要指出。如,极少数情况下 $A,B_1,\cdots,B_k$ 全都可交换,则转移矩阵可以表示为

$$\Phi(u;t,0) = \exp\Big(At + \int_0^t \sum_{i=1}^k u_i(\tau)B_i\mathrm{d}\tau\Big) \tag{8.13}$$

注意:如果矩阵不可交换,则上述等式不成立。

在 $A,B_1,\cdots,B_k$ 全都可交换的条件下,逐段常值控制直接暗示了转移矩阵的结构。将时间段 $\{0\leqslant t\leqslant\tau_m = T\}$ 分割成 m 个长度相等的小时间间隔,则一个控制量 u 是由各时间间隔上的 m 个常值段 $\{u(t) = u(\tau_{k-1}), \tau_{k-1}\leqslant t<\tau_k\}$ 给出的,而 $\dot{x} = (A+uB)x$ 的转移矩阵可以表示成

$$\Phi(u;T,0) = \prod_{k=1}^{m} e^{(A+u(\tau_{k-1})B)\tau_k} \tag{8.14}$$

一般(可测量)的输入可以用逐段常值控制来近似,同时将积分近似成和的极限后,方程 $\dot{x} = (A+uB)x$ 对可量测输入的解可以写成形如(8.14)的积的极限,即卷积的形式。

二、Volterra 级数表示

Volterra 级数广泛用于对非线性系统的辨识上,尤其是在生物学的研究中,因为已经有算法可以在状态空间模型未知的情况下仅从输入输出数据求出最初几项。该级数为

$$y(t) = W_0(t) + \sum_{n=1}^{\infty}\int_0^t\cdots\int_0^{\sigma-1} W_n(t,\sigma_1,\cdots,\sigma_n)u(\sigma_1)\cdots u(\sigma_n)d\sigma_1\cdots d\sigma_n \tag{8.15}$$

通常的单输入单输出齐次双线性系统 $\dot{x} = Ax + u(t)Bx, y = c'x$ 有积分方程

$$x(t) = e^{At}x(0) + \int_0^t u(t_1)e^{A(t-t_1)}Bx(t_1)dt_1 \tag{8.16}$$

通过重复,能很容易地得到 Volterra 核

$$W_0(t) = c'e^{At}x(0), W_1(t,\sigma_1) = c'e^{A(t-\sigma_1)}Be^{A\sigma_1}x(0)$$

$$W_2(t,\sigma_1,\sigma_2) = c'e^{A(t-\sigma_1)}Be^{A(\sigma_1-\sigma_2)}Be^{A\sigma_2}x(0)$$

对于有界的 u,级数在任意时间间隔上都收敛且代表系统的解。由(8.16)式知双线性系统要用无穷多个 Volterra 核来表示,而实际应用中往往由前面几项近似表示。取得项数越多,则近似精度越高。

8.2　双线性系统的稳定性及稳定控制

稳定性是控制系统的基本性质。如果一个系统不稳定,它将无法用于工业过程。因此,我们设计一个系统要首先保证闭环系统的稳定性,这就需要对系统的稳定性进行分析,以及通过控制使系统稳定的稳定化分析。

与线性系统不同,双线性系统的稳定性,除了与输入的形式和大小有关以外,还与初始状态向量的分布有关。当初始状态不同,或输入形式和大小不同时,对于同一个双线性系统,可能有完全不同的运动规律。因此,对于双线性系统的稳定性概念,有它的特殊性。

有不少学者对双线性系统的稳定性问题作了研究,但到目前为止还没有得到双线性系统稳定的充分必要条件的一般性判据。有许多结果是在研究某类特殊问题的基础上给出的,所以这些结果仅对所考虑的具体问题有效。要扩展其结果,得

到对所有双线性系统都适用的一般结论是很困难的。

正如前面提到过的那样,可以把双线性系统看成是非时变非线性系统或时变线性系统。因此关于这两种系统的稳定性分析方法基本都可以用来分析双线性系统的稳定性。其中用得最多的应该算是李雅普诺夫法这一适用面最广的稳定性分析方法。然而,与用李雅普诺夫法分析多数系统的稳定性一样,用该法分析双线性系统的稳定性的困难也在于如何构造李雅普诺夫函数。

既然双线性系统稳定性的一般分析比较困难,而因为双线性系统的稳定性是与控制输入 u 有关的,人们就设想是否能直接通过加上合适的控制(如反馈控制)来获得某些稳定性性质,即使双线性系统稳定化。稳定化的实现包括常量、线性、非线性和时变反馈等。本节就将介绍这方面的内容。

8.2.1　用常量反馈实现稳定控制

在这一部分,我们只考虑使用常量控制 $u = \mu$ 的稳定控制设计。

先看看线性系统的情形。如果一个线性控制系统 $\dot{x} = Fx + vg$ 中,F 的特征值靠近虚轴或处于右半平面,我们可以用状态反馈来对系统稳定控制。假设状态的输出度量 h' 是从一定的物理范围中选择的实际参数,通过反馈控制 $v = -h'x$,系统的一些性能将得到改善。极点配置设计法要求 $\{F, G\}$ 为能控对。如果该条件满足,则给定任意 n 个特征值(极点)$\lambda_1, \cdots, \lambda_n \in C$,可以通过极点转移理论使闭环系统 $\dot{x} = (F - gh')x$ 的极点为给定值,即 $P_{F-gh'}(\lambda) = (\lambda - \lambda_1) \cdots (\lambda - \lambda_n)$。

对任意一个一般的双线性系统,找出可以稳定系统的 μ 值的范围有时是很困难的。但对较小的 n,我们可以求出 $P_{A+\mu B}(\lambda)$ 并根据 Routh-Hurwitz 多项式稳定性判据来试探 μ 的可能取值。例如 $n = 2$ 时

$$P_{A+\mu B}(\lambda) = \lambda^2 - (\operatorname{tr}(A) + \mu \operatorname{tr}(B))\lambda + \det(A + \mu B)$$

则以下两个条件

$$\operatorname{tr}(A) + \mu \operatorname{tr}(B) > 0, \det(A + \mu B) > 0$$

可以保证系统的稳定性。由类似于根轨迹图的作图法可以得到结果。

还有其他一些常量稳定化的标准,如 Luesink 和 Nijmeijer 得出的这一结论:假设 A 的特征值为 $\lambda_i, i = 1, \cdots, n$,$B$ 的特征值为 $\hat{\lambda}_i$。如果存在非奇异实数或复数矩阵 P,使得 $P^{-1}AP$ 和 $P^{-1}BP$ 同时对角化(即均为约当标准形),则 $A + \mu B$ 的特征值为 $\lambda_i + \mu \hat{\lambda}_i, i = 1, \cdots, n$。那么满足 n 个线性不等式 $\operatorname{Re}(\lambda_i + \mu \hat{\lambda}_i) < 0$ 的实数 μ 便是要求的常量控制。(一个简单的条件 $AB = BA$ 意味着存在这样的 P 同时对角化 A 和 B)这些可对角化的双线性系统在一定程度上是比较特殊的,比如 $n > 2$ 的双线性系统有一线性子空间 S,满足 $(A + \mu B)S \subset S$。S 中的解仍保持在 S 中。

另一种是考虑用在几个常值控制中转换的方法来实现二阶齐次双线性系统的

稳定控制。即对 $x \in R^2$ 的系统(8.4),假设 $\dot{x} = Ax$ 不稳定,通过确定有限个数的常值 $u_1, \cdots, u_m$,使得如下转换系统

$$\dot{x} = S_i x := (A + u_i B) x, i = 1, 2, \cdots, m$$

可以通过在子系统 S_i 之间合适的转换实现稳定化,称为 m - 常数能稳定化。

当使用常值控制量时,双线性系统变为线性系统,因此可以用分析线性系统稳定性的方法来分析这种情况下的双线性系统的稳定控制,这里不再赘述。

8.2.2 用线性状态反馈实现稳定控制

下面介绍用线性反馈控制

$$u = Kx \tag{8.17}$$

来稳定一般形式的多输入多输出双线性系统:

$$\dot{x} = Ax + \sum_{i=1}^{n} x_i M_i u + Bu, y = Cx \tag{8.18}$$

其中,$x \in R^n$, $u \in R^p$, $y \in R^q$。实际上,(8.17)系统与(8.2)是同一个系统,M_i 也可以直接从 B_i 求得。由(8.17)和(8.18)式可以得到闭环系统状态方程为

$$\dot{x} = (A + BK)x + \sum_{i=1}^{n} x_i M_i K x \tag{8.19}$$

接着用李雅普诺夫方法求反馈增益,设李雅普诺夫函数为

$$V(x) = x'Px \tag{8.20}$$

式中,$P = P' > 0$。对(8.20)式求导,并将(8.19)式代入,得到

$$\dot{V}(x) = \dot{x}'Px + x'P\dot{x}$$
$$= x'[(A + BK)'P + P(A + BK)]x + 2x'Pz \tag{8.21}$$

其中

$$z := \sum_{i=1}^{n} x_i M_i K x$$

定义集合 $\phi_1 \subset R^n$

$$\phi_1 := \left\{ v : S \geqslant \left(\sum_{i=1}^{n} x_i M_i \right)' T \left(\sum_{i=1}^{n} x_i M_i \right) \right\}$$

式中,S 和 T 表示正定对称阵。于是,对于所有 $x \in \phi_1$,都有

$$z'Tz = \left(\sum_{i=1}^{n} x_i M_i K x \right) T \left(\sum_{i=1}^{n} x_i M_i K x \right)$$
$$= x'K' \left(\sum_{i=1}^{n} x_i M_i \right) T \left(\sum_{i=1}^{n} x_i M_i \right) K x$$
$$\leqslant x'KSx$$

将(8.21)式写成下面这种形式:

$$\dot{V}(x) = x'[(A + BK)'P + P(A + BK) + PT^{-1}P + K'SK]x$$
$$- (Px - Tz)'T^{-1}(Px - Tz) - (x'K'SKx - z'Tz) \quad (8.22)$$

如果选择 P 和 K，存在

$$(A + BK)'P + P(A + BK) + PT^{-1}P + K'SK = - W \quad (8.23)$$

式中 $W = W' > 0$。

于是，对于 $x \neq 0$，且 $x \in \phi_1$，就有

$$\dot{V}(x) \leqslant - x'Wx < 0$$

即根据李雅普诺夫直接法，闭环系统是局部渐近稳定的。如果设

$$V_1 = \min_{x \in \phi} V(x)$$

则下述集合

$$\Omega_1 := \{x : V(x) \leqslant V_1\}$$

就是原点附近的一个稳定域。

为便于分析和设计，引入如下定义

$$S := \theta \hat{S}, T := \mu \hat{T}, W := \varepsilon \hat{W}$$

式中，θ、μ 和 ε 表示大于零的标量。并设

$$G := P^{-1}$$

经过一些处理后，(8.23)式变为

$$\varepsilon G \hat{W} G = - GA' - AG - GK'B' - BKG - \frac{1}{\mu}\hat{T}^{-1} - \theta GK'\hat{S} KG \quad (8.24)$$

如果我们进一步选择反馈增益矩阵 K 具有以下形式：

$$K = - R_1 B'G^{-1} \quad (8.25)$$

其中，$R_1 = R_1' > 0$，则(8.24)式简化成

$$\varepsilon G \hat{W} G = - GA' - AG + 2BR_1 B' - \frac{1}{\mu}\hat{T}^{-1} - \theta BR_1 \hat{S} R_1 B' \quad (8.26)$$

将 K 选择为(8.25)式的形式，可以带来下列好处：

（1）如果 (A, B) 是能控的，则可以像线性系统一样通过在复平面的左半平面配置 $A + BK$ 的特征值，保证闭环系统式(8.19)局部渐近稳定。已证明，若 (A, B) 能控，则任何如(8.25)式形式的反馈矩阵 K 都可以实现闭环系统的局部渐近稳定性。

（2）假设对于给定的矩阵 $\theta \hat{S}$，$\mu \hat{T}$ 和 $\varepsilon \hat{W}$，存在一个反馈矩阵 K 以使得方程(8.24)有正定的解 G。则存在正定矩阵 R_1，使方程(8.26)也有正定解 G。事实上，R_1 可取为

$$R_1 = \frac{1}{\theta}\hat{S}^{-1} \quad (8.27)$$

这一特性说明，给定 $\theta \hat{S}$，$\mu \hat{T}$ 和 $\varepsilon \hat{W}$，只要简单地选择

$$K = -\frac{1}{\theta}\hat{S}^{-1}B'G^{-1} \tag{8.28}$$

并检查对应的 Riccati 方程

$$\varepsilon G\hat{W}G = -GA' - AG + \frac{1}{\theta}B\hat{S}^{-1}B' - \frac{1}{\mu}\hat{T}^{-1} \tag{8.29}$$

的最大解 G^* 是否正定。

可以概括如下:假设(8.93)式有正定解 G,则具有形式为(8.28)式的反馈增益 K 的闭环系统是渐近稳定的,并有如下稳定域

$$\Omega_1 = \{x : V(x) \leqslant V_1\}$$

式中

$$V(x) = x'G^{-1}x, V_1 = \min_{x \in \partial\phi_1} V(x)$$

8.2.3 用非线性状态反馈实现稳定控制

上面介绍了双线性系统用常值反馈和线性状态反馈的稳定控制器设计。这两种稳定化方法都比较简单,对于工程应用有一定的实际意义。然而,常值控制对系统矩阵的要求较高,线性反馈控制一般只保证闭环系统的局部渐近稳定性,而且闭环控制性能的改进有一定的局限性。

在实际应用中,可能更希望保证闭环系统全局渐近稳定的反馈控制律。在双线性系统情况下,这样的控制律可能是非线性的。之前的研究已经发现,双线性系统可以用简单的非线性反馈控制使得闭环系统全局渐近稳定,而且设计过程较为方便。下面就将介绍几种较常用的非线性反馈控制的设计方法。

一、输入受限的反馈控制

在实际控制中,加于系统上的控制信号往往有上下限的约束,因此这一部分将首先介绍这种情况下的反馈控制律设计。

这里用下式的形式表示一般的多输入双线性系统:

$$\dot{x}(t) = Ax(t) + \sum_{i=1}^{p}(N_ix(t) + b_i)u_i(t) \tag{8.30}$$

式中,b_i 为 $B := [b_1 \cdots b_p]$ 中的列向量。状态矩阵 A 为 Hurwitz 阵。

设控制量受上下界约束:

$$u_{\min,i} \leqslant u_i \leqslant u_{\max,i} \tag{8.31}$$

式中,$u_{\min,i} \leqslant 0 \leqslant u_{\max,i}$,$i = 1,2,\cdots,p$。

取下式为李雅普诺夫函数

$$V(x) = x'Px$$

其中,$p = p' > 0$。将上式求导,并结合(8.30)式,可得

$$\dot{V}(x) = x'(A'P + PA)x + 2\sum_{i=1}^{p} u_i(N_ix + b_i)'Px \tag{8.32}$$

由于 A 是 Hurwitz 阵，则有

$$A'P + PA = -Q \quad (Q = Q' > 0) \tag{8.33}$$

定义

$$\varphi_i(x): = -(N_ix + b_i)'Px \tag{8.34}$$

这样，(8.32)式变成

$$\dot{V}(x) = -x'Qx - 2\sum_{i=1}^{p} u_i\varphi_i(x) \tag{8.35}$$

为使 $\dot{V}(x)$ 为负，只要选择

$$u_i(x) = \begin{cases} u_{\min,i} & \varphi_i(x) < u_{\min,i} \\ \varphi_i(x) & u_{\min,i} \leqslant \varphi_i(x) \leqslant u_{\max,i}, \quad i = 1,2,\cdots,p \\ u_{\max,i} & \varphi_i(x) > u_{\max,i} \end{cases} \tag{8.36}$$

这时闭环系统可以保证是全局一致渐近稳定的。

为便于应用，定义 $Q = \alpha I$，这样(8.33)式变成

$$A'P + PA = -\alpha I \tag{8.37}$$

则具体的反馈控制设计步骤为

(1) 选择可调参数 α；

(2) 根据(8.37)式的李雅普诺夫方程求出矩阵 P；

(3) 根据(8.36)式获得反馈控制律。

设计过程中，也可以不令 $Q = \alpha I$，即根据(8.33)式进行。同时，上述设计方法对一些 A 不是 Hurwitz 阵的情况也是可用，只要能根据李雅普诺夫方程求出正定对称矩阵 P 就可以了。

对于输入受限 $|u(t)| \leqslant 1$ 的单输入双线性系统(8.2)的稳定化控制，另一种形式的非线性反馈为

$$u = -k(x) \tag{8.38}$$

其中

$$k(x) = \begin{cases} +1 & 若\ b'Qx > 0 \\ \psi(x) & 若\ b'Qx = 0 \\ -1 & 若\ b'Qx < 0 \end{cases}$$

通过滑动模型控制的要求，可以得到

$$\psi(x) = \frac{b'QAx}{b'Q(b + Bx)} \tag{8.39}$$

同样可以用李雅普诺夫直接法证明闭环系统是渐近稳定的。

二、使系统指数稳定的非线性反馈控制

这里考虑如(8.4)式的齐次双线性系统。则,非线性反馈为

$$u = \begin{cases} - \beta \dfrac{x'(B'P + PB)x}{x'x} & \text{当} x \neq 0 \\ 0 & \text{当} x = 0 \end{cases} \tag{8.40}$$

其中,β 为一正的控制增益。可以看出控制量对一切状态是一致有界的:

$$u \leqslant u_{max} = \beta \bar{\sigma}_{BP} \tag{8.41}$$

式中 $\bar{\sigma}_{BP} = \|B'P + PB\|$ 是对称阵 $B'P + PB$ 的范数。正定对称阵 P 和常数 β 可以根据系统矩阵的不同情形取值,使闭环系统满足指数稳定。

除了上述两种设计非线性反馈的方法外,还可以用最优控制的思想设计状态反馈,但其主要是针对非线性系统,不具代表性,此处不作具体介绍。

另外,除了以上介绍的用状态反馈(常量反馈是状态反馈的特例)的方法来实现双线性系统的稳定化之外,还可以用输出反馈实现稳定化,即对单输入单输出双线性系统设计形如 $u = k(y)y$ 的输出反馈控制,同时假设 A 是 Hurwitz 阵,然后用李雅普诺夫方法得到一系列矩阵不等式以确定反馈增益。

8.3　双线性系统的最优控制

最优控制在现代控制理论中占有相当重要的地位。故而,在双线性系统控制中,最优控制问题是研究得最早且比较多的问题。几乎在双线性系统产生的同时,Mohler 等人就研究过核反应器的双线性最优控制问题。到目前为止,已有大量的关于双线性系统最优控制的研究文献发表。虽然至今还没有找到一种可解决一般的这类问题的方法,但是仍有不少较成熟的关于双线性系统的最优控制方法,本节将对此进行介绍。

8.3.1　双线性系统的最优调节器设计

调节器设计是系统控制中的一个重要方面,它的控制目的是使系统从任意初始状态回到平衡状态。前面介绍的稳定控制设计可以看成是调节器设计的一种。而本节将要介绍的是通过计算控制量使目标函数最小,从而使状态转移到平衡点附近,同时兼顾了其他性能指标(如控制量的大小)的最优调节器设计方法。

考虑一般双线性系统:

$$\dot{x} = Ax + \sum_{i=1}^{p}(B_i x + b_i)u_i \tag{8.42}$$

式中,$x \in R^n$,$A, B_i \in R^{n \times n}$,为常数矩阵。并假设 A 是 Hurwitz 矩阵。

为推导方便,记
$$d_i(x) = B_i x + b_i, i = 1, 2, \cdots, p$$
于是,(8.42)系统成为
$$\dot{x} = Ax + \sum_{i=1}^{p} u_i d_i(x) \tag{8.43}$$

设计要求确定控制律 $u = u^*(x)$,以使得系统(8.42)渐近稳定,并使目标函数

$$J = \frac{1}{2} \int_0^\infty \left| x'Qx + \sum_{i=1}^{p} \frac{1}{r_i} [x'Sd_i(x)]^2 + u'Ru \right| \mathrm{d}t \tag{8.44}$$

其中,R 是对角阵,其元素均大于零,即 $r_i > 0 (i = 1, 2, \cdots, p)$。设 Q 和 S 为正定对称矩阵,并满足李雅普诺夫矩阵方程
$$SA + A'S = -Q \tag{8.45}$$
则,系统的哈密顿函数为

$$H(x, u) = L(x, u) + V_x(x) \left[Ax + \sum_{i=1}^{p} u_i d_i(x) \right] \tag{8.46}$$

其中

$$L(x, u) = \frac{1}{2} x'Qx + \frac{1}{2} \sum_{i=1}^{p} \frac{1}{r_i} [x'Sd_i(x)]^2 + \frac{1}{2} u'Ru \tag{8.47}$$

根据最优性原理

$$\min_{u \in R^p} [H(x, u)] = 0 \tag{8.48}$$

则由(8.46)式,有

$$\frac{\partial H}{\partial u_i} = r_i u_i + x'Sd_i(x) \tag{8.49}$$

令上式等于零,可得

$$u_i^* = -\frac{1}{r_i} x'Sd_i(x) \tag{8.50}$$

进一步分析可以知道:

(1) 控制 u^* 使目标函数最小。事实上,把(8.50)式代入(8.46)式可得

$$H(x, u^*) = \frac{1}{2} x'Qx + \frac{1}{2} \sum_{i=1}^{p} \frac{1}{r_i} [x'Sd_i(x)]^2 + \frac{1}{2} \sum_{i=1}^{p} \frac{1}{r_i} [x'Sd_i(x)]^2$$

$$= \frac{1}{2} x'(SA + A'S)x + \sum_{i=1}^{p} \frac{1}{r_i} [x'Sd_i(x)]^2$$

$$= \frac{1}{2} x'(Q + SA + A'S)x$$

根据(8.45)式,显然有

$$H(x, u^*) = 0 \tag{8.51}$$

（2）控制 u^* 使双线性系统（8.43）式全局渐近稳定。考虑如下李雅普诺夫函数：

$$V(x) = \frac{1}{2}x'Sx \tag{8.52}$$

式中，S 是（8.45）式的对称正定矩阵解，则

$$\dot{V}(x) = -\frac{1}{2}x'Qx - \sum_{i=1}^{p}\frac{1}{r_i}x'Sd_i(x) \tag{8.53}$$

因为 Q 正定，故在 $x \neq 0$ 时，总有 $\dot{V}(x) < 0$ 。

进一步考虑下列集合：

$$\Sigma = \{x : \dot{V}(x) = 0\}$$

对于（8.53）式，因为 Q 正定，$r_i > 0$，所以 $\dot{V}(x) = 0$ 等价于

$$x'Qx = 0$$

$$\frac{1}{r_i}x'Sd_i(x) = 0, i = 1, 2, \cdots, p$$

容易看出，Σ 是个零集，即

因此根据 LaSalle 定理，系统原点是一个全局渐近稳定的平衡点。

上面得到的最优调节器控制律中，加权矩阵 Q 和 R 可以独立选择，矩阵 S 则根据（8.45）式通过解李雅普诺夫方程来确定。具体说来，可以采用下述步骤来设计双线性系统的最优调节器：

（1）选择状态向量加权矩阵 $Q = Q', Q > 0$；

（2）选择控制向量加权矩阵

$$R = \text{diag}[r_i], r_i > 0, i = 1, 2, \cdots, p$$

（3）根据李雅普诺夫方程（8.45）求出矩阵 S；

（4）根据（8.50）式获得最优调节器控制律。

另外指出，以上结果是在假定 A 为 Hurwitz 阵的条件下获得的。而对于 A 为非 Hurwitz 阵的情况下，以上控制律仍可应用。事实上，如果对于某个正定阵 Q，李雅普诺夫方程（8.45）的正定矩阵 S 的解能找到，则（8.50）式的控制仍保证双线性系统（8.43）全局渐近稳定，并使目标函数（8.44）式最小。当然，如果李雅普诺夫方程的正定矩阵解不存在，则不能用上述方法进行调节器设计。

8.3.2　双线性系统的最优跟踪器设计

与上一节不同，本节要介绍的是系统从一个给定初态到一给定终态的转移。而最优控制就是达到具体状态转移的控制设计的一个自然的解法。这里，从能够完成状态转移的许多可能控制中，找到一种控制最优化某一特定的性能指标，特别有用的是控制的二次形式的性能指标，如

$$J_0 = \frac{1}{2} \int_0^T \sum_{i=1}^m u_i^2(t) \mathrm{d}t$$

用二次型指标的好处是:控制量的变化方程 $\dfrac{\partial H}{\partial u_i} = 0$ 关于 u_i 是线性的,并可求出显式解。

这里研究的是齐次双线性系统:

$$\dot{x} = \left(A + \sum_{i=1}^m B_i u_i(t) \right) x \tag{8.54}$$

利用最优控制的"最大值原理",得到哈密顿函数:

$$H(x, \lambda, u_i) = \frac{1}{2} a_0 \sum_{i=1}^m u_i^2 + \lambda' \left(A + \sum_{i=1}^m B_i u_i \right) x$$

其中 $\lambda \in R^n$ 是协状态(co-state)向量(拉格朗日乘子)且标量 $a_0 \geqslant 0$,相应的最优控制方程为:

$$\dot{x} = \frac{\partial H}{\partial \lambda'} = \left(A + \sum_{i=1}^m B_i u_i \right) x \tag{8.55}$$

$$\dot{\lambda} = -\frac{\partial H}{\partial x'} = \left(A + \sum_{i=1}^m B_i u_i \right) \lambda \tag{8.56}$$

且

$$0 = \frac{\partial H}{\partial u_i} = a_0 u_i + \lambda' B_i x \tag{8.57}$$

$a_0 > 0$ 的情形对应于一般极值(normal extrema)的情形,则根据(8.57)式,能求出控制量:

$$u_i = -\frac{1}{a_0} \lambda' B_i x = \frac{1}{a_0} x' B_i \lambda \tag{8.58}$$

$a_0 = 0$ 的情形对应于非一般极值(abnormal extrema)的情形,则(8.57)式简化为约束

$$x' B_i \lambda = 0 \tag{8.59}$$

这些主要约束必须时刻满足,因此(8.59)式的时间导数也应该为 0。再由(8.55)、(8.56)两式,可以导出一组新的控制方程。这些方程中的一部分可能不含控制项,这样就产生了补充的次(secondary)约束。接着我们对这些新的约束求微分,等等。在绝大多数情形下,我们可以得到足够的含控制的独立方程实现求解,但通常情况并非如此。

在两种情形下,边值条件(BCs)均为 $x(0) = x_0, x(T) = x_f$,其中 T 为转移时间。这样,我们得到如下两点边值问题(TPBVPs):

$$\dot{x} = \left(A + \sum_{i=1}^m B_i u_i \right) x$$

$$\dot{\lambda} = \left(A + \sum_{i=1}^{m} B_i u_i\right)\lambda$$

$$a_0 u_i = x' B_i \lambda \text{（一般情形）}$$

$$0 = x' B_i \lambda \text{（非一般情形）}$$

$$x(0) = x_0, x(T) = x_f$$

除了是非线性之外，这些两点边值问题甚至对一给定的 T 无解，由于可能没有一个控制可以在给定时间完成状态转移。然而，对一二状态系统，(8.55)式、(8.56)式、(8.57)式有解析解，同时两点边值问题可以数值求解，但是到目前为止，高维系统仍无法处理。

以数值最优控制的观点，我们可以放松对精确转移的要求，而仅要最小化 J_0 再加上最小化 $x(T)$ 到 x_f 的距离平方 $\|x(T) - x_f\|^2$。在某些特定的情形下，可以进一步简化距离平方的表示。比如后面章节中将要介绍的量子系统，有 $x'(T)x(T) = x_f' x_f = 1$，则 $\|x(T) - x_f\|^2 = 2[1 - x_f' x(T)]$。这里就将针对这一系统进行推导。于是，我们考虑的目标函数变为

$$J_1' = \frac{1}{2} a_0 \int_0^T \sum_{i=1}^{m} u_i^2(t)\mathrm{d}t - x_f' x(T) := a_0 J_0 + J_1$$

最大值原理再次导出方程(8.55)、(8.56)、(8.57)，只是由于 J_1' 中有 J_1 存在，故边值条件变为

$$x(0) = x_0 \qquad \lambda(T) = -x_f$$

于是，我们得到如下两点边值问题：

$$\dot{x} = \left(A + \sum_{i=1}^{m} B_i u_i\right)x$$

$$\dot{\lambda} = \left(A + \sum_{i=1}^{m} B_i u_i\right)\lambda$$

$$a_0 u_i = x' B_i \lambda \text{（一般情形）}$$

$$0 = x' B_i \lambda \text{（非一般情形）}$$

$$x(0) = x_0, \lambda(T) = -x_f$$

虽然看上去这与原始情况同样复杂，但实际上我们已取得了一些进展：首先，最终时间的问题不再存在，因为对任意 T，都能保证 J_1' 有一最小值。其次，我们将 $[0, T]$ 两端的边值条件分离。这将带来很大区别，下面的内容将会通过迭代求新的两点边值问题的解。最后，从应用的角度看，如果实验在系统的不确定性范围内，可以从初态转移到终态，则再好不过了。

具体算法如下(丛爽等 2005a)：

• 第一步：(两种情形相同)

选择任意初态控制 $u_{i(1)}(t), t \in [0, T]$,并解方程

$$\dot{x}_1 = \Big(A + \sum_{i=1}^{m} B_i u_{i(1)}\Big) x_1, x_1(0) = x_0$$

$$\dot{\lambda}_1 = \Big(A + \sum_{i=1}^{m} B_i u_{i(1)}\Big) \lambda_1, \lambda_1(T) = - x_f$$

• 第 n 步:对非一般情形,解方程

$$\dot{x}_n = \Big(A + \sum_{i=1}^{m} B_i [u_{i(n-1)} + c x_n' B_i \lambda_{n-1}]\Big) x_n$$

$$x_n(0) = x_0$$

并更新 $u_{i(n)} = u_{i(n-1)} + c x_n' B_i \lambda_{n-1} (c > 0$ 为一参数),

对一般情形,解

$$\dot{x}_n = \Big(A + \sum_{i=1}^{m} B_i [x_n' B_i \lambda_{n-1}/a_0]\Big) x_n$$

$$x_n(0) = x_0$$

接着,求解

$$\dot{\lambda}_n = \Big(A + \sum_{i=1}^{m} B_i u_{i(n)}\Big) \lambda_n$$

$$\lambda_n(T) = - x_f$$

如此反复,直到到达所要求的精度为止。

已有证明了根据上述算法得到的控制量、状态轨迹在相应的 L_2 范数里收敛 (Grivopoubs S et al. 2002)。

我们将在第 14 章中将此迭代方法应用到量子系统的最优控制中,并给出数值实例。

第9章 幺正演化算符的分解及其实施

9.1 利用李群分解的量子控制

在第3章里我们讨论并推导了一个量子位的两能级系统状态的操控问题,得到在无外部施加的控制场的作用下,自旋1/2粒子的量子系统状态的薛定谔方程的通解中状态转移矩阵,也就是幺正演化矩阵是:$U_1(t) = \mathrm{e}^{-\mathrm{i}H_0 t/\hbar}$。而在外加控制场的作用下,系统的幺正演化矩阵是:$U(t) = \mathrm{e}^{-\mathrm{i}H_0 t/\hbar} \mathrm{e}^{-\mathrm{i}H' t/\hbar}$。本章希望通过对一个有 N 个能级的量子系统幺正演化矩阵求解过程,揭示出对期望的幺正演化矩阵的分解来求解薛定谔方程的态矢,求解简单的控制方案,以便使初始为基态的系统进行群转变,或初始为本征态系统的系综群的完全逆转。不同于大部分基于数值优化的控制策略,这一技术不取决于用迭代方法找到控制问题的逼近解,仅需要简单的控制脉冲如方波脉冲或高斯波包来达到控制目标,因而尽管存在某些内在的限制,这一方法在相对简单的量子系统的情况下还是具有吸引力的。虽然本章分解是基于一个具体系统及控制场作用下推导出来的,不过,所推导出的公式具有一般特性,可以适用于不同的量子系统以及使用不同形式的控制场情况。

9.1.1 控制问题的形成

所考虑的问题被限制在有限能级的非耗散量子系统上,具有一个离散能谱及很好分离的非衰减的能级 $E_n (1 \leqslant n \leqslant N)$。系统的演化满足薛定谔方程,并由该系统内部哈密顿 H_0 来确定,H_0 的能谱表达式为

$$H_0 = \sum_{n=1}^{N} E_n |n\rangle\langle n| \tag{9.1}$$

其中,E_n 为能量级,为了简单起见,我们假定能级是非衰减的,满足 $E_1 < E_2 < \cdots < E_N$,且 $N < \infty$,是系统希尔伯特空间的维数。$\{|n\rangle : n = 1, \cdots, N\}$ 对应于系统的能量本征态。对于所有 n 联合能级间的差 $\omega_n \equiv E_{n+1} - E_n > 0$。以下部分除非另有说明,我们的注意力都将集中在对于 $m \neq n$,有 $\omega_m \neq \omega_n$ 的情况。

外部控制场对系统的演化存在扰动,并给出一个新的哈密顿 $H = H_0 + H_1$,其中,H_1 是控制作用项,控制目标是通过一系列的控制脉冲来控制系统的演化,其中每一个脉冲都将以一个跃迁频率 ω_m 与系统共振,从而控制场的形式为 (Schirmer S G 2001)

$$f_m(t) = 2A_m(t)\cos(\omega_m t + \phi_m) = A_m(t)[\mathrm{e}^{\mathrm{i}(\omega_m t + \phi_m)} + \mathrm{e}^{-\mathrm{i}(\omega_m t + \phi_m)}] \tag{9.2}$$

其中，ϕ_m 是初始脉冲相位；频率 ω_m 对应于跃迁 $m \rightarrow m+1$ 共振，$A_m(t)$ 是一个卷积函数，相对于跃迁频率 ω_m 是慢变化的。通过联合一系列的控制脉冲、脉冲卷积以及可能的初始脉冲相位 ϕ_m 来达到控制的目的。旋转波的逼近导致相互作用的项为

$$H_m(f_m) = A_m(t)e^{i(\omega_m t + \phi_m)}d_m |m\rangle\langle m+1| + A_m(t)e^{-i(\omega_m t + \phi_m)}d_m |m+1\rangle\langle m|$$

$$(9.3)$$

其中，d_m 是暂态 $m \rightarrow m+1$ 的偶极动量。

被控系统的演化是由满足薛定谔方程的幺正算符 $U(t)$ 来确定：

$$i\hbar \frac{d}{dt}U(t) = \left\{ H_0 + \sum_{m=1}^{M} H_m[f_m(t)] \right\} U(t) \tag{9.4}$$

9.1.2　时间演化算符的李群分解

我们的目标是通过应用一系列简单的控制脉冲来达到某种演化，希望在某个目标时间 $t=T$ 时实现一个幺正算符 $U(t)$。因为需要分解的幺正演化算符是随时间变化的，所以在此我们又称它为时间演化算符。为了解决找到正确的控制脉冲问题，利用时间演化算符 $U(t) = U(t,0)$，相互作用图景的分解为

$$U(t) = U_0(t)\Omega(t) \tag{9.5}$$

其中，$U_0(t)$ 是未被扰动系统的时间演化算符；$\Omega(t)$ 表示系统与控制场之间的相互作用。为了方便起见，选择 $\hbar = 1$，有

$$U_0(t) = \exp(-iH_0 t) = \sum_{n=1}^{N} e^{-iE_n t} |n\rangle\langle n| \tag{9.6}$$

既然 $U(t)$ 必须满足薛定谔方程

$$i\frac{d}{dt}U(t) = \left\{ H_0 + \sum_{m=1}^{M} H_m[f_m(t)] \right\} U(t) \tag{9.7}$$

将方程(9.5)代入方程(9.7)的左端，同时考虑(9.6)式，我们有

$$i\frac{d}{dt}U(t) = i\frac{d}{dt}(U_0(t)\Omega(t)) = i\left(\frac{d}{dt}U_0(t)\Omega(t) + U_0(t)\frac{d}{dt}\Omega(t) \right)$$

$$= H_0 U_0(t)\Omega(t) + iU_0(t)\frac{d}{dt}\Omega(t) \tag{9.8}$$

将上式代入(9.7)可得

$$H_0 U(t) + U_0(t)i\frac{d}{dt}\Omega(t) = H_0 U(t) + \left\{ \sum_{m=1}^{M} H_m[f_m(t)] \right\} U_0(t)\Omega(t)$$

$$(9.9)$$

因此有

$$i\frac{d}{dt}\Omega(t) = U_0(t) + \left\{ \sum_{m=1}^{M} H_m[f_m(t)] \right\} U(t)\Omega(t) \tag{9.10}$$

将(9.6)式和(9.3)式代入(9.10)式的右端，两边同乘 $-\mathrm{i}$，简化后得

$$\dot{\Omega}(t) = \sum_{m=1}^{M} A_m(t)d_m(\hat{x}_m\sin\phi_m - \hat{y}_m\cos\phi_m)\Omega(t) \tag{9.11}$$

其中，定义

$$\hat{e}_{m,n} \equiv |m\rangle\langle n|; \hat{x}_m \equiv \hat{e}_{m,m+1} - \hat{e}_{m+1,m}; \hat{y}_m \equiv \mathrm{i}(\hat{e}_{m,m+1} + \hat{e}_{m+1,m}) \tag{9.12}$$

因此，如果用(9.2)形式的控制场，以跃迁频率 ω_m 共振一个时间周期 $t_{k-1} \leqslant t \leqslant t_k$，并且在此时间周期内无其他控制场作用，我们有

$$\Omega(t_k) = \hat{V}_k(t)\Omega(t_{k-1}) \tag{9.13}$$

其中算符 $\hat{V}_k(t)$ 为

$$\hat{V}_k(t) = \exp\left[d_m\int_{t_{k-1}}^{t_k} A_k(\tau)\mathrm{d}\tau(\hat{x}_m\sin\phi_k - \hat{y}_m\cos\phi_k)\right] \tag{9.14}$$

其中，$A_k(t)$ 是第 k 次脉冲的卷积。如果我们分化时间间隔 $[0,T]$ 为 K 个子间隔 $[t_{k-1}, t_k]$，以致于在 $t=0$ 时以及 $t_k = T$ 时，应用一系列固定频率的控制脉冲，每一个以一个跃迁频率 $\omega_m = \omega_{\sigma(k)}$ 共振，而在每一个时间间隔中只施加一个控制场，那么我们有

$$U(T) = U_0(T)\Omega(T) = \mathrm{e}^{\mathrm{i}H_0 T}\hat{V}_K\hat{V}_{K-1}\cdots\hat{V}_1 \tag{9.15}$$

其中，因子 $\hat{V}_k(t)$ 为

$$\hat{V}_k = \exp[C_k(\hat{x}_{\sigma(k)}\sin\phi_k - \hat{y}_{\sigma(k)}\cos\phi_k)] \tag{9.16}$$

其中，σ 是从符号 $\{1,\cdots,K\}$ 到控制集合 $\{1,\cdots,M\}$ 的转换，用来确定哪个控制场在时刻 $t \in [t_{k-1}, t_k]$ 中被激活，ϕ_k 是表示第 k 个脉冲的初始相位，$\hat{x}_{\sigma(k)} = e_{\sigma(k),\sigma(k)+1} - e_{\sigma(k)+1,\sigma(k)}$，$\hat{y}_{\sigma(k)} = \mathrm{i}(e_{\sigma(k),\sigma(k)+1} + e_{\sigma(k)+1,\sigma(k)})$，而 $e_{m,n} = |m\rangle\langle n|$。实数 C_k 和 ϕ_k，$1 \leqslant k \leqslant K$，$C_k$ 决定第 k 个脉冲宽度：

$$C_k = d_{\sigma(k)}\int_{t_{k-1}}^{t_k} A_k(\tau)\mathrm{d}\tau \tag{9.17}$$

其中，$d_{\sigma(k)}$ 是能级转换所对应的力矩，$A_k(t)$ 是一个波函数。我们只限制采用方波脉冲，即具有有限的上升和衰减时间 τ_0 的方波脉冲，这和连续方波的激光脉冲非常接近，从数学表达式上看，其脉冲 $A_k(t)$ 的模型可以选择为

$$2A_k(t) = A_k\{1 + \mathrm{erf}[4(t - \tau_0/2)/\tau_0]\} + A_k\{1 + \mathrm{erf}[4(t - \Delta t + \tau_0/2)/\tau_0]\} \tag{9.18}$$

其中，$\mathrm{erf}(x)$ 为误差函数：

$$\mathrm{erf}(x) = \frac{2}{\sqrt{\pi}}\int_0^x \mathrm{e}^{-t^2}\mathrm{d}t \tag{9.19}$$

虽然这个函数可能呈现出相当的复杂性，但最大幅值为 $2A_k$，脉冲宽度 $\Delta t_k \geqslant$

$2\tau_0$，上升和衰减时间都为 τ_0 的脉冲方波的积分面积近似等于 $2A_k$ 与 $\Delta t_k - \tau_0$ 的乘积。因而根据(9.17)式可以推出以下关系：$2A_k(\Delta t_k - \tau_0) \approx 2C_k/d_{\sigma(k)}$，或等价于

$$A_k = \frac{1}{\Delta t_k - \tau_0} \times \frac{\hbar}{d_{\sigma(k)}} \times C_k = \frac{C_k}{d_{\sigma(k)}(\Delta t_k - \tau_0)}$$

为了分析方便，以下所涉及的时间小区间 Δt_k 都是相等的。

9.1.3　例题

例 9.1　自旋 1/2 粒子的幺正变换的产生

在第 3 章里我们讨论并推导了一个量子位的两能级系统状态的操控问题，得到在无外部施加的控制场的作用下，自旋 1/2 粒子的量子系统状态的薛定谔方程的通解中状态转移矩阵，也就是幺正演化矩阵是(3.10a)：$U_1(t) = e^{-iH_0 t/\hbar}$。而在外加控制场的作用下，系统的幺正演化矩阵是(3.34)：$U(t) = e^{-iH_0 t/\hbar} \cdot e^{-iH't/\hbar}$，其中，$U_2(t) = e^{-iH't/\hbar}$。这里我们采用上述分解方式所得到的结果重新推导一下应用到一个量子位两能级系统的幺正演化矩阵的分解求解上。

针对具体的自旋 1/2 粒子系统，各参数为：$m = 0$。为了方便起见，同样取 $\hbar = 1$。此时，系统的内部与外部施加的哈密顿分别为

$$H_0 = -\omega_0 S_z$$

$$H_1 = -\Omega B_c = -\frac{\Omega}{2} e^{i(\omega_0 t + \phi)} |0\rangle\langle 1| - \frac{\Omega}{2} e^{-i(\omega_0 t + \phi)} |1\rangle\langle 0|$$

与上节的(9.3)相对比可以得到：$A_0 = -\frac{\Omega}{2} = -\frac{\gamma}{2}$（此处的 $\Omega = \gamma\hbar$，为 Rabi 频率）。$d_m = 1$。由于我们取 $\phi = 0$，所以可以得到方程式：

$$\dot{\Omega}(t) = i\frac{\gamma}{2}(|0\rangle\langle 1| + |1\rangle\langle 0|)\Omega$$

由此直接可以解出

$$\Omega = \exp\left[i\frac{\gamma}{2}(|0\rangle\langle 1| + |1\rangle\langle 0|)t\right]\Omega(0) = V_1\Omega(0)$$

所以

$$V_1 = e^{i\frac{\gamma}{2}(|0\rangle\langle 1| + |1\rangle\langle 0|)t} \tag{9.20}$$

如果采用 $\hat{V}_k = \exp[C_k(\sin\phi_k \hat{x}_{\sigma(k)} - \cos\phi_k \hat{y}_{\sigma(k)})]$，由

$$C_k = d_{\sigma(k)} \int_{t_{k-1}}^{t_k} A_k(\tau)d\tau = 1 \cdot \int_0^t -\frac{\gamma}{2}dt = -\frac{\gamma}{2}t$$

$$V_1 = \exp\left[-\frac{\gamma}{2}t \cdot (-1)y_0\right] = \exp\left(\frac{\gamma}{2}t\right)i(|0\rangle\langle 1| + |1\rangle\langle 0|) = e^{-iH't}$$

$$\tag{9.21}$$

其中，$H' = -\dfrac{\gamma}{2}(\,|\,0\rangle\langle 1\,| + |\,1\rangle\langle 0\,|\,)$。

(9.20)式与(9.21)式的结果完全相同。最后，幺正演化矩阵在 t 时刻的分解是

$$U(t) = \mathrm{e}^{-\mathrm{i}H_0 t}\mathrm{e}^{-\mathrm{i}H' t}$$

其中，$H_0 = -\omega_0 S_z$。

与第 3 章中推导出的结果一致。

例 9.2　原子级幺正变换的产生

Ramakrishna 等(Rawakrishna V et al. 2000)描述了一个通过多能级光子的驱动演化来产生一个规定的幺正变换的构造过程。假定耦合能级是能够区分的。过程中应用了旋转波函数与幺正矩阵分解成特殊结构的因子。本例题是对在采用的外加控制场是一个激光控制的电场的情况下的分解过程。

考虑一个用于驱动其演化初始的单位矩阵到期望的最终幺正矩阵的一系列电磁脉冲，原子脉冲的相互作用被认为是半经典的，原子被假定为具有以下特性：1)有 M 个可达能级，对基于频率鉴别的可控性来说是很好的分离的；2)极算符(相对于由内部哈密顿的本征函数组成的基)的矩阵元素都是实数且对角元素是相同的零(后者假定在某些情况下可以放松)；3)原子脉冲对是"可控的"，意思是任何两能级之间总有连接，即如果逻辑规则妨碍直接从 j 接触 i 能级，那么有一组能级(可能是多于 i 个)形成一个梯子，使 i 态可能至少间接地接触态 j。

完整的脉冲序列作用被描述如下为

$$\mathrm{i}\dot{U}(t,0) = (H_0 - \mu\varepsilon)U(t,0) \tag{9.22}$$

其中，μ 是感应极算符，$\varepsilon(t)$ 是控制场。定义 $\Omega(t,0)$ 为

$$U(t,0) = \exp(-\mathrm{i}H_0 t)\Omega(t,0)$$

$$\dot{U}(t,0) = -\mathrm{i}H_0\exp(-\mathrm{i}H_0 t)\Omega(t,0) + \exp(-\mathrm{i}H_0 t)\dot{\Omega}(t,0)$$

将(9.22)式代入上式的左端，整理后可得相互作用表达式为

$$\mathrm{i}\dot{\Omega}(t,0) = -\varepsilon(t)\mathrm{e}^{\mathrm{i}H_0 t}\mu\mathrm{e}^{-\mathrm{i}H_0 t}\Omega(t,0)$$

控制脉冲取为 $\varepsilon(t) = A(t)\cos(\omega t + \phi)$，其中，$\phi$ 是所选定的一个相位。假定 $A(t)$ 相对于 ω^{-1} 变化较慢，频率 ω 是由 i 和 j 能级所耦合的共振频率。

$n \times n$ 矩阵 $\varepsilon(t)\mathrm{e}^{\mathrm{i}H_0 t}\mu\mathrm{e}^{-\mathrm{i}H_0 t}$ 全部被允许通过 μ 来进行耦合，但假定前述条件。我们可以忽略所有项，除了第 (i,j) 和第 (j,i) 项的 $\mu_{ij}\mathrm{e}^{\mathrm{i}\phi}A(t)$ 和 $\mu_{ij}\mathrm{e}^{-\mathrm{i}\phi}A(t)$(所有 μ 矩阵表达假定是实数，且对角线为零)。

在 t_1 时刻施加脉冲，仅限制积分 $\int_0^{t_1}A(t)\mathrm{d}t$ 对 t_1 中的小变化不敏感，应用旋转波函数可得

$$\Omega(t_1,0) = V_1, \Omega(0,0) = Id_n$$

其中,矩阵 V_1 是 $n \times n$ 矩阵。除了 2×2 方块外全是单位阵,2×2 方块是一个 2×2 矩阵的指数形式:

$$\begin{bmatrix} 0 & i\gamma_1 \\ i\bar{\gamma}_1 & 0 \end{bmatrix} \tag{9.23}$$

$\bar{\gamma}_1$ 是复数 γ_1 的复共轭。有下列基坐标表达式

$$\gamma_1 = \mu_{ij} e^{i\phi} \int_0^{t_1} A(t) dt \tag{9.24}$$

复数 γ_1 的幅值在我们考虑的情况中仅作为三角函数的项,因此 $A(t)$ 和 ϕ 被选择使 $\bar{\gamma}_1$ 的幅值能够取任何 $(0, 2\pi)$ 之间的期望值,以达到产生 V_1 所必需的作用。

在应用第一个脉冲后,幺正产生器给出

$$U(t_1, 0) = \exp(-iH_0 t) V_1$$

现在另一个脉冲长度为 t_2 被用来仅共振某些允许的能级对,那么我们有

$$U(t, 0) = U(t, t_1) U(t_1, 0)$$

还取 $U(t, t_1) = e^{-iH_0(t-t_1)} \Omega(t, t_1)$,有

$$i\dot{\Omega}(t, t_1) = -\varepsilon(t) e^{iH_0(t-t_1)} \mu e^{-iH_0(t-t_1)} \Omega(t, t_1)$$

对最后一个方程左乘 $e^{iH_0 t_1}$,使用旋转波函数逼近,那么,积分到时刻 $t = t_2$ 得

$$e^{iH_0 t_1} \Omega(t_2, t_1) = V_2 e^{iH_0 t_1} \Omega(t_1, t_1)$$

对于一个 2×2 指数型矩阵的结构类似于方程(9.23),因为 $\Omega(t_1, t_1)$ 是个单位矩阵,所以最后一个方程变为

$$\Omega(t_2, t_1) = e^{-iH_0 t_1} V_2 e^{iH_0 t_1}$$

因此

$$U(t_2, t_1) = e^{-iH_0(t_2-t_1)} \Omega(t_2, t_1) = e^{-iH_0 t_2} V_2 e^{iH_0 t_2}$$

及

$$U(t_2, 0) = U(t_2, t_1) U(t_1, 0) = e^{-iH_0 t_2} V_2 V_1$$

如果整个 k 脉冲被用上(从 $t = 0$ 开始,持续的整个时间为 $T = t_1 + t_2 + \cdots + t_k$),我们有

$$U(T, 0) = e^{-iH_0 T} V_k V_{k-1} \cdots V_2 V_1 \tag{9.25}$$

其中,$V_i; i = 1, \cdots, k$ 是 $M \times M$ 矩阵。除了 2×2 方块,其余全为单位阵,2×2 方块的结构是与(9.23)式相似的指数型矩阵。用 γ_i 代替 γ_1,如果期望 $U(T, 0)$ 是一个规定的矩阵 V,那么,所需要解决的问题变为:是否 U 可以被分解为合适的选择的脉冲组成的方程(9.25)。等价的,既然 $e^{-iH_0 T}$ 已知,问题可被叙述为:是否任何 $M \times M$ 幺正矩阵可以被分解为一些选择的 k 下的 $\prod_{i=1}^{k} V_i$ 乘积。如果答案是

肯定的,那么人们可以考虑优化序列。优化是寻找最小的 k,同时考虑仪器的可能实现的脉冲形状。

所以,利用(9.25)式可以将任意期望的幺正演化算符 $U(T,0)$ 进行分解,并且分解的关键是 $V_i;i=1,\cdots,k$ 的选择。下面我们以四能级分子系统为例来说明根据期望的幺正演化矩阵 U_F 求解分解的因式 $V_i;i=1,\cdots,k$ 的过程。为了方便起见,令 $\Omega=V_kV_{k-1}\cdots V_2V_1$,所以有:$U_F=\mathrm{e}^{-iH_0T}\Omega$。

我们所需要解决的问题是:通过施加控制场来使得系统从单位矩阵 I 逐步转

化成 Ω,即:$I\rightarrow\Omega$,其中,$I=\begin{pmatrix}1&0&0&0\\0&1&0&0\\0&0&1&0\\0&0&0&1\end{pmatrix}$。这一求解过程我们可以这样来实现:

把 $I\rightarrow\Omega$ 的实现过程转变为 $\Omega^*\rightarrow I$ 的过程,其中,Ω^* 为 Ω 的共扼,$\Omega\in SU(4)$。因为

$$\Omega=V_kV_{k-1}\cdots V_2V_1I$$
$$\Omega\Omega^*=V_kV_{k-1}\cdots V_2V_1I\cdot\Omega^*$$

所以有

$$I=V_kV_{k-1}\cdots V_2V_1\cdot\Omega^*$$

由此可知,期望求解 k 个因子乘积来获得期望幺正演化矩阵的问题,在数学上可以通过将 Ω^* 不断左乘因子来获得单位矩阵的过程求出相同的结果。

具体的求解过程是首先使 Ω^* 的第 4 列转化为 $(0\quad0\quad0\quad1)^\mathrm{T}$;然后把第 3 列转化为 $(0\quad0\quad1\quad0)^\mathrm{T}$;接着将第 2 列化为 $(0\quad1\quad0\quad0)^\mathrm{T}$;最后将第 1 列变为 $(1\quad0\quad0\quad0)^\mathrm{T}$。转变过程是通过选择合适的矩阵来左乘 Ω^* 来实现。

假定原子有 $M=4$ 个能级,并且只允许能级之间的相互作用是 $1\rightarrow2,1\rightarrow3$ 和 $1\rightarrow4$。我们仍然可以对任何两能级之间通过上述限制来实现期望的变换,但必须注意,只能最后将第 1 列约化,因为如果第 1 列被第一个转化为 $(1\quad0\quad0\quad0)^\mathrm{T}$,那么得到变换后的形式为

$$\begin{pmatrix}1&0&0&0\\0&a_1&b_1&c_1\\0&a_2&b_2&c_2\\0&a_3&b_3&c_3\end{pmatrix}$$

那么,对于右下端的一个属于 $SU(3)$ 元素的 3×3 矩阵,在 $1\rightarrow2,1\rightarrow3$ 和 $1\rightarrow4$ 变换的限制下,我们将不能再转化其余的列为单位列,因为能级 1 不再有任何群在其中进一步影响其余能级之间所需要的相互转换。

下面具体给出通过变换获得分解因子的详细过程。

设 $\Omega^* = (a_{ij}), i, j = 1, \cdots, 4$，且 $\Omega^* \in SU(4)$，即：

$$\Omega^* = \begin{pmatrix} a_{11} & a_{12} & a_{13} & a_{14} \\ a_{21} & a_{22} & a_{23} & a_{24} \\ a_{31} & a_{32} & a_{33} & a_{34} \\ a_{41} & a_{42} & a_{43} & a_{44} \end{pmatrix}$$

1) 首先将 Ω^* 的第 4 列转化为 $(0\ \ 0\ \ 0\ \ 1)^{\mathrm{T}}$。过程是通过使用 $1 \to 2$ 转换，使得所有 a_{24} 的幅值元素为 a_{14} 元素。这可以通过在 $SU(4)$ 中左乘 Ω^* 来实现。

(1) 左乘 $1 \to 2$ 作用的因子 $V_{12} = \begin{pmatrix} a_1 & b_1 & 0 & 0 \\ c_1 & d_1 & 0 & 0 \\ 0 & 0 & 1 & 0 \\ 0 & 0 & 0 & 1 \end{pmatrix}$ 得

$$V_{12}\Omega^* = \begin{pmatrix} a_1 & b_1 & 0 & 0 \\ c_1 & d_1 & 0 & 0 \\ 0 & 0 & 1 & 0 \\ 0 & 0 & 0 & 1 \end{pmatrix} \begin{pmatrix} a_{11} & a_{12} & a_{13} & a_{14} \\ a_{21} & a_{22} & a_{23} & a_{24} \\ a_{31} & a_{32} & a_{33} & a_{34} \\ a_{41} & a_{42} & a_{43} & a_{44} \end{pmatrix}$$

此时，需要确定因子 V_{12} 中的元素 a_1, b_1, c_1 和 d_1 的数值，以便使得 $V_{12}\Omega^*$ 乘积后的矩阵中第 4 列的元素为 $(a'_{14}\ \ 0\ \ a_{34}\ \ a_{44})^{\mathrm{T}}$。因为在 V_{12} 的作用下，$V_{12}\Omega^*$ 第 3、4 列的元素不变，所以只需要研究子矩阵 $\begin{pmatrix} a_1 & b_1 \\ c_1 & d_1 \end{pmatrix}$ 应得到的关系式即可。因为：$\widetilde{V}_{12} = \begin{pmatrix} a_1 & b_1 \\ c_1 & d_1 \end{pmatrix} \in SU(2)$，所以存在关系式：$\begin{pmatrix} a_1 & b_1 \\ c_1 & d_1 \end{pmatrix} \begin{pmatrix} a_{14} \\ a_{24} \end{pmatrix} = \begin{pmatrix} r\mathrm{e}^{\mathrm{i}\phi} \\ 0 \end{pmatrix} = \begin{pmatrix} a'_{14} \\ 0 \end{pmatrix}$，并且，$\widetilde{V}_{12}$ 最多可以被分解为 3 个因子的乘积：$\widetilde{V}_{12} = V(\gamma_1)$ $\cdot V(\gamma_2)V(\gamma_3)$，其中，$\gamma_1 = \alpha\mathrm{e}^{\mathrm{i}\theta_1}, \gamma_2 = \left(\dfrac{\pi}{2}\right)\mathrm{e}^{\mathrm{i}\lambda\sigma_1}, \gamma_3 = \left(\dfrac{\pi}{2}\right)\mathrm{e}^{\mathrm{i}\lambda\sigma_2}, \sigma_1$ 和 σ_2 为任意实数，且 $\theta_1 = \lambda + \mu - \pi/2, \mu \in (0, 2\pi), \alpha \in (0, \pi/2), \lambda = \sigma_1 - \sigma_2 + \pi$。典型的 $V(\gamma)$ 可以被表达为

$$V(\gamma) = \begin{pmatrix} \cos r & 0 \\ 0 & \cos r \end{pmatrix} + \frac{\mathrm{i}\sin r}{r} \begin{pmatrix} 0 & r\mathrm{e}^{\mathrm{i}\phi} \\ r\mathrm{e}^{-\mathrm{i}\phi} & 0 \end{pmatrix}$$

所以

$$V_{12} = \begin{pmatrix} \widetilde{V}_{12} & 0 \\ 0 & I_2 \end{pmatrix} = \begin{pmatrix} V(\gamma_1) & 0 \\ 0 & I_2 \end{pmatrix} \begin{pmatrix} V(\gamma_2) & 0 \\ 0 & I_2 \end{pmatrix} \begin{pmatrix} V(\gamma_3) & 0 \\ 0 & I_2 \end{pmatrix}$$

由此可得：通过 V_{12} 左乘 Ω^*，使其结果 $V_{12}\Omega^*$ 中的第 4 列的第 2 个元素为 0，即 $(2, 4) = 0$。记 $\Omega_{12}^* = V_{12}\Omega^*$。

(2) 通过使用 1→3 之间的作用,使 Ω_{12}^* 的第 4 列的第 3 个元素变为 0。其具体做法是对 Ω_{12}^* 左乘一个新矩阵因子 V_{13} 来获得。取

$$V_{13} = \begin{pmatrix} a_2 & 0 & b_2 & 0 \\ 0 & 1 & 0 & 0 \\ c_2 & 0 & d_2 & 0 \\ 0 & 0 & 0 & 1 \end{pmatrix}$$

求解 V_{13} 中元素的步骤与(1)相同,$V_{13}\Omega_{12}^*$ 的结果需要满足关系式

$$\widetilde{V}_{13}\begin{bmatrix} a_{14}' \\ a_{34} \end{bmatrix} = \begin{bmatrix} a_2 & b_2 \\ c_2 & d_2 \end{bmatrix}\begin{bmatrix} a_{14}' \\ a_{34} \end{bmatrix} = \begin{bmatrix} a_{14}' \\ 0 \end{bmatrix} = \begin{pmatrix} re^{i\phi} \\ 0 \end{pmatrix}$$

由此可以求出使 Ω_{12}^* 中 $(3,4) = 0$ 的 V_{13} 中元素 a_2, b_2, c_2 和 d_2 的数值,并且令 $\Omega_{13}^* = V_{13}\Omega_{12}^* = V_{13}V_{12}\Omega^*$。

(3) 通过使用 1→4 之间的作用,使 Ω_{13}^* 的第 4 列的元素变为 $(0 \quad 0 \quad 0 \quad 1)^{\mathrm{T}}$。具体做法是对 Ω_{13}^* 左乘一个新矩阵因子 V_{14} 来获得

$$V_{14}\Omega_{13}^* = \begin{pmatrix} a_3 & 0 & 0 & b_3 \\ 0 & 1 & 0 & 0 \\ 0 & 0 & 1 & 0 \\ c_3 & 0 & 0 & d_3 \end{pmatrix}\Omega_{13}^*$$

同样,问题转化为满足关系式

$$\begin{bmatrix} a_3 & b_3 \\ c_3 & d_3 \end{bmatrix}\begin{bmatrix} a_{14}'' \\ a_{44} \end{bmatrix} = \begin{pmatrix} 0 \\ 1 \end{pmatrix}$$

下的 V_{14} 中元素 a_3, b_3, c_3 和 d_3 的数值。令:$\Omega_4^* = V_{14}V_{13}V_{12}\Omega^*$。

通过以上 3 个步骤,我们将期望的 Ω^* 转变为 Ω_4^*:

$$\Omega_4^* = \begin{pmatrix} a_{111} & a_{121} & a_{131} & 0 \\ a_{211} & a_{221} & a_{231} & 0 \\ a_{311} & a_{321} & a_{331} & 0 \\ 0 & 0 & 0 & 1 \end{pmatrix} = \begin{bmatrix} \Omega_3^* & 0 \\ 0 & 1 \end{bmatrix}$$

其中,$\Omega_3^* \in SU(3)$。

2) 在这一步骤里,重复 1)中的相关步骤,其目的是使 Ω_4^* 中的第 3 列元素转化为 $(0 \quad 0 \quad 1 \quad 0)^{\mathrm{T}}$,并使第 4 列元素保持 $(0 \quad 0 \quad 0 \quad 1)^{\mathrm{T}}$。这可以通过先 1→2 能级作用,再 1→3 能级作用来获得,结束时获得 Ω_{34}^* 为

$$\Omega_{34}^* = V_{13}'V_{12}'\Omega_4^* = \begin{pmatrix} a_{112} & a_{122} & 0 & 0 \\ a_{211} & a_{222} & 0 & 0 \\ 0 & 0 & 1 & 0 \\ 0 & 0 & 0 & 1 \end{pmatrix}$$

3) 这一步骤通过 $1 \to 2$ 能级作用即可以使 Ω_{34}^{*} 中的第 2 列元素转化为 $(0 \quad 1 \quad 0 \quad 0)^{\mathrm{T}}$，同时，第 1 列也能变为 $(1 \quad 0 \quad 0 \quad 0)^{\mathrm{T}}$，即

$$V''_{12}\Omega_{34}^{*} = \begin{pmatrix} 1 & 0 & 0 & 0 \\ 0 & 1 & 0 & 0 \\ 0 & 0 & 1 & 0 \\ 0 & 0 & 0 & 1 \end{pmatrix}$$

最终可以得到：$V''_{12} V'_{13} V'_{12} V_{14} V_{13} V_{12}\Omega^{*} = I$，从而完成分解。

例 9.3　对一个初始在基态的系统的群转移（Schirmer S G　2001）

对一个具有 N 能级的系统，让我们首先考虑相对简单的基态 $|1\rangle$ 到最高激发态 $|N\rangle$ 的群转移的问题。容易证实任何形式为幺正变换的演化算符 U 可以表示为以下形式：

$$\hat{U} = \begin{bmatrix} 0 & A_{N-1} \\ \mathrm{e}^{\mathrm{i}\theta} & 0 \end{bmatrix} \tag{9.26}$$

其中，A_{N-1} 是一个维数为 $N-1$ 的任意幺正矩阵；$\mathrm{e}^{\mathrm{i}\theta}$ 是一个任意相角因子；0 是一个元素为 0 的 $N-1$ 矢量。利用幺正演化矩阵对初态进行控制，则演化结果是：

$$\begin{bmatrix} 0 & A_{N-1} \\ \mathrm{e}^{\mathrm{i}\theta} & 0 \end{bmatrix} \begin{pmatrix} 1 \\ 0 \end{pmatrix} = \begin{pmatrix} 0 \\ \mathrm{e}^{\mathrm{i}\theta_N} \end{pmatrix}$$

因而在应用 U 后，状态 $|N\rangle$ 的群是等于 $\sqrt{\mathrm{e}^{-\mathrm{i}\theta_N}\mathrm{e}^{\mathrm{i}\theta_N}} = 1$。下面我们考察取

$$\hat{U} = \hat{U}_0(T)\hat{U}_I, \quad \hat{U}_I = \hat{V}_{N-1}\hat{V}_{N-2}\cdots\hat{V}_1 \tag{9.27}$$

其中，因子是

$$\begin{aligned} \hat{V}_m &= \exp\left[\frac{\pi}{2}(\hat{x}_m\sin\phi_m - \hat{y}_m\cos\phi_m)\right] \\ &= -\mathrm{i}(\mathrm{e}^{\mathrm{i}\phi_m}e_{m,m+1} + \mathrm{e}^{-\mathrm{i}\phi_m}e_{m,m+1}) + \sum_{n \neq m,\,m+1} e_{n,m} \end{aligned} \tag{9.28}$$

对于 $1 \leqslant m \leqslant N-1$ 总可得到一个 U 的（9.26）式的形式，且独立于初始脉冲相位 ϕ_m。这个分量对应于一系列 $N-1$ 控制脉冲，其中，第 m 个脉冲以跃迁 $|m\rangle \to |m-1\rangle$ 共振，并且具有脉冲面积 π。它一步一步地将群转换到目标能级

$$1 \to 2 \to 3 \to \cdots \to N$$

为了演示该方法，我们应用方法到一个四能级的 Morse 振荡器上，它所具有的能级为

$$E_n = \hbar\omega_0\left(n - \frac{1}{2}\right)\left[1 - 0.1\left(n - \frac{1}{2}\right)\right] \tag{9.29}$$

且跃迁偶极动量 $d_n = p_{12}\sqrt{n}$，其中 ω_0 和 p_{12} 是常数，代表振荡器的振荡周期，且跃迁偶极动量分别是从 $1 \to 2$ 开始的。

根据（9.29）式可以计算出每个能级的数值大小，然后根据（9.12）式计算出

$\hat{x}_m$ 和 $\hat{y}_m$ 的大小。根据(9.19)和(9.18)式,取 t 分别从 0、200、400 开始持续 200 个时间单位(系统仿真中的时间只是数值,具体对应到物理系统上,单位应当是 $1/\omega_0$,绝对的时间单位应当在 10^{-8} 秒数量级),计算出 $A_k(k=1,2,3)$ 随时间变化的函数值。再由(9.28)式计算出 $V_k(k=1,2,3)$;根据(9.27)式计算出幺正演化矩阵 U,最后,将所获得的幺正演化矩阵 U 去与初始态相互作用,其中每一步的分解作用则分别使能级从最初的 1 态逐级的转化到 2 态、3 态和 4 态。

图 9.1a 给出了所施加的将能级进行转换的具有 3 个不同共振频率的方波控制场序列图形,它们分别作用在时间段[0,200]、[200,400]和[400,600],纵坐标是 A_k 的大小,即控制场脉冲方波脉冲幅值,仿真实验中所作用的每一个方波脉冲的面积为 π。计算中,τ_0 是脉冲的上升和下降的时间,可以通过调节 τ_0 的大小,来获得方波型脉冲或高斯型脉冲。在我们的实验中,取 $\tau_0=20$,以获得方波型脉冲控制场。

图 9.1b 给出了在 3 个方波的作用下,各能级在不同的时间段里进行状态变换的过程,纵坐标代表各能级群所处的概率大小,能级群的 4 个能级最初状态的概率分别为(1,0,0,0),经过[0,200]时间,在频率为 ω_1 的 A_1 作用下,使得能级 1 与能级 2 的状态进行了相互变换,使群的状态(概率)变为(0,1,0,0);而在时间[200,400]之间,在频率为 ω_2 的 A_2 作用下,使得能级 2 与能级 3 又发生了相互变换,群的状态转变为(0,0,1,0);等到经过时间[200,400]之间,在频率为 ω_3 的 A_3 作用下,使得能级 3 与能级 4 又发生了相互变换,群的状态最终转变为(0,0,0,1),完成了从 1→2→3→4 的能级群的演化过程。

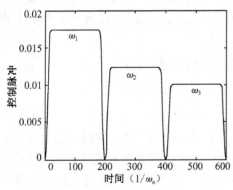

图 9.1a 所施加的控制场方波脉冲序列图

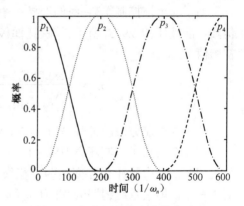

图 9.1b 各能级的状态变换的过程

例 9.4 对一个混合系统的系综群的反转(Schirmer S G 2001)

这里我们的目标是泛化前一节所讨论的控制方法来达到一个 N 能级系统群的反转,该系统具有由密度矩阵所表达的初始状态

$$\hat{\rho}_0 = \sum_{n=1}^{n} \omega_n \mid n \rangle \langle n \mid \tag{9.30}$$

其中，ω_n 是初始状态群 $\mid n \rangle$，$0 \leqslant \omega_n \leqslant 1$，及 $\sum_{n=1}^{N} \omega_n = 1$。如果 ω_n 满足一个玻尔兹曼分布，那么系统被认为是处于初始的热平衡中。

对该系统群反转所期望的演化操作是

$$U = \begin{bmatrix} 0 & 0 & \cdots & 0 & e^{i\theta_1} \\ 0 & 0 & \cdots & e^{i\theta_2} & 0 \\ \vdots & \vdots & & \vdots & \vdots \\ 0 & e^{i\theta_{N-1}} & \cdots & 0 & 0 \\ e^{i\theta_N} & 0 & \cdots & 0 & 0 \end{bmatrix} \tag{9.31}$$

其中，$e^{i\theta_i}$ 是任意相位因子。再假定 $\omega_m \neq \omega'_m$，除非 $m = m'$，且每一个跃迁 $m \rightarrow m+1$ 可以各自用所选择的控制脉冲频率来描述。动力学李代数的产生器，这个产生器所给出的再次有形式为(9.13)式，且可能的李群分解为

$$\hat{U} = \prod_{l=N-1}^{1} \left[\prod_{m=1}^{l} \hat{V}_m \right] \tag{9.32}$$

其中，因子 $\hat{V}_m$ 是由(9.28)定义的这个分解中因子数目，即控制脉冲数是 $K = N(N-1)/2$。如果初始群 ω_n 满足对于 $m \neq m'$ 有 $\omega_m \neq \omega_{m'}$ 的条件下，上述分解所对应的序列是最优的序列，如果控制脉冲的数目 $K' < K$，则该量子系统就不可能实现系统的密度群翻转。

为了演示该控制策略，我们选择一个四能级的 Morse 振荡器作为例子来进行仿真。能级如(9.29)式所示，其跃迁偶极动量 $d_n = p_{12}\sqrt{n}$，且在热力学平衡中的初始值为

$$\omega_n = \frac{\exp[(E_n - E_1)/(E_N - E_1)]}{\sum_{k=1}^{N} \exp[(E_k - E_1)/(E_N - E_1)]} \tag{9.33}$$

所施加控制方波脉冲数是：$K = N(N-1)/2 = 4(4-1)/2 = 6$。

图 9.2 给出了控制场方波脉冲以及在方波脉冲作用下能级群的演化过程。演化过程中的每个脉冲相互变换两个能级的群，直到达到系综群能级的完全翻转。对于一个四能级系统，其初始群为 $\omega_n (n = 1, 2, 3, 4)$，在群上的控制同样是有效方波脉冲面积为 π、频率为 $\omega_m (m = 1, 2, 3)$ 的控制方波脉冲。初始能级群的概率由高到低的排列顺序为 (p_1, p_2, p_3, p_4)。

从图 9.2a 中可以看出，作用在群上的控制方波脉冲一共有 6 个，分别各作用 200 个时间单位，依次的频率分别为 ω_1、ω_2、ω_3、ω_1、ω_2 和 ω_1。在它们的作用下，图 9.2b 给出了不同时间段上能级群的变化过程。在时间段 $[0, 200]$ 里，能级 1 和

能级 2 之间的状态发生了变换,使能级群概率的排列顺序为 (p_2, p_1, p_3, p_4);到了时间段 $[200, 400]$ 里,能级 2 和能级 3 之间的状态发生了变换,使能级群概率的排列顺序为 (p_3, p_1, p_2, p_4);到了时间段 $[400, 600]$ 里,能级 3 和能级 4 之间的状态发生了变换,使能级群概率的排列顺序为 (p_4, p_1, p_2, p_3);到了时间段 $[600, 800]$ 里,能级 1 和能级 2 之间的状态发生了变换,使能级群概率的排列顺序为 (p_4, p_2, p_1, p_3);到了时间段 $[800, 1000]$ 里,能级 3 和能级 4 之间的状态发生了变换,使能级群概率的排列顺序为 (p_4, p_3, p_1, p_2);到了时间段 $[1000, 1200]$ 里,能级 1 和能级 2 之间的状态发生了变换,使能级群概率的排列顺序为 (p_4, p_3, p_2, p_1)。由此完成了整个系综群的翻转。

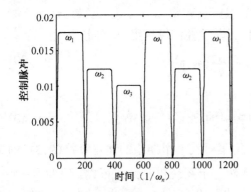
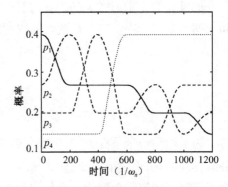

图 9.2a　所施加的控制场方波脉冲序列图　　图 9.2b　各能级的状态变换的过程

例 9.5　对李群类型 $sp(l)$ 上的系统的系综群的反转

前几节中假定跃迁频率 ω_m 是互不相同的,现在将考虑具有 $N = 2l$(l 是自然数)能级的量子系统,并且跃迁频率是成对相等的,偶极力矩也是成对相等的,所以假设:

$$\omega_m = \omega_{N-m}, \quad d_m = d_{N-m} \tag{9.34}$$

对于 $1 \leqslant m \leqslant N-1$,如果 $n \neq m$,且 $n \neq N - m$,则 $\omega_n \neq \omega_m$。既然系统从 $m \to m+1$ 跃迁的共振频率与系统从 $N - m \to N - m + 1$ 跃迁的共振频率一样,所以我们只需成对的处理系统的跃迁。如果非共振效应能被忽略,那么控制场 f_m 的相互作用哈密顿是

$$\hat{H}(f_m) = \left[e^{i(\omega_m t + \phi_m)}(\hat{e}_{m,m+1} + \hat{e}_{N-m,N-m+1}) \right.$$
$$\left. + e^{-i(\omega_m t + \phi_m)}(\hat{e}_{m+1,m} + \hat{e}_{N-m+1,N-m}) \right] \times A_m(t) d_m \tag{9.35}$$

对于 $1 \leqslant m < l$,如果 $m = l$,我们有

$$\hat{H}_l(f_l) = (e^{i(\omega_l t + \phi_l)}\hat{e}_{l,l+1} + e^{-i(\omega_l t + \phi_l)}\hat{e}_{l+1,l}) A_l(t) d_l \tag{9.36}$$

显然,这个控制系统的动力李代数,即由 $H_0, H_1, \cdots, H_l$ 形成的李代数同构于 $sp(l)$

(维数是 $l(2l+1)$ 的对偶李代数,如果 $\mathrm{tr}(H_0)=0$ 或者同构于 $sp(l)\oplus u(1)$。所以该系统是纯态可控的。我们可以看到对于任意的初始系综,完全实现系统的密度的完全翻转是可能的。

采用前面相同的方法,我们获得演化方程为

$$\dot{\Omega}(t) = \sum_{m=1}^{l} A_m(t) d_m (\sin\phi_m \widetilde{x}_m - \cos\phi_m \widetilde{y}_m)\Omega(t) \tag{9.37}$$

其中,

$$\begin{aligned}
\widetilde{x}_m &\equiv \hat{x}_m - \hat{x}_{N-m}, 1\leqslant m < l, \widetilde{x}_l = \hat{x}_l; \\
\widetilde{y}_m &\equiv \hat{y}_m - \hat{y}_{N-m}, 1\leqslant m < l, \widetilde{y}_l = \hat{y}_l
\end{aligned} \tag{9.38}$$

如果我们应用形式为(9.2)的控制场,以跃迁频率 $\omega_m = \omega_{N-m}$ 共振,在一个时间周期 $t_{k-1}\leqslant t\leqslant t_k$,并且在此时间周期内无其他控制场作用,我们有

$$\Omega(t) = \hat{V}_k(t)\Omega(t_{k-1}) \tag{9.39}$$

其中算符 $\hat{V}_k(t)$ 为

$$\hat{V}_k(t) = \exp\left[\int_{t_{k-1}}^{t} A_k(\tau)\mathrm{d}\tau d_m(\sin\phi_k \widetilde{x}_m - \cos\phi_k \widetilde{y}_m)\right] \tag{9.40}$$

为了达到一个系综群的完全翻转,不得不寻找一个期望的演化算符(9.31)的分解,以(9.40)形式的产生器 $\hat{V}_k(t)$。既然这个系统仅是纯态可控,不是每一个幺正算符都能够被分解为一个(9.40)形式的乘积。不过,总可以达到一个系综群的完全翻转,因为它可以被证实取

$$\hat{U} = \prod_{k=1}^{l}\left[\prod_{m=1}^{l}\hat{V}_m\right] \tag{9.41}$$

其中产生器是

$$\hat{V}_m = \exp\left[\frac{\pi}{2}(\sin\phi_k \widetilde{x}_m - \cos\phi_k \widetilde{y}_m)\right] \tag{9.42}$$

总导致一个(9.31)形式的演化算符 U。U 的分解中因子的总数以及控制脉冲的总数对于 $N\geqslant 4$ 是:$K = l^2 = N^2/4 < N(N-1)/2$。因而这个群翻转的控制目标可以在较少的步骤里被达到。

再次考虑四能级系统,具有能量 $E_1=1, E_2=1.8, E_3=2.6, E_4=3.6$(单位为 $\hbar\omega_0$)。跃迁偶极动量为 $d_1=1, d_2=\sqrt{2}, d_3=1$。图 9.3 给出了控制脉冲序列以及响应的该系统采用方波脉冲控制下的能级群的演化。系综群的完全翻转在最终时刻被达到。对于一个四能级系统,其初始群为 $\omega_n(n=1,2,3,4)$,在每个能级之间的跃迁频率相等的情况下,作用在群上的控制脉冲只要是有效脉冲面积为 π、频率为 $\omega_m(m=1,2)$ 的两种、4 个控制脉冲即可完成四能级系统的翻转。初始能级群的概率由高到低的排列顺序为 (p_1, p_2, p_3, p_4)。翻转的过程为:$(p_1, p_2, p_3, p_4) \rightarrow$

$(p_2, p_1, p_4, p_3) \rightarrow (p_2, p_4, p_1, p_3) \rightarrow (p_4, p_2, p_3, p_1) \rightarrow (p_4, p_3, p_2, p_1)$。

注意,此方法仅在 $d_{N-m} = d_m$ 对 $1 \leqslant m \leqslant l$ 下有效,即如果跃迁偶极动量对具有相同跃迁频率的跃迁是一样的,如果有跃迁具有相同的频率 ω_m,但不同的跃迁偶极动量,那么频率 ω_m 的任何控制场将同时驱动所有的共振跃迁。但既然跃迁偶极动量是不同的,所需要的变换两个联合能级的时间对每个共振跃迁不同,因此,上述简单的方法将不能产生系综群的一个完全翻转。

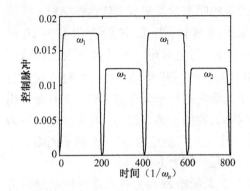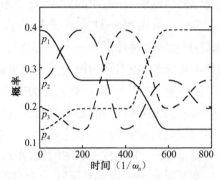

图 9.3a 所施加的控制场方波脉冲序列图　　　图 9.3b 各能级的状态变换的过程

9.2　量子计算中幺正算符的实施

本节介绍由 Kim 等(Kim J et al. 2000)提出的通过 $1/2$ 自旋哈密顿系统介绍了一个用允许算符的乘积来表达一个幺正算符一般的方法。在此方法中,首先找到算符的产生器,然后通过乘积算符形式的基本算符来对产生器进行拓展,最后,哈密顿中不允许的基本算符,包括多于两物体的相互作用,通过允许的轴变换和降阶耦合技术来替代。这一方法可以对核磁共振计算机系统直接提供脉冲序列,并能够被泛化应用到其他系统中。

1973 年 Bennett(Bennett C H　1973)提出了一种可逆的 Turing 机,它与不可逆机具有同样效率,这引发了采用量子系统作为计算机的主意,因为量子计算机的时间演化是可逆的。Feynman(Feynman R P　1985)引入了量子计算机的概念,其理论模型是由 Deutsch 给出。另外 Fredkin 和 Toffoli(Fredkin E et al. 1982)证明了一个任意计算可以通过一个可逆的 Turing 机来实施。他们是通过展示与、或及非门可以通过可逆的 3 位门来产生而得出结论的,其中一个 Toffoli 是目前最常被使用的。在量子计算中,一个 3 位门不能直接被实现,因为需要同时三个粒子的相互作用,因而人们努力寻找两位通用门,特别地,Barenco 等(Barenco A et al. 1995)研究表明两位的控制非门(CNOT)与一位门的组合可以替代一个 Toffoli 门,并提

出了一个构造通用 n 位可控门的方法,由此证明了一个计算机可以通过一个量子计算机来执行,并且这些通用门的实施成为任何量子系统进行量子计算的基本要求。不过,证明任何一个量子计算可以用量子计算机来完成,并不意味着我们已经掌握了它的通用实施过程。如果与某个量子系统哈密顿相关的一个幺正算符 $U = \exp(-\mathrm{i}Ht/\hbar)$,等于一组逻辑门的组合,它可以通过该系统经过时间 t 的演化来实现。但现实中只有很少部分的物理操作可以以哈密顿的特性来实现。因此,有必要寻找一种通用的方法,只采用给定的哈密顿量来实施任意的操作。

Feynman 提出一种方法来构造人工的哈密顿:当 U 被给定为 $U = U_k \cdots U_3 U_2 U_1$,那么相对于每一个 U_i,都有一个 H_i 与之对应。不过构造人工的哈密顿是不实际的,较实际的做法是采用可调节的扰动"开"和"关"对一个哈密顿进行部分的控制,这样 U 可以被表达为对应于扰动项的一个算符的乘积。不管是采用 Feynman 的人工哈密顿,还是具有开关的扰动,我们所感兴趣的算符必须能表示为由哈密顿允许的算符乘积,这等价于寻求一个通用门的组合,或一个量子网络。一般而言,这是一个非常困难的问题,不过已有几个解决方案。

本节提出一个表达幺正算符为自旋 1/2 系统哈密顿为各算符乘积的通用方法。可用于核磁共振量子计算中。该方法利用一个幺正算符 U 总是由 $U = \exp(-\mathrm{i}G)$ 给定,其中的 G 是厄米算符,一旦算符的产生器 G 被找到,它就可以通过适当的基本算符(操作)来拓展,那么,U 可以被表达为仅用一些基操作作为产生器的各算符的乘积。最终乘积中的每个算符都用允许的一个替换掉。只用物理变量的算符在每个转换的过程中,这可以帮助我们理解量子计算操作的物理意义。

9.2.1　分解

既然实施一个算符的唯一的方式就是在适当的哈密顿下进行状态的时间演化,哈密顿与时间的乘积作为产生器,给出了实施的物理必要信息,那么,实施的第一步是寻求给定算符的生成器。

一个幺正算符用一个归一化的矩阵来表达总是应用单位变化成对角线形式。用来对角化 U 的矩阵 T,也是对角化矩阵 G 的表达式为

$$U' = TUT^+ = \mathrm{e}^{-\mathrm{i}TGT^+} = \mathrm{e}^{-\mathrm{i}G'} \tag{9.43}$$

其中,U' 和 G' 是 U 和 G 的对角化矩阵。

一旦算符及其产生器变成对角的,G 可以获得为

$$U'_{kk} = \mathrm{e}^{-\mathrm{i}G'_{kk}} \tag{9.44}$$

G 由逆转变 $G = T^+ G' T$ 获得。既然 G 是厄米的,G 的特征值 G'_{kk} 是实数。U'_{kk} 是绝对值为 1 的复数。值得注意的是,从 U'_{kk} 到 G'_{kk} 的转换图(mapping)不是唯一的。

关于具有哈密顿 G 的产生器,考虑下面 N 个自旋 1/2 粒子形式的算符乘积的各算符

$$B_s = 2^{(q-1)} (I_{\alpha 1} \otimes I_{\alpha 2} \otimes \cdots \otimes I_{\alpha N}) \tag{9.45}$$

其中,$s = \{\alpha_1, \alpha_2, \cdots, \alpha_N\}$;$\alpha_i$ 为 $0, x, y$ 或 z。I_0 是 E,即一个 2×2 单位矩阵。对于 $\alpha_i \neq 0$,$I_{\alpha i}$ 是一个自旋角动量算符,q 是 α_i 为非零的数目,例如 $\{B_s\}$ 对于 $N = 2$,则有

$$\begin{aligned}
q &= 0, E/2 \\
q &= 1, I_{1x}, I_{1y}, I_{1z}, I_{2x}, I_{2y}, I_{2z}, \\
q &= 2, 2I_{1x}, I_{2x}, 2I_{1x}, I_{2y}, 2I_{1x}, I_{2z}, \cdots,
\end{aligned} \tag{9.46}$$

其中,16 个狄拉克矩阵,除了 1/2 分量外,在方程(9.46)中没有表现出幺阵矩阵。$\{B_s\}$ 中包含 4^N 个元素,构造了一个完备集合,因此任意一个 $2^N \times 2^N$ 矩阵可以用 $\{B_s\}$ 的线性组合来获得。既然 G 和 B_s 是厄米的,那么线性组合系数是实数且可以通过应用 G 和 B_s 的内容获得。

现在幺阵算符可以表示为 $U = \exp(-i \sum_s b_s B_s)$,并且是可以进行物理观测的。一般而言,不存在对应一个由 B_s 线性组合的哈密顿,因此,下一步需要将 U 表达为一系列单个算符的乘积,使其只有一个 B_s 作为 $\exp(-i b_s B_s)$ 的生成器。有时这样的分解是最困难的一步,且还未被证明,对于自旋算符,这种分解是否总是可能的。幸运的是,许多有用门可以容易的用 B_s 的转换关系来进行分解。B_s 是可以相互之间进行变换或反变换的,只要 G 可以仅用 B_s 来变换,那么 U 可以容易的用单个算符的乘积表示为

$$U = \exp\left(-i \sum_s b_s B_s\right) \Rightarrow \prod_s \exp(-i b_s B_s) \tag{9.47}$$

用于 Grover 寻优算法中的一个交换门及一个 f- 被控相位门都属于这一情况。

虽然一个生成器具有不对易的 B_s,但在有些情况下,分解是可以直接实现的。假定 2 个基算符 B_{s1} 和 B_{s2} 满足关系($\hbar = 1$)

$$[B_{s1}, B_{s2}] = i B_{s3} \tag{9.48}$$

那么,B_{s3} 也属于 $\{B_s\}$。这个对易关系构造了 3 个算符 B_{s1}、B_{s2} 和 B_{s3},在笛卡尔坐标下的旋转变换意味着

$$\exp(-i\phi B_{s3}) B_{s1} [\exp(-i\phi B_{s3})]^+ = B_{s1} \cos\phi + B_{s2} \sin\phi \tag{9.49}$$

对周期变更 $s1$、$s2$ 和 $s3$,如果一个生成器只有这些算符,它可以用欧拉旋转来分解,例如 $\exp[-i\phi(B_{s1} + B_{s2})]$ 被理解为角度为 $\sqrt{2}\phi$ 关于 $45°$ 轴离开 B_{s1} 轴的旋转(在 B_{s3} 和 B_{s2} 轴的平面上)。因此,这种操作等价于连续的关于 B_{s1} 和 B_{s3} 轴的下列旋转

$$\exp[-i\phi(B_{s1} + B_{s2})] = e^{-i(\pi/4)B_{s3}} e^{-i\sqrt{2}B_{s1}} e^{i(\pi/4)B_{s3}} \tag{9.50}$$

这个通过欧拉旋转的分解技术也可以在一个算符有以下因式时应用

$$U = \exp\Big[-\mathrm{i}\prod_{i=1}^{N}\Big(\sum_{ai}\phi_{iai}I_{iai}\Big)\Big] \tag{9.51}$$

其中，ϕ_{iai} 是实数。既然 I_{1x}，I_{1y}，I_{1z} 满足对易关系 (9.48)，且与任意具有 $i\neq1$ 的自旋算符都对易，自旋体 1 部分可以被分解为

$$U_1\exp\Big[-\mathrm{i}(\phi_{10}E+\phi_1I_{1a1})\prod_{i=2}^{N}\Big(\sum_{ai}\phi_{iai}I_{iai}\Big)\Big]U_1^{+} \tag{9.52}$$

其中，U_i 是自旋体 1 部分所具有的单个算符生成器的乘积。相对于欧拉旋转，对其他的自旋体重复这个过程可得

$$U = U_N\cdots U_1\mathrm{e}^{-\mathrm{i}G}U_1^{+}\cdots U_N^{+} \tag{9.53}$$

其中

$$G = \prod_{i=1}^{N}(\phi_{i0}E+\phi_iI_{iai}) \tag{9.54}$$

由此完成分解，因为 (9.54) 式中所有的项都是相互对易的，所以被控门都属于这种情况。

9.2.2　简化

虽然 B_s 是自旋算符的乘积，为物理量，但是不是所有的 B_s 都允许存在哈密顿中。实施的下一步是用允许的部分替代乘积中那些不允许的单个算符。用来实现一个量子计算机的一个自旋 $1/2$ 系统的哈密顿，仅允许下列单个算符

$$R_{ia}(\phi) = \mathrm{e}^{-\mathrm{i}\phi I_{ia}}$$

$$J_{ija}(\phi) = \mathrm{e}^{-\mathrm{i}\phi2I_{ia}I_{ja}} \tag{9.55}$$

其中，第一项是一个旋转算符，它是自旋体 i 关于 α 轴 ϕ 角度，第二项是一个在自旋体 i 和 j 之间相互作用，第二项中的 ϕ 与自旋体-自旋体之间的耦合常数以及演化时间成正比，我们定义它为一个旋转角度，因为自旋体之间相互作用的影响可以被理解为一个自旋体由于受其他磁场的影响而旋转。在进一步分析之前，我们采用下面更加严谨的算符集来进行研究

$$R_{ia}(\phi) = \mathrm{e}^{-\mathrm{i}\phi\,I_{ia}},\quad(\alpha = x\ \text{或}\ y)$$

$$J_{ij}(\phi) = J_{ijz}(\phi) = \mathrm{e}^{-\mathrm{i}\phi2\,I_{iz}\,I_{jz}} \tag{9.56}$$

在这个集合中，只有 x 和 y 轴被用来进行单个自旋体的旋转，且自旋体之间的相互作用被限定为 Ising 型。很容易看出，所允许的单个算符的数目越多，执行一个算法就越容易，不过，下面所示事实可以得出：(9.56) 式是一个实现任何幺正算符的充分集合。事实上，这是用 NMR 量子计算下允许的唯一算符。

单个自旋旋转由所选择的 rf 脉冲来实施，且自旋体之间的相互作用是用媒介再聚焦脉冲通过哈密顿演化来实现。这两个旋转算符可以产生任何单个位操作，

且相互作用算符可以制造一个可控非门(CNOT)与旋转算符的组合,因此这 3 个算符组成执行通用门的最小集合。

现在我们表明(9.56)式中最小集合可以产生所有其他单个算符。第一,不包含在(9.56)式中的单个位操作 $R_{iz}(\phi)$ 可以被变换为

$$R_{iz}(\phi) = R_{iy}\left(-\frac{\pi}{2}\right) R_{ix}(\phi) R_{iy}\left(\frac{\pi}{2}\right) \tag{9.57}$$

这是一个众所周知的在 NMR 实验中的组合脉冲,任何关于一个轴的旋转脉冲可以用关于其他两个轴的旋转来组合。所有二阶算符(n 阶算符意味着单个算符有 $q=1$ 的生成器 B_s)可以通过这个技术将其变成(9.56)式中的 Ising 算符,例如

$$e^{-i\phi 2 I_{ix} I_{jz}} = R_{iy}\left(\frac{\pi}{2}\right) e^{-i\phi 2 I_{iz} I_{jz}} R_{iy}\left(-\frac{\pi}{2}\right) \tag{9.58}$$

以此方式任何 n 阶算符可以被转换成多个单个算符的乘积,且 n 阶耦合定义为所有 $\alpha_i = z$ 的 n 阶算符。

采用此技术将所有自旋坐标变为 z 之后,具有多于 2 物体相互作用的算符可以用以下讨论的简化为一个 Ising 型两个物体相互作用算符。

耦合阶简化的关键思想是 n 阶耦合算符可以认为是被单个自旋状态控制的 $(n-1)$ 阶算符,例如 3 阶耦合算符 $e^{-i\phi 4 I_{iz} I_{jz} I_{kz}}$ 被表示为

$$\begin{aligned}
e^{-i\phi 4 I_{iz} I_{jz} I_{kz}} &= \exp\left[-i\phi\begin{pmatrix} 2(I_z \otimes I_z) & 0 \\ 0 & -2(I_z \otimes I_z) \end{pmatrix}\right] \\
&= \begin{pmatrix} \exp[-i\phi 2(I_z \otimes I_z)] & 0 \\ 0 & \exp[i\phi 2(I_z \otimes I_z)] \end{pmatrix} \\
&= \begin{pmatrix} J_{ik}(\phi) & 0 \\ 0 & J_{ik}(-\phi) \end{pmatrix}
\end{aligned} \tag{9.59}$$

在自旋 i 的子空间里,最终形式的(9.59)意味着 3 阶耦合算符可以被理解为一个 2 阶算符具有自旋 j 和 k 之间的耦合,但其旋转方向取决于 i 的状态。我们注意到如果一个自旋体在自旋体之间相互作用演化期间翻转,那么相互作用符号改变,并且对翻转时间有影响,这意味着旋转方向的变化。因此我们可以实施(9.59)式,具有 2 阶耦合算符,通过翻转取决于 i 自旋态的第 j 或第 k 个自旋体,众所周知 CNOT(XOR)门翻转一个自旋体,取决于其他自旋体的状态,一个 CNOT 门给为

$$U_{\text{CNOT}} = R_{iz}\left(\frac{\pi}{2}\right) R_{jx}\left(\frac{\pi}{2}\right) R_{jyz}\left(\frac{\pi}{2}\right) R_{ij}\left(-\frac{\pi}{2}\right) R_{jy}\left(-\frac{\pi}{2}\right) \tag{9.60}$$

直到所有的相位。这是(9.56)式所允许的一个算符乘积。

以相同的方式,一个 n 阶耦合算符可以被简化为 $(n-1)$ 阶算符。通过条件翻

转除了 i 以外的奇数自旋体,很明显,重复所有这个过程,简化一个 n 阶耦合算符到一个 2 阶算符。CNOT 门在 2 阶耦合算符后,使其翻转自旋体为其原始态。不同于 CNOT 门前后的 2 阶耦合算符,一个伪 CNOT 门:$U_{ij} = R_{jx}(\pi/2) R_{ij}(\pi/2)$ $\cdot R_{jy}(\pi/2)$,也可以用于 U_{ij}^+。

例如我们应用通用实现过程到一个 Toffoli 门,Toffoli 门的生成器再通过基算符对角化以及逆幺正变换后就得到

$$
\begin{aligned}
G = \pi\Big(&-\frac{1}{8}E + \frac{1}{4}I_{1z} + \frac{1}{4}I_{2z} - \frac{1}{4}2I_{1z}I_{2z} + \frac{1}{4}I_{3x} \\
&-\frac{1}{4}2I_{1z}I_{3x} - \frac{1}{4}2I_{2z}I_{3x} + \frac{1}{4}4I_{1z}I_{2z}I_{3x}\Big)
\end{aligned}
\tag{9.61}
$$

既然这个生成器中所有项互相之间可以变换,可以容易地将所对应的算符表示为单个算符的乘积。替代不容许的算符后,$I_{1z}I_3$ 和 $I_{1z}I_{2z}I_{3x}$ 通过容许的轴变换和降阶耦合,门最终被表示为

$$
\begin{aligned}
&R_{iz}\left(\frac{\pi}{4}\right)R_{2z}\left(\frac{\pi}{4}\right)J_{12}\left(-\frac{\pi}{4}\right)R_{3z}\left(\frac{\pi}{4}\right)R_{3y}\left(\frac{\pi}{2}\right) \\
&\times J_{13}\left(-\frac{\pi}{4}\right)J_{23}\left(-\frac{\pi}{4}\right)U_{12}J_{23}\left(\frac{\pi}{4}\right)U_{12}^+ R_{3y}\left(-\frac{\pi}{2}\right)
\end{aligned}
\tag{9.62}
$$

直到所有的相位。

这里的方法可应用于任何采用 1/2 自旋态作为量子位的量子计算机,因为方程(9.56)中的算符产生了量子计算机所需要的最小集合。这一方法可以对其他计算机系统进行泛化来提供一个类似于方程(9.56)中算符的完备集。既然该方法使用生成器更接近于相关的哈密顿量,可以帮助我们看到一个操作的物理意义。对于哈密顿所不允许的生成器算符,通过轴变换来替换和降阶的技术获得那些允许的。因此可以采用此方法模拟一个自然界中不存在的哈密顿,包括两物体的相互作用。

这一方法对实施来说不必给出最优的或唯一解。当自旋体数目增加时,基本算符的数量呈指数增长,且一个生成器可能给出太多的项。因此,对一个具有多自旋体的系统应用此方法是需要凭经验,不过该方法对一个感兴趣的算符的实施仍然提供一个好的指导。

9.3　Wei-Norman 分解及其在量子系统控制中的应用

量子力学系统的控制有许多重要的公开研究问题,可控性是其中的一个,对幺正演化矩阵的求解是吸引国际上众多学者研究的另一个有关量子系统控制的问题。薛定谔方程是量子力学的一个基本方程,为了控制系统状态的演化过程,必须求解量子力学系统取决于时间的薛定谔方程。一个多能级量子系统动力学的薛定

谔方程的描述形式可以写为

$$i\,|\dot{\psi}\rangle = H(t)\,|\psi\rangle = \Big(H_0 + \sum_{j=1}^{m} H_j u_j(t)\Big)\,|\psi\rangle \tag{9.63}$$

其中，$H_0, H_1, \cdots, H_m$ 为系统哈密顿量，矩阵 $H_0, H_1, \cdots, H_m$ 是李代数 $u(n)$ 中的元素，如果 $H_0, H_1, \cdots, H_m$ 的阵迹为零，那么它们所对应的李代数是具有迹零的李代数 $su(n)$。函数 $u_j(t)$ 是时变的，为外加控制磁场。

(9.63)式在初始状态 $|\psi(0)\rangle$ 给定的情况下，在时刻 t 的状态 $|\psi(t)\rangle$ 可表示为

$$|\psi(t)\rangle = U(t)\,|\psi(0)\rangle \tag{9.64}$$

其中，幺正演化矩阵 $U(t)$ 是 t 时刻的演化方程：

$$\dot{U}(t) = -\,i\Big(H_0 + \sum_{j=1}^{m} H_j u_j(t)\Big) U(t), \, U(0) = I_{n \times n} \tag{9.65}$$

的解，并且，$U(t)$ 是属于李群 $U(n)$ 或 $SU(n)$。

从(9.64)式和(9.65)式中可以看出，如果量子系统要达到期望的状态，关键是通过外加控制场 $u_j(t)$，求解(3)式来获得幺正演化矩阵 $U(t)$，然后将 $U(t)$ 代入(9.64)式，根据已知的初始状态 $|\psi(0)\rangle$，求出任意时刻 t 的状态 $|\psi(t)\rangle$。换句话说，只要我们获得了在某个时刻期望的幺正演化矩阵 U_f，就可以求出该时刻的系统状态。从物理和技术实现的角度来看，每一个对量子力学系统的控制问题最终都可以归纳为对一个给定的量子系统，产生所期望的幺正演化矩阵的问题。

对于如方程(9.65)一类的矩阵微分方程，由于矩阵的特殊性，不能直接对该方程进行积分求解，所以在 1964 年由 J. Wei 和 E. Norman 提出的 Wei-Norman 分解方法解决了这一类方程的小时间的局部解问题，不过他们没有得到系统(9.65)在长时间情况下的全局解。

本节将针对量子系统的特性，把作用于系统的控制时间分成 K 段小时间，并在每一个小的时间段上分别采用 Wei-Norman 分解进行求解，以此方式来获得系统(9.65)在任意时刻的解。在详细给出 Wei-Norman 分解的具体求解过程后，针对一个具体的自旋 1/2 单个粒子系统，进行幺正演化方程求解，然后对量子系统施加不同的控制场，通过仿真实验观察系统在任意时刻的状态 $|\psi(t)\rangle$ 的变化，并对系统的状态 $|\psi(t)\rangle$ 与控制场之间的关系进行了具体的分析。

9.3.1 Wei-Norman 分解

为了使问题更一般化以及解方程的方便，把方程(9.65)进行变换，得到如下矩阵微分方程：

$$\dot{U}(t) = \sum_{j=1}^{l} v_j(t) A_j U(t), \, U(0) = I_{n \times n} \tag{9.66}$$

其中，$U(t) \in G$ 和 $A_j \in g$ 均为 $n \times n$ 矩阵，g 是李群 G 对应的李代数，且李代数 g 的秩是 l。把 (9.66) 式与 (9.65) 式比较可得，$v_1(t) = 1$，$A_1 = -\mathrm{i}H_0$，在 $1 \leqslant j \leqslant m$ 时，有 $v_{j+1}(t) = u_j(t)$，$A_{j+1} = -\mathrm{i}H_j$，如果方程 (9.65) 的控制场的个数为 $m \leqslant l - 1$，令控制场 $v_{m+2}(t), \cdots, v_l(t)$ 等于 0，并选择李代数 g 的其他的基 $A_{m+1}, \cdots, A_l$。

对于矩阵微分方程 (9.66) 的解，其分析方法之一是 Wei-Norman 分解定理。

定理 9.1　（Wei J et al. 1964）方程 (9.66) 在 $t = 0$ 附近的局部邻域解可以表示成矩阵 A_j 的指数因子的乘积形式：

$$U(t) = \exp(g_1(t)A_1)\exp(g_2(t)A_2)\cdots\exp(g_l(t)A_l) \tag{9.67}$$

在 (9.67) 式中 $g_i(t)$ 是时间的标量函数，并且 $g_i(t)$ 必须满足一组标量微分方程，即

$$\begin{bmatrix} \dot{g}_1(t) \\ \vdots \\ \dot{g}_l(t) \end{bmatrix} = \Xi(g_1(t), \cdots, g_l(t))^{-1} \begin{bmatrix} v_1(t) \\ \vdots \\ v_l(t) \end{bmatrix} \tag{9.68}$$

其中，$g_i(0) = 0$，且 $\Xi(\cdot)$ 是 $g_i(t)$ 的实解析函数。

定理 9.1 指出方程 (9.66) 在 $t = 0$ 附近的局部邻域的解可以表示成指数因子的乘积形式，如果李代数 g 是可解的李代数，则方程 (9.66) 的全局解就可以由指数因子的乘积来表示。

从定理 9.1 可以看出，Wei-Norman 分解是把方程 (9.66) 的解问题转换为微分方程组 (9.68) 的求解，通过微分方程组 (9.68) 进行求解可得到 $g_i(t)$，方程 (9.66) 的局部邻域解的指数因子乘积就可确定，只要获得 (9.68) 式中的解析函数 $\Xi(\cdot)$，则微分方程组 (9.68) 也就确定，因此必须首先获得解析函数 $\Xi(\cdot)$。下面对 $\Xi(\cdot)$ 进行求解。

首先对局部解 (9.67) 式的左右两边进行微分，可得到

$$\dot{U}(t) = \sum_{i=1}^{l} \dot{g}_i(t) \Big(\prod_{j=1}^{i-1} \exp(g_j A_j) A_i \prod_{j=i}^{l} \exp(g_j A_j) \Big) \tag{9.69}$$

结合 (9.66) 式和 (9.69) 式可以得到：

$$\sum_{j=1}^{l} v_j(t) A_j U(t) = \sum_{i=1}^{l} \dot{g}_i(t) \Big(\prod_{j=1}^{i-1} \exp(g_j A_j) A_i \prod_{j=i}^{l} \exp(g_j A_j) \Big) \tag{9.70}$$

(9.70) 式反映出了 $\dot{g}_i(t)$ 与控制场 $v_i(t)$ 之间的关系，也隐含着解析函数 $\Xi(\cdot)$，为了得到解析函数 $\Xi(\cdot)$ 的显式表示，需要进一步化简分析 (9.70) 式，利用 Campbell-Baker-Hausdauff 公式（Wei J et al. 1964）进行一系列的化简得到最终的结果是

$$\sum_{j=1}^{l} v_j(t) A_j = \sum_{i=1}^{l} \dot{g}_i(t) \Big(\prod_{j=1}^{i-1} \exp(g_j ad_{A_j}) A_i \Big) \tag{9.71}$$

由于 A_j 是李代数的基，则利用 A_j 是线性无关的并根据 (9.71) 式得到下式：

$$
\begin{bmatrix} v_1(t) \\ v_2(t) \\ \vdots \\ v_l(t) \end{bmatrix} = \left[e_1 \exp(g_1 ad_{A_1}) e_2 \cdots \prod_{i=1}^{l-1} \exp(g_i ad_{A_i}) e_l \right] \begin{bmatrix} \dot{g}_1(t) \\ \dot{g}_2(t) \\ \vdots \\ \dot{g}_l(t) \end{bmatrix} \tag{9.72}
$$

从(9.72)式可以明显看出 $\dot{g}_i(t)$ 与控制场 $v_i(t)$ 的关系,并且可以得到解析函数:

$$
\Xi = \left[e_1, \exp(g_1 ad_{A_1}) e_2, \cdots, \prod_{i=1}^{l-1} \exp(g_i ad_{A_i}) e_l \right] \tag{9.73}
$$

其中, e_i 表示第 i 个元素是 1 的列向量,即 $e_i = [0, \cdots 1, \cdots 0]'$。

从(9.73)式中可看出,求函数 $\Xi(\cdot)$ 的关键是指数 $\exp(g_j ad_{A_j})$ 的求解,而矩阵 A_j 的伴随表示 ad_{A_j} 是求解的第一步,伴随表示 ad_{A_j} 是指李代数 g 中的元素的伴随表示:

$$
ad_{A_j} A_i = [A_j, A_i] = \sum_{k=1}^{l} c_{ji}^k A_k \tag{9.74}
$$

其中, c_{ji}^k 是结构常数,且结构常数之间满足关系式: $c_{ji}^k = -c_{ij}^k = c_{ik}^j$。伴随表示 ad_{A_j} 可以由结构常数来表示,把伴随表示 ad_{A_j} 表示成矩阵形式,矩阵的第 i 列,第 k 行的元素是结构常数 c_{ji}^k,并且是 $l \times l$ 维的矩阵。第二步是计算 ad_{A_j} 的指数表示,即计算 $\exp(g_j ad_{A_j})$。有多种计算 $\exp(g_j ad_{A_j})$ 的方法,现简述常用的 3 种方法。

(1) 众所周知, $\exp(g_j ad_{A_j})$ 的级数展开是无穷级的,但根据 Carley-Hamiton 定理(Chi-Tsong Chen　1999)可以使 $\exp(g_j ad_{A_j})$ 的级数展开是有限级的,即展开成 ad_{A_j} 的前 $l-1$ 次幂的各项之和。有限级的展开式中的各项系数满足一定的关系,利用此关系可以得到有限级展开式中的系数,继而得到矩阵 ad_{A_j} 的指数表示。此方法主要是可以与李代数的结构常数联系起来。但不是求解 $\exp(g_j ad_{A_j})$ 的最优的方法。

(2) 最简单的方法是先计算矩阵 ad_{A_j} 的特征值和特征向量,把矩阵 ad_{A_j} 表示成对角矩阵与特征向量矩阵 Q 的乘积形式,即 $ad_{A_j} = Q\mathrm{diag}\{\lambda_{j1}, \lambda_{j2}, \cdots, \lambda_{jl}\} Q^{-1}$,对于对角矩阵,也就是特征值不相同的指数形式为

$$
\exp(g_j * \mathrm{diag}\{\lambda_{j1}, \cdots, \lambda_{jl}\}) = \mathrm{diag}\{\exp(g_j\lambda_{j1}), \cdots, \exp(g_j\lambda_{jl})\}
$$

所得矩阵 ad_{A_j} 的指数表示就是: $\exp(g_j ad_{A_j}) = Q\mathrm{diag}\{\exp(g_j\lambda_{j1}), \cdots, \exp(g_j\lambda_{jl})\} Q^{-1}$;如果特征值 $\lambda_{j1}, \cdots, \lambda_{jl}$ 之中有值相同,则矩阵 ad_{A_j} 表示的对角矩阵要变成约当形式的矩阵,约当形式的矩阵的指数形式计算也不复杂,其具体过程同对角矩阵的一样。

(3) 利用拉普拉斯变换同样可以计算伴随表示矩阵 ad_{A_j} 的指数表示,即由等

式 $\exp(g_j ad_{A_j}) = L^{-1}(sI - ad_{A_j})^{-1}$ 可以得到。先计算矩阵 ad_{A_j} 的函数 $sI - ad_{A_j}$，再对 $sI - ad_{A_j}$ 求逆得到 $(sI - ad_{A_j})^{-1}$，然后对 $(sI - ad_{A_j})^{-1}$ 进行拉普拉斯反变换，结果就是矩阵 ad_{A_j} 的指数形式。

利用以上三种方法中的任意一种方法都可以得到矩阵 ad_{A_j} 的指数因子表示，然后把矩阵 ad_{A_j} 的指数表示代入 (9.73) 式得到解析函数 Ξ，最后对 Ξ 求逆并代入 (9.68) 式获得微分 $\dot{g}_i(t)$ 与控制场 $v_i(t)$ 的关系。对所得到的微分方程组 (9.68) 进行分析求解得到 $g_i(t)$，由 $g_i(t)$ 代入 (9.67) 式便可得到方程 (9.66) 最终解的结果。

9.3.2　Wei-Norman 分解在量子系统中的应用

一、问题描述

一个自旋 $1/2$ 的单个粒子量子系统在 t 时刻的状态 $|\psi(t)\rangle$ 可以用基态 $|0\rangle$ 和激发态 $|1\rangle$ 的线性组合来描述：

$$|\psi(t)\rangle = c_0(t)|0\rangle + c_1(t)|1\rangle \tag{9.75}$$

其中，$c_0(t)$ 和 $c_1(t)$ 是复数，并且对于每一个时刻 t 都满足关系：$|c_0(t)|^2 + |c_1(t)|^2 = 1$。

显然在 (9.75) 式中的状态 $|\psi(t)\rangle$ 满足薛定谔方程的形式 (9.63) 式，考虑到自旋单个粒子的具体物理背景，并且设普朗克常量 $\hbar = 1$，则该系统的薛定谔方程具体形式为

$$i|\dot{\psi}\rangle = (H_0 + H(t))|\psi\rangle = (\omega_0\sigma_z + u_x(t)\sigma_x + u_y(t)\sigma_y)|\psi\rangle \tag{9.76}$$

其中，H_0 为系统内部哈密顿，H 为包括外部施加作用场的系统外部哈密顿，$u_x(t)$ 和 $u_y(t)$ 分别表示在 x 方向和 y 方向施加的控制分量。对于 H_0 可以写为：$H_0 = \omega_0\sigma_z$，其中，ω_0 为固定磁场频率，σ_z 为粒子在 z 方向的分量自旋算符。σ_x 和 σ_y 分别是粒子在 x 方向以及在 y 方向的旋转分量，σ_z，σ_x，σ_y 也被称为泡利 (Pauli) 矩阵，具体形式为

$$\sigma_z = \frac{1}{2}\begin{bmatrix} 1 & 0 \\ 0 & -1 \end{bmatrix}, \sigma_x = \frac{1}{2}\begin{bmatrix} 0 & 1 \\ 1 & 0 \end{bmatrix}, \sigma_y = \frac{1}{2}\begin{bmatrix} 0 & -i \\ i & 0 \end{bmatrix}$$

由 (9.76) 式可以得出该量子系统的幺正演化矩阵 $U(t)$ 的演化方程为

$$\dot{U}(t) = -i(\omega_0\sigma_z + u_x(t)\sigma_x + u_y(t)\sigma_y)U(t), U(0) = I_{2\times2} \tag{9.77}$$

其中，幺正演化矩阵 $U(t)$ 所在的李群 G 是 $SU(2)$，由 σ_z，σ_x，σ_y 形成的李代数 g 是 $su(2)$。

对于该系统，首先利用 Wei-Norman 分解获得方程 (9.77) 在 $t=0$ 附近的局部邻域解 $U(t)$ 的指数表示。为了得到方程 (9.77) 在任意时刻的幺正演化矩阵

$U(t)$,需要把 t 分成小段时间来分别进行 Wei-Norman 分解求解。通过施加不同的控制场 $u_x(t)$ 和 $u_y(t)$,利用 $|\psi(t)\rangle = U(t)|\psi(0)\rangle$ 来求状态 $|\psi(t)\rangle$,由于状态 $|\psi(t)\rangle$ 可以由复数 $c_0(t)$ 和 $c_1(t)$ 表示,并且为了直观和方便,所以我们在实验中通过计算并绘制出状态 $|\psi(t)\rangle$ 的概率 $c_0(t)$ 和 $c_1(t)$ 的模值的曲线变化来考察系统状态 $|\psi(t)\rangle$ 与外加控制场之间的关系。

二、Wei-Norman 分解的应用

为了利用 Wei-Norman 分解以及分析问题方便,对(9.77)式进行变换得到

$$\dot{U}(t) = (v_1 A_1 + v_2 A_2 + v_3 A_3)U(t), U(0) = I_{2\times 2} \tag{9.78}$$

其中, $A_1 = -\mathrm{i}\sigma_x = \dfrac{1}{2}\begin{bmatrix} 0 & -\mathrm{i} \\ -\mathrm{i} & 0 \end{bmatrix}$, $A_2 = -\mathrm{i}\sigma_y = \dfrac{1}{2}\begin{bmatrix} 0 & -1 \\ 1 & 0 \end{bmatrix}$, $A_3 = -\mathrm{i}\sigma_z = \dfrac{1}{2}\begin{bmatrix} -\mathrm{i} & 0 \\ 0 & \mathrm{i} \end{bmatrix}$, $v_1 = u_x(t), v_2 = u_y(t), v_3 = \omega_0$。

基 A_1, A_2, A_3 之间的关系分别是:

$[A_1, A_2] = A_1 A_2 - A_2 A_1 = A_3$,其对应的结构常数为 $c_{12}^1 = c_{12}^2 = 0, c_{12}^3 = 1$;

$[A_2, A_3] = A_2 A_3 - A_3 A_2 = A_1$,其对应的结构常数为 $c_{23}^2 = c_{23}^3 = 0, c_{23}^1 = 1$;

$[A_3, A_1] = A_3 A_1 - A_1 A_3 = A_2$,其对应的结构常数为 $c_{31}^1 = c_{31}^3 = 0, c_{31}^2 = 1$;

由于结构常数满足关系: $c_{ji}^k = -c_{ij}^k = c_{ik}^j$,所以可得 $c_{21}^3 = c_{32}^1 = c_{13}^2 = -1$,其余的都等于 0。根据第 2 节的定理 1 可以得到系统(9.78)的解在 $t=0$ 附近的局部邻域解的表示为

$$U(t) = \exp(g_1(t)A_1)\exp(g_2(t)A_2)\exp(g_3(t)A_3)$$

其中的 $g_i(t)$ 必须满足一组微分方程,即

$$\begin{bmatrix} \dot{g}_1(t) \\ \dot{g}_2(t) \\ \dot{g}_3(t) \end{bmatrix} = \Xi(g_1(t), g_2(t), g_3(t))^{-1} \begin{bmatrix} v_1(t) \\ v_2(t) \\ v_3(t) \end{bmatrix} \tag{9.79}$$

其中, $g_i(0) = 0$,且 $\Xi(\cdot)$ 是 $g_i(t)$ 的实解析函数,以下任务是主要求解 $\Xi(\cdot)$。

第一步:求基 A_j 的伴随表示 ad_{A_j}

基 A_j 的伴随表示 ad_{A_j} 作用在基 A_i 上的运算关系为: $ad_{A_j}A_i = [A_j, A_i] = \sum_{k=1}^{3} c_{ji}^k A_k$,由此式可得基 A_j 的伴随表示 ad_{A_j},即是 3×3 的矩阵,分别如下:

$$ad_{A_1} = \begin{bmatrix} c_{11}^1 & c_{12}^1 & c_{13}^1 \\ c_{11}^2 & c_{12}^2 & c_{13}^2 \\ c_{11}^3 & c_{12}^3 & c_{13}^3 \end{bmatrix} = \begin{bmatrix} 0 & 0 & 0 \\ 0 & 0 & -1 \\ 0 & 1 & 0 \end{bmatrix}, ad_{A_2} = \begin{bmatrix} c_{21}^1 & c_{22}^1 & c_{23}^1 \\ c_{21}^2 & c_{22}^2 & c_{23}^2 \\ c_{21}^3 & c_{22}^3 & c_{23}^3 \end{bmatrix} = \begin{bmatrix} 0 & 0 & 1 \\ 0 & 0 & 0 \\ -1 & 0 & 0 \end{bmatrix},$$

$$ad_{A_3} = \begin{bmatrix} c_{31}^1 & c_{32}^1 & c_{33}^1 \\ c_{31}^2 & c_{32}^2 & c_{33}^2 \\ c_{31}^3 & c_{32}^3 & c_{33}^3 \end{bmatrix} = \begin{bmatrix} 0 & -1 & 0 \\ 1 & 0 & 0 \\ 0 & 0 & 0 \end{bmatrix}$$

第二步:求基的伴随表示的指数因子表示

根据第 2 节中的求伴随表示的指数因子的方法之一(利用特征值和特征向量的方法)可以分别得到

$$\exp(g_1 ad_{A_1}) = \begin{bmatrix} 1 & 0 & 0 \\ 0 & \cos(g_1) & -\sin(g_1) \\ 0 & \sin(g_1) & \cos(g_1) \end{bmatrix}, \exp(g_2 ad_{A_2}) = \begin{bmatrix} \cos(g_2) & 0 & \sin(g_2) \\ 0 & 1 & 0 \\ -\sin(g_2) & 0 & \cos(g_2) \end{bmatrix},$$

$$\exp(g_3 ad_{A_3}) = \begin{bmatrix} \cos(g_3) & -\sin(g_3) & 0 \\ \sin(g_3) & \cos(g_3) & 0 \\ 0 & 0 & 1 \end{bmatrix}$$

第三步:求解析函数 $\Xi(\cdot)$ 的表达式

把以上所得到的伴随表示的指数因子表示代入函数 $\Xi(\cdot)$ 中,可以得到 $\Xi(\cdot)$ 的表达式为

$$\Xi = [e_1, \exp(g_1 ad_{A_1})e_2, \exp(g_1 ad_{A_1})\exp(g_2 ad_{A_2})e_3]$$

$$= \begin{bmatrix} 1 & 0 & \sin(g_2) \\ 0 & \cos(g_1) & -\sin(g_1) * \cos(g_2) \\ 0 & \sin(g_1) & \cos(g_1) * \cos(g_2) \end{bmatrix} \tag{9.80}$$

其中,$e_1 = [1,0,0]'$,$e_2 = [0,1,0]'$,$e_3 = [0,0,1]'$。

第四步:求 $g_i(t)$ 的微分方程组的最终结果

把(9.80)式的函数 Ξ 代入 $\begin{bmatrix} \dot{g}_1(t) \\ \dot{g}_2(t) \\ \dot{g}_3(t) \end{bmatrix} = \Xi^{-1} \begin{bmatrix} v_1(t) \\ v_2(t) \\ v_3(t) \end{bmatrix}$ 得

$$\begin{bmatrix} \dot{g}_1(t) \\ \dot{g}_2(t) \\ \dot{g}_3(t) \end{bmatrix} = \begin{bmatrix} 1 & \sin(g_1)\tan(g_2) & -\cos(g_1)\tan(g_2) \\ 0 & \cos(g_1) & \sin(g_1) \\ 0 & -\sin(g_1)\sec(g_2) & \cos(g_1)\sec(g_2) \end{bmatrix} \begin{bmatrix} v_1(t) \\ v_2(t) \\ v_3(t) \end{bmatrix} \tag{9.81}$$

所以方程(9.77)的解在 $t = 0$ 附近的局部邻域表示为

$$U(t) = \exp(g_1(t)A_1)\exp(g_2(t)A_2)\exp(g_3(t)A_3)$$

$$= \exp(-ig_1(t)\sigma_x)\exp(-ig_2(t)\sigma_y)\exp(-ig_3(t)\sigma_z) \tag{9.82}$$

其中的 $g_i(t)$ 必须满足一组微分方程:

$$
\begin{bmatrix} \dot{g}_1(t) \\ \dot{g}_2(t) \\ \dot{g}_3(t) \end{bmatrix} = \begin{bmatrix} 1 & \sin(g_1)\tan(g_2) & -\cos(g_1)\tan(g_2) \\ 0 & \cos(g_1) & \sin(g_1) \\ 0 & -\sin(g_1)\sec(g_2) & \cos(g_1)\sec(g_2) \end{bmatrix} \begin{bmatrix} u_x(t) \\ u_y(t) \\ \omega_0 \end{bmatrix} \quad (9.83)
$$

三、多段 Wei-Norman 分解的应用

由于量子系统(9.77)所对应的李代数 $su(2)$ 不是可解李代数,所以该系统不能直接利用 Wei-Norman 分解来获得全局解。所以为了获得系统(9.77)在任意时刻的幺正演化矩阵,在时间 T 很长的情况下,则需把 T 分成 K 段小时间 $\left(t_1, t_2, \cdots, t_K, \sum_{k=1}^{K} t_k = T\right)$,根据关系式:

$$|\psi(t_1)\rangle = U(t_1)|\psi(0)\rangle,$$
$$|\psi(t_1 + t_2)\rangle = U(t_2)|\psi(t_1)\rangle = U(t_2)U(t_1)|\psi(0)\rangle$$
$$\vdots$$
$$|\psi(T)\rangle = U(t_K)|\psi(t_{K-1})\rangle = \cdots = U(t_K)U(t_{K-1})\cdots U(t_1)|\psi(0)\rangle$$

以及关系式 $|\psi(T)\rangle = U(T)|\psi(0)\rangle$,可以得到在 T 时刻的幺正演化矩阵 $U(T)$ 的表示为

$$U(T) = U(t_K)U(t_{K-1})\cdots U(t_1) \quad (9.84)$$

所以对于任意时刻的幺正演化矩阵都可以分成 K 个幺正演化矩阵的乘积,对于每段小时间的幺正演化矩阵 $U(t_k)$ 都可以根据 Wei-Norman 分解来获得。对于每段小时间 $t_k(k=1,2,\cdots,K)$,都满足演化方程(9.77),因此根据方程(9.77)解的表示式(9.82)可以获得每段小时间的幺正演化矩阵 $U(t_k)$,其形式为

$$U(t_k) = \exp(-\mathrm{i}g_1(t_k)\sigma_x)\exp(-\mathrm{i}g_2(t_k)\sigma_y)\exp(-\mathrm{i}g_3(t_k)\sigma_z) \quad (9.85)$$

因此,通过(9.84)式和(9.85)式就可以获得该量子系统在任意时刻的幺正演化矩阵,再根据 $|\psi(t)\rangle = U(t)|\psi(0)\rangle$ 就可获得该量子系统在任意时刻的状态。

四、实验结果及其分析

根据以上所获得的量子系统的状态与控制场的关系(9.84)式和(9.85)式进行仿真实验,以便获得系统状态随控制场的参数变化时的概率变化曲线。

首先假定在 $t=0$ 时,系统处于基态 $|0\rangle$,由(9.75)式 $|\psi(0)\rangle = c_0(0)|0\rangle + c_1(0)|1\rangle$,可得,$c_0(0)=1,c_1(0)=0$。为了方便起见,把状态 $|\psi(t)\rangle$ 写成列向量:$|\psi(t)\rangle = [c_0(t),c_1(t)]'$,此时 $|\psi(0)\rangle = [c_0(0),c_1(0)]' = [1,0]'$。而该量子系统的内部磁场频率在仿真过程中都假定为 $\omega_0=1$。

1) 选取控制场为正弦曲线

在 x 方向和 y 方向分别施加控制分量为:$u_x(t) = \Omega\cos(\omega t + \theta_0)$,$u_y(t) =$

$\Omega\sin(\omega t + \theta_0)$，各参数分别取 $\theta_0 = 0$，$\omega = 1$，$\Omega = \pi$，终态时间 $T = 5\mathrm{s}$，将其分为 50 段，即 $K = 50$。由此可得 $t_k = 0.1$。在 MATLAB 环境下，采用 ODE45 求解（21）式，解出每个 t_k 时刻的 $g_i(t_k)$，$i = 1,2,3$。然后根据（9.84）式和（9.85）式求解出每个 t_k 时刻幺正演化矩阵，最后通过（9.64）式和（9.75）式得到整个过程中系统状态的概率 $|c_0(t)|^2$ 和 $|c_1(t)|^2$ 的变化曲线如图 9.4 所示，其中，虚线是 $|c_0(t)|^2$，实线是 $|c_1(t)|^2$。

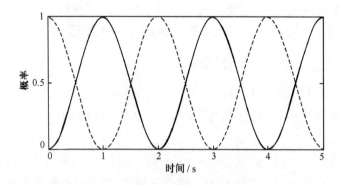

图 9.4　正弦曲线作用下系统状态概率随时间的变化曲线

　　从图 9.4 中可以看出，概率曲线变化的周期为：$tp = 2^* \pi/\Omega$，状态 $|\psi(t)\rangle$ 从态矢 $|0\rangle$ 变到态矢 $|1\rangle$ 的时间为：$tf = (2 \times m + 1)\pi/\Omega\ (m = 0,1,2,\cdots)$，所以如果所施加控制场的持续时间是 $t = tf$，则量子系统就从初态 $|0\rangle$ 转换到激发态 $|1\rangle$。换句话说，若希望从初态 $|0\rangle$ 转换到激发态 $|1\rangle$，在 $u_x(t) = \pi\cos(t)$，$u_y(t) = \pi\sin(t)$ 磁场的作用下，只需要持续 1 秒钟的时间即可完成对粒子状态转变的操控过程。当然，如果希望操控的时间更短，可以通过改变其他参数来实现。通过改变控制场的参数，可以得到概率曲线的变化规律如下。

　　（1）如果只增大控制分量的幅值 Ω，那么系统从基态 $|0\rangle$ 转换到激发态 $|1\rangle$ 的时间将随之减小，反之所需时间增长。

　　（2）如果只改变控制分量的频率 ω，那么当频率 ω 偏离量子系统内部磁场的频率 ω_0 时，概率曲线的幅值减小，将达不到 0 和 1 值，不能使量子系统实现从初态 $|0\rangle$ 转换到激发态 $|1\rangle$ 的目标。偏离的越远，则概率幅值越小。换句话说，只有在外加控制场的频率与粒子自旋频率共振的情况下，才能够实现对粒子状态变化的控制。

　　（3）如果只改变初始角 θ_0，概率曲线的控制时间不变化。

　　2）选取控制场为脉冲

　　把激光脉冲施加在 x 方向，由于激光脉冲符合高斯分布，所以可设所施加的

控制分量 $u_x = A \exp\left(-\dfrac{1}{2d^2}(t-tc)^2 \right)$，其中，$A$ 是脉冲幅值，d 是脉冲宽度，t_c 是脉冲宽度的中点所处的时刻。在 y 方向不施加控制分量，即 $u_y(t)=0$。将 1 秒钟平均分为 10 个分段，重复上述计算求解过程，得到系统状态 $|\psi(t)\rangle$ 初始态为 $|0\rangle$ 的概率 $|c_0(t)|^2$ 和始态为 $|1\rangle$ 的概率 $|c_1(t)|^2$ 的变化曲线如图 9.5 所示，其中，同样虚线是 $|c_0(t)|^2$ 的变化曲线，实线是 $|c_1(t)|^2$ 的变化曲线，实验中其他参数分别取 $A=35$，$d=0.05$，$t_c=0.4$。

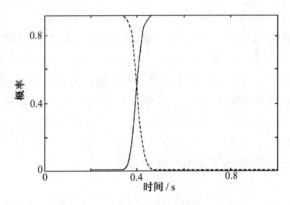

图 9.5　脉冲作用下系统状态概率随时间的变化曲线

　　通过实验可以得出，控制场的脉冲幅值和宽度必须同时变化，才能使系统在规定的时间内达到期望值。如果激光脉冲的宽度越宽，控制场的幅值越小，那么概率曲线达到期望值的所需要的时间越长；脉冲宽度越窄，控制场的幅值越大，所需要的时间越短。

　　需要指出的是，除了 Wei-Norman 分解用于求解幺正演化算符的方程外，还有 Cartan 分解、施密特分解、李群分解、指数分解等等多种分解可以应用于量子系统幺正演化算符的求解中。作为一种量子系统幺正演化方程的分解方法，Wei-Norman 分解可以用来求解系统的幺正演化矩阵，但它并不是对期望的幺正演化矩阵的分解，只有通过施加有效的控制，才能得到期望的幺正演化矩阵和系统期望的状态。对于其他一些分解所具有的特性及其与 Wei-Norman 分解之间的关系，我们将另外专门进行研究。

五、总结

　　本节利用 Wei-Norman 分解，提出了对量子系统进行分段利用 Wei-Norman 分解的方法，从而得出量子系统在任意时刻的幺正演化矩阵。Wei-Norman 分解对于分析维数较低的量子系统比较适用，如果量子系统的维数过高，Wei-Norman 分解的过程中得到的非线性微分方程组将变的过于复杂。这对于要获得期望的幺正演化矩阵不能带来任何方便,此时将不适合采用 Wei-Norman 分解来进行求解,可以采用比如 Cartan 分解,它是专门针对期望的幺正演化矩阵进行分解的。

9.4　Lie 系统在量子力学和控制理论中的应用

9.4.1　Lie 系统

一类取决于时间的一阶微分方程:

$$\dot{x}_i = X_i(x_1, \cdots, x_n, t), i = 1, \cdots, n \tag{9.86}$$

存在一个函数 $\Phi: R^{n(m+1)} \to R^n$ 满足方程(9.86)的通解,可以记为 $x = \Phi(x(1), \cdots, x(m); k_1, \cdots, k_n)$,其中,$\{x(j) \mid j = 1, \cdots, m\}$ 为方程(7.51)的任意一个独立特解集,且 $k_1, \cdots, k_n$ 是每一个特解的特性常数。这些系统被称为 Lie 系统,已经在物理和数学领域被研究了多年。从几何的观点来看,Lie 系统在有限维实 Lie 代数上对应于 t 相关系数的闭合真向量场的有限集,可以被写为线性组合的 t 相关向量场。

Lie 系统的一个简单例子为下述线性系统:

$$\dot{x}_i = \sum_{j=1}^n A_{ij}(t) x_j, i = 1, \cdots, n \tag{9.87}$$

它的通解可记为 n 个独立特解$(x(1), \cdots, x(n))$的线性组合,即 $x = \Phi(x(1), \cdots, x(n); k_1, \cdots, k_n) = k_1 x(1) + \cdots + k_n x(n)$,类似地,一个不同类的线性系统的通解可以记为 $n+1$ 个独立特解的仿射函数。

Lie 系统与右不变向量场定义的 Lie 上的 Lie 系统相关。若 $\{a_1, \cdots, a_r\}$ 为在自然元素 $e \in G$ 切空间 $T_e G$ 中的一个基,且 X_α^R 表示 G 中满足 $X_\alpha^R(e) = a_\alpha$ 右向量场,G 上一个 Lie 系统可以记为

$$\dot{g}(t) = -\sum_{\alpha=1}^r b_\alpha(t) X_\alpha^R(g(t)) \tag{9.88}$$

(9.88)式可以写成更为一般的形式:

$$(\dot{g}g^{-1})(t) = -\sum_{\alpha=1}^r b_\alpha(t) a_\alpha \tag{9.89}$$

这一方程是右不变的:若 $\bar{g}(t)$ 是初始条件为 $\bar{g}(0) = e$ 的解,那么初始条件为 $g(0) = g_0$ 的解是由 $\bar{g}(t) g_0$ 给出。所以我们需要找到源于自然元素的(9.88)式解。

令 H 为对应于齐次空间 $G: M = G/H$ 任一封闭子空间,$\tau: G \to G/H$ 自然投影,且 $\Phi: G \otimes M \to M$ 在 M 的左边作用 G。右不变向量场 X_α^R 为可投影的 τ 到对应的基向量场 $-X_\alpha = -X_{a_\alpha}$,即 $\tau_g^* X_\alpha^R(g) = -X_\alpha(gH)$,因此我们有一个与(9.88)式在 $M = G/H$ 相关联的 Lie 系统:

$$\dot{x}(t) = \sum_{\alpha=1}^{r} b_\alpha(t) X_\alpha(x(t))$$

其中,$x = gH \in M$。该系统初始状态为 x_0 的解由 $x(t) = \Phi(g(t), x_0)$ 给出,$g(t)$ 为(9.88)式从自身开始演化的解。在这一点上,方程(9.88)具有唯一性,且在 G 的任一齐次空间上具有相关 Lie 系统。

Lie 系统不仅在微分方程领域得到广泛应用,而且在其他领域也大有作为,如在经典甚至在量子物理系统中,比如研究 1/2 自旋粒子的非相对论动力学。Lie 系统在几何控制理论中也起着重要作用。

本节首先对 Wei-Norman 方程作一简单介绍,然后将这一理论应用于一般经典和量子的时间平方的哈密顿系统中。特别地,将证明在 t 相关量子系统中,可以显式的表示出任一状态的演化过程(Claudio A 2002)。

9.4.2 Wei-Norman 方程

令 G 为一个 Lie 群。我们需要寻找一个曲线 $g(t) \in G$ 满足

$$\dot{g}(t) g(t)^{-1} = -\sum_{\alpha=1}^{r} b_\alpha(t) a_\alpha \tag{9.90}$$

有 $g(0) = e \in G$。

可以运用 Wei-Norman 提出的方法来寻求下述线性系统的时间演化算符:

$$\dot{U}(t) = H(t) U(t), U(0) = I$$

Wei-Norman 方法的主要思想是以第二种标准坐标的集合来写出 $g(t)$ 的表达式

$$g(t) = \prod_{\alpha=1}^{r} \exp(-v_\alpha(t) a_\alpha) = \exp(-v_1(t) a_1) \cdots \exp(-v_r(t) a_r)$$

并将方程(9.90)转化为 $v_\alpha(t)$ 的微分方程系统,初始条件为 $v_\alpha(0) = 0, \alpha = 1, \cdots, r$。这一系统可有下述关系式获得

$$\sum_{\alpha=1}^{r} v_\alpha \Big(\prod_{\beta \leqslant \alpha} \exp(-v_\beta(t) ad(a_\beta)) \Big) a_\alpha = \sum_{\alpha=1}^{r} b_\alpha(t) a_\alpha \tag{9.91}$$

若 G 的 Lie 代数可解,上述系统的解可由积分获得;若 G 的 Lie 代数是半单的,则不能保证平方可积。

9.4.3 Lie 形式的哈密顿系统

当 (M, Ω) 是对偶流形(manifold),M 中的向量场源于描述 Lie 系统的与 t 相关的向量场为有限维实 Lie 代数 g 上的闭合向量场。这些向量场对应于在对偶流形 (M, Ω) 上的具有李代数的李群 G 的对偶作用。由 $i(X_\alpha)\Omega = -dh_\alpha$ 定义的向量场的哈密顿函数 h_α,在考虑泊松括号时,在李代数 g 上一般不是封闭的,因为只

确定 $d(\{h_\alpha, h_\beta\} - h_{[\alpha,\beta]}) = 0$，所以表达式将李代数的原始形式拓展成分布(span)形式。

量子力学中的情形是相当类似的:希尔伯特 H 可以写为总体实流形,任一点 $\phi \in H$ 处于切空间 $T_\phi H$ 与 H 相同,由向量 $\dot\psi \in T_\phi H$ 结合 $\psi \in H$ 的同胚性由下式给出

$$\dot\psi f(\phi) := \left(\frac{\mathrm{d}}{\mathrm{d}t} f(\phi \pm t\psi)\right)_{t=0}, \forall f \in C^\infty(H)$$

由下式定义的一个对偶 2 范数 Ω 所给出的希尔伯特空间 H 为

$$\Omega_\phi(\dot\psi, \psi') = 2I_m\langle\psi | \psi'\rangle$$

向量场只是一个映射 $A: H \to H$,因此 H 上的一个线性算符 A 为一个特殊的向量场。给定一个光滑函数 $a: H \to R$,它在 $\phi \in H$ 中的微分 $\mathrm{d}a_\phi$ 是由下式给出的(实)双 H' 的一个元素 $\langle \mathrm{d}a_\phi, \psi\rangle := \left(\frac{\mathrm{d}}{\mathrm{d}t} a(\phi \pm t\psi)\right)_{t=0}$。

实际上,H 中斜自伴线性算符 $-iA$ 对于自伴线性算符 A 定义了哈密顿向量场,$-iA$ 的哈密顿函数是 $a(\phi) = \frac{1}{2}\langle\phi, A\phi\rangle$,因此,薛定谔方程起到了哈密顿方程的作用,因为它决定了向量场 $-iH$ 的积分曲线,其中,H 为系统的哈密顿。

特别地,李系统理论应用于上述体系中时,给定的是一个 t 相关的、能够写成一个具有随时间变化系数的线性结合的量子哈密顿,哈密顿 H 在有限维实李代数上闭合,且满足对易。然而,注意李代数并不必与对应的经典系统问题一致。但可能是后者的李代数的拓展。

现在来考虑与时间相关的经典和量子哈密顿的重要例子。考虑由经典哈密顿描述的经典系统。

$$H_0 = \frac{p^2}{2m} + f(t)q \tag{9.92}$$

和相应的量子哈密顿

$$H_q = \frac{p^2}{2m} + f(t)Q \tag{9.93}$$

当 $f(t) = eE_0 + eE\cos\omega t$ 时,描述了单色电场驱动的质量为 m 的一个带电荷的电子 e 的运动。

经典与量子问题的不同之处是:量子问题中的李代数是经典问题中李代数的中心拓展。

对哈密顿(9.92)运动的经典哈密顿方程是

$$\begin{cases} \dot{q} = \dfrac{p}{m} \\ \dot{p} = -f(t) \end{cases} \tag{9.94}$$

因此该运动由下式给出

$$q(t) = q_0 + \frac{p_0 t}{m} - \frac{1}{m}\int_0^t dt' \int_0^{t'} f(t'') dt''$$

$$p(t) = p_0 - \int_0^t f(t') dt'$$

(9.95)

(9.95)式描述了时间演化过程的相关向量场

$$X = \frac{p}{m}\frac{\partial}{\partial q} - f(t)\frac{\partial}{\partial p}$$

可以写成如下的线性组合

$$X = \frac{1}{m}X_1 - f(t)X_2$$

其中,$X_1 = p\frac{\partial}{\partial q}$,$X_2 = \frac{\partial}{\partial p}$ 为 3 维李代数上的封闭向量场,而 $X_3 = \frac{\partial}{\partial q}$ 同胚于 Heisenberg-Weyl 代数,即

$$[X_1, X_2] = -X_3, [X_1, X_3] = 0, [X_2, X_3] = 0$$

这些向量场的流形给定,分别为

$$\phi_1(t, (q_0, p_0)) = (q_0 + p_0 t, p_0)$$
$$\phi_2(t, (q_0, p_0)) = (q_0, p_0 + t)$$
$$\phi_3(t, (q_0, p_0)) = (q_0 + t, p_0)$$

换句话说,$\{X_1, X_2, X_3\}$ 可视为下式描述的 R^2 中上三角矩阵李群的具有 Heisenberg-Weyl 群 $H(3)$ 作用的基本向量场:

$$\begin{bmatrix} q \\ p \\ 1 \end{bmatrix} = \begin{pmatrix} 1 & q_1 & q_3 \\ 0 & 1 & q_2 \\ 0 & 0 & 1 \end{pmatrix} \begin{pmatrix} q \\ p \\ 1 \end{pmatrix}$$

注意到 X_1, X_2, X_3 为普通对偶结构 $\Omega = dq \Delta dp$ 的哈密顿向量场,同时满足 $i(X_a)\Omega = -dh_a$ 的相应哈密顿函数 h_a 为

$$h_1 = -\frac{p^2}{2}, h_2 = q, h_3 = -p$$

因此,$\{h_1, h_2\} = -h_3, \{h_1, h_3\} = 0, \{h_2, h_3\} = -1$。由此,函数 $\{h_1, h_2, h_3\}$ 联合 $h_4 = 1$,封闭了一个在由 $\{X_1, X_2, X_3\}$ 产生中心拓展的泊松括号下的 4 维李代数。

若 $\{a_1, a_2, a_3\}$ 是具有非空定义的关系 $[a_1, a_2] = -a_3$ 的李代数的基,对系统 (9.90)式所对应方程为

$$\dot{g}g^{-1} = -\frac{1}{m}a_1 + f(t)a_2$$

运用 Wei-Norman 方程(9.91)

$$g = \exp(-u_3 a_3)\exp(-u_2 a_2)\exp(-u_1 a_1)$$

我们可以得到系统的微分方程

$$\dot{u}_1 = \frac{1}{m}, \dot{u}_2 = -f(t), \dot{u}_3 - \dot{u}_1 u_2 = 0$$

加上初始条件 $u_1(0) = u_2(0) = u_3(0) = 0$，可得解为

$$u_1 = \frac{t}{m}, u_2 = -\int_0^t f(t')\mathrm{d}t', u_3 = -\frac{1}{m}\int_0^t \mathrm{d}t'\int_0^{t'} f(t'')\mathrm{d}t''$$

因此，运动方程为

$$\begin{pmatrix} q \\ p \\ 1 \end{pmatrix} = \begin{pmatrix} 1 & \frac{1}{m} & -\frac{1}{m}\int_0^t \mathrm{d}t'\int_0^{t'} f(t'')\mathrm{d}t'' \\ 0 & 1 & -\int_0^t f(t')\mathrm{d}t' \\ 0 & 0 & 1 \end{pmatrix}\begin{pmatrix} q \\ p \\ 1 \end{pmatrix}$$

与(9.95)式一致。我们可以立即得到运动常数为

$$L_1 = p(t) + \int_0^t f(t')\mathrm{d}t'$$

$$L_2 = q(t) - \frac{1}{m}\left(p(t) + \int_0^t f(t')\mathrm{d}t'\right)t + \frac{1}{m}\int_0^t \mathrm{d}t'\int_0^{t'} f(t'')\mathrm{d}t''$$

就所考虑的量子问题而言，量子哈密顿 H_q 可以写为一个和式

$$H_q = \frac{1}{m}H_1 - f(t)H_2$$

其中

$$H_1 = \frac{P^2}{2}, H_2 = -Q$$

斜自伴算符 $-iH_1$ 和 $-iH_2$ 在 4 维李代数上闭合，且 $-iH_3 = -iP, -iH_4 = iI$ 同胚于上述 Heisenberg-Weyl 李代数的中心拓展

$$[-iH_1, -iH_2] = -iH_3, [-iH_1, -iH_3] = 0, [-iH_2, -iH_3] = -iH_4$$

上述系统的时间演化过程由下述演化算符 U 来描述

$$\dot{u} = -iH_q U, U(0) = Id$$

该方程可视为描述了满足李代数的李群中的李系统。令 $\{a_1, a_2, a_3, a_4\}$ 满足非空关系 $[a_1, a_2] = a_3$ 和 $[a_2, a_3] = a_4$ 的李代数的基，现在考虑的群方程为

$$\dot{g}g^{-1} = -\frac{1}{m}a_1 + f(t)a_2$$

使用

$$g = \exp(-u_4 a_4)\exp(-u_3 a_3)\exp(-u_2 a_2)\exp(-u_1 a_1)$$

Wei-Norman 方程提供了下述方程

$$\dot{u}_1 = \frac{1}{m}, \dot{u}_2 = -f(t), \dot{u}_3 = -\frac{1}{m}u_2, \dot{u}_4 = f(t)u_3 + \frac{1}{2m}u_2^2$$

加上初始条件 $u_1(0) = u_2(0) = u_3(0) = u_4(0) = 0$,可得解为

$$u_1(t) = \frac{t}{m}, u_2(t) = -\int_0^t f(t')\mathrm{d}t', u_3(t) = \frac{1}{m}\int_0^t \mathrm{d}t'\int_0^{t'} f(t'')\mathrm{d}t''$$

以及

$$u_4(t) = \frac{1}{m}\int_0^t \mathrm{d}t' f(t')\int_0^{t'}\mathrm{d}t''\int_0^{t''} f(t''')\mathrm{d}t''' + \frac{1}{2m}\int_0^t \mathrm{d}t'\left(\int_0^{t'}\mathrm{d}t'' f(t'')\right)^2$$

这些方程提供了时间演化算符的显式公式:

$$U(t,0) = \exp(-\mathrm{i}u_4(t))\exp(\mathrm{i}u_3(t)P)\exp(-\mathrm{i}u_2(t)Q)\exp(\mathrm{i}u_1(t)P^2/2)$$

然而,为了获得波函数的简洁表述,可以采用下列因式分解

$$g = \exp(-v_4 a_4)\exp(-v_3 a_3)\exp(-v_2 a_2)\exp(-v_1 a_1)$$

此时 Wei-Norman 方程给出

$$\dot{v}_1 = \frac{1}{m}, \dot{v}_2 = -f(t), \dot{v}_3 = -\frac{1}{m}u_2, \dot{v}_4 = -\frac{1}{2m}v_2^2$$

加上初始条件 $v_1(0) = v_2(0) = v_3(0) = v_4(0) = 0$,其解为

$$v_1(t) = \frac{t}{m}, v_2(t) = -\int_0^t f(t')\mathrm{d}t', v_3(t) = \frac{1}{m}\int_0^t \mathrm{d}t'\int_0^{t'} f(t'')\mathrm{d}t''$$

$$v_4(t) = -\frac{1}{2m}\int_0^t \mathrm{d}t'\left(\int_0^{t'}\mathrm{d}t'' f(t'')\right)^2 \tag{9.96}$$

假定以动量表象在初始波函数 $\psi(p,0)$ 上应用演化算符,可得

$$\psi(p,t) = U(t,0)\psi(p,0)$$

$$= \exp(-\mathrm{i}v_4(t))\exp(-\mathrm{i}v_2(t)Q)\exp(\mathrm{i}v_3(t)P)\exp(\mathrm{i}v_1(t)P^2/2)\psi(p,0)$$

$$= \exp(-\mathrm{i}v_4(t))\exp(-\mathrm{i}v_2(t)Q)\mathrm{e}^{\mathrm{i}(v_3(t)P + v_1(t)P^2/2)}\psi(p,0)$$

$$= \exp(-\mathrm{i}v_4(t))\mathrm{e}^{\mathrm{i}(v_3(t)(P+v_2(t)) + v_1(t)(P+v_2(t))^2/2)}\psi(p+v_2(t),0)$$

其中,函数 $v_i(t)$ 由(9.96)式给出。

9.5　Cartan 分解及其在量子系统控制中的应用

　　Cartan 分解是一种在 $G = SU(2^N)$ 群上,将 G 分解成 $G = KAK$ 的 3 个子群相乘的数学分解方法。量子系统幺正演化矩阵的系统方程为

$$\dot{U}(t) = -\mathrm{i}\left(H_0(t) + \sum_{i=1}^m u_i(t)H_i(t)\right)U(t), U(0) = I \tag{9.97}$$

其中,幺正演化矩阵 $U(t)$ 所对应的李群 G 是 $SU(2^N)$,李群 G 所对应的李代数 $g = su(2^N)$ 是维数为 $4^N - 1$、迹为零的斜厄米矩阵。

　　由(9.97)式所建立的被控系统是具有状态空间的矩阵形式,由其参数可以构造出李群。方程(9.97)已经告诉我们由薛定谔方程决定的量子系统方程中的幺正演化矩阵 $U(t)$ 所对应的李群 G 是 $SU(2^N)$,采用 Cartan 分解应当针对李群 G 而言。不过,从数学角度上说,Cartan 分解的参数是针对由李群 G 所对应的李代数g来进行的。Cartan 分解给出了一种分解李代数的方法。对于一个给定的半单李代数 g(即除了单位元外,不存在阿贝尔子代数),可以通过 Cartan 分解使得该李代数 g 分解成更简单的子代数的直和。由于子代数的特征和性质更容易分析,也更加容易实现。由半单李代数 g 的 Cartan 分解可以获得对应李群 G 的乘积分解为:$G = KAK$,所得的乘积 $G = KAK$ 也称为李群 G 的 Cartan 分解,由于系统(9.97)是可控的,所以李群 G 中的期望解 U_f 相应地可以分解成几个元素的乘积。在量子系统中应用 Cartan 分解,既可以将期望的幺正演化矩阵 U_F 分解成可实现的量子逻辑门,又可以根据实际控制时间的要求,确定具体的分解参数,以达到控制时间最短的目标。

　　本节通过具体介绍李群的 Cartan 分解方法,详细给出 Cartan 分解中各个参数之间的关系。将其应用到自旋 1/2 系统中,把获得期望幺正演化矩阵所需最少时间问题的求解,转化到黎曼几何流形中寻求最短路径问题的求解。通过具体数值,分别对单个以及两个粒子所建立的模型进行 Cartan 分解,具体求出系统分别在 $G = SU(2)$ 和 $G = SU(2^2)$ 上的任意期望幺正演化矩阵的分解。对两个粒子的系统进一步进行了最优控制的分析。

9.5.1　Cartan 分解

　　为了介绍 Cartan 分解(Khaneja N et al. 2000),首先给出半单李代数 g 的 Cartan 分解。

　　定义 9.1(Wolf J A　1967)李代数 g 的 Cartan 分解:设 g 是半单李代数,分解 $g = l \oplus p$,其中,$p = l^{\perp}$满足交换关系:$[l,l] \subset l$,$[l,p] = p$,$[p,p] \subset l$。称分解 $g = l \oplus p$ 为李代数g 的 Cartan 分解。

　　定义 9.1 中的 l 是个子李代数,而 p 不一定是李代数。由(g,l)组成的李代数对被称为正交对称李代数。为了分析问题的方便,需要定义包含在 p 中的最大阿贝尔子代数h。

　　定义 9.2(Jesuscleinente-Gallardo et al. 2003)　Cartan 子代数:给定半单李代数 g 和它的 Cartan 分解 $g = l \oplus p$,如果 h 是包含在 p 内的 g 的一个子李代数,则 h 是阿贝尔子代数,包含在 p 内的最大阿贝尔子代数被称为李代数对(g,l)的一个 Cartan 子代数。

　　对于正交对称李代数(g,l)中的任意两个Cartan 子代数 h 与 h' 是共轭的。定理描述如下:

引理 9.1 如果 h 与 h' 是包含在 p 内的两个最大的阿贝尔子代数,则存在一个元素 $k \in K$,使得 $Ad_k(h) = h'$。

在引理 9.1 中出现的 Ad 是指李群 G 在李代数 g 上的伴随表示,即 $Ad_G: g \rightarrow g$;定义为:任给 $U \in G$, $X \in g$,则 $Ad_U X = \dfrac{\mathrm{d} U^{-1} \exp(tX) U}{\mathrm{d} t}\bigg|_{t=0}$;如果李群 G 是 $U(n)$ 或 $SU(n)$ 等,则伴随表示 $Ad_U X = U^* XU$,并且由引理 9.1 还可得出:$Ad_K X = \bigcup_{k \in K} Ad_k X$。

通过以上定义 9.1 和 9.2 以及引理 9.1 可以得出李群 G 的 Cartan 分解定理。

定理 9.2(Wolf J A 1967) 给定半单李代数 g 和它的 Cartan 分解 $g = l \oplus p$,设 h 是 (g, l) 的一个 Cartan 子代数,定义 $A = \exp(h) \subset G$,则 $G = KAK$。

本节中出现的 K 都是李群 G 的紧致闭子群,有 $K = \exp(l) \subset G$,而 l 是 K 的对应李代数。

众所周知,李群 G 与子群 K 的商空间 G/K 是微分流形结构。由李代数的 Cartan 分解可以得出 $G/K = \exp(p)$,可以证明 G/K 是黎曼对称空间。因为李群在几何上最出色的应用就是解决了对黎曼对称空间的分类、实现等问题。所以通过 Cartan 分解把量子力学系统的作用空间集中在黎曼对称空间进行分析,这是引入 Cartan 分解的非常关键的一点。对于定理 9.2 的结论可以通过 G/K 是黎曼对称流形来推导出同样的结论:

定理 9.3(Navin Khaneja et al. 2003) 如果 G/K 是黎曼对称流形,则 $G = KAK$,且 $A = \exp(h) \subset G$。

从 Cartan 分解的定理中可以看出,进行 Cartan 分解的步骤是:

1) 确定李代数分解 $g = l \oplus p$ 中的子李代数 l 和对应的 K 值

通常,l 是由设计者根据系统模型确定的。对于量子系统(9.97),可以令子李代数 l 为

$$l = \{H_1, \cdots, H_m\}_{LA} \tag{9.98}$$

其中,$\{H_1, \cdots, H_m\}_{LA}$ 表示由 $\{H_1, \cdots, H_m\}$ 组成的李代数。

确定 l 后,对应的子群 K 为

$$K = \exp(l) = \exp(\{H_1, \cdots, H_m\}_{LA}) \tag{9.99}$$

2) 确定 p

为了实现李代数 g 的 Cartan 分解,在确定 l 后,需要确定 p。p 一般是经李代数 g 的正交基和 l 的正交基来联合确定,其方法是由 g 的正交基除去 l 的正交基所剩的基作为 p 中的基。确定好 p 和 l 之后,验证它们是否满足关系 $[l, l] \subset l$,$[l, p] = p$,$[p, p] \subset l$,如果满足,则根据定义 9.1 可知 $g = l \oplus p$ 是半单李代数 g 的 Cartan 分解。如果不满足,则就不能得到半单李代数 g 的 Cartan 分解,则该系统的期望幺正演化矩阵就不能实现 Cartan 分解。

3) 确定子代数 h

确定在 p 内的最大的阿贝尔子代数 h,可以根据 h 中的元素是可交换来获得,并根据定义 9.2 可知 h 也是 (g, l) 的 Cartan 子代数。

4) 根据定理 9.2 可得: $G = KAK$,其中 $K = \exp(l)$,$A = \exp(h)$。

特别地,由于系统是可控的,所以在李群 G 中的任意期望幺正演化算子 U_f,根据李群 G 的 Cartan 分解所得到的 $G = KAK$,存在 $K_1, K_2 \in K$ 和 $A_1 \in A$ 满足 $U_F = K_1 A_1 K_2$,而且 K_1, K_2, A_1 都可以表示成矩阵的指数形式,由此可将系统 (9.97)的期望幺正演化算符 U_f 进行指数分解。

9.5.2　量子系统中时间最优控制的 Cartan 分解

在对量子系统幺正演化算符的分解中,由(9.99)式可知子群 K 只对应外部控制场的哈密顿算符,即 $K = \exp(l) = \exp(\{H_1, \cdots, H_m\}_{LA})$,与内部哈密顿无关,所以对于自旋 1/2 的量子系统,如果施加控制场使得系统从李群 G 中的任意元素 U_1 到达 U_2 所需时间最少问题,就可转化为从考虑路径的几何角度来分析系统从集合 KU_1($KU_1 = \{kU_1 \mid k \in K\}$)到达 KU_2($KU_2 = \{kU_2 \mid k \in K\}$)的路径最短问题。又因为集合 KU_1 与 KU_2 都是对称空间 G/K 的元素,所以量子系统的最优控制问题集中在分析系统对称空间 G/K 中的元素之间最短路径问题。

由于所讨论的 G/K 是对称黎曼流形的情况,根据李括号 $[p, p] \subset l$ 可知在空间 G/K 内不会产生新的切向量。如果系统在对称空间 G/K 中从集合 KU_1 到达 KU_2 的路径的切向量是不可交换的,则所得到的路径就不是最短的。这表明在对称空间 G/K 中的路径最短的条件必须是对应切向量是可交换的。

根据定义 9.2 可知,在 p 内的最大的阿贝尔子代数是 h,并且在 h 中的元素是可交换的。对于任意元素 $\Omega \in G/K$,存在 $K_1 \in K$,以及 $Y \in h$,使得: $\Omega = K_1^+ \cdot \exp(Y) K_1$,所以根据对称空间的定义,Cartan 分解可以重新表述为:对于任意幺正演化矩阵 $U \in G$,存在: $U = K_a \Omega = K_a K_1^+ \exp(Y) K_1$,其中 $K_a, K_1^+ \in K$,而 $K_2 = K_a K_1^+ \in K$,所以关系式还可以表示为

$$U = K_2 \exp(Y) K_1 \tag{9.100}$$

(9.100)式同样可以根据李群的 Cartan 分解 $G = KAK$ 的关系式推导得到。

由于 $Y \in h$,所以 Y 可表示成

$$Y = \sum_{i=1}^{s} a_i Ad_{k_i}(H_0) \tag{9.101}$$

其中,$a_i > 0$,s 是阿贝尔子代数 h 的维数,所有的 $Ad_{k_i}(H_0) \in h$ 是可交换的。由 (9.101)式可知,Y 项与系统内部哈密顿有关。

根据以上讨论已知 G/K 中的路径最短的首要条件必须是对应切向量是可交

换的,而 Y 正是 G/K 的切向量,并且是由可交换的元素组合而成。所以路径最短的首要条件已满足,路径最短的选取只需使得 $\sum_{i=1}^{s} a_i$ 值最小就可以 。由于 $Ad_{k_i}(H_0)$ 是可交换的,所以

$$\exp(Y) = \exp\left(\sum_{i=1}^{s} a_i Ad_{k_i}(H_0)\right) = \prod_{i=1}^{s} \exp(a_i Ad_{k_i}(H_0)) \qquad (9.102)$$

要使获得期望幺正演化矩阵 $U \in G$ 所需时间最少,从以上讨论知首先要使得 G/K 的切向量是可交换的(Khaneja N et al. 2001),而 $Y \in h$ 正好满足,所以可通过在 h 中选取不同的基来构成 Y,在基确定的情况下,可以通过其他最优方法取不同的 a_i 值,以便使得 $\sum_{i=1}^{s} a_i$ 值最小。这样就可以使得系统从初态到达终态所需要的时间最少。

9.5.3 数值实例

一、自旋 $1/2$ 量子系统对应李代数 $su(2^N)$ 的基

首先定义泡利旋转矩阵为

$$\sigma_x = \frac{1}{2}\begin{bmatrix} 0 & 1 \\ 1 & 0 \end{bmatrix}, \sigma_y = \frac{1}{2}\begin{bmatrix} 0 & -i \\ i & 0 \end{bmatrix}, \sigma_z = \frac{1}{2}\begin{bmatrix} 1 & 0 \\ 0 & -1 \end{bmatrix}$$

李代数 $su(2^n)$ 的正交基 $\{iB_s\}$ 是由泡利旋转矩阵的张积所定义:

$$B_s = 2^{q-1} \prod_{k=1}^{n} (\sigma_{k\lambda})^{a_{ks}} \qquad (9.103)$$

其中,n 为系统中自旋 $1/2$ 粒子的数目,k 为粒子的下标,$\lambda = x, y$ 或 z,q 表示乘积中算子的数目,如果自旋的粒子是 q 个,则 $a_{ks} = 1$,并且所剩的 $n-q$ 粒子对应的 $a_{ks} = 0$。

泡利旋转矩阵的张积 $\sigma_{k\lambda} = I \otimes \cdots \otimes \sigma_\lambda \otimes \cdots \otimes I$,直积的元素数目是 n 个,σ_λ 在直积中的位置是第 k 个。

例如 :(1) 旋转 $1/2$ 的单个粒子,其正交基为

$$q = 1, i\{\sigma_x, \sigma_y, \sigma_z\}$$

(2) 旋转 $1/2$ 的两个粒子,其正交基为

$$q = 2, 2i\{\sigma_{1x}\sigma_{2x}, \sigma_{1x}\sigma_{2y}, \sigma_{1x}\sigma_{2z}, \sigma_{1y}\sigma_{2x}, \sigma_{1y}\sigma_{2y}, \sigma_{1y}\sigma_{2z}, \sigma_{1z}\sigma_{2x}, \sigma_{1z}\sigma_{2y}, \sigma_{1z}\sigma_{2z}\}$$

其中 $\sigma_{1\lambda} = \sigma_\lambda \otimes I$,$\sigma_{2\lambda} = I \otimes \sigma_\lambda$。

二、自旋 $1/2$ 的单个粒子的量子系统

1) 问题描述

选择旋转 $1/2$ 的单个粒子所建立的量子动力系统作为研究对象,假定在一个

外加控制场 u_x 的作用下,所建立的量子系统的幺正演化矩阵的方程为

$$\dot{U}(t) = -\mathrm{i}(\varepsilon\sigma_z + \sigma_x u_x(t))U(t), U(0) = I_{2\times 2} \tag{9.104}$$

此时幺正演化矩阵 $U(t)$ 所在的李群 G 是 $SU(2)$,其对应的李代数是 $su(2)$。下面利用 Cartan 分解对幺正演化矩阵 $U(t) \in G = SU(2)$ 进行分解。

2) $SU(2)$ 的 Cartan 分解

由系统的 $\{-\mathrm{i}\sigma_x, -\mathrm{i}\sigma_z\}_{LA} = su(2)$,可以判断出系统 (9.104) 是可控的,其中,$\{-\mathrm{i}\sigma_x, -\mathrm{i}\sigma_z\}_{LA}$ 表示由元素 $-\mathrm{i}\sigma_x, -\mathrm{i}\sigma_z$ 形成的李代数。

根据 (9.98) 式,令子代数

$$l = \{H_1\} = \{-\mathrm{i}\sigma_x\}_{LA} = \mathrm{span}(-\mathrm{i}\sigma_x) \tag{9.105}$$

对应的子群为

$$K = \exp(l) = \exp(\mathrm{span}(-\mathrm{i}\sigma_x)) \tag{9.106}$$

由于李代数 $su(2)$ 的基是 3 个,即:$su(2) = \mathrm{span}(-\mathrm{i}\sigma_x, -\mathrm{i}\sigma_y, -\mathrm{i}\sigma_z)$,又由于 $l = \mathrm{span}(-\mathrm{i}\sigma_x)$,所以为了实现半单李代数 $su(2)$ 的 Cartan 分解,自然令

$$p = \mathrm{span}(-\mathrm{i}\sigma_y, -\mathrm{i}\sigma_z) \tag{9.107}$$

因为 $[l, l] = l, [l, p] = p, [p, p] = l$,根据定义 9.1 可知 $su(2) = l \oplus p$ 是半单李代数 $su(2)$ 的 Cartan 分解。

确定在 p 内的最大的阿贝尔子代数 h,可以根据 h 中的元素是可交换,以及 (9.101) 式:$Y \in h$,且 Y 与系统内部哈密顿有关得到

$$h = \mathrm{span}(-\mathrm{i}\sigma_z) \tag{9.108}$$

根据定义 9.2 可知 $h = \mathrm{span}(-\mathrm{i}\sigma_z)$ 是正交对称李代数 $(su(2), l)$ 的 Cartan 子代数。

根据定理 9.2,最后可以得到 $SU(2)$ 的 Cartan 分解为

$$SU(2) = KAK \tag{9.109}$$

其中,$A = \exp(h) = \exp(\mathrm{span}(-\mathrm{i}\sigma_z))$,$K = \exp(\mathrm{span}(-\mathrm{i}\sigma_x))$。

因为系统是可控的,所以对于任意期望的幺正演化算子 $U_F \in SU(2)$,根据已得到的 $SU(2) = KAK$ 可知,存在:$K_1 = \exp(-\mathrm{i}\alpha\sigma_x) \in K$,$A_1 = \exp(-\mathrm{i}\beta\sigma_z) \in A$,$K_2 = \exp(-\mathrm{i}\gamma\sigma_x) \in K$,满足以下关系:

$$U_F = K_1 A_1 K_2 = \exp(-\mathrm{i}\alpha\sigma_x)\exp(-\mathrm{i}\beta\sigma_z)\exp(-\mathrm{i}\gamma\sigma_x) \tag{9.110}$$

此时 α, β, γ 是属于实数域的一个数,表示不同的时间。选取不同 α, β, γ 值可以得到不同的 Cartan 分解。

三、自旋 1/2 的两个粒子的量子系统

1) 问题描述

选择磁场中自旋 $-1/2$ 的两个粒子所建立的量子系统作为研究对象,所建立

的量子系统的幺正演化矩阵的方程为

$$\dot{U}(t) = -\mathrm{i}\Big(H_0 + \sum_{j=1}^{4} u_j H_j\Big)U(t) \quad U(0) = I_{4\times 4} \tag{9.111}$$

$$H_0 = 2\pi J\sigma_{1z}\sigma_{2z}, H_1 = 2\pi\sigma_{1x}, H_2 = 2\pi\sigma_{1y}, H_3 = 2\pi\sigma_{2x}, H_4 = 2\pi\sigma_{2y}$$

$$\sigma_{1x} = \sigma_x \otimes I = \frac{1}{2}\begin{bmatrix} 0 & 1 \\ 1 & 0 \end{bmatrix}\otimes I = \frac{1}{2}\begin{bmatrix} 0^*I & 1^*I \\ 1^*I & 0^*I \end{bmatrix} = \frac{1}{2}\begin{bmatrix} 0 & 0 & 1 & 0 \\ 0 & 0 & 0 & 1 \\ 1 & 0 & 0 & 0 \\ 0 & 1 & 0 & 0 \end{bmatrix}$$

$$\sigma_{2x} = I \otimes \sigma_x = \begin{bmatrix} 1 & 0 \\ 0 & 1 \end{bmatrix}\otimes \sigma_x = \begin{bmatrix} 1^*\sigma_x & 0^*\sigma_x \\ 0^*\sigma_x & 1^*\sigma_x \end{bmatrix} = \frac{1}{2}\begin{bmatrix} 0 & 1 & 0 & 0 \\ 1 & 0 & 0 & 0 \\ 0 & 0 & 0 & 1 \\ 0 & 0 & 1 & 0 \end{bmatrix}$$

其余的 σ_{1y}，σ_{2y} 等与以上计算类似。幺正演化矩阵所在的李群 G 是 $SU(4)$，其对应的李代数是 $su(4)$。下面利用 Cartan 分解来求解 $SU(4)$ 上时间最小分解。

2) $SU(4)$ 的 Cartan 分解

由 $\{-\mathrm{i}H_d, -\mathrm{i}H_1, -\mathrm{i}H_2, -\mathrm{i}H_3, -\mathrm{i}H_4\}_{LA} = su(4)$，可以判断出系统(9.111)是可控的。

根据(9.98)式令子代数 l 为

$$l = \{-\mathrm{i}H_1, -\mathrm{i}H_2, -\mathrm{i}H_3, -\mathrm{i}H_4\}_{LA} = \mathrm{span}(\mathrm{i}\sigma_{1x}, \mathrm{i}\sigma_{1y}, \mathrm{i}\sigma_{1z}, \mathrm{i}\sigma_{2x}, \mathrm{i}\sigma_{2y}, \mathrm{i}\sigma_{2z})$$

$$\tag{9.112}$$

对应的子群 K 为

$$K = \exp(l) = \exp(\mathrm{span}(\mathrm{i}\sigma_{1x}, \mathrm{i}\sigma_{1y}, \mathrm{i}\sigma_{1z}, \mathrm{i}\sigma_{2x}, \mathrm{i}\sigma_{2y}, \mathrm{i}\sigma_{2z})) \tag{9.113}$$

此时子群 $K = SU(2)\otimes SU(2)$。

为了实现半单李代数 $su(4)$ 的 Cartan 分解，根据李代数 $su(4)$ 的 15 个基，以及子代数 l 的 6 个基，令

$$p = (2\mathrm{i}\sigma_{1x}\sigma_{2x}, 2\mathrm{i}\sigma_{1x}\sigma_{2y}, 2\mathrm{i}\sigma_{1x}\sigma_{2z}, 2\mathrm{i}\sigma_{1y}\sigma_{2x}, 2\mathrm{i}\sigma_{1y}\sigma_{2y},$$
$$2\mathrm{i}\sigma_{1y}\sigma_{2z}, 2\mathrm{i}\sigma_{1z}\sigma_{2x}, 2\mathrm{i}\sigma_{1z}\sigma_{2y}, 2\mathrm{i}\sigma_{1z}\sigma_{2z})$$

因为 $[l, l] \subset l$，$[l, p] = p$，$[p, p] \subset l$，根据定义 9.1 可得所获得的 $su(4) = l \oplus p$ 是半单李代数 $su(4)$ 的 Cartan 分解。

下面确定在 p 内的最大的阿贝尔子代数 h。可以根据 h 中的元素是可交换的来得到

$$h = \mathrm{span}(2\mathrm{i}\sigma_{1x}\sigma_{2x}, 2\mathrm{i}\sigma_{1y}\sigma_{2y}, 2\mathrm{i}\sigma_{1z}\sigma_{2z}) \tag{9.114}$$

根据定义 9.2 可知 h 是正交对称李代数$(su(4), l)$ 的 Cartan 子代数。

由以上分析得到半单李代数 $su(4)$ 的 Cartan 分解 $su(4) = l \oplus p$，以及(9.114)

式是$(su(4),l)$的 Cartan 子代数,根据定理 9.2,可得到

$$SU(4) = KAK \tag{9.115}$$

其中

$$A = \exp(h) = \exp(\mathrm{span}(2\mathrm{i}\sigma_{1x}\sigma_{2x}, 2\mathrm{i}\sigma_{1y}\sigma_{2y}, 2\mathrm{i}\sigma_{1z}\sigma_{2z})) \tag{9.116}$$

　　由于该系统是可控的,所以对于任意期望的幺正演化算子 $U_F \in SU(4)$,根据已得到的 $SU(4) = KAK$ 可知存在 $K_1, K_2 \in K$,并且由于 A 是子群,共有 3 个基元素(如(9.116)式表示),而 A_1 是子群 A 中的元素,所以 A_1 是由子群 A 中的基元素组合而成:

$$A_1 = \exp(-2\mathrm{i}J\pi(a_1\sigma_{1x}\sigma_{2x} + a_2\sigma_{1y}\sigma_{2y} + a_3\sigma_{1z}\sigma_{2z})) \in A \tag{9.117}$$

任意期望的幺正演化算子 $U_F \in SU(4)$ 满足的关系为:

$$U_F = K_1 A_1 K_2 = K_1\exp(-2\mathrm{i}J\pi(a_1\sigma_{1x}\sigma_{2x} + a_2\sigma_{1y}\sigma_{2y} + a_3\sigma_{1z}\sigma_{2z}))K_2 \tag{9.118}$$

又因为 h 是阿贝尔子代数,所以

$$U_F = K_1 A_1 K_2 = K_1\exp(-2\mathrm{i}J\pi a_1\sigma_{1x}\sigma_{2x})\exp(-2\mathrm{i}J\pi a_2\sigma_{1y}\sigma_{2y})\exp(-2\mathrm{i}J\pi a_3\sigma_{1z}\sigma_{2z})K_2 \tag{9.119}$$

其中,a_1, a_2, a_3 是实数域中的任意一个数。

　　(9.119)式就是所获得的 Cartan 分解。下面求解时间最优问题。

　　根据前面的讨论,要使系统获得的期望幺正演化矩阵 U_F 所需时间最少,就是使得 $t = a_1 + a_2 + a_3$ 值最小。

　　3) $SU(4)$量子系统最优控制分析

　　从上面的分解过程中可以看出,根据 Cartan 分解得到的不是期望幺正演化矩阵 U_F 与控制场 u_j 之间的显式关系,所以根据分解是不能直接获得最优控制律的,分解后所获得是期望幺正演化矩阵 U_F 与时间之间的关系,因此可从另一个角度来进行分析,即在 $t = a_1 + a_2 + a_3$ 已知条件(把此条件当作约束条件)下,并且考虑到物理背景,定义系统从初始状态到期望终态的转换效率为性能指标 $\eta(t)$,而使该性能指标达到极值的问题,这也是控制理论中的最优控制问题。

　　对量子系统(9.111),定义初始状态为 $\rho(0) = (\sigma_{2x} - \mathrm{i}\sigma_{2y})/\sqrt{2}$,期望终态为 $\rho_F = (\sigma_{1x} - \mathrm{i}\sigma_{1y})/\sqrt{2}$,性能指标为

$$\eta(t) = \| \mathrm{tr}[\rho_f^* U(t)\rho(0)U^*(t)] \| \tag{9.120}$$

约束条件为:$t = a_1 + a_2 + a_3$

　　控制目标是使系统(9.111)在约束条件下使得性能指标(9.120)达到极大值。

　　为了得到最优的结果,首先给出两个引理,分别如下

　　引理 9.2　设 $p = \begin{bmatrix} 1 \\ -\mathrm{i} \\ 0 \end{bmatrix}$,并且设 $\sum$ 是实对角矩阵,$\sum = \begin{bmatrix} a_1 & 0 & 0 \\ 0 & a_2 & 0 \\ 0 & 0 & a_3 \end{bmatrix}$;如果

$|a_i| \geqslant |a_j| \geqslant |a_k| \geqslant 0$，其中 $\{i, j, k\} \in \{1, 2, 3\}$，设 $U, V \in O(3)$，则 $\|p^* U \sum V p\|$ 的最大值是 $|a_i| + |a_j|$。

引理 9.3 设函数 $f(a_1, a_2, a_3) = \sin(J\pi a_1)\sin(J\pi a_3) + \sin(J\pi a_2) \cdot \sin(J\pi a_3)$，如果 $a_1, a_2, a_3 \geqslant 0$，并且 $a_1 + a_2 + a_3 = t (t \leqslant 3/(2J))$，则函数 $f(a_1, a_2, a_3)$ 的最大值是 $2\sin(J\pi a)\sin(J\pi b)$，其中 $a + 2b = t$，以及 $\tan(J\pi a) = 2\tan(J\pi b)$。

根据(9.117)式、(9.118)式和定理 9.3 可知，对于系统任意期望幺正演化矩阵 U_F 所形成的集合记作 $R(e, t)$，表示为

$$R(e, t) = \{K_1 A_1 K_2 \mid K_1, K_2 \in K, A_1 \in A, a_1 + a_2 + a_3 \leqslant t\} \tag{9.121}$$

其中的任意元素都可以通过合适的脉冲序列得到。

根据 $K = SU(2) \otimes SU(2)$ 可以设 $\sigma 1 = \exp\{i\sigma_{1x}, i\sigma_{1y}, i\sigma_{1z}\}$，$\sigma 2 = \exp\{i\sigma_{2x}, i\sigma_{2y}, i\sigma_{2z}\}$，则 $K = \sigma 1 \times \sigma 2$，又因为 $U(t) \in R(e, t)$，所以性能指标 $\eta(t)$ 可以表示为

$$\eta(t) = \|\mathrm{tr}[K_1^+ \rho_F^+ K_1 A_1 K_2 \rho(0) K_2^+ A_1^+]\| \tag{9.122}$$

由于 $\rho(0)$ 与集合 σ_1 中的元素是可以交换的，ρ_F 与集合 σ_2 中的元素是可交换的，所以根据(9.122)式的特点以及 $K_1, K_2 \in K$ 可以知 $K_1 \in \sigma_1$，$K_2 \in \sigma_2$。

设由基 $\{i\sigma_{1x}, i\sigma_{1y}, i\sigma_{1z}\}$ 形成的子集定义为 $L1$，由基 $\{i\sigma_{2x}, i\sigma_{2y}, i\sigma_{2z}\}$ 形成的子集定义为 $L2$。在 $L2$ 所示的基为 $\{i\sigma_{2x}, i\sigma_{2y}, i\sigma_{2z}\}$ 的基础上，可以把初态 $\rho(0) = (\sigma_{2x} - i\sigma_{2y})/\sqrt{2}$ 表示成列向量 $p = \frac{1}{\sqrt{2}}[1, -i, 0]^{\mathrm{T}}$，而操作过程 $\rho(0) \to K_2 \rho(0) K_2^+$ 可以看作 $p \to Vp$，其中 V 是正交矩阵。

定义 P_I 是子集 $L1$ 上的投影映射，其映射关系为

$$\begin{aligned}
P_I(A_1 \sigma_{2x} A_1^+) &= \sin(a_2 J\pi)\sin(a_3 J\pi)\sigma_{1x} \\
P_I(A_1 \sigma_{2y} A_1^+) &= \sin(a_1 J\pi)\sin(a_3 J\pi)\sigma_{1y} \\
P_I(A_1 \sigma_{2z} A_1^+) &= \sin(a_1 J\pi)\sin(a_2 J\pi)\sigma_{1z}
\end{aligned} \tag{9.123}$$

因为 $\rho_F = (\sigma_{1x} - i\sigma_{1y})/\sqrt{2}$，所以它在 $L1$ 的基为 $\{i\sigma_{1x}, i\sigma_{1y}, i\sigma_{1z}\}$ 基础上写成列向量为：$\frac{1}{\sqrt{2}}[1, -i, 0]^{\mathrm{T}}$，其操作过程 $\rho(0) \to P_I(A_1 K_2 \rho(0) K_2^+ A_1^+)$ 可以看作 $p \to \sum Vp$，其中

$$\sum = \begin{bmatrix} \sin(a_2 J\pi)\sin(a_3 J\pi) & 0 & 0 \\ 0 & \sin(a_1 J\pi)\sin(a_3 J\pi) & 0 \\ 0 & 0 & \sin(a_1 J\pi)\sin(a_2 J\pi) \end{bmatrix}$$

$$\tag{9.124}$$

根据以上分析可知性能指标 $\eta(t) = \| \mathrm{tr}[K_1^+ \rho_F^\pm K_1 A_1 K_2 \rho(0) K_2^+ A_1^+] \|$ 可以记作

$$\eta(t) = \left\| p^+ U \sum V p \right\| \tag{9.125}$$

设 $|\sin(a_1 J\pi)| \geqslant |\sin(a_2 J\pi)| \geqslant |\sin(a_3 J\pi)|$，则根据引理 9.2 可知最大性能指标 $\eta(t)$ 为

$$\frac{|\sin(a_1 J\pi)\sin(a_2 J\pi)| + |\sin(a_1 J\pi)\sin(a_3 J\pi)|}{2} \tag{9.126}$$

在 $0 \leqslant a_1, a_2, a_3 \leqslant 1/(2J)$ 时，最大性能指标(9.126)式可以变为

$$\frac{\sin(a_1 J\pi)\sin(a_2 J\pi) + \sin(a_1 J\pi)\sin(a_3 J\pi)}{2} \tag{9.127}$$

利用引理 9.3 分析(9.127)式知在 $a_1 + a_2 + a_3 = t$，且 $t \leqslant 3/(2J)$ 情况下可以得到

$$\tan(J\pi a_1) = 2\tan(J\pi a_2) \tag{9.128}$$

$$a_1 = a, a_2 = a_3 = b \tag{9.129}$$

最大性能指标为：$\eta(t) = \sin(J\pi a_1)\sin(J\pi a_2)$，由于当 $t = 3/(2J)$ 时，最大性能指标为 1，所以当 $t \geqslant 3/(2J)$ 时，最大性能指标就都为 1。

图 9.6 给出了在 $0 \leqslant t \leqslant 3/(2J)$ 变化范围内，选取不同参数值情况下的性能指标，其中，实线是在参数 a_1, a_2, a_3 满足关系式(9.128)和(9.129)的情况下，性能指标 $\eta(t) = \sin(J\pi a_1)\sin(J\pi a_2)$ 的变化情况；虚线为设定参数 $a_1 = a_2 = a_3 = t/3$ 时，性能指标 $\eta(t) = \sin(J\pi a_1)\sin(J\pi a_2)$ 的变化情况。

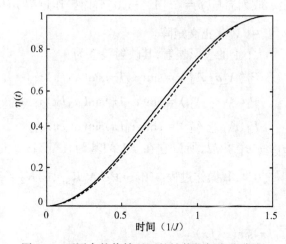

图 9.6　不同参数值情况下的性能指标变化曲线

从图 9.6 中可以看出在时间相同情况下，根据最优控制得到的性能指标比其他方法得到的性能要高。

4) 其他

(1) 由于子群 $SU(2) \otimes SU(2)$ 同构于 $SO(4)$,所以 $K = SO(4)$,而对称空间就成为 $SU(4)/SO(4)$,根据 $SU(4)$ 的其他方式的基,对系统(9.101)的任意幺正演化矩阵 U_F 进行 Cartan 分解的结果是

$$U_F = K_1 \exp(b_1 B_1) \exp(b_2 B_2) \exp(b_3 B_3) K_2 \qquad (9.130)$$

其中,$B_1 = H_0$,$B_2 = ad_{\sigma_{2y}} ad_{H_0} \sigma_{1y}$,$B_3 = ad_{\sigma_{2x}} ad_{H_0} \sigma_{2x}$。$K_1, K_2 \in SO(4)$。

(2) 还可以根据 Cartan 分解得到李群 $SU(4)$ 中任意一个幺正演化矩阵 U_F 的形式:

$$U_F = K_1 \exp(c_1 H_0) K_2 \exp(c_2 H_0) K_3 \exp(c_3 H_0) K_4, K_1, K_2, K_3, K_4 \in SO(4)$$

对于以上出现的两种分解结果,其实质与通用的分解结果是相同的,只是所选取的基不同而已。

四、总结

Cartan 分解是通过把系统(9.97)转化到黎曼几何流形上分析,在此过程中它考虑子群 K 中的元素相互转换时所需的时间是微小的,可以忽略,而在对称空间 G/K 的元素转换所需的时间相对是非常大的,所以在考虑整个系统从初始状态到期望状态所需的时间时就只考虑对称空间 G/K 的元素转换所需的时间,也即寻找到在商空间中从初态到期望终态的最短路径。从控制理论的角度来说也就是达到系统的最优控制。在此过程中可获得任意期望幺正演化矩阵的分解,但是其分解式与控制场的关系没有显式表示,所以如何通过确定控制场以及如何联系到物理背景来分析将是以后的主要工作。本节只分析了单个粒子以及两个粒子所建立的系统模型的情况,还可以进一步运用 Cartan 分解分析 3 个粒子或更多粒子的情况,从而进行最优控制分析。

9.6 各种分解方法的比较

除了上述李群分解、Wei-Norman 分解和 Cartan 分解外,在数学因式分解中还有其他一些分解,比如 Magnus 分解。本节在简要介绍 Magnus 分解后,将对不同的分解方法进行比较,然后分析各种分解方法的优缺点,并指出它们的适用范围,最后给出总结。

9.6.1 Magnus 分解

如果单纯从方程(9.97)来进行求解,则和一般矩阵微分方程的求解方法一样,对于一般矩阵微分方程的求解,由于矩阵微分方程不能直接积分求解,所以就出现了 Magnus 公式和 Wei-Norman 分解的方法来求解矩阵微分方程的方法。最先得出类似方程(9.97)的一类矩阵微分方程的解的问题是在 1954 年,由 W. Magnus

证明并得出 Magnus 公式定理如下。

定理 9.4(Magnus W　1954)　系统(9.97)在 $t = 0$ 的附近的局部邻域的解的表示形式为

$$U(t) = \exp\Big(\sum_{i=1}^{l} \mu_i(t)\Lambda_i\Big) \tag{9.131}$$

其中,$\Lambda_1, \Lambda_2, \cdots, \Lambda_l$ 是李代数 g 的基,$\mu_i(t)$ 是实解析函数,l 是李代数 g 的维数。

由 Magnus 公式得到的方程(9.97)的解的表示只有一个指数因子,但由于指数因子中的指数存在 l 个基的线性组合,这种情况不能直接进行物理实现。所以对于利用 Magnus 公式来分析系统(9.97)是不适应的。

9.6.2　各种分解方法之间的比较

1) 分解所起到的作用

利用 Magnus 公式与 Wei-Norman 分解是直接解微分方程(9.97),把矩阵微分方程(9.97)变换为标量形式的微分方程组,通过该微分方程组来获得解 $U(t)$ 的指数乘积中的参数 $g_i(t)$,继而获得任意时刻的幺正演化矩阵。

李群的一般分解是针对期望的幺正演化矩阵进行指数因子分解的,根据脉冲控制场的特性,把规定的时间间隔分成 K 段小区间,每段小区间的幺正演化矩阵是对应一个指数因子,并且指数因子中的指数是由脉冲积分所得到。

Cartan 分解是分析微分方程(9.97)的作用李群 G,通过李群 G 的 Cartan 分解,又根据系统(9.97)是可控的,所以可实现李群 G 中的任意元素的指数乘积分解。从而可以得到期望的幺正演化矩阵的指数乘积分解。

2) 分解得到的关系

利用 Wei-Norman 分解时得到的解 $U(t)$ 表示中的每个指数因子里的参数 $g_i(t)$ 与控制场的关系明确,它们之间的关系可以通过非线性微分方程组来获得。李群的一般分解中的每个指数中的参数也与控制场的关系明确,指数因子中的参数是通过对控制场的积分来获得。Cartan 分解没有明确表明矩阵指数中的参数与系统控制场之间的关系。

3) 分解的适用范围

利用 Wei-Norman 分解一般情况下只能对局部邻域的解表示成矩阵指数乘积的形式,只有在系数形成的李代数是可解的李代数的情况下,才能对全局的解表示成指数乘积的形式,但是结合定理 9.1,把长时间间隔分成小区间分别利用 Wei-Norman 分解,这样就可以获得全局解。李群的一般分解和 Cartan 分解所获得的幺正演化矩阵都是全局的解。

4) 分解与控制作用之间的关系

利用 Wei-Norman 分解可以模拟控制场与幺正演化矩阵的定性关系。李群的一般分解在脉冲宽度相等的情况下,通过寻找最优的脉冲控制场序列,使得期望的幺正演化矩阵的分段最少,也可称所需的时间最少。Cartan 分解是通过把系统 (9.97)转化到几何流形上分析,即把得到期望的幺正演化矩阵的最少时间问题,转换成在流形域内从起始点到期望点之间寻找最优的路径问题,通过最优路径再反过来寻找最优的时间间隔,从而使得期望的幺正演化矩阵所需时间最少。

5) 分解的难易程度

利用 Wei-Norman 分解的过程中出现了非线性微分方程组,这在一定程度上增加了问题的难度,特别是当量子系统的对应李代数是高维的情况时,其非线性微分方程组是不可解的,所以 Wei-Norman 分解一般适用于维数较小的量子系统。

在利用李群的一般分解时,通常是在控制场的幅值变化与频率相比缓慢的假设下,只有这样假设才能使得指数因子的参数由对控制场的积分获得。而李群的一般分解几乎适用所有的多能级的量子系统。

Cartan 分解是通过把系统(9.97)转化到几何流形上分析,在此过程中它考虑子群 K 中的元素相互转换时所需的时间是微小的,可以忽略,而在商空间 G/K 的元素转换,以及从子群 K 到商空间 G/K 的元素转换所需的时间相对是非常大的,所以在考虑整个系统从初始状态到期望状态所需的时间时就只考虑商空间 G/K 的元素转换,以及从子群 K 到商空间的元素转换所需的时间。李群的 Cartan 分解是适用于几个具有相互作用的粒子,原因是相互作用的粒子之间的场是非常大的,而粒子本身的场相对非常小,这也相当于粒子本身的场是驱使粒子在商空间 G/K 的元素转换,以及从子群 K 到商空间 G/K 的元素转换,而相互作用的粒子之间的场是驱使粒子在子群 K 中元素转换。所以对于具有相互作用的粒子,李群的 Cartan 分解把物理关系和流形联系起来,从而使得李群的 Cartan 分解是适用于几个具有相互作用的粒子。

9.6.3 小结

对于量子系统,本章利用不同的方法来分析幺正演化方程,以此得到期望的幺正演化矩阵。不同的分析方法侧重点就不同,Wei-Norman 分解得到的任意时刻的幺正演化矩阵的表示,但是不一定能得到期望幺正演化矩阵,如果要得到期望的幺正演化矩阵,则需要对控制场进行控制,从而使得在规定的时间内得到期望的幺正演化矩阵。李群的一般分解是直接对期望的幺正演化矩阵进行分解,在此过程中是只考虑了控制场的幅值变化,从而使得分解中指数因子的参数可以通过积分得到,而李群的一般分解的继续研究的内容就是如何寻找到最优的控制脉冲,使得获得期望的幺正演化矩阵的时间最少。李群的 Cartan 分解是充分利用李群的理论,把获得期望的幺正演化矩阵的分解转化为寻找黎曼流形中最优路径问题,使得问题进一步简化。

第 10 章　量子系统的可控性与可达性

在经典控制理论中,有关可控性和可观性的概念是由卡尔曼(Kalman)提出的。在多变量最优控制系统中,这两个概念起着重要作用。事实上,一个系统的可控性和可观性可以给出最优控制完整解存在性的条件。如果所研究的系统是不可控的,那么最优控制问题的解是不存在的。本章我们研究量子系统的可控性问题。由于在数学表达式上,量子系统与经典系统具有相同的数学模型,所以,我们首先复习经典控制理论中有关系统可控性的研究结果。

1) 连续时间系统的状态完全可控性

设连续时间系统的方程为

$$\dot{x}(t) = Ax(t) + Bu(t) \tag{10.1}$$

其中,$x(t)$:n 维状态矢量;$u(t)$:控制信号;A:$n \times n$ 矩阵;B:$n \times 1$ 矩阵。

如果能够用一个无约束的控制信号,在有限时间间隔 $t_0 \leqslant t \leqslant t_1$ 内,使初始状态转移到任一终止状态,那么由方程(10.1)所描述的系统就叫做 $t = t_0$ 时是状态可控的。如果每一个状态都可控,那么这个系统便是状态完全可控的。

2) 离散时间系统的状态完全可控性

设离散时间系统的方程为

$$x[(k+1)T] = Gx(kT) + Hu(kT) \tag{10.2}$$

其中,$x(kT)$:n 维状态矢量;$u(kT)$:控制信号;G:$n \times n$ 矩阵;H:$n \times 1$ 矩阵;T 是采样周期。注意,$u(kT)$ 在 $kT \leqslant t \leqslant (k+1)T$ 的时间间隔内是个常数值。不失一般性,我们假定初始条件是任意的,最终状态是状态空间的原点。

如果在有限时间间隔 $0 \leqslant kT < nT$ 内,存在阶梯控制信号 $u(kT)$,使状态 $x(kT)$ 由任意初始状态开始,在 $kT > nT$ 时变为零,那么由方程(10.2)所确定的离散时间系统是状态可控的。如果每一个状态都可控,那么这个系统叫做状态完全可控的。

量子系统控制的理论问题中最引人瞩目的是量子系统的可控性问题。许多方面的问题已经被解决,如连续光谱量子系统的可控性问题,双线性量子系统波函数的可控性问题,分子系统的可控性问题,分布式系统的可控性问题,旋转系统的可控性问题,NMR 分光器量子演化的可控性问题,紧致李群量子系统的可控性问题等。在解决这些问题中,引入了许多可控性观点和概念。

重新考虑有限维多级量子系统的数学模型:

$$|\dot{\psi}\rangle = H|\psi\rangle = \left(A + \sum_{i=1}^{m} B_i u_i(t)\right)|\psi\rangle \tag{10.3}$$

其中，$|\psi\rangle$ 是一个在复球面上变化的状态向量，是由 n 个复元素组成的列向量，其元素的形式为 $x_i + \mathrm{i} y_i, j = 1, \cdots, n$，并且满足 $\sum_{j=1}^{n} x_j^2 + y_j^2 = 1$。$H$ 为系统哈密顿量，矩阵 $A, B_1, \cdots, B_m$ 是具有斜厄米矩阵的 n 维李代数 $u(n)$，维数为 n，如果 A，$B_1, \cdots, B_m$ 的阵迹为零，那么它们在李代数中的斜厄米矩阵也具有迹零的 $su(n)$。函数 $u_i(t), i = 1, 2, \cdots, m$ 是时变的起控制作用的电磁场，假定它们是连续的并且有幅度限制。(10.3)式在时刻 t 的解 $|\psi(t)\rangle$，在初始条件 $|\psi_0\rangle$ 下被给定为

$$|\psi(t)\rangle = X(t)|\psi(0)\rangle \tag{10.4}$$

其中，$X(t)$ 是 t 时刻方程

$$\dot{X}(t) = \left(A + \sum_{i=1}^{m} B_i u_i(t)\right)X(t) \tag{10.5}$$

的解，该方程的初始条件是 $X(0) = I_{n \times n}$。解 $X(t)$ 是在李群上变化的特殊幺正矩阵 $SU(n)$ 或幺正矩阵 $U(n)$，这要根据 A 和 B_i 的迹为零或不为零来决定。

虽然量子系统所描述的是微观领域中粒子的运动规律，不过从(10.3)式和(10.5)式中都可以看出，其系统的数学模型在形式上就是宏观领域中的双线性系统的微分方程。通过对宏观系统可控性的研究表明，线性系统 $\dot{X} = AX + Bu$ 的能控性与由其系数矩阵 $\{B, AB, \cdots, A^{n-1}B\}$ 展成的线性空间有关；双线性系统的可控性与由 A、B 反复李括号得到的线性矩阵空间有关，称作双线性系统的李代数。我们进一步深入研究表明，在采用李群和李代数对系统可控性进行研究的情况下，量子系统的可控性与双线性系统的可控性在本质上是相关的，即某种量子系统的可控性就是双线性系统在一定条件下的可控性。紧致李群上的量子系统的可控性的研究也表明量子系统的可控性依赖于它的动力学李群，并且许多不同的可控性概念实际上是等价的。

本章将揭示量子系统和双线性系统在可控性方面的内在关系。在界定双线性系统、矩阵系统和右不变系统后，归纳出已有的对 3 种不同系统的可控性定理，重点放在对双线性系统的可控性定理的总结上。然后详细分析各种不同情况下的量子系统的可控性定理，通过对比，指出现有的有关量子系统可控性定理与双线性系统可控性定理之间的对应关系，由此揭示每一种量子系统可控性定理的适用情况。本章还将对量子系统的可达性进行讨论。

10.1　基本关系和定义

10.1.1　双线性系统、矩阵系统和右不变系统之间的关系

由方程(10.5)可以看出，量子系统所描述的系统模型以及一般的双线性系统

都采用的是状态空间方程。对于状态空间方程,其中的状态变量可以有两种表示方式:一种是向量,另一种是矩阵。通常情况下,系统的状态变量大都采用向量表示,由此获得的系统模型就是人们熟知的向量形式的双线性系统,简称为双线性系统:

$$\dot{x} = \left(A + \sum_{i=1}^{m} u_i B_i\right)x, x \in R^n / \{0\} \tag{10.6}$$

其中,x 是系统的状态变量,为属于 n 维空间的向量。

不过在实际应用中,也同时存在一些系统如刚体的姿态控制等,这些系统的状态空间都只能为矩阵群,由此建立出的系统模型则是矩阵双线性系统,简称为矩阵系统,此时系统的微分方程形式为:

$$\dot{X} = \left(A + \sum_{i=1}^{m} u_i B_i\right)X, X \in R^{n \times n} \tag{10.7}$$

其中,X 是系统的状态变量,为 $n \times n$ 矩阵。

如果矩阵系统的状态空间为李群 G,且 $A, B_1, \cdots, B_m$ 是李群 G 上的右不变向量场,则这样的矩阵系统被称为右不变双线性系统,简称为右不变系统,其微分方程的形式为:

$$\dot{X} = \left(A + \sum_{i=1}^{m} u_i B_i\right)X, X \in G \tag{10.8}$$

其中,X 是系统的状态变量,为 $n \times n$ 矩阵;A, B_i 不仅为系统的系数矩阵,而且还构成李群 G 上的右不变向量场。

比较(10.7)式和(10.8)式可以看出,在形式上矩阵系统和右不变系统的最大不同在于所属空间不同:前者的状态变量属于一般的 $n \times n$ 维实空间;后者属于李群。从系统的角度来说,一般系统的可控性可以由定义 10.1 给出。

定义 10.1　称一个系统为可控的,如果给定系统的任意两状态 x_0, x_1,存在一时间 $T \geqslant 0$ 和定义在 $[0, T]$ 上的容许控制 u 使得对 $x(0) = x_0$,有 $x(T) = x_1$。

对于如双线性这样特殊的非线性系统,其状态变量采用集合表示比较方便,所以其可控性我们用定义 10.2 给出。

定义 10.2　从任意一点 $x \in M$,在时间 $T \geqslant 0$ 内到达的点的集合记做 $R^T(x)$;所有的在 $T \geqslant 0$ 时的 $R^T(x)$ 的集合记做 $R(x)$;如果,$R(x_0) = M$,则称系统在 x_0 是可控的;如果对任一 $x \in M, R(x) \neq \Phi$,且 $R(x) = M$,则称系统是全局可控的,简称系统是可控的。

对以上三种系统可控性的研究目前并没有像线性系统那样完善,有许多问题还没解决,如双线性系统可控性的充要条件。但是对特殊条件下双线性系统的可控性研究已获得很多的结论。有关双线性可控性的研究大都是基于李代数理论获得的。最早获得的是对矩阵系统(Brockett R W　1972)和右不变系统的可控性(Jurdjevic V et al. 1972),这是因为向量双线性系统的解是通过转移矩阵 $\Phi(u; t, 0)$

来获得,即 $x(t) = \Phi(u;t,0)x(0)$,所以人们通过研究转移矩阵 $\Phi(u;t,0)$ 的可控性,再通过转移矩阵同样满足系统方程的性质:$\dot{\Phi} = \left(A + \sum_{i=1}^{m} u_i B_i \right)\Phi$,$\Phi(u;0,0) = I$,变换为矩阵系统,以此方式通过研究由转移矩阵构成的矩阵系统的可控性来研究原双线性系统的可控性。由于右不变系统是矩阵系统在李群中的情况,不同的李群使得右不变系统表现出不同的性质,因而对右不变系统的研究所获得的结论最多也最深入。通过研究右不变系统的可控性,再给定一定的条件限制,就可以推断出双线性系统可控性。

对于以上三种系统,其控制量的选取一般是分段常量函数,其优点一是易于实现,二是当取其他函数时,可以用分段常量函数进行近似。本章若无特别说明,则控制量是取分段常量函数。例如当控制量取可测函数时,双线性系统的可控性在特殊条件($A,B_1,\cdots,B_m$ 是可交换的)下等同于控制量是分段常量函数时的可控性(Khapalov A Y et al. 1996)。

10.1.2 双线性系统的李代数

由第 8 章的介绍中可以看出,若 A、B 不可交换,求解双线性系统将十分困难。除 A、B 外,我们还需要 $AB - BA$,记作 $[A,B]$,称为 A、B 的李括号。

众所周知,线性系统的可控性与 $\{b,Ab,\cdots,A^{n-1}b\}$ 展成的线性空间有关。与之类似,双线性系统的可控性与由 A、B 反复李括号得到的线性矩阵空间有关,称作双线性系统的李代数。为了研究双线性系统的可控性,我们首先将第 7 章中介绍过的李代数再具体定义如下。

定义 10.3 域 K(通常为实数或复数)上的线性空间 g,满足乘法 $g \times g \rightarrow g$:$\{X,Y\} \rightarrow [X,Y] \in g$,如果满足以下性质,被称为李代数:

(i) $[X,\alpha Y] = \alpha[X,Y] = [\alpha X,Y],\alpha \in K$

(ii) $[X,Y] + [Y,X] = 0$

(iii) $[X,[Y,Z]] + [Y,[Z,X]] + [Z,[X,Y]] = 0$ (Jacobin 等式)

一个双线性系统的李代数由以下方法产生:令 M^n 代表所有 $n \times n$ 实矩阵的线性空间,它的维数是 n^2。一个实数线性子空间 $g \subseteq M^n$ 是李括号意义下的($[X,Y] = XY - YX$)闭集,则称为一个(实)矩阵李代数,它的维数不大于 n^2。若两个矩阵李代数 $g,\hat{g}$ 的元素可以由一个共同的相似变换 $\hat{g} = P^{-1}gP$ 联系起来,则称它们是等价的。由 $P^{-1}[A,B]P = [P^{-1}AP,P^{-1}BP]$ 也可推出这一定义。此处将矩阵李代数简称为李代数,因为我们不涉及其他李代数。

对于由(8.3)式所表示的齐次双线性系统,可以基于树李代数理论来生成李代数。

定义 10.4 $\{A,B\}_{\mathrm{LA}}$ 为包含 A 和 B 的 M^n 的子空间,并且是李括号和线性

空间的张成操作意义下的闭集。

不难用李括号的性质(i)、(ii)、(iii)来计算$\{A,B\}_{LA}$。从 A、B 开始,我们可以通过一个李括号的树 $T(A,B)$ 得到李代数的其他元素。

树的结构仅依赖于李代数的定义。$T(A,B)$ 是通过对 A 和 B 的每一个叶子进行括号运算一级一级建立起来的。由于叶间具有明显的线性依赖关系

$$[X,Y] = -[Y,X]$$

以及 $[X,X]=0$,因此它是经过修剪的。通过 Jacobin 等式,更多的叶将被删去,即建第 5 层之前应注意到在第 4 层有 $[B,[A,[A,B]]] = -[A,[B,[B,A]]]$ 等。李代数的一个已知特征就是所有 A、B 生成的高阶李括号都可以根据 Jacobin 等式由已经在树上的那些叶子得到。$\{A,B\}_{LA}$ 由 $T(A,B)$ 的元素展成。由于矩阵在 M^n 中,则线性无关的矩阵将不多于 n^2 个。而从 A、B 开始能算出更多的线性相关矩阵,因此一旦某一层的全部矩阵与它们的祖先线性相关,树的建造便可停止。

通过上述步骤,我们可以得到足够的矩阵以确定线性空间 $\{A,B\}_{LA}$ 的维数 l 和一组基,把它记成阵列形式:$B = \{C_1,\cdots,C_l\}$。由于我们已假设 A、B 线性无关,则马上可写出 $C_1 = A,C_2 = B,C_3 = [A,B]$。(上述例子中只需要这三个矩阵,第三级以上的括号不会产生新的东西)。若 A、B 中的元素是有理数,则用符号代数计算机程序便可以生成 $T(A,B)$ 和基 B。

一般矩阵对 A、B 可以生成可展成 M^n 的矩阵树。换言之,如果用随机选取的实数来作为 A、B 的元素,则对大部分样本来说,$\{A,B\}_{LA} = \mathrm{gl}(n,R)$。然而,控制系统的元件之间的结构关系导致了它的李代数将比较小。生成式可能可交换,可能是斜对称阵、三角阵、分块对角阵或迹为零,这些结构都会导致较小的李代数。

对多输入双线性系统,可以得到类似的树形结构。若(8.4)式表示的系统的阶次很低,而有很多独立阵 $A,B_1,\cdots,B_k$,则仅需一些李括号便可求出基 B。

注意到 $[A,X]$ 是 X 的线性运算,一个更有用的想法可以用于计算李括号。

定义 10.5　$ad_A(X) = [A,X]$,ad_A 的幂可以通过递归得到:$ad_A^0(X) = X$,$ad_A^k(X) = [A,ad_A^{k-1}(X)],k>0$。

这就简化了对 $T(A,B)$ 的一个重要部分的讨论,因为最左边的叶子的形式就是 $ad_A^k(B)$,它还用于可控性的秩的条件。有很多与 ad_A 相关的公式,如

$$e^{tad_A}(B) = e^{tA}Be^{-tA}$$

10.1.3　矩阵李群及其可递性

满足通常意义下的矩阵相乘、单位阵和矩阵逆的非奇异 $n\times n$ 矩阵的集合构成了一个群,记作 $GL(n,R)$,GL 指"一般线性"。$GL(n,R)$ 的子群称为一个矩阵群。研究双线性系统用到的矩阵群是矩阵李群。

很多双线性系统的非局部结论都不单依赖李代数,还与相应的矩阵李群相关。先考虑一个 k 输入对称双线性系统,$\dot{x} = (u_1 B_1 + u_2 B_2 + \cdots + u_k B_k) x$,假设 B_i 线性无关。记 $u = (u_1, \cdots, u_k)$,该双线性系统的李代数为 $\{B_1, \cdots, B_k\}_{\mathrm{LA}}$。令 $\{\Phi^*\}$ 为该系统的转移矩阵集合,即,如下矩阵系统的解

$$\dot{\Phi} = \Big(\sum_{i=1}^{k} u_i B_i\Big)\Phi, \Phi(0,0) = I$$

由于 $\{\Phi^*\}$ 含 I,且在第 8 章中的(8.11)式的相乘和(8.12)式的逆的意义下是闭的,我们得出它构成一个群,实际上是 $GL(n, R)$ 的一个子群的结论。因为 $\{\Phi^*\}$ 中的所有矩阵的行列式都为正,所以 $\{\Phi^*\}$ 实际上处于它包含 I 的(正行列式)子群 $GL^+(n, R) \subset GL(n, R)$。

另一方面,对应于任一矩阵李代数 g,我们都能够构造一个李群 $G(g)$。它由 g 中矩阵指数的乘积组成。若 g 的一组基为 $\{C_1, \cdots, C_l\}$,则在单位阵附近,$G(g)$ 可以用坐标表示为

$$\{\exp(C_1 t_1), \cdots, \exp(C_l t_l)\} \rightarrow (t_1, \cdots, t_l)$$

用 G 的元素对该坐标进行变换,以拼凑出群上任何地方,我们可以看到 $G(g)$ 有一个坐标架。

李群中的所有矩阵都可以从转移矩阵获得。这是非线性控制 Chow 理论的一个简单情形。对双线性系统意味着:一旦求出李代数,则转移矩阵群的结构就能完全知道。

还有一个对双线性系统的可达性和可控性均十分重要的概念——李群的可递性。

定义 10.6 称李群 G 是 R_0^n 上(R_0^n 的定义见下节)可递的,若对于一切 x_1,$x_2 \in R_0^n$,存在矩阵 $F \in G$ 满足 $Fx_1 = x_2$。

上述定义等价于李群 G 的李代数 g 的秩为 n,即对于一切 $x \in R_0^n$,子空间 $\{Xx \mid X \in g\}$ 的维数是 n,亦即下节中将提到的李秩条件。

10.1.4 可达性和李秩条件

什么样的"状态空间"最适合于双线性系统? 对非齐次系统,R^n 合适。然而,对齐次双线性系统而言,起点为 0 的轨迹将一直停留在 0 处,同时也无法在有限的时间内到达 0,则该把 0 从状态空间上挖去。这一挖去 0 的 n 维向量空间记作 $R^n \setminus \{0\}$ 或 R_0^n,当分析可控性和可达性时,就将对该空间感兴趣。当 $n = 1$,它将是两条开线的并集。标量双线性 $\dot{\zeta} = u\zeta$,其状态的符号永远都不会改变。当 $n = 2$,被挖去孔的平面并非简单地连通。当 $n \geqslant 3$,挖去点的影响可以忽略。

在某些应用场合,其他不平常的状态空间可能是合适的。将标量系统一般化为 n 维对角化双线性系统,即 $\dot{x}_i = u_i x_i, i = 1, \cdots, n$。如果初始状态在一个坐标的

半轴上、某象限内……，或负的 2^n 分空间内，状态都将永远留在那里。其他在正的 2^n 分空间表现出这种行为的双线性更为常见，以下就将讨论它们的可控性质。在经济学、化学、生态学和概率论的应用中，状态变量通常只能为正的，这一点必须在建立动态模型时考虑到。这些应用领域中，双线性系统和二次系统是所需要的最简单的模型。

一、可达性的定义

有时我们需要证实或仅能证实一个比可控性弱，但仍非常有用的性质——可达性。

定义 10.7　若状态集合 $\{\Phi(u;t,0)x,t>0\}$ 的内部是开的，则称该双线性系统满足 x 处的可达性条件。若条件对所有初始状态都成立，则称双线性系统在它的整个状态空间上都具有可达性。

系统可控的一个最简单的必要条件就是系统可达，有时也称为"弱可控"。可控系统都具有该性质，但可达性并不能推出可控性，下面的例子就将说明这一点，还将从该例中引出强可达性的概念，即 $\{\Phi(u;t,0)x\}$ 内部对任意固定的 t 是开的。

例 10.1　在 R_0^2 空间上考虑系统

$$\dot{x} = (I + uJ)x, I = \begin{pmatrix} 1 & 0 \\ 0 & 1 \end{pmatrix}, J = \begin{pmatrix} 0 & -1 \\ 1 & 0 \end{pmatrix}$$

化成极坐标后，该系统变成 $\dot{r} = r, \dot{\theta} = u$。对常值控制量，它的轨迹将以顺时针方向螺旋的增长。考察能够到达一个正时刻 τ 的状态的集合，它将是半径为 $r(\tau) = e^{\tau}r(0)$ 的圆。由于它不是一个开集，因此该双线性系统不具备强可达性。另外，所有 $r(\tau) < r(0)$ 的状态都无法到达，这意味着系统不可控。对 $0 < t < \tau$，从 $x(0) = (r(0)\cos\theta_0, r(0)\sin\theta_0)$ 可达的状态集合是一开的圆环域 $\{(r,\theta) \mid r(0) < r < r(0)e^{\tau}\}$，则该系统是可达的。

下面颠倒两矩阵的位置，该双线性系统成为 $\dot{x} = (J + uI)x$，或极坐标的形式 $\dot{r} = ur, \dot{\theta} = 1$。在较晚时刻 T，半径可以是任意值，但 $\theta(T) = 2\pi\dot{T} + \theta_0$。该系统既可达(但非强可达)，又是可控的。若一个轨迹错了过一个目标状态，2π 秒后，它又将有第二次机会。这一奇特的现象反映了状态空间被挖去原点的事实，如前所述，它是一圆筒形。

二、可达性的判据

我们该如何证明 R_0^n 空间上双线性系统的可达性呢？对如(8.3)式的齐次双线性系统，可由李代数 $g = \{A, B\}_{LA}$，构造一 $n \times l$ 矩阵 $Bx := \{C_1 x, \cdots, C_l x\}$，其中 l 为 g 的维数。定义李秩 $\rho(x)$ 为由 $\{Xx \mid X \in g\}$ 线性展成空间的维数，或简记为 $\rho(x) = \dim\mathrm{span}(gx)$ 或 $\rho(x) = \mathrm{rank}(Bx)$。对于齐次双线性系统，一个可达性

的充要条件是由 J. Kuera 得到的李秩条件:

定理 10.1(Bruni C 1974) 若(8.3)式的齐次双线性系统是可达的,当且仅当

$$\rho(x) = n, \text{对一切 } x \neq 0 \tag{10.9}$$

即李代数 $g = \{A, B\}_{LA}$ 是可递的。

在任一点 $x \in R_0^n$,集合 $h_x := \{X \in g \mid Xx = 0\}$ 是 g 的一个线性子空间,并且含有它任两个元素的李括号,则它也是一李代数,称为 x 处的各向同性(isotropy)李代数;状态空间 R_0^n 上的李代数 g 的可递性还意味着:对每个状态 x,它的各向同性子代数的商空间满足 $g/h_x \approx R_0^n$。

再回到例 10.1,$g = \{\alpha I + \beta J \mid \alpha, \beta \in R\}$,则

$$Bx = \{Ix, Jx\} = \begin{bmatrix} x_1 & -x_2 \\ x_2 & x_1 \end{bmatrix}, \det(Bx) = x_1^2 + x_2^2$$

由于 $x_1^2 + x_2^2 \neq 0$,方程 $\alpha Ix + \beta Jx = 0$ 有唯一解 $\alpha = 0, \beta = 0$,所以各向同性李代数是 $\{0\}$。R_0^2 上的李秩 $\rho(x) = 2$。

人们可能已经注意到李秩标准(10.9)式的计算复杂度随 n 的增加按指数增长的。当作为一个否定判据时,可以通过选取一个随机状态 $x \in R_0^n$ 来检验,若 $\rho(x) < n$,则系统既不可达又非可控。

10.1.5 可控性和可达性定义比较

前面已经提到过可达性是比可控性弱的性质,下面将对两者进行比较,同时给出可控性的定义。

给定一个被控系统,若存在一个容许输入 u 和有限时间 T,使得始于初态 x 的轨迹,在 u 的控制下,于时间 T 到达状态 y,则称从点 x 可以到达点 y。我们定义时间 T 的可达集合 $R^T(x)$ 为从 x 出发,恰好经过时间 T 所可达到的状态的集合。当 T 是负数时,指从该状态出发,经过时间 $-T$ 后达到状态 x。下述的定义和结论对任何合理的控制信号类都是一致的,包括有界控制、逐段连续控制、甚至逐段常值控制。所有非负 T 的 $R^T(x)$ 集合记作 $R^+(x)$,它是 x 的所有可达状态的集合。同样,记 $T \leq 0$ 的可达集合为 $R^-(x)$,是到 x 的可控状态集合。若 $R^+(x)$ 是开的,则称系统在点 x 处可达。若系统在状态空间上的每一点处都可达,则称系统是可达的(或完全可达的)。即,上节中的可达性定义等价于:设系统的状态空间为 M,对任意 $x \in M$,若 $R^+(x)$ 的内部是开的,则系统是可达的。而可控性的定义为

定义 10.8 对所有 $x \in M$,若 $R^+(x) = M$,则系统是可控的。

定义 10.8 的可控性一般称为全局可控性或完全可控性。而有时还用到一个

可控性的概念是系统局部可控,它是指系统在任意给定状态的邻域内满足可控性。

10.2   双线性系统、矩阵系统和右不变系统可控性及其关系

10.2.1   矩阵系统的可控性

对于矩阵系统的可控性研究,在引入李代数的基础上,还要考虑李群,主要分为两种情况:无漂移系统和漂移系统(又称非对称结构)。最简单的无漂移系统:$\dot{X} = \sum_{i=1}^{m} u_i B_i X$,即矩阵方程中无 A 项的对称结构。由于可以证明该系统状态的可达集等价于由 $\{B_1, \cdots, B_m\}$ 形成的李代数指数映射所对应的李群,所以研究起来较方便,已获得可控性的充要条件和一些充分条件,其中之一为

定理 10.2(Brockett R W 1972)   任给一时间 $t_a > 0$,以及两个非奇异矩阵 X_1, X_2,存在分段常量控制量能使系统从状态 $X_1(t=0)$ 转移到状态 $X_2(t=t_a)$ 的充要条件是:$X_2 X_1^{-1} \in \{\exp\{B_i\}_A\}_G$。

当矩阵系统是如(10.5)式所表示的漂移系统时,系统状态的可达集只是由 $\{A, B_1, \cdots, B_m\}$ 形成的李代数指数映射所对应的矩阵群的子半群,所以该矩阵系统只能在系数取特定值的情况下得出一些结论,其中一个定理为

定理 10.3   假定 $[ad_A^k B_i, B_j] = 0 (i, j = 1, 2, \cdots, m; k = 0, 1, \cdots, n^2 - 1)$,设 H 是由 $ad_A^k B_i (i = 1, 2, \cdots, m; k = 0, 1, \cdots, n^2 - 1)$ 张成的 $R^{n \times n}$ 的线性子空间;任给一时间 $t_a > 0$,以及两个矩阵 X_1, X_2,存在分段连续控制量,能使系统从状态 $X_1(t=0)$ 转移到状态 $X_2(t=t_a)$ 的充要条件是:存在 $h \in H$ 使得 $X_2 = \exp(At_a)\exp(h)X_1$。

10.2.2   右不变系统的可控性

右不变系统可控性的必要条件是:李群 G 是连通的,所以对右不变系统可控性的研究都是在连通李群的范畴内进行的,主要通过两种不同的途径来获得,一种是从判断任意一点的可达集是否等于李群来获得,另一种是从李代数和可达集的拓扑结构来得到。对于其他判断右不变系统可控性的方法,重点在于先分析右不变系统所作用的李群特性,所以在运用各个定理时,李群的特性要判断清楚。以下为了书写与研究方便,将右不变系统的可控性定义为右不变系统 $\Gamma = \{A + \sum_{i=1}^{m} u_i(t) B_i | u_i(t) \in R\} \subset g$ 在李群 G 上的可控性,其中 g 是李群 G 对应的李代数。有关右不变系统的可控性的主要结论有

定理 10.4(Sachkvo Y L 1972, Gauthier J P et al. 1984)   当李群 G 是连通李群,同时右不变系统是对称系统时获得的可控性充要条件是:$\mathrm{Lie}(\Gamma) = g$,其中,

Lie(Γ)表示 Γ 中的元素形成的李代数。

用上述定理分析对称双线性系统

$$\dot{x} = \sum_{i=1}^{m} u_i B_i x, \ x \in R_0^n, u_i \in R$$

设 $B_1, \cdots, B_m \in gl(n)$。记 $Lie(B_1, \cdots, B_m) = g$，$G \subset GL(n)$ 是相应于 g 的连通李子群。于是，如果 G 可递地作用于 R_0^n 上（即满足李秩条件），系统在 R_0^n 上能控。

当李群 G 是连通李群，右不变系统是非对称系统时，一个结论是从李代数和子群的性质获得，另一个是从右不变系统的局部可控性来获得它的可控性。

定理 10.5（Sachkvo Y L 2003） 如果引入李饱和的概念，则对连通李群 G 获得的可控性充要条件是：$LS(\Gamma) = g$，其中，$LS(\Gamma)$ 是指李饱和，即 Γ 对应的李代数 Lie(Γ) 与 Γ 的饱和 Sat(Γ) 的交集。

定理 10.6 对于特殊的连通李群如紧连通李群得到可控性的充要条件是：Lie(Γ) $= g$。

如果李群 G 是可解的单连通李群，则其右不变系统可控性定理是从李代数和子空间的角度获得的。

定理 10.7（Hilger J et al. 1985） 如果李群 G 是完全可解的单连通李群或者是幂零的单连通李群，其可控性的充要条件是：$Lie(B_1, \cdots, B_m) = g$。

如果李群 G 是半单李群，由于半单李群对应的李代数可以由任意一对向量场张成，所以只需研究控制量为单个的情况。其右不变系统可控性主要是利用特征根，并针对系数特殊的情况获得的充分条件。如果李群 G 是单李群，则对右不变系统的可控性进行分析时主要是针对不同特性的系统获得的定理。

10.2.3 双线性系统的可控性

双线性系统的可控性定理大多数是从右不变系统和矩阵系统的研究中得出的，部分是从双线性系统自身出发针对特殊情况来研究获得结论的。

对于控制量为单个的系统 $\dot{x} = (A + uB)x$ 的可控性，可以直接从系统系数矩阵 A 和 B 入手，不必使用李代数理论，所获得的结论是

定理 10.8（Boothby W H 1982） 如果状态变量都是非负的，即 $R_+^n = \{x \in R^n \mid x \geqslant 0\}$，系统 $\dot{x} = (A + uB)x$ 在单个控制量不受限制情况下由初始状态 $x(0) \geqslant 0$ 转移到终态 $x(T) \geqslant 0$ 的充要条件为：A 是非负的（$a_{ij} \geqslant 0, i \neq j$），且 B 是对角矩阵。

在引入李代数理论时，所获得的必要条件的结论为

定理 10.9（Sussmann H J et al. 1972，Boothby W M et al. 1979） 双线性系统可控性的必要条件为：该系统是可达的，或者是李代数是可递的，或者是李代数对应的李群在 $R^n / \{0\}$ 处是可递的。

　　对于双线性系统可控性的充分条件所获得的结论大多只是针对单输入控制量的情况,所获得的结论是在 A 和 B 为特殊情况下利用李代数理论或特征值情况进行判断的,主要结论有:

　　定理 10.10　对于单输入控制量的双线性系统可控的充分条件是(Koditschek D E et al. 1985):双线性系统的 A 为斜对称的,且 rank$\{Ax, Bx, ad_A(B)x, \cdots,$ $ad_A^{n^2-1}(B)x\} = n$,其中,任意 $x \in R^n/\{0\}$,且控制量为有界。

　　定理 10.11　对于单输入控制量的双线性系统可控性的另一种充分条件是(Jurdjevic V et al. 1978):A 的特征值为纯虚数且互不相同,同时李代数满秩。

　　定理 10.12　状态变量是 2 维的单输入控制量的双线性系统可控性的充要条件是(Derese I et al. 1980):A 和 B 是线性不相关的,且对任意实数 μ,$A + \mu B$ 的特征值是非实的,即特征值既有正实部又有负实部。

　　对于多输入控制量的情况则主要是从右不变系统的可控性结论来考虑的。

　　对于双线性系统可控性的判定可以利用右不变系统可控性结论推导出。考查双线性系统的转移矩阵的性质

$$\dot{\Phi} = \left(A + \sum_{i=1}^m u_i B_i\right)\Phi, \Phi(u;0,0) = I \tag{10.10}$$

　　此时如果想把转移矩阵方程看作右不变系统,首先确定右不变系统的李群 G,该李群 G 必包含状态转移矩阵的集合 $\{\Phi\}$,它等于方程(10.8)从单位矩阵状态出发的可达状态集,即 $\{\Phi\} = \{\exp(t_N A_N \cdots \exp(t_1 A_1)I \mid t_i \geqslant 0; A_i \in \Gamma\}$,由于李群 G 必须包含 $\{\Phi\}$,所以一般情况下选择李群 G 为包含 $\{\Phi\}$ 的最小李群,即 $G = e^L$,其中,L 是由 $A, B_i(i=1,\cdots,m)$ 形成的李代数,$G = e^L$ 是李代数 L 由指数映射对应的李群。显然 $A, B_i(i=1,\cdots,m)$ 是李群 G 上的右不变向量场。此时(10.8)式就可以看作右不变系统。

　　定理 10.13(Sachkov Y L　1997a)　如果右不变系统是可控的,则双线性系统是可控的;

　　定理 10.14(Sachkov Y L　1997b)　如果状态转移矩阵集合 $\{\Phi\}$ 在 $R^n/\{0\}$ 是可递的,则双线性系统是可控的。

　　注意状态转移矩阵集合 $\{\Phi\}$ 是李群 G 的子半群。所以如果李群 G 在 $R^n/\{0\}$ 上是可递的,并不能说明状态转移矩阵集合 $\{\Phi\}$ 在 $R^n/\{0\}$ 处是可递的,但反过来成立,所以李群 G 在 $R^n/\{0\}$ 上是可递的只是双线性系统是可控的必要条件,但不是充分条件。

　　对于特殊情况下的双线性系统,其转移矩阵集合与李群 G 是等价的,此时可得双线性系统可控的充要条件。例如无漂移的双线性系统的转移矩阵集合就是 $A, B_i(i=1,\cdots,m)$ 形成的李代数所对应的李群 e^L,它的可控性的充要条件是李群 e^L 在 $R^n/\{0\}$ 是可递的。

对于通过矩阵系统的可控性来判定双线性系统的可控性,同样是利用状态转移矩阵的性质:由于矩阵系统的状态空间是矩阵群,而状态转移矩阵集合$\{\Phi\}$是矩阵群的子半群。此时判断双线性系统的可控性与右不变系统的定理10.14一样:如果矩阵系统是可控的,同样可推出双线性系统是可控的,不过此时无多大实用价值,因为我们已经知道矩阵系统本身的可控性也只有在$A,B_i(i=1,\cdots,m)$为特定条件下才能得出。

10.3 有限维量子系统的可控性

10.3.1 量子系统的可控性定义

通过对于以上三种系统的可控性分析,联系量子系统的数学模型发现,量子系统经过变换推导所获得的由幺正演化算符$X(t)$所构成的数学模型就是矩阵双线性系统。

在量子系统可控性问题的研究上,由于系统本身的复杂性,至今没有形成统一的可控性理论(Schirmer S G et al. 2001)。主要还是针对一些特殊情况进行研究。人们根据量子系统的物理意义以及为了方便分析,针对状态空间是选择希尔伯特空间中由范数定义为单位球S_H的情况,此时状态空间为无限维的,因而造成量子系统从状态$|\psi_0\rangle$演化的流形也是无限维。而一般的可控性定理是针对有限维的双线性和非线性系统的情况,所以如果想把已有的可控性定理运用到量子系统中,则必须寻找状态空间为有限维的特殊情况(如仅旋转起作用的情况)。这可以通过Nelson定理引入希尔伯特空间的解析域对状态进行分析,此时的量子系统状态$|\psi_0\rangle$演化的流形就可变成有限维。该方法的优点是:解析域在希尔伯特空间是稠密的,而且解析域对算符是不变的,解析域里量子系统方程的解可以用指数来全局表示。通过解析域来定义量子系统的可控性。

解析可控性:设$|\psi_0\rangle$是属于解析域$D_{\bar\omega}$中的一个解析向量场,且解析域在状态空间是稠密的;如果对所有的$|\psi_0\rangle \in M \bigcap D_{\bar\omega}$,都有$R(|\psi_0\rangle)=M \bigcap D_{\bar\omega}$成立,则系统在微分流形$M \subseteq S_H$是解析可控的。

可以把状态空间定义为特殊的单位球$S(0,1)=\{f \in L^2(R^\gamma); \| f \|_{L^2(R^\gamma)}=1\}$,该单位球的特性符合文献(Tarn T J et al. 2000)中的解析域的性质,作者通过引入有限维的微分流形M,定义$S_M=S(0,1)\bigcap M$,得出量子系统的**波函数可控性**。波函数可控性是解析可控性的一类特殊表示。

本节以下所讨论的状态空间是另一类特殊的单位复球S_Φ^{n-1}的情况,该复球被定义为复数$x_j+iy_j(j=1,\cdots,n;\sum_{j=1}^{n}x_j^2+y_j^2=1)$的$n-ples$的集合。复球$S_\Phi^{n-1}$就是有限维流形和解析域的交集,所以在此基础上所讨论的可控性定理都可以看作解析可控性的特殊情况。

针对量子系统本身的特点,可定义四种量子系统的可控性(Albertini F et al. 2003),其中一种是从算符的角度来定义的,其余三种是从状态的角度来定义的,这三种状态定义中有两种是对单个孤立系统来定义的,还有一种是对无相互作用的多粒子系统来定义的。这四种定义有着紧密的相互联系。

算符可控性(OC):量子系统是算符可控的,如果每一个所期望状态的幺正(或特殊幺正)操作都可以用一个合适的控制场来实现。由(10.4)式和(10.5)式可知:如果存在控制量能驱动(10.5)式中的状态从初态 $X(0) = I_{n \times n}$ 演变到 $U(n)$(或 $SU(n)$)中的任意状态 X_f;则称量子系统(10.5)是算符可控的。

纯态可控性(PSC):量子系统被称为纯态可控的,如果对于每一对在复球面 S_Φ^{n-1} 中的初态 $|\psi_0\rangle$ 和终态 $|\psi_1\rangle$,存在控制量 $u_1, \cdots, u_m$ 和一个时刻 $t > 0$,使得 (10.3)式在初始条件 $|\psi(0)\rangle = |\psi_0\rangle$,时刻为 t 时的解是 $|\psi(t)\rangle = |\psi_1\rangle$。

等价状态可控性(ESC):量子系统被称为等价状态可控的,如果对于每一对在复球面 S_Φ^{n-1} 中的初态 $|\psi_0\rangle$ 和终态 $|\psi_1\rangle$,存在控制量 $u_1, \cdots, u_m$ 和一个相位因数 ϕ 使得(10.3)式在初态为 $|\psi(0)\rangle = |\psi_0\rangle$,时刻 $t > 0$ 时的解满足 $|\psi(t)\rangle = e^{i\phi}|\psi_1\rangle$。

一个密度矩阵 ρ 是一个具有如下形式的矩阵 $\rho := \sum_{j=1}^{r} \omega_j |\psi_j\rangle\langle\psi_j|$,参数 $\omega_j > 0$, $j = 1, 2, 3, \cdots, r$,满足 $\sum_{j=1}^{r} \omega_j = 1$,参数 ω_j 给出了系统处于某一个纯态的可能性。一个量子系统的状态可以用一个密度矩阵来描述。特别是在没有相互作用的多粒子系统中,必须用密度矩阵来描述系统状态。

密度矩阵可控性(DMC):量子系统被称为密度矩阵可控的,如果对于每一对酉等价密度矩阵 ρ_1, ρ_2,存在控制量 $u_1, \cdots, u_m$ 和一个时刻 $t > 0$ 使得(10.5)式在时为 t 时的解 $X(t)$ 满足 $X(t)\rho_1 X^*(t) = \rho_2$。

上面所属的酉等价的定义为

对于两个矩阵 $A, B \in U(n)$,如果存在一个矩阵 $C \in U(n)$ 满足 $CAC^* = B$,则称两个矩阵酉等价。

由于物理上对于只有相位之分的量子力学系统是无法区分的,所以 ESC 和 PSC 在物理上有着相同的作用。而密度矩阵可控性则用在没有互扰的多粒子系统中,这样一个系统的状态演化可以表示为 $\rho(t) = X(t)\rho(0)X^*(t)$,这里 $X(t)$ 是系统(10.5)的解,由该式可以看出,只有和初始状态酉等价的状态才能在系统演化过程中得到。

10.3.2　量子系统可控性定理

算符可控性的定理(Boothby W M et al. 1979):量子系统是算符可控的充要

条件是 $\mathrm{Lie}\{A, B_1, \cdots, B_m\}$ 等于 $u(n)$（或 $su(n)$）。

由于矩阵 $A, B_1, \cdots, B_m$ 是在李代数 $u(n)$ 或 $su(n)$ 中的斜厄米矩阵,它所对应的李群是 $U(n)$（或 $SU(n)$）,且 $A, B_1, \cdots, B_m$ 可以看作是在幺正李群 $U(n)$（或 $SU(n)$）上的右不变向量场,所以由(10.5)式所表示的量子系统就是一个右不变系统。众所周知,幺正李群 $U(n)$（或 $SU(n)$）是连通紧李群;而右不变系统在连通紧李群上可控的充要条件是 $\mathrm{Lie}(\Gamma) = g$。由此我们可以得出结论:量子系统的算符可控性定理是根据右不变系统可控性的定理 10.6 获得的。

算符可控性可以通过验证由 $\{A, B_1, B_2, \cdots, B_m\}$ 所产生的李代数是否是一个完全李代数 $u(n)$（或 $su(n)$）来判定。更一般的,由于 $u(n)$ 的李子代数与 $U(n)$ 的连通李子群之间存在着一一对应的关系,我们用符号 L 表示由 $\{A, B_1, B_2, \cdots, B_m\}$ 产生的李代数,用 e^L 来表示相应的 $U(n)$ 的连通李群,对于由(10.6)式所描述的双线性系统 $\dot{x} = \left(A + \sum_{i=1}^{m} u_i B_i\right)x, x \in R^n/\{0\}$,所对应的状态转移矩阵集合只是李群 e^L 的子半群,并不一定等于李群 e^L,所以由定理 10.9 可得其可控的必要条件是对应于李代数 $L = \mathrm{Lie}\{A, B_1, \cdots, B_m\}$ 的李群 e^L 在域 $R^n/\{0\}$ 上是可递的。而量子系统的幺正演化算符集合等于李群 e^L,所以量子系统是纯态可控的充要条件是:对应于李代数 $L = \mathrm{Lie}\{A, B_1, \cdots, B_m\}$ 的李群 e^L 在复球面 S_Φ^{n-1} 上是可递的。假如双线性系统的李代数 $\mathrm{Lie}\{A, B_1, \cdots, B_m\}$ 也是紧致李代数,则其状态转移矩阵集合就等于李群 e^L,此时双线性系统可控性的充要条件也是李群 e^L 在域 $R^n/\{0\}$ 上是可递的。由此我们可以得出结论:量子系统的纯状态可控性与向量双线性系统的可控性定理是一致的。

一般向量双线性系统的可控性判定并没有充要条件,只有具体到某一特殊情况时才有。由于量子系统是一类特殊系统,其纯态可控性就有充要条件,通过紧连通李群在复球面上的可递性,可以推导出量子系统纯状态可控的其他的充要条件,如同构李群在实球面上的可递性如下。

纯态可控性的定理:量子系统是纯态可控的充要条件是:当 n 为偶数时,L 同构于 $sp(n/2)$ 或者 $u(n)$（或 $su(n)$）;当 n 为奇数时,L 同构于 $u(n)$（或 $su(n)$）。

群 $U(n)$ 和 $SO(2n)$ 的李子群是同构的。$U(n)$ 中的矩阵 $X = R + \mathrm{i}Y$（R 和 Y 为实数）与 $SO(2n)$ 中的矩阵 $\widetilde{X}$ 的对应关系为

$$\widetilde{X}: = \begin{pmatrix} R & -Y \\ Y & R \end{pmatrix} \tag{10.11}$$

(10.11)式同样给出了李代数 $U(n)$ 和 $SO(2n)$ 的李子代数的同构关系。正如 X 作用于复球面上的 $|\psi\rangle: = \psi_R + \mathrm{i}\psi_I$,$\widetilde{X}$ 作用于实球面上的向量 $\begin{bmatrix} \psi_R \\ \psi_I \end{bmatrix}$。因此,这两种作用的可迁性是等价的。这样,我们可以考虑由 $SO(2n)$ 的性质来得到

可控性条件。

等价状态可控性定理

等价状态可控性的概念,虽然看起来要弱一些,但事实上等价于纯态可控性。为了看到这一点,我们注意到如果系统是等价状态可控的,则对于每一对状态 $|\psi_0\rangle$ 和 $|\psi_1\rangle$ 存在一个 e^L 中的矩阵 X 和一个相位因子 $\phi \in R$ 满足

$$X|\psi_0\rangle = e^{i\phi}|\psi_1\rangle \tag{10.12}$$

这也可以说成是在 $e^{i\phi}e^L := \{Y \in U(n) | Y = e^{i\phi}X, X \in e^L, \phi \in R\}$ 中存在一个元素 Y 满足 $Y|\varphi_0\rangle = |\varphi_1\rangle$ 并且 $e^{i\phi}e^L$ 在复球面上具有可递性。如果展开空间 $\{iL\} \subseteq L$,则有 $e^{i\phi}e^L = e^L$ 并且 e^L 是可递的,所以有系统是纯态可控的。如果不是这样的话,有定理 10.5 可知,必定存在一个紧致连通李群 $G \subseteq e^L$ 使得 $e^{i\phi}G$ 是可递的。将 $e^{i\phi}G$ 写成 $e^{i\phi}I_n \times G$,它介于群 $e^{i\phi}I_n$ 和 G 之间,它一定是可递的,因此 $G \subseteq e^L$ 是可递的。

定理 10.15(Albertini F 2001)　纯状态可控性或等价状态可控性的充要条件是李代数 L 是全李代数 $su(n)$ 或同构于 $sp(n/2)$。

密度矩阵可控性

注意到如果 $e^L = SU(n)$ 或 $e^L = U(n)$,则系统显然是密度矩阵可控的。而且,要使系统是密度矩阵可控的,模型必须是等价状态可控的(当然也是纯状态可控的),因为用矩阵 $|\psi\rangle\langle\psi|$ 表示的纯状态之间的过渡必须是可能的。因此,为了得到密度矩阵可控,L 必须是 $su(n)$,或对于 n 为偶数且 $n > 2$,它必须是同构(共轭)于 $sp(n/2)$。

下面的例子表明 $sp(n/2)$ 并不足以得到密度矩阵可控。这个例子构造了一类具有如下性质的密度矩阵 $\{WDW^* | W \in Sp(n/2)\} \neq \{UDU^* | U \in SU(n)\}$。选择任意的 $n > 2$ 且 n 为偶数,让 $|v\rangle = \begin{bmatrix} v_1 \\ v_2 \end{bmatrix}$,并且让 $|w\rangle = \begin{bmatrix} -v_2 \\ v_1 \end{bmatrix}$,这里有 v_1,$v_2 \in R^{n/2}$,$\|v\| = 1$。则 $\|w\| = 1$,$\langle v|w\rangle = 0$。这样,这两个向量是独立的。让 $D = \frac{1}{2}(|v\rangle\langle v| + |w\rangle\langle w|)$,很容易验证 $DJ = JD$(这里 $J = \begin{bmatrix} 0 & I_n \\ -I_n & 0 \end{bmatrix}$)。如果 $W \in Sp(n/2)$,则我们有

$$(WDW^*)J = J(\overline{WDW^*})$$

选择任意两个正交规范化的向量 $|v'\rangle$,$\langle w'|$,使得

$$D' = \frac{1}{2}(|v'\rangle\langle v'| + |w'\rangle\langle w'|)$$

满足 $D'J \neq J\overline{D'}$(易见这两个向量是存在的),让 $U \in U(n)$ 是任意满足 $Uv = v'$,且 $Uw = w'$ 的么正矩阵,则

$$UDU^* = D' \neq WDW^*$$

对于所有的 $W \in Sp(n/2)$。

由上面的讨论和例子,可以得到密度矩阵可控等价于算符可控。

在进行以上几种可控性条件判断时,都用到李代数及同构概念,在实际应用中实现起来太复杂,所以人们在检验量子系统可控性时又引出以下的定义

定义 10.9 对于任一密度矩阵 D,定义在李代数 L 上的两个轨迹:

$$O_L: = \{WDW^* \mid W \in e^L\}, O_U: = \{UDU^* \mid U \in U(n)\}$$

同时还定义中心化子,其中在李代数 $u(n)$ 中的 iD 的中心化子的定义为 C_D,它是李代数 $u(n)$ 的子代数,并且里面的元素是与 iD 是可交换的。在李代数 L 中的 iD 的中心化子定义为 $L \bigcap C_D$;经过证明得出两个轨迹等价的定理。

定理 10.16(Boothby W M et al. 1979)　设 D 是给定的密度矩阵,则 $O_L = O_U$ 的充要条件是[21] $\dim u(n) - \dim C_D = \dim L - \dim(L \bigcap C_D)$

通过此定理我们可以得出量子系统是纯态可控的另一个定理。定义 $D = \mathrm{diag}(1,0,0,\cdots,0)$,在李代数 $u(n)$ 中的 iD 的中心化子 C_D 定义为矩阵 $M: = \begin{pmatrix} ia & 0 \\ 0 & H \end{pmatrix}$ 的集合,a 是任意实数,H 是李代数 $u(n-1)$ 里的矩阵。

定理 10.17(Boothby W M et al. 1979)　量子系统是纯态可控的充要条件是:$\{A, B_1, \cdots, B_m\}$ 形成的李代数 L 满足 $\dim L - \dim(L \bigcap C_D) = 2n - 2$。

10.3.3　量子系统不同可控性之间的关系

下面我们将分别对这几种量子系统可控性定理及其相互之间的关系进行分析对比(丛爽　2005b)。

如果量子系统是算符可控的,则有:$\mathrm{Lie}\{A, B_1, \cdots, B_m\}$ 等于 $u(n)$(或 $su(n)$),所对应的李群为 $U(n)$(或 $SU(n)$),由于 $U(n)$(或 $SU(n)$)在复球面 S_Φ^{n-1} 是可递的,由定理 10.9 所推导出的量子系统是纯态可控的充要条件可以得出结论:算符可控的量子系统也是纯态可控的。另一方面如果量子系统是纯态可控的,则对应于李代数 $L = \mathrm{Lie}\{A, B_1, \cdots, B_m\}$ 的李群 e^L 在复球面 S_Φ^{n-1} 上是可递的,但此时并没有要求 $\mathrm{Lie}\{A, B_1, \cdots, B_m\}$ 必须等于 $u(n)$(或 $su(n)$),所以相反的结论不成立,由此我们可以得出结论:算符可控 $\Rightarrow$ 纯态可控

这种关系类似于:右不变系统可控 $\Rightarrow$ 双线性系统可控。右不变系统与双线性系统之间的可控性关系是 $x(t) = \Phi(u; t, 0)x_0$ 联系起来的,其桥梁是状态转移矩阵 $\Phi(u; t, 0)$;量子系统的算符可控性与纯状态可控性之间是由关系式 $|\psi(t)\rangle = U(t)|\psi_0\rangle$ 联系起来,其桥梁是幺正演化算符 $U(t)$,所以状态转移矩阵与幺正演化算符的作用是相同的。

等价状态可控性的概念,虽然看起来要弱一些,但事实上等价于纯态可控性,这是由于在量子系统中,由不同的相位因数 ϕ 引起的不同状态在物理意义上是不可分辨的,所以从物理的角度可看出纯态可控 $\Leftrightarrow$ 等价状态可控。因此,等价状态可

控性的作用显得尤其重要。另外从李群李代数的理论中也可以推导出纯态可控⇔等价状态可控。

为了得到量子系统是密度矩阵可控的,必须首先保证系统是纯态可控的。纯态可控性的条件为李代数 L 必须是同构于 $u(n)$(或 $su(n)$),或者是当 n 为大于等于 2 的偶数时,L 同构于 $sp(n/2)$。不过当李群 e^L 为 $Sp(n/2)$ 时,推导不出量子系统是密度矩阵可控的,所以量子系统是密度矩阵可控的充要条件是 L 必须是同构于 $u(n)$(或 $su(n)$),这又等价于算符可控性条件,所以密度矩阵可控⇔算符可控。密度矩阵考虑的是不同状态的混合全体,所以其可控性更具有实际应用价值。

以上的定理及其性质主要运用的是李群 $U(n)$(或 $SU(n)$)的紧连通性,也有一些考虑其他情况下的研究,比如李群 $SU(n)$ 为半单李群情况下的系统可控性。李群 $SU(n)$ 是半单的,对应的李代数 $su(n)$ 也是半单的,此时右不变系统的李代数 $su(n)$ 可由一对向量场张成,如果量子系统是两个(或多个)输入,若 B_1,B_2 是线性无关的,则 $su(n)=\mathrm{Lie}\{B_1,B_2\}$,又因为 $A\in su(n)$,所以 $su(n)=\mathrm{Lie}\{A,B_1,B_2\}$,由此可得该量子系统必是算符可控的,此时没有考虑 A 的作用。若同时考虑 A 的作用,以及控制量为单输入的情况,可通过李代数 $su(n)$ 可以判断出是否由向量场 A,B 张成。对于量子系统演化算符的微分方程为:$\dot{X}(t)=(A+u(t)B)X(t)$,其中,

$$X(t)\in SU(n),A,B\in su(n);X(0)=I \qquad (10.13)$$

将已有的右不变系统在半单李群上的可控性定理 10.9 运用到该量子系统中,可以得到系统(10.13)可控性判断的一些充分条件。这是量子系统算符可控性中李代数 $su(n)$ 为特殊情况的例子。

根据动力李群和李代数的概念,人们提出一种量子系统观测可控性的定义。

观测可控性:量子系统被称为观测可控的,如果对系统的希尔伯特空间中的任意观测量 $\hat{A}$,和系统的任意初态 $\hat{\rho}_0$,存在容许的控制轨迹对 $(f(t),\hat{U}(t,t_0))$,在 $t_0\leqslant t\leqslant T$ 时,能够使得观测量 $\hat{A}$ 的全部平均 $\mathrm{tr}[\hat{\rho}(t)\hat{A}]$ 可以呈现出运动学允许的任意期望值。所谓的观测量,是指可以表现出物理特性的物理量,比如能量。

定理 10.18(Schirmer S G et al. 2001a)　量子系统是观测可控的充要条件是:由 $\{A,B_1,\cdots,B_m\}$ 形成的李代数同构于 $u(n)$(或 $su(n)$)。

当量子系统具体到特殊的情况时,充分考虑量子系统本身的物理特性,比如相互作用的 N-级的量子系统,人们又提出另一种可控性:完全可控性。

完全可控性:量子系统是完全可控的,如果从单位算符开始,经过路径 $\gamma(t)=\hat{U}(t,t_0)$,并且满足方程 $i\hbar\dot{\hat{U}}=(\hat{H}_0+\hat{H}_I)\hat{U}$,任意一个幺正演化算符都是可达的。

定理 10.19　量子系统是完全可控的充要条件是:由 $\hat{H}=\hat{H}_0+\hat{H}_I$ 中的 $\hat{H}_0,\hat{H}_I$

形成的李代数的维数是 N^2。

这只是量子系统是算符可控时李群为 $U(N)$ 的情况。所以由完全可控可以推导出算符可控,但是由算符可控不能推导出完全可控。经过以上分析,我们可以总结出所讨论的所有可控性之间的关系为:

完全可控⇒密度矩阵可控⇔观测可控⇔算符可控⇒纯态可控⇔等价状态可控⇒解析可控

其中除了解析可控性根据李代数无充要条件之外,其他 6 种带有厄米矩阵的量子系统可控性都可通过由厄米矩阵 $\{A, B_1, \cdots, B_m\}$ 形成的李代数 L 得到充要条件:

1) 完全可控是 $L \approx u(n)$

2) 密度矩阵可控是 $L \approx u(n)$ 或 $L \approx su(n)$

3) 观测可控是 $L \approx u(n)$ 或 $L \approx su(n)$

4) 算符可控是 $L \approx u(n)$ 或 $L \approx su(n)$

5) 纯态可控是 $L \approx u(n)$ 或 $L \approx su(n)$;或者如果 n 是偶数 $L \approx sp(n/2)$

6) 等价状态可控是 $L \approx u(n)$ 或 $L \approx su(n)$;或者如果 n 是偶数 $L \approx sp(n/2)$

通过对于量子系统可控性的对比分析,我们发现量子系统的许多可控性的判定定理是相似的,不同的只是在定义时所考虑的量子系统的物理特性不同。量子系统的可控性通过右不变系统的可控性分析最直观,而且右不变系统可控性与双线性系统的可控性的联系与量子系统的一些可控性定理的联系是一致的。利用李群、李代数的知识,并结合特殊情况下量子系统特有的物理特性,又可获得量子系统的其他一些可控性的判定定理,但这些定理都是在以上所分析由李代数判定可控性的基础上推导出的。

上面给出了多级近似双线性量子力学系统中四种可控性的概念,并且给出了它们的条件以及它们之间的关系。对于前者,我们的主要的目的是通过由 $\{A, B_1, B_2, \cdots, B_m\}$ 产生的李代数 L 来确定系统的可控性。当系统具有算符可控性的时候,李代数应该为全李代数 $su(n)$(或 $u(n)$);当系统是状态可控时,它应共轭并因此同构于同余一相因子的 n 维对偶矩阵李代数。对于后者,它们最终的关系是 $DMC \Leftrightarrow OC \Rightarrow PSC \Rightarrow ESC$。

10.4　量子系统状态的可达性

本节将研究量子系统状态的可达性问题。当系统不可控时,表示量子系统的状态空间中有些状态的可达状态集只是 M 中的一部分,不过可能仍然有一些状态的可达状态集是整个 M。这时,我们就需要区分这些不同的状态。

紧致李群上的量子系统的可控性的研究显示出量子系统的可控性依赖于它的动力学李群,并且许多不同的可控性概念实际上是等价的。特别的,已经证明在紧致李群上演化的量子系统,如带有离散能谱的闭环量子系统,不是密度矩阵/算符可控,纯态/波函数可控,就是不可控。对于密度矩阵,算符或完全可控的量子系统,每一个运动学允许的目标状态或算符可以动力学实现,并且可观测量的期望值的运动学边界总是动力学可达的。幸运的是,许多量子系统都是完全可控的。然而,有些量子系统根本不是纯态可控或不可控。例如,某些具有退化能量级的原子系统的动力学李群是(幺正)对偶,对应于纯态可控。其他具有对偶矩阵的系统根据对偶阵不是纯态可控就是不可控。例如,对于具有 N 个均衡的空间能级和统一的相邻能级间转换的偶极子运动如果其希尔伯特空间维数 N 为偶数的话,则其动力学李群是对偶群,如果其希尔伯特空间维数 N 为奇数的话,则其动力学李群是正交群。对于这些系统,目标状态的动力学可达性问题在许多应用中仍然十分重要。

我们考虑一个量子系统,其状态由一个 N 维的希尔伯特空间中的密度矩阵来表示。一个密度矩阵通常都有一个离散光谱和非负的特征值 ω_n,并且有 $\sum_n \omega_n = 1$,和如下形式的光谱解

$$\rho = \sum_{n=1}^N \omega_n |\psi_n\rangle\langle\psi_n| \tag{10.14}$$

其中,$|\psi_n\rangle$ 是 ρ 的本征值。对于 $1 \leqslant n \leqslant N$,$|\psi_n\rangle$ 是希尔伯特空间的元素,且通常形成希尔伯特空间的一个完整的正交基。

考虑能量及概率守恒等守恒定律,它们要求任何量子系统的时间演化算符必须是幺正的。因此,给出一个希尔伯特空间向量 $|\psi_0\rangle$,其时间演化式为 $|\psi(t)\rangle = U(t)|\psi_0\rangle$,这里 $U(t)$ 对于任意时间 t 是一个幺正算符,且 $U(0) = I$。因此,一个密度矩阵必须按照下面的式子演化:

$$\rho(t) = U(t)\rho_0 U(t)^+ \tag{10.15}$$

这里 $U(t)$ 为幺正算符。这个幺正演化限制降低了任意给定初始状态可以达到的目标状态集合的运动学约束。

定义 10.10 运动学等价

对于两个分别由密度矩阵 ρ_0 和 ρ_1 描述的量子状态,如果存在幺正算符 $U(t)$,使得 $\rho_1 = U\rho_0 U^+$,则这两个量子状态是运动学等价的。

由上面的定义可以看出,其实运动学等价的定义和前面所提到的酉等价是相同的含义,可见,幺正演化的约束将希尔伯特空间上的密度矩阵的集合分割成了(无限多个)运动学等价类。运动学等价类是由密度矩阵的本征值决定的:两个密度矩阵 ρ_0 和 ρ_1 是运动学等价的充分必要条件是当且仅当它们具有相同的本征值。而且,它和量子系统的可控性是紧密相联系的。根据密度矩阵的本征值,我们可以对密度矩阵做如下的分类。

定义 10.11 密度矩阵的分类

每一个密度矩阵都属于下面的类型之一：

1) 完全随机系综：密度矩阵的光谱由 N 重的单个本征值 $\omega_1 = 1/N$ 组成；

2) 类纯态系综：密度矩阵的光谱由两个不同的本征值组成，其中一个是一重的，另一个是 $N-1$ 重的；

3) 一般系综：密度矩阵的光谱由至少两个不同的本征值组成，其中至少有一个是 N_1 重的，这里 $2 \leqslant N_1 \leqslant N-2$；或者密度矩阵的光谱由 N 个不同的本征值组成 $(N \geqslant 2)$。

注意到第 2) 类（类纯态系综）包括表示纯态的密度矩阵，如 $\rho = \mathrm{diag}(1,0,0,0)$，但并不是这一类密度矩阵中的每一个都表示纯态。例如，$\rho = \mathrm{diag}(0.7,0.1,0.1,0.1)$ 是属于第 2) 类的，但是它并不表示一个纯态。

给定一个形式如下的量子系统，该系统的哈密顿量含有控制量：

$$H[f_1(t), \cdots, f_M(t)] = H_0 + \sum_{m=1}^{M} f_m(t) H_m \qquad (10.16)$$

其中，f_m，$1 \leqslant m \leqslant M$，是（独立的）有界可测控制函数。当状态为某一个给定初始状态动力学可达状态时，将要出现问题。因为动力学可达状态的集合只限于与初始状态为相同的运动学等价类的状态中。然而，并不是每一个运动学允许达目标状态必然可达，因为时间演化算符 $U(t)$ 需要满足薛定谔方程

$$i\hbar \frac{\mathrm{d}}{\mathrm{d}t} U(t) = H[f_1(t), \cdots, f_M(t)] U(t) \qquad (10.17)$$

其中的 H 是上面定义的哈密顿量，幺正算符形式如下

$$U(t) = \exp^+ \left\{ -\frac{\mathrm{i}}{\hbar} H[f_1(t), \cdots, f_M(t)] \right\} \qquad (10.18)$$

其中，e^+ 表示时间序列指数，例如，用 Magnus 展开式可以看到只有 $\exp(x)$ 形式的幺正算符才是动力学可实现的，x 是具有斜厄米算符 $\mathrm{i}H_0, \cdots, \mathrm{i}H_M$ 产生的动力学李代数的元素。这些算符形成了系统的动力学李群 S。

定义 10.12 动力学等价

两个运动学等价状态 ρ_0 和 ρ_1，当在动力学李群 S 中存在幺正算符 U 使得 $\rho_1 = U \rho_0 U^+$，则这两个运动学等价状态是动力学等价的。

这个动力学等价类进一步划分了运动学等价类。其实动力学等价的含义就是状态的可达性。

下面先关注一下幺正群 $U(N)$，特殊幺正群 $SU(N)$ 辛群 $Sp(N/2)$ 和（幺正）正交群 $SO(N)$。通常，幺正群 $U(N)$ 是由所有满足 $U^+U = UU^+ = 1$ 的 $N \times N$ 的矩阵组成的紧致李群。特殊幺正群是由所有行列式为 1 的幺正矩阵组成的 $U(N)$ 群的子群。

定义 10.13　辛群

辛群 $Sp(l)$ 是由所有满足 $U^{\mathrm{T}}JU = J$ 的 $2l$ 维的幺正算符组成的 $SU(2l)$ 的子群,其中

$$J = \begin{bmatrix} 0 & I_l \\ -I_l & 0 \end{bmatrix} \tag{10.19}$$

I_l 是 l 维的单位矩阵。

定义 10.14　特殊正交群

特殊正交群 $SO(N)$ 是由所有满足 $U^{\mathrm{T}}JU = J$ 的 N 维的幺正算符组成的 $SU(N)$ 的子群,其中

$$J = \begin{bmatrix} 0 & I_l \\ -I_l & 0 \end{bmatrix}, N = 2l, J = \begin{bmatrix} 1 & 0 & 0 \\ 0 & 0 & I_l \\ 0 & I_l & 0 \end{bmatrix}, N = 2l + 1 \tag{10.20}$$

下面谈一下作用于运动学等价类上的动力学李群。

从一个给定的初始状态 ρ_0,动力学可达的量子状态集取决于动力学李群 S 对密度算符的运动学等价类的作用。

定义 10.15　可递性(Transition)

对于一个量子系统的密度矩阵的运动学等价类 C,如果 C 中任意两个状态是动力学等价的,那么就说该量子系统的动力学李群在该运动学等价类上是可递的。

既然完全随机系综(上述 1)类的等价类是由单个状态 $\rho = \frac{1}{N}I_N$ 组成的,那么可以看出每个群在这个等价类上都是可递的。

任何在纯态的运动学等价上不可递的动力学李群在完全随机系综的运动学等价类上是可递的。进而由 Montgomery 和 Samelsin 的经典的结论可知,只有 $U(N), SU(N), Sp\left(\frac{1}{2}N\right)$ 或 $Sp\left(\frac{1}{2}N\right) \times U(1)$ 这些在纯态的等价类上是可递的运动学李群。因此,任何不同构于 $U(N), SU(N), Sp\left(\frac{1}{2}N\right)$ 或 $Sp\left(\frac{1}{2}N\right) \times U(1)$ 的动力学李群仅在状态集 1)(完全随机系综)上是可递的。而 $U(N)$ 和 $SU(N)$ 显然在每一个运动学等价类上都是可递的。剩下的 $Sp\left(\frac{1}{2}N\right)$ 和 $Sp\left(\frac{1}{2}N\right) \times U(1)$ 在运动学等价类上的作用如下。

定理 10.20　$Sp(1/2N)$ 在本征值满足 $\omega_1 \neq \omega_2 = \cdots = \omega_N$ 的密度矩阵的运动学等价类上是可递的。

证明: 任何具有 $\omega_1 \neq \omega_2 = \cdots = \omega_N$ 的本征值的密度矩阵 ρ 可以写成

$$\rho = \omega_1 | \psi \rangle \langle \psi | + \omega_2 P(| \psi \rangle^{\perp})$$

其中，$P(|\psi\rangle^{\perp})$ 是在由 $|\psi\rangle$ 展成的子空间正交补空间上的投影。因此，任何一对这类的运动学等价状态的形式为

$$\rho = \omega_1 \mid \psi^{(0)}\rangle\langle\psi^{(0)} \mid + \omega_2 P(\mid \psi^{(0)}\rangle^{\perp})$$

$$\rho = \omega_1 \mid \psi^{(1)}\rangle\langle\psi^{(1)} \mid + \omega_2 P(\mid \psi^{(1)}\rangle^{\perp})$$

既然 $Sp(1/2N)$ 在纯态等价类上是可递的，那么存在一个幺正算符 $U \in Sp\left(\frac{1}{2}N\right)$ 使得 $U|\psi^{(0)}\rangle = |\psi^{(1)}\rangle$。由于 U 是幺正的，所以 U 自动的将 $|\psi^{(0)}\rangle$ 的正交补空间映射成 $|\psi^{(1)}\rangle$ 的正交补空间，则有

$$U\rho^{(0)}U^{+} = \omega_1 \mid \psi^{(1)}\rangle\langle\psi^{(1)} \mid + \omega_2 P(\mid \psi^{(1)}\rangle^{\perp}) = \rho^{(1)}$$

因此，$Sp\left(\frac{1}{2}N\right)$ 在本征值满足 $\omega_1 \neq \omega_2 = \cdots = \omega_N$ 的所有密度矩阵的等价类上是可递的。

引理 10.1 $Sp\left(\frac{1}{2}N\right)$ 在有三个不同的本征值，且其中有两个是一重的密度矩阵的运动学等价类上是不可递的。

引理 10.2 $Sp\left(\frac{1}{2}N\right)$ 在有至少一个非零本征值，且重数大于 1 小于 $N-1$ 的密度矩阵的等价类上是可递的。

总结上面的各个结论，可以得出以下的结论：

定理 10.21

1）$U(N)$ 和 $SU(N)$ 在所有运动学等价类上是可递的；

2）$Sp\left(\frac{1}{2}N\right)$ 和 $Sp\left(\frac{1}{2}N\right) \times U(1)$ 仅在所有 1）类和 2）类密度矩阵的动力学等价类上是可递的；

3）任何李群仅在完全随机系综的运动学等价类上是可递的。

已经得到动力学李群 $Sp\left(\frac{1}{2}N\right)$ 和 $Sp\left(\frac{1}{2}N\right) \times U(1)$ 在第 3）类的密度矩阵的任何运动学等价类上都是不可递的，并且除了 $U(N)$ 和 $SU(N)$ 的所有其他的动力学李群，仅在完全随机系综的运动学等价类上是可递的，下面我们将研究一下如何分辨哪些状态是运动学等价的，哪些状态是动力学等价的。

由于动力学李群可能非常复杂，所以想得到适用于任何动力学李群的简单的状态等价判据是不切实际的。然而，对于某些类型的动力学李群，如 $Sp\left(\frac{1}{2}N\right)$（或 $Sp\left(\frac{1}{2}N\right) \times U(1)$）以及 $SO(N)$（或 $SO(N) \times U(1)$）则是可能的。

对于动力学李群为 $Sp\left(\frac{1}{2}N\right)$ 或 $Sp\left(\frac{1}{2}N\right) \times U(1)$ 的系统，为了找到动力学李群同构（酉等价）于 $Sp\left(\frac{1}{2}N\right)$ 的系统的动力学等价状态的判断标准，我们想到

任意的幺正算符 $U \in Sp(l)$ 满足 $U^{\mathrm{T}}JU = J$，J 按照 (10.16) 式来定义。这样，动力学李群为 $Sp(l)$ 类的维数为 $N = 2l$ 的系统的任意动力学演化算符 U 必须满足

$$U^{\mathrm{T}} \widetilde{J} U = \widetilde{J}$$

其中，$\widetilde{J}$ 是等价于 (10.19) 式。因此，我们必须有

$$U = \widetilde{J}^{+} U^{*} \widetilde{J}, U^{+} = \widetilde{J}^{+} U^{\mathrm{T}} \widetilde{J}$$

这样，两个运动学等价状态 ρ_0 和 ρ_1 是动力学等价的当且仅当存在幺正算符使得

$$\rho_1 = U\rho_0 U^{+}, \rho_1 = \widetilde{J}^{+} U^{*} \widetilde{J} \rho_0 \widetilde{J}^{+} \widetilde{U}^{\mathrm{T}} \widetilde{J}$$

或等价为

$$\rho_1 = U\rho_0 U^{+}, 即: \underbrace{(\widetilde{J} \rho_1 \widetilde{J}^{+})^{*}}_{\rho_1} = U \underbrace{(\widetilde{J} \rho_1 \widetilde{J}^{+})^{*}}_{\rho_0} U^{+}$$

对于动力学李群为 $SO(N)$ 或 $SO(N) \times U(1)$，由前面的内容可以知道 $SO(N)$ 仅仅在完全随机体的运动学等价类上是可递的。然而，我们可以类似 $Sp\left(\frac{1}{2}N\right)$ 那样来找到一个动力学等价状态的标准。不同的是这里的任意的幺正算符 $U \in SO(N)$ 必须满足 $U^{\mathrm{T}}JU = J$，而这里的 J 是按照 (10.20) 式来定义的。因此，两个运动学等价状态 ρ_0 和 ρ_1，如果存在幺正算符 U 使得

$$\rho_1 = U\rho_0 U^{+}, 即: \underbrace{(\widetilde{J} \rho_1 \widetilde{J}^{+})^{*}}_{\rho_1} = U \underbrace{(\widetilde{J} \rho_1 \widetilde{J}^{+})^{*}}_{\rho_0} U^{+}$$

则这两个运动学等价状态酉等价于 $SO(N)$ 的动力学李群 S 的作用下是动力学等价的。这里 $\widetilde{J}$ 等价于 (10.20) 式。

由上面的判别标准，当系统的动力学李代数为上面两种类型，或者同构于上面两种类型的话，我们可以判断出系统状态的可达性。

10.5　量子系统与经典系统的可控性与可达性的异同

一个系统的可控性，可达性和可观性分析都是对系统的定性的分析。这些性能对一个系统来说都是十分重要的。它们与系统的最优控制紧密相联，一个系统若具有能控性和能观性，人们就可以对它实施最优控制；否则只能退而求其次最优控制。其中的可控性和可达性还可以告诉人们系统的状态能否从某一状态转移到任一其他状态。为了找出量子系统的可控性和可达性与经典系统的可控性和可达性之间的相同和不同点，我们首先来回顾一下经典系统的状态的可控与可达以及经典系统的可控与可达性。

对于经典系统，由于某些系统在某些条件下(譬如说线性离散系统的系统矩阵为奇异矩阵时)，由状态空间原点转移到状态空间中任何其他一点所需要的条件与

由状态空间中任意一点向原点转移所需的条件不同,所以下面经典系统的可控性和可达性定义是分开来讨论的。

经典系统的状态的可控性:假设系统初始时刻处于状态空间中的某一点 x_f,倘若能够找到容许的控制函数(输入)u 使得在有限的时间区间内将系统由初始的状态 x_f 转移到状态空间原点 $x_0 = 0$,则称该状态 x_f 是可控的。

经典系统的状态的可达性:假设系统初始时刻处于状态空间中原点 $x_0 = 0$,倘若能够找到容许的控制函数(输入)u 使得在有限的时间区间内将系统由初始的状态 $x_0 = 0$ 转移到状态空间中的另一点 x_f,则称状态 x_f 是可达的。

经典系统的可控性:假设系统初始时刻处于状态空间中的任意一点 x_f,倘若能够找到容许的控制函数(输入)u 使得在有限的时间区间内将系统由初始的状态 x_f 转移到状态空间原点 $x_0 = 0$,则称该系统是可控的。

经典系统的可达性:假设系统初始时刻处于状态空间中原点 $x_0 = 0$,倘若能够找到容许的控制函数(输入)u 使得在有限的时间区间内将系统由初始的状态 $x_0 = 0$ 转移到状态空间中的任意一点 x_f,则称该系统是可达的。

上述的定义即适用于线性系统,也适用于非线性系统,即适用于非时变系统也适用于时变系统,对连续系统和离散系统都是适用的。对连续系统而言,有限时间区间 $J = [t_0, t_j]$ 为一段连续时间,对离散系统而言,$J = (t_0, t_1, t_2, \cdots, t_j)$ 为一段时间序列。对时变系统而言,为强调时变特性,称完全能控系统为 t_0 时刻完全能控系统,完全能达系统为 t_j 时刻完全能达系统。从状态角度考虑,能控系统的每个状态具备能控性,能达系统每个状态具备能达性。而有的文献中则称能控系统的状态具有达原点能控性,而称能达系统的状态具有离原点能控性。

由上面的定义,如果把 $x_0 = 0$ 作为一个特殊的点的话,量子系统的可控性和可达性也可以如下定义:

终态为 $x_0 = 0$ 的可控状态集如果是整个系统的状态空间的话,则说该系统是可控的;初态为 $x_0 = 0$ 的可达状态集如果是整个系统的状态空间的话,则说该系统是可达的。

然而对于一般的量子系统,其状态空间首先根据本征值可以划分为多个状态子空间,每一个子空间中的任意两个元素是酉等价的,或者说是运动学等价的。记这些子空间为 M_i。这些子空间两两之间没有交集,也就是说从一个子空间中的状态不可能转移到另外的子空间中去。所以量子系统的状态的可达性和系统的可控性都是在这些子空间中定义的。由于量子系统不存在零状态这个特殊的状态,所以它的可达和可控也就不可能像经典的那样定义,在每一个子空间中的每一个状态都是具有同样的地位。我们可以把经典的可控和可达的定义看作零状态的可控与可达。而在量子系统的状态空间中,我们选择 ψ_0 作为一个假定的特殊点,我们也可以按照经典的定义方式来定义量子系统的 ψ_0 状态的可控与可达:

量子系统的状态的可达性：假设系统初始时刻处于状态空间中的特殊点 ψ_0，倘若能够找到容许的控制函数(输入) u 使得在有限的时间区间内将系统由初始的状态 ψ_0 转移到状态空间中的另一点 ψ_f，则称状态 ψ_f 是 ψ_0 状态可达的。

量子系统的可控性：假设系统初始时刻处于状态空间中的任意一点，倘若能够找到容许的控制函数(输入) u 使得在有限的时间区间内将系统由初始的状态 ψ_f 转移到状态空间特殊点 ψ_0，则称该系统是 ψ_0 状态可控的。

量子系统的可达性：假设系统初始时刻处于状态空间中特殊点 ψ_0，倘若能够找到容许的控制函数(输入) u 使得在有限的时间区间内将系统由初始的状态 ψ_0 转移到状态空间中的任意一点 ψ_f，则称该系统是 ψ_0 状态可达的。

可以看出，量子系统的状态的可控与可达其实是一致的，因为这里所选的特殊点 ψ_0 其实并不特殊，在量子系统的状态空间中各个点之间是平等的。从 ψ_0 到 ψ_f 和从 ψ_f 到 ψ_0 所需的条件是一致的。所以对于量子系统来说没有必要分开讨论状态的可控与可达，同样的也没有必要分开讨论系统的可控与可达性。

按照上面的论述，我们只定义了量子系统的状态的可达和量子系统的可控。状态的可达即能够找到允许的控制量 u 使得系统，由给定的一点可以到达目标点，则称目标点是由该给定点可达的；而系统的可控则是对于系统中任意两个状态都能够找到允许的控制量 u 使得系统从一个状态转移到另外一个状态。

可见，量子系统和经典系统的可控性和可达性的本质都是描述系统的状态能否从某一点被控制或转移到另外一点。而且不论是经典系统还是量子系统都可以由系统的可控与可达来确定状态的可控与可达。对于经典系统来说，如果系统可控，则系统的每一个状态都是可控的，如果系统可达，则系统的每一个状态都是可达的；对于量子系统来说，如果系统可控，则系统中每一个状态的可达集合都是整个 M，也就是说，M 中每一个状态对于其他任意状态都是可达的。然而，量子力学系统定义系统可控性和状态可达性时所用的状态空间并不是量子系统的整个状态空间，而是整个状态空间的一个子空间。

第 11 章　量子系统反馈控制

随着科学技术的不断进步,人们已经展望 21 世纪将是微观世界的量子系统与信息发展的时代。随着人们对物质的认识逐步深入到微观的量子尺度,出现了许多奇特的现象与牛顿、麦克斯韦等科学家建立的宏观体系的常理相违背,并很难利用经典物理的理论进行解释。20 世纪初期,以普朗克、爱因斯坦、德布罗意、薛定谔为代表的优秀科学家通过不断的探索和努力,创立了一套完整的量子力学体系,奠定了量子论的基础。同时一系列新的宏观量子效应不断地被发现,继激光、超导、超流现象之后,量子 Hall 效应,高温超导现象,玻色-爱因斯坦凝聚效应等也相继被发现和研究,与之相关的量子宏观应用技术也在逐步的开展,量子计算机、量子态工程、量子信息网络等也由于其潜在的巨大优势而被各国广泛的研究并取得了一定的进展。随着对量子力学在不同领域的深入研究,如何对量子及其状态进行控制逐渐成为摆在人们面前的一个具有挑战性的课题。人们希望以宏观控制论为基础,通过一定的手段来制备符合实际要求的微观粒子初态,然后再通过薛定谔方程在一定时间内保持其状态,并利用控制论中的方法来操纵微观尺度下的量子客体。

迄今为止,世界各国已提出一些方案,对量子力学系统中的特殊粒子或系综进行控制的研究,主要是利用原子和光腔的相互作用、冷阱束缚离子、电子或核自旋共振、量子点操纵、超导干涉等技术。最近物理学家们又通过腔量子电动力学(C-QED)场,离子囚禁和玻色-爱因斯坦凝聚的试验,成功的开发出一种具体的量子系统,它可以通过连续不断地监视非常低的噪音,在时域内对其量子态进行快速操纵。

本章所研究的是根据量子系统已知的终态,进行系统控制律的设计。从控制角度来看,反馈系统是有效的、也是最著名的方法之一就是李雅普诺夫理论设计方法。这一方法的最大优点是不用检验控制系统的稳定性。因为任何控制系统的控制前提是在保证系统稳定的情况下进行控制。一种控制器的设计如果不能确保整个控制系统的稳定性,则再好的控制也无法实现。在本章中量子系统反馈控制的设计中,就是利用宏观系统控制中的李雅普诺夫的稳定性定理,设计一个保证系统稳定的控制器。所以本章中的最大特点是,控制器的设计都是通过李雅普诺夫稳定性定理来进行求解的,当然,针对量子系统本身所具有的独特性,在李雅普诺夫函数的选取上都是定义系统状态与期望状态之间的某种距离。

11.1　基于模型的反馈控制策略

电路和装置的微型化以及在激光上的进展已经带来了控制系统展现量子系统特性的必要性和可能性。量子力学系统的控制正在快速成长,其应用领域包括量子计算、分子动力学控制、NMR、半导体纳米装置的设计、光学加速器中带电离子的控制等。

通过设计一个外部控制场来制备一个所选择的量子系统的状态是量子信息处理中的一个基本的重要问题。例如,此任务作为一个量子处理器记忆的初始化。通过制备一个物理系统所期望的量子逻辑态,根据所选择的编码与物理量子态相对应以及叠加态的制备开发出相干性。一个例子是在多比特粒子系统中纠缠态的制备。这些采用经典二进制是不可能进行信息操作的。

经典控制应用中最有效的策略包括反馈控制,然而对于量子系统控制的实施具有严峻的挑战,这是因为量子测量将破环系统状态。对于某些量子系统的连续监测以及自然时间的操纵最近已经变得可能,这可以被看成是向接近量子反馈控制与经典控制理论之间间隙靠近的重要的第一步。

本节将介绍名为基于模型的反馈控制策略(Augusto Ferrante et al. 2002),使其具有一些期望的特性如采用低控制能量使得状态快速收敛到期望目标。一旦反馈控制函数形式通过控制能量被获得,将其应用到薛定谔方程中,就会获得一个非线性初始值问题。只要这个非线性初始问题可以数值解出,则能够构造出显式的控制函数,进而通过在开环的物理系统中实施来达到期望的转换。

结合每一个物理系统的量子力学的复希尔伯特空间,系统的(纯)状态,对应于一个在 H 中被称为右矢的等价的矢量 $|\psi\rangle$,其中,如果存在 $|\psi\rangle = a|\varphi\rangle$,则称 $|\psi\rangle$ 和 $|\varphi\rangle$ 是等价的,对绝对值为 1 的某个复数 a 的系统演化由薛定谔方程给出

$$i\hbar \frac{\mathrm{d}}{\mathrm{d}t}|\psi(t)\rangle = H(t)|\psi(t)\rangle \tag{11.1}$$

其中,哈密顿算符 $H(t)$ 是 H 中的自伴(self-adjoint)算符,代表系统的能量,$H(t)$ 的自伴意味着演化是幺正的,即

$$|\psi(t)\rangle = u(t)|\psi_0\rangle \tag{11.2}$$

其中,$U(t)(t \geqslant 0)$ 是 H 中的幺正算符。哈密顿算符 $H(t) = H_0 + H_c(t)$,其中 H_0 是无扰动(内部)哈密顿,而 $H_c(t)$ 是相互作用(外部)哈密顿。

11.1.1　操纵问题的反馈控制

考虑情况 $H = L_c^2(R^n)$,即平方可积空间,复数值函数定义在 R^n 上,假定内部和外部哈密顿分别为

$$H_0 = -\frac{1}{2}\Delta + V_0(x), H_c(t) = V_c(x,t) \tag{11.3}$$

代入(11.1)式有

$$\frac{\partial \psi}{\partial t} = \frac{i}{2}\Delta\psi - iV(x,t)\psi \tag{11.4}$$

其中,Δ 是拉普拉斯算符,按照惯例,我们选取它为单位值,即:$m = 1, \hbar = 1$。

考虑下面的转换问题。令 $\psi_0(x)$ 是初始值,$\psi_f(x)$ 是一个期望的终态值。为了简单起见,我们假定目标状态是哈密顿本征态,以使 $\psi_f(x)$ 满足时间独立的薛定谔方程

$$\left[-\frac{1}{2}\Delta + V_0(x) - E\right]\psi_f = 0 \tag{11.5}$$

其中,E 是具有一定维数的能量。我们找到一个控制势能 $V_c(x,t)$,$t \geqslant t_0$,以一个合适的类别以使得被控薛定谔方程的解 $\psi(x,t)$:

$$\frac{\partial \psi}{\partial t} = \frac{i}{2}\Delta\psi - i[V_0(x) + V_c(x,t)]\psi, \psi(x,t_0) = \psi_0(x) \tag{11.6}$$

收敛到期望的终态 $\psi_f(x)$。

一个确定合适的 $V_c(x,t)$ 函数的主意为:寻找一个控制势能函数 $V_c(x,t)$ 最终迫使 L^2 距离 $\parallel \psi(t) - \psi_f \parallel_2$ 减少。由(11.5)式、(11.6)式可得

$$\frac{\partial}{\partial t}(\psi - \psi_f) = \frac{i}{2}\Delta(\psi - \psi_f) - iV_0(x)(\psi - \psi_f) - iV_c(x,t)\psi - iE\psi_f \tag{11.7}$$

进而有

$$\frac{d}{dt}\left[\frac{1}{2}\parallel \psi(t) - \psi_f \parallel_2^2\right] = \int_{R^n}\mathrm{Re}\left[\left(\frac{\partial}{\partial t}(\psi - \psi_f)\right)(\psi - \psi_f)^*\right]dx$$

$$= \int_{R^n}\mathrm{Re}\left[\left(\frac{i}{2}\Delta(\psi - \psi_f) - iV_0(x)(\psi - \psi_f) - iV_c(x,t)\psi - iE\psi_f\right)(\psi - \psi_f)^*\right]dx \tag{11.8}$$

其中,$*$ 代表共轭。通过积分,并考虑"自然边界条件",可得

$$\frac{d}{dt}\left[\frac{1}{2}\parallel \psi(t) - \psi_f \parallel^2\right] = -\int[V_c(x,t) + E]\psi_f(x)\mathrm{Im}(\psi(x,t))dx \tag{11.9}$$

在此点显现出许多控制势能的保证:

$$\frac{d}{dt}\left[\frac{1}{2}\parallel \psi(t) - \psi_f \parallel^2\right] \leqslant 0$$

两种可能的控制策略如下

$$V_c'(x,t) = -E + K\mathrm{Im}(\psi(x,t)), K > 0 \tag{11.10}$$

$$V_c''(x,t) = -E + K\mathrm{sign}[\mathrm{Im}(\psi(x,t))], K > 0 \tag{11.11}$$

很明显,策略并不保证薛定谔方程对目标态解的收敛性。不过,施加控制(11.10)或(11.11)的函数形式,可以得到一个非线性薛定谔方程数值的积分,可以检查是否出现收敛。在一些简单的仿真工作中,那里的势能很好的收敛:只要 $|x| \leqslant a$,则 $V_0(x) = 0$,否则,$V_0(x) = \infty$。

下面将描述一个有限维量子自旋系统的控制实施过程。

11.1.2　一个 n 级量子自旋系统的演化操控

在有限维的情况下,我们可以在 H 中选择一组基 $|\psi_1\rangle, |\psi_2\rangle, \cdots, |\psi_n\rangle$,那么我们可以用 C^n 中的系数 c 的对应归一化矢量 $|\psi\rangle$ 和算符 $H(t), H_0, H_c(t)$,采用对应的哈密顿矩阵来描述系统,相似的,采用对应的幺正矩阵演化算符 $U(t)$。在许多应用中,相互作用哈密顿有形式:

$$H_c(t) = \sum_{i=1}^{m} H_i u_i(t) \tag{11.12}$$

其中,$H_i, i = 1, 2, \cdots, m$ 是 $n \times n$ 哈密顿矩阵,$u_i(t)$ 是实数标量控制函数,代表所施加的电磁场,于是(11.1)式的薛定谔方程可以替代为

$$i\hbar \dot{c}(t) = \left(H_0 + \sum_{i=1}^{m} H_i u_i(t)\right) c(t) \tag{11.13}$$

由(11.13)式和(11.12)式,演化算符满足同一方程

$$i\hbar \dot{U}(t) = \left(H_0 + \sum_{i=1}^{m} H_i u_i(t)\right) U(t), \quad U(0) = I \tag{11.14}$$

在量子计算中,操纵演化算符至一个给定的终值条件 U_f,对应于实施一个专门的逻辑门。我们寻找一个控制函数 $u_i(t)$ 迫使距离最终减少:

$$\| U(t) - U_f \|_{tr}$$

其中,$\| \cdot \|_{tr}$ 为求迹的范数。由(11.14)式,取 $\hbar = 1$,我们有

$$\frac{\mathrm{d}}{\mathrm{d}t}\left[\frac{1}{2} \| \psi(t) - \psi_f \|_{tr}^2\right]$$

$$= \frac{1}{2} \mathrm{tr}\left[(U^+(t) - U_f^+)\dot{U}(t) + \dot{U}^+(t)(U(t) - U_f)\right]$$

$$= \mathrm{Re}\left\{\mathrm{tr}\left[iU^+(t)\left(H_0 + \sum_{i=1}^{m} H_i u_i(t)\right)(U(t) - U_f)\right]\right\}$$

$$= \mathrm{Im}\left\{\mathrm{tr}\left[U^+(t)\left(H_0 + \sum_{i=1}^{m} H_i u_i(t)\right) U_f\right]\right\}$$

$$= \mathrm{Im}\left\{\mathrm{tr}\lfloor U^+(t) H(t) U_f\rfloor\right\}$$

$$= \mathrm{Im}\left\{\mathrm{tr}\lfloor U^+(t) H_0(t) U_f\rfloor\right\}$$

$$+ \sum_{i=1}^{m} u_i(t) \mathrm{Im}\left\{\mathrm{tr}\left[U^+(t) H_i(t) U_f\right]\right\} \tag{11.15}$$

其中,Re 表示取实部;Im 表示取虚部;U^+ 表示取矩阵 U 的共轭转置。

(11.15)式右边的第一项不显式取决于控制函数 $u_i(t)$。因此自然需要寻找控制函数使第二项非正。在所有类似的控制策略中,最简单的为

$$u_i(t) = -K_i \mathrm{sign}\{\mathrm{Im}\{\mathrm{tr}[U^+(t)H_i(t)U_f]\}\}, K_i > 0, i = 1,2,\cdots,m$$
(11.16)

其中,控制函数 $u_i(t)$ 仅取数值 $\pm K_i$。将(11.16)式代入(11.14)式,可得非线性初始值问题:

$$i\dot{U}(t) = \Big(H_0 + \sum_{i=1}^{m} H_i K_i \mathrm{sign}\{\mathrm{Im}\{\mathrm{tr}[U^+(t)H_i(t)U_f$$

$$\cdot [U^+(t)H_i(t)U_f]\}\}\Big)U(t)$$
(11.17)

$$U(0) = I$$
(11.18)

如果对(11.17)式求积分,可以求得 $U(t)$ 收敛于 U_f,并可通过(11.16)式确定控制函数$\{u_i(t); 0 \leqslant t \leqslant T, i = 1,2,\cdots,m\}$。

11.1.3 一个 1/2 自旋粒子的反馈控制

为了演示所提控制策略的有效性,这里考虑一个简单的、仅受一个单分量电磁场控制的自旋 1/2 粒子系统。假定我们仅变化 y 方向上的外部磁场,传播演化是(取 $\hbar = 1$)

$$i\dot{U}(t) = \sigma_z U(t) + \sigma_y U(t) u(t), U(0) = I$$
(11.19)

其中, $\sigma_x = \begin{pmatrix} 0 & 1 \\ 1 & 0 \end{pmatrix}, \sigma_y = \begin{pmatrix} 0 & -i \\ i & 0 \end{pmatrix}$

我们寻找控制输入 $u(t)$ 对于某个相角因子 φ,以驱动(11.19)式到幺正矩阵

$$U_f = \begin{pmatrix} 0 & -\exp(-i\varphi) \\ \exp(i\varphi) & 0 \end{pmatrix}$$
(11.20)

这里我们对此问题应用简单的反馈控制(11.16)式。既然 $U(t)$ 是特殊幺正矩阵,它应具有形式

$$U(t) = \begin{bmatrix} x_1(t) & x_2(t) \\ -x_2^*(t) & x_1^*(t) \end{bmatrix}$$
(11.21)

计算 $\mathrm{tr}[U^+(t)\sigma_y U_f]$ 可得

$$\mathrm{tr}[U^+(t)\sigma_y U_f] = -i[x_1(t)\exp(-i\varphi) + x_1^*(t)\exp(i\varphi)]$$

于是,控制(11.16)具有形式

$$u(t) = K \mathrm{sign}\{\mathrm{Re}[x_1(t)\exp(-i\varphi)]\}$$

$$= K \mathrm{sign}\{\mathrm{Re}[x_1(t)]\cos\varphi + \mathrm{Im}[x_1(t)]\sin\varphi\}, K > 0$$
(11.22)

注意在这一步里,我们还有一个自由度:可以选择参数 φ 来得到最佳参数。

11.2　基于状态之间距离的反馈控制

本节我们介绍基于状态之间距离反馈的操控问题。反馈控制的建立被用来减少状态与目标之间的距离,重点从理论上设计一个代表量子状态之间距离的李雅普诺夫函数,通过李雅普诺夫稳定性定理,在保证系统稳定的前提下,不断缩短初始态与终态之间的距离,从而实现量子系统初态到终态的演化。本节所提出的李雅普诺夫函数具有普适性,且对控制律在初始态与终态为正交的情况给予了很好的处理,本节还通过自旋 1/2 粒子系统进行了系统仿真实验,对不同参数值情况下的系统演化时间以及控制律的大小进行了效果分析。给出了控制器设计的过程,对系统的稳定性给予了详细地推导、分析和证明。

众所周知,在 t 时刻量子力学系统的状态 $|\psi(t)\rangle$ 的演化由薛定谔方程决定:

$$i\hbar|\dot{\psi}\rangle = H|\psi\rangle \tag{11.23}$$

其中,$\hbar$ 是约化普朗克常数;$H: H \to H^*$ 是哈密顿算符,且 $H = H^*$;$|\psi\rangle \in H$;$\langle\psi| \in H^*(H \approx H^*)$,因此其本征值是实数。

由(11.23)式可知,如果 $|\psi(t)\rangle$ 满足(11.23)式,那么 $|\widetilde{\psi}(t)\rangle = e^{i\theta}|\psi(t)\rangle$ 也满足(11.23)式。因此,薛定谔方程是不随相位的变化而变化的。不过,当 θ 是时间的一个复函数时,$|\widetilde{\psi}(t)\rangle$ 虽然与 $|\psi(t)\rangle$ 代表同样的状态,但不再是(11.23)式中的解。为了解决这个问题,我们采用一种较简单的方法:选用归一化的矢量 $|\psi(t)\rangle$,即假定 $\langle\psi(t)|\psi(t)\rangle = 1$,并且要求所推导出的所有结果都独立于相位。

11.2.1　李雅普诺夫函数的选择

在物理学中,如果知道了表征一个体系的全部物理量,就可以说知道了该体系的状态。量子理论发展的实践表明,微观粒子的波函数携带了整个体系的所有信息,因此波函数就是量子系统的状态。按照量子力学假设,每个力学量都对应一个线性厄米算符,体系的每一个状态都由算符的一个本征函数或它们的线性组合来表达。所有本征函数构成一个完备集合,由它们作为基矢可以张成一个希尔伯特空间。当任一波函数属于该空间时,它就必可展开为所有本征函数的线性组合。

这里仅处理有限维情况,即力学量的正交完备归一本征矢的个数有限,设为 n。通过将希尔伯特空间中的所有态展开为这些本征矢的线性组合,可以得到所有态的 n 维坐标矢量,显然这些坐标矢量所在的 n 维矢量空间 C^n 同构于此希尔伯特空间。相应地,量子算符、演化方程等量子力学问题均可采用 C^n 中的矢量或矩阵形式描述。当两个态矢 $|\psi_1\rangle$ 和 $|\psi_2\rangle$ 满足 $|\psi_1\rangle = e^{i\theta}|\psi_2\rangle$($\theta$ 为任一实常数)时,称这两个态矢等价,显然 $|\psi_1\rangle$ 和 $|\psi_2\rangle$ 满足同一薛定谔方程。量子力学系统的每一个纯态都对应一个单位态矢等价类。为了避免等价类中相位带来的麻烦,我们在

本节中采用简单的约定,即将等价类中的所有态都看作同一个态。

本质上,我们要研究的问题是状态驱动问题,即给定一个初态和一个终态,如何寻找到一个可实现的控制作用来驱使初态至终态。采用系统状态反馈的概念来处理该问题的思想就是构造一个合适的李雅普诺夫函数,然后利用李雅普诺夫稳定性定理,通过保证李雅普诺夫函数对时间的一阶导数小于零来获得系统的控制律。

在宏观领域中,李雅普诺夫函数一般是取系统状态与期望状态之间误差的平方。在量子领域,我们取状态波函数与期望态之间的距离,这样当李雅普诺夫函数对时间的变化率保持非正时,可以保证两个状态之间的距离不断减小。有关距离的概念也有多种,其中 Bures 距离的意义很直观,它代表两个状态等价类间的欧几里得距离,为此我们采用 Bures 距离,它的定义为:

$$d_B(|\psi_1\rangle, |\psi_2\rangle) = \min_\theta \||\psi_1\rangle - e^{i\theta}|\psi_2\rangle\| \tag{11.24}$$

其中,$\theta \in R$,代表任意相位。为了找出合适的李雅普诺夫函数,现在来简化 Bures 距离公式(11.24)。设 $y = \||\psi_1\rangle - e^{i\theta}|\psi_2\rangle\|$,则:

$$
\begin{aligned}
y^2 &= \||\psi_1\rangle - e^{i\theta}|\psi_2\rangle\|^2 = [|\psi_1\rangle - e^{i\theta}|\psi_2\rangle]^*[|\psi_1\rangle - e^{i\theta}|\psi_2\rangle] \\
&= [\langle\psi_1| - e^{-i\theta}\langle\psi_2|][|\psi_1\rangle - e^{i\theta}|\psi_2\rangle] \\
&= \langle\psi_1|\psi_1\rangle + \langle\psi_2|\psi_2\rangle - e^{i\theta}\langle\psi_1|\psi_2\rangle - e^{-i\theta}\langle\psi_2|\psi_1\rangle \\
&= 2 - 2\mathrm{Re}[e^{i\theta}\langle\psi_1|\psi_2\rangle] = 2 - 2\mathrm{Re}[e^{i\theta}|\langle\psi_1|\psi_2\rangle| \cdot e^{i\angle\langle\psi_1|\psi_2\rangle}] \\
&= 2 - 2|\langle\psi_1|\psi_2\rangle| \cdot \mathrm{Re}[e^{i(\theta+\angle\langle\psi_1|\psi_2\rangle)}]
\end{aligned}
$$

显然,$\min(y^2) = 2(1 - |\langle\psi_1|\psi_2\rangle|)$,又知 $y \geq 0$,故

$$d_B^2(|\psi_1\rangle, |\psi_2\rangle) = 2(1 - |\langle\psi_1|\psi_2\rangle|) \tag{11.25}$$

由(11.25)式可看出,选择 $1 - |\langle\psi_1|\psi_2\rangle|$ 作为李雅普诺夫函数理论上是可行的,但考虑到取模值给运算带来的不方便性,按照惯常处理,我们选择以下函数作为李雅普诺夫函数:

$$V' = \frac{1}{2}(1 - |\langle\psi_1|\psi_2\rangle|^2) \tag{11.26}$$

比较(11.25)和(11.26)两式,可知 V' 确能表征终态 $|\psi_f\rangle$ 与系统任一时刻状态 $|\psi\rangle$ 之间的距离,于是:

$$V = \frac{1}{2}(1 - |\langle\psi_f|\psi\rangle|^2) \tag{11.27}$$

就可表征终态 $|\psi_f\rangle$ 与系统状态 $|\psi\rangle$ 之间的距离。(11.27)式的物理意义也是明显的,$|\langle\psi_f|\psi\rangle|^2$ 代表状态 $|\psi\rangle$ 到 $|\psi_f\rangle$ 的转移概率,当 $|\psi\rangle$ 完全被驱动至 $|\psi_f\rangle$ 时,$V = 0$,此时也对应 $d_B(|\psi_f\rangle, |\psi\rangle) = 0$。

值得强调指出的是,本节的处理实质上都是对状态等价类而言,如演化态 $|\psi\rangle$

到达目标态 $|\psi_f\rangle$，即是指到达 $|\psi_f\rangle$ 的等价类 $e^{i\theta}|\psi_f\rangle$；到达 $|\psi_f\rangle$ 的时间即是指到达 $|\psi_f\rangle$ 的等价类的时间；系统对终态 $|\psi_f\rangle$ 的(渐进)稳定性即是指系统对终态 $|\psi_f\rangle$ 的等价类的(渐进)稳定性(实质上，终态等价类 $e^{i\theta}|\psi_f\rangle$ 中的 $e^{i\theta}$ 是周期变化的，所以系统能到达终态等价类就一定能到达终态等价类中的任何一个状态，包括终态 $|\psi_f\rangle$)。

11.2.2　反馈控制律的设计

考虑如下薛定谔方程

$$i\hbar|\dot{\psi}(t)\rangle = H|\psi(t)\rangle, H = H_0 + H_c, H_c = \sum_{k=1}^{r} H_k u_k(t) \qquad (11.28)$$

其中，H_0 是内部哈密顿，H_c 是表征外部控制作用于系统时产生的相互作用哈密顿，H_0 及 H_k 均不含时，$u_k(t)$ 是标量可实现实值控制函数。

为简化分析，假定终态 $|\psi_f\rangle$ 是无扰系统的一个本征态，即

$$H_0|\psi_f\rangle = \lambda_0|\psi_f\rangle \qquad (11.29)$$

这个假定可以保证系统一旦到达终态，就会自动维持在此终态而不需要外加控制作用来维持，因为本征态是系统的一个稳定状态；进而就可以施加新的控制作用使系统由此态开始向下一个目标态演化而不必顾及前一次转移的控制作用。

现在来研究李雅普诺夫函数 V，由

$$V = \frac{1}{2}(1 - \langle\psi_f|\psi\rangle\langle\psi|\psi_f\rangle)$$

求 V 对时间的一次导数：

$$\dot{V} = \frac{1}{2}(-\langle\psi_f|\dot{\psi}\rangle\langle\psi|\psi_f\rangle - \langle\psi_f|\psi\rangle\langle\dot{\psi}|\psi_f\rangle)$$

$$= -\frac{1}{2}[2\mathrm{Re}(\langle\psi_f|\dot{\psi}\rangle\langle\psi|\psi_f\rangle)]$$

$$= -\mathrm{Re}\Big[\langle\psi|\psi_f\rangle\langle\psi_f|\Big(-\frac{i}{\hbar}\Big)\Big(H_0 + \sum_{k=1}^{r}u_kH_k\Big)|\psi\rangle\Big]$$

$$= -\frac{1}{\hbar}\mathrm{Im}\Big[\langle\psi|\psi_f\rangle\langle\psi_f|H_0|\psi\rangle + \langle\psi|\psi_f\rangle\langle\psi_f|\sum_{k=1}^{r}u_kH_k|\psi\rangle\Big]$$

$$= -\frac{1}{\hbar}\mathrm{Im}\Big[\lambda_0|\langle\psi|\psi_f\rangle|^2 + \langle\psi|\psi_f\rangle\langle\psi_f|\sum_{k=1}^{r}u_kH_k|\psi\rangle\Big]$$

$$= -\frac{1}{\hbar}\mathrm{Im}\Big[\langle\psi|\psi_f\rangle\langle\psi_f|\sum_{k=1}^{r}u_kH_k|\psi\rangle\Big]$$

$$= -\frac{1}{\hbar}\sum_{k=1}^{r}u_k \cdot \mathrm{Im}[\langle\psi|\psi_f\rangle\langle\psi_f|H_k|\psi\rangle] \qquad (11.30)$$

从(11.30)式可看出，为了保证 $\dot{V}\leqslant0$，最可靠的手段就是令求和符号中的每

一项都非负,于是 u_k 的函数形式应具有下述特性: $f_k(x)x \geqslant 0$,显然当 $f_k(x)$ 的图像单调过原点且位于第一、三象限时满足上述要求,这时 $f_k(x)=0$ 仅对应 $x=0$,即

$$f_k(x) = \begin{cases} R^+, & x > 0 \\ 0, & x = 0 \\ R^-, & x < 0 \end{cases}$$

当取 $x = \mathrm{Im}[\langle\psi|\psi_f\rangle\langle\psi_f|H_k|\psi\rangle]$ 时,反馈控制作用就具有如下形式:

$$u_k = K_k f_k \{\mathrm{Im}[\langle\psi|\psi_f\rangle\langle\psi_f|H_k|\psi\rangle]\}, (k = 1, \cdots, r) \qquad (11.31)$$

其中,K_k 为正实数,可人为选取。显然控制作用的选取可以保证 $\dot{V} \leqslant 0$,即闭环系统的(渐进)收敛。

分析(11.31)式可知,反馈控制 u_k 不能用于解决初态 $|\psi(0)\rangle$ 与终态 $|\psi_f\rangle$ 正交的问题,也不能用于处理终态 $|\psi_f\rangle$ 为所有 $H_k(k=1,\cdots,r)$ 的本征态的情况。对于初态与终态正交的情况,容易想到的办法就是对系统进行一个适当的测量(Paolo V 2002),以引起系统状态的改变,然后再使用反馈控制 u_k。不过这样会给系统带来一个附加干扰,为了解决这个问题,我们采用如下措施。

重新考虑(11.30)式,将复数 $\langle\psi|\psi_f\rangle$ 写成复指数形式,有:$\langle\psi|\psi_f\rangle = |\langle\psi|\psi_f\rangle|\mathrm{e}^{\mathrm{i}\angle\langle\psi|\psi_f\rangle}$,代入(11.30)式,有

$$\dot{V} = -\frac{1}{\hbar}\sum_{k=1}^{r} u_k \cdot |\langle\psi|\psi_f\rangle| \cdot \mathrm{Im}[\mathrm{e}^{\mathrm{i}\angle\langle\psi|\psi_f\rangle}\langle\psi_f|H_k|\psi\rangle] \qquad (11.32)$$

显然,当系统状态 $|\psi\rangle$ 与期望的终态 $|\psi_f\rangle$ 不正交,即 $\langle\psi|\psi_f\rangle \neq 0$ 时,选择如下 u_k 形式与(11.31)式等效(也可使 $\dot{V} \leqslant 0$):

$$u_k = K_k f_k \{\mathrm{Im}[\mathrm{e}^{\mathrm{i}\angle\langle\psi|\psi_f\rangle}\langle\psi_f|H_k|\psi\rangle]\}, (k = 1, \cdots, r) \qquad (11.33)$$

而当系统状态 $|\psi\rangle$ 与期望的终态 $|\psi_f\rangle$ 正交,即 $\langle\psi|\psi_f\rangle = 0$ 时,(11.31)式中的 $u_k = 0$,(11.33)式则出现复数 $\langle\psi|\psi_f\rangle$ 的幅角不确定的情况,对此我们定义

$$\langle\psi|\psi_f\rangle = 0 \text{ 时}, \angle\langle\psi|\psi_f\rangle = 0° \qquad (11.34)$$

这样(11.33)式中的 u_k 可以不为 0,(11.32)式中 $\dot{V} = 0$,这意味着此时的状态在围绕终态 $|\psi_f\rangle$ "转动",而当转动至 $\langle\psi|\psi_f\rangle \neq 0$(下面的引理 11.3 为该条件提供了保障)时,则会出现 $\dot{V} < 0$ 的情况,进而使状态向终态 $|\psi_f\rangle$ "接近",因此(11.33)式中 u_k 的选择可以处理初态 $|\psi(0)\rangle$ 与终态 $|\psi_f\rangle$ 正交的情况,同时也可处理(11.31)式所包含的一切情况。故最终选用(11.33)式作为控制作用的形式。值得注意的是,当 $|\psi\rangle = |\psi_f\rangle$ 时,$u_k = 0$ 时,这可以保证当状态被驱动至目标态时控制作用就会自动消失。

11.2.3　系统稳定性分析

鉴于 u_k 的函数形式,我们可以得到 $\dot{V} \leqslant 0$,因此整个系统在李雅普诺夫意义

下是稳定的。以下分析系统渐进稳定所满足的条件,分析之前给出几个引理。

引理 11.1　任给两个复数 z_1、z_2,当 $z_1 \neq 0$ 时,$\mathrm{Im}(z_1 z_2) = 0$ 的充要条件是 $z_2 = \lambda z_1^*$,$\lambda \in R$。

这个引理的结论利用一般的复变函数知识即可证明。

引理 11.2　利用(11.33)式的控制作用,若 $\langle \psi(0) | \psi_f \rangle \neq 0$,则任给 $t > 0$ 总有 $\langle \psi(t) | \psi_f \rangle \neq 0$。

证明:由 $\dot{V} \leqslant 0 \Rightarrow |\langle \psi | \psi_f \rangle|^2$ 随 t 的增加而不减

$$\Rightarrow t > 0 \text{ 时}, |\langle \psi(t) | \psi_f \rangle|^2 \geqslant |\langle \psi(0) | \psi_f \rangle|^2$$

又知:

$$\langle \psi(0) | \psi_f \rangle \neq 0 \Rightarrow |\langle \psi(0) | \psi_f \rangle| > 0$$

故

$$|\langle \psi(t) | \psi_f \rangle|^2 > 0$$

即

$$\langle \psi(t) | \psi_f \rangle \neq 0$$

引理 11.3　当 $\langle \psi(0) | \psi_f \rangle = 0$ 时,若条件 $\sum_{k=1}^{r} K_k f_k (\mathrm{Im} \langle \psi_f | H_k | \psi(0) \rangle) \langle \psi_f | H_k | \psi(0) \rangle \neq 0$ 成立,则对任意 $t > 0$,有 $\langle \psi(t) | \psi_f \rangle \neq 0$。

证明:由于哈密顿算符是时间平移无穷小算符,即当 $t = \mathrm{d}t$ 时,有

$$|\psi(\mathrm{d}t)\rangle = \mathrm{e}^{-\mathrm{i}H\mathrm{d}t/\hbar} |\psi(0)\rangle \approx \left(1 - \frac{H}{\hbar}\mathrm{d}t\right) |\psi(0)\rangle$$

故

$$\langle \psi_f | \psi(\mathrm{d}t) \rangle \neq 0 \Leftrightarrow \langle \psi_f | 1 - \mathrm{i}\frac{H}{\hbar}\mathrm{d}t | \psi(0) \rangle \neq 0$$

$$\Leftrightarrow \langle \psi_f | -\mathrm{i}\frac{H}{\hbar}\mathrm{d}t | \psi(0) \rangle \neq 0$$

$$\Leftrightarrow \langle \psi_f | H_0 + \sum_{k=1}^{r} u_k H_k | \psi(0) \rangle \neq 0$$

$$\Leftrightarrow \langle \psi_f | \sum_{k=1}^{r} u_k H_k | \psi(0) \rangle \neq 0$$

$$\Leftrightarrow \sum_{k=1}^{r} u_k \langle \psi_f | H_k | \psi(0) \rangle \neq 0 \tag{11.35}$$

上式中的 u_k 为

$$u_k = \lim_{\mathrm{d}t \to 0} K_k f_k \{ \mathrm{Im}[\mathrm{e}^{\mathrm{i}\angle \langle \psi | \psi_f \rangle} \langle \psi_f | H_k | \psi \rangle] \}$$

$$= K_k f_k \{ \mathrm{Im}[\mathrm{e}^{\mathrm{i}\angle \langle \psi(0) | \psi_f \rangle} \langle \psi_f | H_k | \psi(0) \rangle] \}$$

$$= K_k f_k (\mathrm{Im} \langle \psi_f | H_k | \psi(0) \rangle)$$

将此值代入(11.35)式可得$\langle\psi_f|\psi(dt)\rangle\neq0$,再由引理 11.2 可得结论。值得说明的是,引理 11.3 的条件在实际中是容易满足的,因为 K_k 及 H_k 均有选择上的自由度。

现在来分析稳定性问题,将 $\dot{V}=0$ 的状态集合记为 V,在控制作用 $u_k=K_kf_k\{\mathrm{Im}[\mathrm{e}^{\mathrm{i}\angle\langle\psi|\psi_f\rangle}\langle\psi_f|H_k|\psi\rangle]\}$,$(k=1,\cdots,r)$ 的前提下,可以证明下面三个条件在初态与终态不正交时是等价的;或初态与终态正交的前提下,在 $t>0$ 且满足引理 11.3 的条件时也是等价的:

$$(\text{Ⅰ})\dot{V}=0 \tag{11.36}$$

$$(\text{Ⅱ})\,\mathrm{i}\hbar\,|\dot{\psi}(t)\rangle=H_0\,|\,\psi(t)\rangle \tag{11.37}$$

$$(\text{Ⅲ})\,\langle\psi_f|\lambda_kI-H_k|\psi\rangle=0,k=1,\cdots,r,\lambda_k\in R \tag{11.38}$$

证明:由(11.33)式知,

$$\dot{V}=0\Leftrightarrow|\langle\psi|\psi_f\rangle|=0 \text{ 或 } \mathrm{Im}[\mathrm{e}^{\mathrm{i}\angle\langle\psi|\psi_f\rangle}\langle\psi_f|H_k|\psi\rangle]=0$$

$$\Leftrightarrow|\langle\psi|\psi_f\rangle|\cdot\mathrm{Im}[\mathrm{e}^{\mathrm{i}\angle\langle\psi|\psi_f\rangle}\langle\psi_f|H_k|\psi\rangle]=0$$

$$\Leftrightarrow\mathrm{Im}[\langle\psi|\psi_f\rangle\langle\psi_f|H_k|\psi\rangle]=0$$

由引理 11.1 可得

$$\langle\psi|\psi_f\rangle\neq0 \text{ 时},\dot{V}=0\Leftrightarrow\lambda\langle\psi_f|\psi\rangle=\langle\psi_f|H_k|\psi\rangle,\lambda\in R \tag{11.39}$$

即

$$\dot{V}=0\Leftrightarrow\langle\psi_f|\lambda_kI-H_k|\psi\rangle=0,k=1,\cdots,r,\lambda_k\in R$$

$(\text{Ⅰ})\Leftrightarrow(\text{Ⅲ})$ 得证。

下面证明$(\text{Ⅰ})\Rightarrow(\text{Ⅱ})$。

将(11.39)式代入(11.33)式有

$$u_k=K_kf_k(\mathrm{Im}[\mathrm{e}^{\mathrm{i}\angle\langle\psi|\psi_f\rangle}\lambda\langle\psi_f|\psi\rangle])$$

$$=K_kf_k(\lambda\,|\langle\psi_f|\psi\rangle|\mathrm{Im}[\mathrm{e}^{\mathrm{i}\angle\langle\psi|\psi_f\rangle}\mathrm{e}^{\mathrm{i}\angle\langle\psi_f|\psi\rangle}])$$

$$=0$$

再代入(11.28)式,得

$$\mathrm{i}\hbar\,|\dot{\psi}(t)\rangle=H_0\,|\,\psi(t)\rangle$$

$(\text{Ⅱ})\Leftrightarrow(\text{Ⅰ})$:

将(11.33)式与(11.28)式作比较得

$$\sum_{k=1}^{r}H_ku_k\,|\psi\rangle=0$$

以 $\langle\psi_f|$ 作内积,有

$$\langle\psi_f|\sum_{k=1}^{r}H_ku_k\,|\psi\rangle=\sum_{k=1}^{r}u_k\langle\psi_f|H_k|\psi\rangle=0$$

再将 $e^{i\angle\langle\psi|\psi_f\rangle}$ 乘至上式两端,有

$$\sum_{k=1}^{r} u_k e^{i\angle\langle\psi|\psi_f\rangle}\langle\psi_f|H_k|\psi\rangle = 0$$

考虑到 u_k 为实标量函数,有

$$\sum_{k=1}^{r} u_k |\langle\psi|\psi_f\rangle| \operatorname{Im}[e^{i\angle\langle\psi|\psi_f\rangle}\langle\psi_f|H_k|\psi\rangle] = 0$$

故 $\dot{V}=0$,因此(Ⅰ)$\Leftrightarrow$(Ⅱ)。

综上所述,(Ⅰ)、(Ⅱ)、(Ⅲ)是等价条件。于是可得出结论,方程(11.28)中满足 $\dot{V}=0$ 的状态集合 V,就是演化至相应时刻满足(11.37)式的状态集合,也是该时刻同时满足(11.38)式的 k 个方程的状态集合。

引理 11.4　方程组(11.38)总有非零解。

证明:由(11.33)式知,当 $|\psi\rangle=|\psi_f\rangle$ 时,$u_k=0$,$(k=1,2,\cdots,r)$,即上述条件(Ⅱ)成立,进而条件(Ⅲ)成立。因此,方程组(11.38)至少有 $|\psi\rangle=|\psi_f\rangle$ 一个非零解。

从上面三个等价条件的推导过程不难发现,这三个条件均是在状态演化中某一确定时刻的"静态"条件,特别是条件(Ⅱ),它体现了状态演化至某一时刻,在 $\dot{V}=0$ 约束下方程(11.28)与方程(11.37)的一致性。但仅有以上三个等价条件之一,并不能说明系统的渐进稳定性。换句话说,还应考察在 $\dot{V}=0$ 的下一时刻是否有 $\dot{V}=0$:若有,则说明此时刻之后不再向终态演化,若无,则说明系统在此时刻仅是演化中的一个过渡态,这即是"动态"条件。为此,进行如下研究。

将(11.38)式两端对 t 求偏导,得

$$\langle\psi_f|\lambda_k I - H_k|\dot{\psi}\rangle = 0, k = 1,\cdots,r,\lambda_k \in R$$

将(11.37)式代入上式,有

$$\langle\psi_f|\lambda_k I - H_k|H_0|\psi\rangle = 0$$

整理后得

$$\langle\psi_f|\lambda_k H_0|\psi\rangle = \langle\psi_f|H_k H_0|\psi\rangle$$

上式左边 $=\lambda_0\lambda_k\langle\psi_f|\psi\rangle=\lambda_0\langle\psi_f|\lambda_k I|\psi\rangle$,将(11.38)式再次代入本式,有:

$$\langle\psi_f|\lambda_k H_0|\psi\rangle = \lambda_0\langle\psi_f|H_k|\psi\rangle = \langle\psi_f|H_0 H_k|\psi\rangle$$

于是,$\langle\psi_f|H_0 H_k|\psi\rangle=\langle\psi_f|H_k H_0|\psi\rangle$,即

$$\langle\psi_f|[H_0,H_k]|\psi\rangle = 0, (k = 1,\cdots,r) \tag{11.40}$$

(11.40)式表示,在某一时刻若有 $|\psi\rangle\in V$ 时,则下一时刻仍有 $|\psi\rangle\in V$;反之,若本式不成立,则表示某一时刻若有 $|\psi\rangle\in V$,那么下一时刻 $|\psi\rangle\notin V$。这样,就可得到下面关于(渐进)稳定性的判别定理:

定理 11.1　在 $|\psi_f\rangle$ 是 H_0 的本征态而不是所有 H_k,$(k=1,2,\cdots,r)$ 的本征态

的前提下,采用诸如(11.33)式的控制函数形式,若方程组
$$\begin{cases}\langle\psi_f|\lambda_k I - H_k|\psi\rangle = 0,(k = 1,2,\cdots,r)\\\langle\psi_f|[H_0,H_k]|\psi\rangle = 0,(k = 1,2,\cdots,r)\end{cases}$$
有唯一解 $|\psi\rangle = |\psi_f\rangle$,则系统是渐进稳定的;若有解 $|\psi\rangle \neq |\psi_f\rangle$,则系统是李雅普诺夫意义下稳定的。

引理 11.5 方程组(11.40)也总有非零解。

证明:当 $|\psi\rangle = |\psi_f\rangle$ 时,$\langle\psi_f|[H_0,H_k]|\psi\rangle = 0 \Leftrightarrow \langle\psi_f|H_0 H_k|\psi_f\rangle = \langle\psi_f|H_k H_0|\psi_f\rangle \Leftrightarrow \lambda_0\langle\psi_f|H_k|\psi_f\rangle = \lambda_0\langle\psi_f|H_k|\psi_f\rangle$,本式自然成立。

推论 11.1 当方程组 $\langle\psi_f|[H_0,H_k]|\psi\rangle = 0,(k = 1,\cdots,r)$ 有唯一解 $|\psi\rangle = |\psi_f\rangle$ 时系统是渐进稳定的。

本推论由引理4、5及定理可证得。

推论 11.2 设矩阵 $F = [[H_0,H_1]|\psi_f\rangle,[H_0,H_2]|\psi_f\rangle,\cdots,[H_0,H_r]|\psi_f\rangle]$,当 $\mathrm{rank}F = n - 1(n$ 为系统维数)时,系统是渐进稳定的。

推论11.2由推论1及引理5可证得。

当用计算机判断系统的稳定性时,也可采用如下方法:计算机适时求解控制作用时,每求得一个演化态 $|\psi(t')\rangle$,就代入(11.40)式进行检验,①若(11.40)式不成立,则说明无论此时的 $\dot{V}(t') < 0$,还是 $\dot{V}(t') = 0$,系统均在向终态 $|\psi_f\rangle$ 演化;②若(11.40)式成立,且 $|\psi(t')\rangle \neq |\psi_f\rangle$,再代入(11.33)式验证,若(11.33)式为0,则说明控制作用仅可将初态驱动到距终态一个更近的区域,这时系统只能是李雅普诺夫意义下稳定的;若(11.33)式不为0,则说明系统正在向终态 $|\psi_f\rangle$ 演化;③若(11.40)式成立,且 $|\psi(t')\rangle = |\psi_f\rangle$,则说明控制作用已完成将初态驱动到终态的任务,系统是渐进稳定的。

11.2.4 自旋1/2系统的应用实例

自旋 1/2 系统有很多优点:由于自旋 1/2 粒子系统的数学模型是双线性的系统模型,它与宏观系统中的双线性系统在数学模型结构上具有完全一样的形式;另外,自旋 1/2 粒子系统在 x、y 和 z 轴上的自旋与宏观世界中的刚体绕 x、y 和 z 轴的旋转是一致的,所以从数学的角度上来说,它们应当具有相同的特性,完全可以借用宏观世界的研究方式和结果来针对具体情况加以分析和应用。为了验证本节方法的有效性,我们来考察这个典型例子,假定这个例子是仅有一个控制作用的自旋 1/2 系统,设控制作用 $u(t)$ 仅在 y 轴方向上改变电磁场,且选取自旋为 σ_z 表象,于是系统的薛定谔方程为
$$i\hbar|\dot\psi(t)\rangle = (H_0 + u_1 H_1)|\psi(t)\rangle$$
其中,$H_0 = \sigma_z = \begin{bmatrix}1 & 0\\0 & -1\end{bmatrix}$,$H_1 = \sigma_y = \begin{bmatrix}0 & -i\\i & 0\end{bmatrix}$,$\hbar$ 取1。

要执行量子信息中最简单的逻辑 NOT-门操作,就必须驱动状态 $|\psi\rangle$ 使之能在

H_0 的两个本征态 $|0\rangle = \begin{bmatrix} 1 \\ 0 \end{bmatrix}$ 和 $|1\rangle = \begin{bmatrix} 0 \\ 1 \end{bmatrix}$ 之间相互转换。现在，假定初态为 $|\psi(0)\rangle = |0\rangle$，而终态为 $|\psi_f\rangle = |1\rangle$，选择 $K_1 > 0$，经验证符合引理 11.3 的条件，因此诸如(11.33)式的控制作用形式对本系统是有作用的。

由推论 11.1 知，对于本例，有 $\langle \psi_f | [H_0, H_1] | \psi \rangle = 0$，即 $\langle 1 | -2\mathrm{i}\sigma_x | \psi \rangle = 0$，可解得 $|\psi\rangle = |1\rangle$，因此本系统是渐进稳定的。

设系统状态为：$|\psi\rangle = \begin{bmatrix} c_1 \\ c_2 \end{bmatrix}$，

1）选择控制作用为正比例函数

$$u_1 = K_1 \mathrm{Im}[\mathrm{e}^{\mathrm{i}\angle\langle\psi|\psi_f\rangle} \langle \psi_f | H_1 | \psi \rangle]$$

其中，$K_1 > 0$，$f_1(x) = x$，$x \in R$，显然 $xf_1(x) \geqslant 0$，满足要求。下面是取 $K_1 = 1$、步长 $\Delta t = 0.000\,5\mathrm{s}$、控制时间 $t = 0.1\mathrm{s}$ 时的系统运行的仿真曲线如图 11.1 所示，其中，图 11.1a 是系统状态的概率 $|\psi|^2$ 随时间 t 的变化曲线；图 11.1b 是李雅普诺夫函数 V 随时间 t 的变化图；图 11.1c 是控制作用 u_1 的 Im 部分 $\mathrm{Im}[\mathrm{e}^{\mathrm{i}\angle\langle\psi|\psi_f\rangle} \langle \psi_f | H_1 | \psi \rangle]$（此情况下为 u_1）随 t 的变化曲线；图 11.1d 是状态分量在时间域中的变化轨迹。

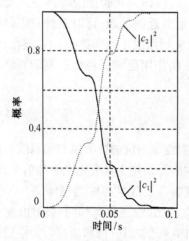
图 11.1a　系统状态的概率的变化曲线

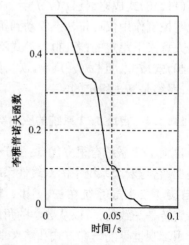
图 11.1b　李雅普诺夫函数的变化图

从图 11.1a 中可以看出：在任意时刻 t，都有 $|c_1|^2 + |c_2|^2 = 1$ 成立，即概率的守恒性；从图 11.1b 中可以看出：当 $t_f = 0.081\,9\mathrm{s}$ 时，系统基本达到 $V = 0$，即完成了状态的转换。图 11.1c 和图 11.1d 中可以看出：对系统状态的控制有一个来回调节的过程，而且一旦达到目标态，$|c_1|^2$ 保持为 0，而 $|c_2|^2$ 随时间的变化，在一个单位圆上做旋转运动，此时控制量也接近 0。

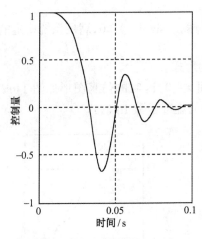

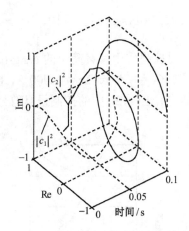

图 11.1c 控制作用的变化曲线   图 11.1d 状态在时间域中的变化轨迹

实际上,所设计的控制器保证,一旦系统状态达到目标态,不论是否存在控制量,系统状态都保持在目标态。实际系统实验的操作中,应当在系统状态达到目标态后设置控制量为 0 为宜。

为了观察 K_1 及 Δt 的取值对实验结果的影响,我们经过多次试验得出 K_1、Δt 与基本到达目标态等价类($V=0$)的时间 t_f 的关系数据如表 11.1 所示。

表 11.1 比例系数 K_1 及步长 Δt 对到达终态等价类时间 t_f 的影响

Δt \ K_1	0.5	1	2	3	4	5	6	8	9	10	15	20
0.000 5	0.121 8	0.081 9	0.060 1	0.048 3	0.050 0	0.053 4	0.055 0	0.058 4	0.058 4	0.060 1	0.059 2	0.055 0
0.000 05	0.038 4	0.026 4	0.018 7	0.015 3	0.016 3	0.016 6	0.017 3	0.018 3	0.018 3	0.018 7	0.019 0	0.018 0
0.000 005	0.012 2	0.008 3	0.006 0	0.004 7	0.004 8	0.005 1	0.005 4	0.005 8	0.005 8	0.005 9	0.005 9	0.005 7

从表 11.1 可以看出,当 K_1 固定时,t_f 随步长 Δt 的减小而减小;当步长 Δt 固定时,t_f 随 K_1 的增大而不规则变化,但存在一个使 t_f 取最小值的 K_1。应用中我们可以根据系统的要求减小步长 Δt 并适当选择 K_1 来得到较小的到达终态等价类时间 t_f。

2) 考虑到现实中 K_1 的选择应尽量小,当调整正比例控制函数的比例系数或步长不能满足适时性要求时,我们还可以对控制作用的形式进行人为选取,如对本例,选择控制函数为最简单的符号函数为

$$u_1 = K_1 \text{sign}\{\text{Im}[e^{i\angle\langle\psi|\psi_f\rangle}\langle\psi_f|H_1|\psi\rangle]\}$$

其中，$K_1 > 1$，$\mathrm{sign}(x) = \begin{cases} 1, & x > 0 \\ 0, & x = 0 \\ -1, & x < 0 \end{cases}$，显然，$x\,\mathrm{sign}(x) \geqslant 0$，满足系统稳定的要

求，此时控制作用具有简单的 bang-bang 控制形式。

　　取 $K_1 = 1$、步长 $\Delta t = 0.000\,5\mathrm{s}$、控制时间 $t = 0.1\mathrm{s}$ 时的仿真图形如图 11.2 所示，其中，图 11.2b 中的控制量是符号函数中的虚部函数 $\mathrm{Im}(\cdot)$。

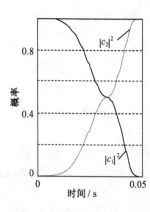

图 11.2a　系统状态的概率的变化曲线

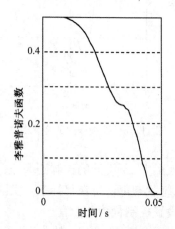

图 11.2b　李雅普诺夫函数的变化图

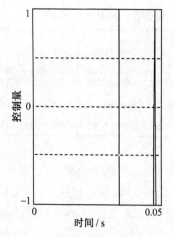

图 11.2c　控制作用的变化曲线

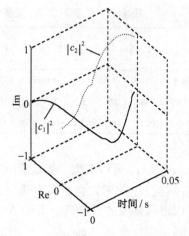

图 11.2d　状态在时间域中的变化轨迹

　　由图 11.2 可以看出，与情况 1) 相比，状态基本到达目标态等价类（$V = 0$）的时间由 $t_f = 0.081\,9\mathrm{s}$ 缩短到 $t_f = 0.046\,6\mathrm{s}$，时间明显减小，而且控制的调节也少了很多。实验表明，K_1 及 Δt 的变化对 t_f 的影响规律同上。可以根据实际情况来具

体选择合适的参数值。

　　比较图 11.1 和图 11.2 可知,控制函数的选择对控制效果也有直接影响,符号函数的控制仅取 1 或 −1,幅度较大,因此其控制时间短。由以上系统仿真实验可得出如下结论:系统到达终态等价类时间 t_f 的大小与比例系数 K_k、步长 Δt 及控制作用的形式 $f_k(x)$ 有直接关系。

　　本章通过构造系统状态与期望态之间的距离为李雅普诺夫函数,给出了量子系统反馈控制器完整的设计过程,并对初态与终态正交问题进行了较全面的处理,对闭环系统的渐进稳定性进行了充分的研究,并给出了相应的判别定理。本章所介绍的反馈控制器中所用到的反馈状态在实际实验中有两种方法来实现:一种是通过实际测量来获得。当此方法有困难时,可以像本章系统仿真实验中所做的那样通过理论上的薛定谔方程求解得出,此时并未对系统的输出状态进行真正意义上的测量。此时的控制应当是理论设计上的闭环控制,而实际实验上的开环控制。

第 12 章　混合态和纠缠态及其分析

本章首先介绍纯态、混合态和纠缠态。利用密度算符的概念能够把纯态和混合态两种情况下求量子力学的平均值的公式统一的表示出来,并且还是利用密度算符来对纯态和混合态明确而具体地加以区分。

量子力学中,两个以上粒子所组成的系统中每个粒子可看作子系统。各子系统的量子状态之间可以是无关的,也可以是相关但可分离的,还有的是相关而且是不可分离的。这种由相关而且是不可分离的两个或两个以上量子子系统的状态所构成的系统状态为量子纠缠态。

当系统的状态用一个归一化的态矢量 $|a\rangle$ 描述时,某一个观测量 A 的期望值为

$$\langle A \rangle = \langle a | A | a \rangle \tag{12.1}$$

这是量子力学的平均值。

设 $\{|n\rangle\}$ 是某一具有分立本征值谱的厄米算符 F 的正交完备归一化的本征矢集,即

$$F|n\rangle = F_n|n\rangle \tag{12.2}$$

$$\langle m | n \rangle = \delta_{mn}, \quad \sum_n |n\rangle\langle n| = I \tag{12.3}$$

矢量 $|a\rangle$ 可按 $\{|n\rangle\}$ 展开:

$$|a\rangle = \sum_n C_n |n\rangle \tag{12.4}$$

$$C_n = \langle n | a \rangle \tag{12.5}$$

C_n 是系统处于 F 的本征态 $|n\rangle$ 概率振幅。将(12.4)式代入(12.1)式,得

$$\langle A \rangle = \sum_m \sum_n C_m^* C_n \langle m | A | n \rangle \tag{12.6}$$

如果 $\{|n\rangle\}$ 就是算符 A 的本征矢集,即

$$A|n\rangle = \lambda_n |n\rangle \tag{12.7}$$

则(12.6)式变成

$$\langle A \rangle = \sum_n |C_n|^2 \lambda_n \tag{12.8}$$

将(12.5)式代入(12.6)式,得

$$\langle A \rangle = \sum_m \sum_n \langle m | a \rangle^* \langle n | a \rangle \langle m | A | n \rangle$$

$$= \sum_m \sum_n \langle n | a \rangle \langle a | m \rangle \langle m | A | n \rangle \tag{12.9}$$

引进密度算符

$$\rho = |a\rangle\langle a| \tag{12.10}$$

则(12.9)式变为

$$\langle A \rangle = \sum_m \sum_n \langle n|\rho|m\rangle\langle m|A|n\rangle$$

$$= \sum_n \langle n|\rho A|n\rangle = \mathrm{tr}(\rho A) \tag{12.11}$$

式中 tr 是矩阵的迹,即矩阵对角元素之和。

由上面的推导过程可以看出:密度算符对基$\{|n\rangle\}$的矩阵元是

$$\langle n|\rho|m\rangle = \langle n|a\rangle\langle a|m\rangle = \langle n|a\rangle\langle m|a\rangle^* = C_m^* C_n \tag{12.12}$$

这就是(12.6)式中的系数。

密度算符对基$\{|n\rangle\}$的对角元是

$$\langle n|\rho|n\rangle = |C_n|^2 \tag{12.13}$$

它表示系统处于态$|n\rangle$的概率。

我们把$\rho_{mn} = \langle n|\rho|m\rangle$的集合称为密度矩阵。

由(12.11)式可见,可以通过密度矩阵(算符)来求某一个可观测量的平均值。

12.1 纯态与混合态

12.1.1 纯态

如果一个系统能够通过使用单一波函数或一个态矢量来描述,就称它处于纯态(pure state)。纯态是任意一组基矢的相干叠加态。当$|\psi\rangle$表示任意一个纯态,则

$$|\psi\rangle = \sum_n C_n |n\rangle \tag{12.14}$$

其中,$\{|n\rangle\}$是正交归一的。

当纯态是由两个量子系统 A 和 B 构成时,则 $A + B$ 系统的纯态可以表示为

$$|\psi\rangle_{AB} = \sum_{mn} C_{mn} |m\rangle_A \otimes |n\rangle_B$$

系统的正交归一基矢为$\{|m\rangle_A \otimes |n\rangle_B\}$。

$A + B$ 系统若用密度矩阵来描述,则为

$$\rho_{AB} = |\psi_{AB}\rangle\langle_{AB}\psi| \tag{12.15}$$

这时,有

$$\mathrm{tr}(\rho_{AB}) = 1, \mathrm{tr}(\rho_{AB}^2) = 1 \tag{12.16}$$

两体纯态可分为两大类:

1) 可分离态

这时 A 和 B 均处于确定态,且可以写成

$$|\psi\rangle_{AB} = |\psi\rangle_A \otimes |\psi\rangle_B = |\psi_A\psi_B\rangle \qquad (12.17)$$

2) 不可分离态

这时 A 和 B 均不处于确定态,且 $|\psi\rangle_{AB}$ 不能表达成 $|\psi\rangle_A \otimes |\psi\rangle_B$ 这种直积形式。

12.1.2　混合态

一个量子系统如果不能用一个态矢量,而需要用一组态矢量及其对应的概率来描述,就称它处于混合态(mixed state)。例如研究 N 个原子组成的量子系统,如果每个原子都处于相同的状态 $|a\rangle$,则系统处于纯态;反之,若 N 个原子的态各不相同,系统不处于纯态,不能用一个态矢量来描述系统的态,在这种情况下,系统所处的态可能为 $|a\rangle, |\beta\rangle, \cdots$,所对应的概率集为 $p_\alpha, p_\beta, \cdots$,此时的系统处于混合态。

同样在混合态的情况下,也是可以通过密度矩阵来求某一个可观测值 A 的平均值,即有

$$\langle A \rangle = \sum_n \langle n | \rho A | n \rangle = \mathrm{tr}(\rho A)$$

其中, $\rho = \sum_a P_a |a\rangle\langle a|$, P_a 为粒子处于态 $|a\rangle$ 的概率。 A 的平均值是通过求 ρA 的对角矩元之和而得到的。这表明,知道了密度矩阵后,就可以算出任何一个物理系统的平均值。

设系统由若干个纯态 $|\psi^i\rangle_{AB}$ 构成混合态。这些 $|\psi^i\rangle_{AB}$ 之间不存在固定的位相关系。用密度矩阵 ρ_{AB} 描述:

$$\rho_{AB} = \sum_i a_i |\psi^i\rangle_{AB}\ {}_{AB}\langle\psi^i| \qquad (12.18)$$

$$\begin{cases} \sum_i a_i = 1,\ 0 < a_i < 1 \\[2mm] |\psi^i\rangle_{AB} = \sum_{mn} C_{mn}^i |\psi_m\rangle_A \otimes |\psi_n\rangle_B \end{cases} \qquad (12.19)$$

这时,有

$$\mathrm{tr}(\rho_{AB}) = 1,\ \mathrm{tr}(\rho_{AB}^2) < 1 \qquad (12.20)$$

混合态情况下, $A + B$ 系统可分为 3 大类:

1) 未关联态

这时密度矩阵可表示为

$$\rho_{AB} = \rho_A \otimes \rho_B \qquad (12.21)$$

2）可分离态

此时密度矩阵可表示为

$$\rho_{AB} = \sum_i \alpha_i \rho_A^i \otimes \rho_B^i, \ (0 \leqslant \alpha_i < 1) \tag{12.22}$$

3）不可分离态

这时不能写成分离态形式的态。

所以，通过密度矩阵所描述的状态来判断其是纯态还是混合态是很容易的：只要所描述的状态有 $\mathrm{tr}(\rho)=1$，$\mathrm{tr}(\rho^2)=1$，或 $\rho^2=\rho$ 成立，则为纯态；如果存在 $\mathrm{tr}(\rho)=1$，$\mathrm{tr}(\rho^2)<1$，或 $\rho^2\neq\rho$，则为混合态。

两种状态在密度算符的算式上具有明显的不同。为了验证以上特性我们考察 1/2 自旋体的纯态和混合态。

例 12.1　设 S_z 的本征矢为 $|+\rangle$ 和 $|-\rangle$，我们利用此本征矢分别构造纯态和混合态为

纯态：$|x\rangle = \dfrac{1}{2}|+\rangle + \dfrac{\sqrt{3}}{2}|-\rangle$

混合态：$|+\rangle, \dfrac{1}{4}; |-\rangle, \dfrac{3}{4}$

对纯态其计算密度算符有

$$\rho = |x\rangle\langle x| = \left(\frac{1}{2}|+\rangle + \frac{\sqrt{3}}{2}|-\rangle\right)\left(\langle+|\frac{1}{2} + \langle-|\frac{\sqrt{3}}{2}\right)$$

$$= \frac{1}{4}|+\rangle\langle+| + \frac{\sqrt{3}}{4}|+\rangle\langle-| + \frac{\sqrt{3}}{4}|-\rangle\langle+| + \frac{\sqrt{3}}{4}|-\rangle\langle-|$$

若取 S_z 表象 $\{|+\rangle, |-\rangle\}$，则相应的密度矩阵为

$$\rho = \frac{1}{4}\begin{bmatrix} 1 & \sqrt{3} \\ \sqrt{3} & 3 \end{bmatrix}$$

对混合态其计算密度矩阵有

$$\rho' = |+\rangle\frac{1}{4}\langle+| + |-\rangle\frac{3}{4}\langle-|$$

在上述给定的 S_z 表象，则相应的密度矩阵为

$$\rho' = \frac{1}{4}\begin{pmatrix} 1 & 0 \\ 0 & 3 \end{pmatrix}$$

于是，对于纯态有

$$\rho^2 = \frac{1}{16}\begin{bmatrix} 1 & \sqrt{3} \\ \sqrt{3} & 3 \end{bmatrix}\begin{bmatrix} 1 & \sqrt{3} \\ \sqrt{3} & 3 \end{bmatrix} = \frac{1}{4}\begin{bmatrix} 1 & \sqrt{3} \\ \sqrt{3} & 3 \end{bmatrix} = \rho$$

$$\mathrm{tr}\rho^2 = \mathrm{tr}\rho = \frac{4}{4} = 1$$

对于混合态有

$$\rho'^2 = \frac{1}{16}\begin{pmatrix} 1 & 0 \\ 0 & 3 \end{pmatrix}\begin{pmatrix} 1 & 0 \\ 0 & 3 \end{pmatrix} = \frac{1}{16}\begin{pmatrix} 1 & 0 \\ 0 & 9 \end{pmatrix}$$

$$\mathrm{tr}\rho^2 = \frac{10}{16} = \frac{5}{8} < 1$$

由此验证出纯态和混合态所具有的不同特性。我们也以此特性来区分所获得的状态是纯态还是混合态。

另外在量子态的观测上,纯态和混合态还是有不同的:纯态是各成分态间的相干叠加态,其相对相位有可观测效应;而力学量算符在混合态中平均值不存在这样的干涉项,混合态中的各相位没有可观测效应。在混合态中求力学量算符的平均值实际上分两个步骤:首先求出在各子系统中力学量算符的平均值,然后再按各子系统在总系统中出现的概率求平均。

12.2　纠　缠　态

对于一个多体量子系统,如果其子系统之间在某个时间间隔内有过相互作用,那么,即使在这以后它们彼此相距甚远且没有任何联系,也不能想当然地孤立地研究这些子系统的性质,并希望从中得出有关整个系统的正确描述。这些子系统之间表现出来的关联无法用经典的定域实在论(local realism)来解释,就是说,无法赋予这些子系统确定的量子态及确定的实在性,否则得到的结果将与量子力学的理论预言和实验结果相悖。我们把这种不符合直觉的奇特的关联现象称为量子纠缠(quantum entanglement)或量子关联(quantum correlation)。具有纠缠现象的量子系统成为纠缠态(entangled state),它可以是纯态,也可以是混合态。在物理上,纠缠态意味着非定域性,即不能由各个子系统的定域操作来实现;在数学上,纠缠态意味着其密度矩阵无法分解为各子系统的态构成的直积和的凸和形式,是为不可分离性。

12.2.1　纯态纠缠态

先考察两个量子系统 A 和 B,在 $t < t_0$ 时它们之间无相互作用。其状态分别由希尔伯特空间 H_A 和 H_B 中矢量 $|\psi(t)\rangle_{AB} = |\psi(t)\rangle_A \otimes |\psi(t)\rangle_B$ 来描述。假设从 $t = t_0$ 开始,A 和 B 之间有相互作用,则系统 AB 的状态演化由下式决定:

$$|\psi(t)\rangle_{AB} = U_{AB}(t, t_0)|\psi(t_0)\rangle_{AB} \tag{12.23}$$

由线性代数理论,并非所有的作用在 H_{AB} 上的幺正变换 U_{AB} 都有如下分解:

$$U_{AB} = U_A \otimes U_B \equiv |U_A\rangle|U_B\rangle \equiv |U_A U_B\rangle$$

其中,U_A 和 U_B 分别代表作用在 H_A 和 H_B 上的幺正变换。具有上式形式的 U_{AB}

称为局域幺正变换,而不能写成形式 U_{AB} 的称为整体幺正变换。

由于 A 和 B 之间有相互作用,对于某一个固定时刻 $t > t_0$,(12.23)式中的 $U_{AB}(t, t_0)$ 一般为整体幺正变换,这时的 $|\psi(t)\rangle_{AB}$ 一般不再能写成 $|\psi(t)\rangle_{AB} = |\psi(t)\rangle_A \otimes |\psi(t)\rangle_B$ 的形式,则称此时的 $|\psi(t)\rangle_{AB}$ 处于纠缠态。

对于纯态,如果存在 $|\psi\rangle_A \in H_A$ 和 $|\psi\rangle_B \in H_B$,使得 $|\psi\rangle_{AB} = |\psi\rangle_A \otimes |\psi\rangle_B$,则称 $|\psi\rangle_{AB} \in H_{AB}$ 为直积态(product state)、可分离态或非纠缠态。反之,若 $|\psi\rangle_{AB}$ 不能表达成 $|\psi\rangle_A \otimes |\psi\rangle_B$,则称 $|\psi\rangle_{AB} \in H_{AB}$ 为纠缠态。

当采用密度算符定义时,可表示为:如果存在 $|\psi\rangle_A \in H_A$ 和 $|\psi\rangle_B \in H_B$,使得 $\rho_{AB} = \rho_A \otimes \rho_B = |\psi\rangle_{A\ A}\langle\psi| \otimes |\psi\rangle_{B\ B}\langle\psi|$,则称纯态 $\rho_{AB} = |\psi\rangle_{AB\ AB}\langle\psi|$, $|\psi\rangle_{AB} \in H_{AB}$ 为直积态或非纠缠态;否则称 $\rho_{AB} = |\psi\rangle_{AB\ AB}\langle\psi|$ 为纠缠态。

上面的定义是对整个量子系统由两个子系统构成而进行的。我们将这个定义推广到整个量子系统由 n 个子系统构成的情况,此时,整个量子系统的希尔伯特空间为 $H = H_1 \otimes H_2 \otimes \cdots \otimes H_n$。如果存在 $|\psi\rangle_1 \in H_1, |\psi\rangle_2 \in H_2, \cdots, |\psi\rangle_n \in H_n$,使得 $|\psi\rangle = |\psi\rangle_1 \otimes |\psi\rangle_2 \otimes \cdots \otimes |\psi\rangle_n$,则称纯态 $|\psi\rangle \in H$ 为直积态或非纠缠态;否则称 $|\psi\rangle \in H$ 为纠缠态。当采用密度算符表述时,可表示为:如果存在 $|\psi\rangle_1 \in H_1, |\psi\rangle_2 \in H_2, \cdots, |\psi\rangle_n \in H_n$,使得 $\rho = \rho_1 \otimes \rho_2 \otimes \cdots \otimes \rho_n = |\psi\rangle_{1\ 1}\langle\psi| \otimes |\psi\rangle_{2\ 2}\langle\psi| \otimes \cdots \otimes |\psi\rangle_{n\ n}\langle\psi|$,则称纯态 ρ 为直积态或非纠缠态;否则称 ρ 为纠缠态。

12.2.2 混合态纠缠态

对于 n 体的混合态,如果密度矩阵 ρ 可以写成

$$\rho = \sum_i p_i \rho_1^i \otimes \rho_2^i \otimes \cdots \otimes \rho_n^i \tag{12.24}$$

其中,$p_i > 0$,且 $\sum_i p_i = 1$,则称混合态 ρ 为经典关联态。(12.24)式的物理意义是,ρ 具有某一种可能的分解可以表示为直积态的凸和。由密度矩阵的凸性,上式可以等价地写成

$$\rho = \sum_i p_i' |\psi_1^i\rangle\langle\psi_1^i| \otimes |\psi_2^i\rangle\langle\psi_2^i| \otimes \cdots \otimes |\psi_n^i\rangle\langle\psi_n^i| \tag{12.25}$$

我们把具有分解式(12.24)的态也称为可分离态。凡是不能把 ρ 写成(12.24)式的形式的态,则为混合态纠缠态。

子体系之间有纠缠的重要特征是,当系统由两个子系统构成时,子系统 A 和 B 的状态均依赖于对方而各自处于一种不确定的状态。这时对一个态进行测量必然将使另一个态产生关联的坍缩。而且在纠缠态中,粒子 A 和 B 的空间波包可以彼此相距任意远而并不重叠,这时它们的自旋波函数仍然会产生关联的坍缩:当 A 系统因测量而发生坍缩时,B 系统必将产生关联的坍缩。纠缠态的关联是一种纯量子的非定域的关联,是一种"超空间"关联。

12.2.3　纠缠程度的定量描述

对纠缠程度的定量描述可以用纠缠度来定义(石名俊等　2002)。考虑两个自旋 1/2 粒子 A 和 B 组成的系统 $\sum$,描述每个子系统 A 或 B 的空间分别为二维希尔伯特空间 H_A, H_B,描述整个系统的是一个 4 维希尔伯特空间 $H = H_A \otimes H_B = C^2 \otimes C^2$,$H_A$ 和 H_B 的基为各自泡利矩阵 σ_3(或 σ_z)的两个正交归一的本征矢量,即

$$|0\rangle_{A(B)} = |\uparrow\rangle_{A(B)} = \begin{pmatrix} 1 \\ 0 \end{pmatrix}_{A(B)}, |1\rangle_{A(B)} = |\downarrow\rangle_{A(B)} = \begin{pmatrix} 0 \\ 1 \end{pmatrix}_{A(B)} \quad (12.26)$$

H 的基由(12.26)式的直积构成,为

$$|00\rangle, |01\rangle, |10\rangle, |11\rangle$$

这里将 $|i\rangle_A \otimes |j\rangle_B (i, j = 0, 1)$ 简单的记作 $|ij\rangle$。于是系统纯的量子态可以一般的表示为

$$|\psi\rangle = c_0|00\rangle + c_1|01\rangle + c_2|10\rangle + c_3|11\rangle \quad (12.27)$$

其中,$c_i (i = 0, 1, 2, 3)$ 为复数,且满足 $\sum_{i=0}^{3} |c_i|^2 = 1$。

为了定量地描述纠缠现象,人们引入纠缠度的概念。对于任意一个量子态 $|\psi\rangle \in H$,可以有相应的密度矩阵

$$\rho(\psi) = |\psi\rangle\langle\psi|$$

分别对子系统 B,A 求迹,可以得到关于 B,A 的约化密度矩阵

$$\rho_A = \text{tr}_B(|\psi\rangle\langle\psi|), \rho_B = \text{tr}_A(|\psi\rangle\langle\psi|)$$

于是,系统的纠缠度被定义为

$$E(\psi) = S(\rho_A) = S(\rho_B) \quad (12.28)$$

其中,$S(\rho) = -\text{tr}(\rho \log_2 \rho)$(或 $S(\rho) = -\text{tr}(\rho \ln \rho)$)为冯·诺依曼熵函数。

容易证明,任意直积态的纠缠度为零。

设处于两个不同位置的两个粒子组成一个系统,分别用 $|A\rangle$、$|B\rangle$ 和 $|C\rangle$ 表示这个系统、第一个粒子和第二个粒子的状态,则写为 $|A\rangle = |B\rangle \otimes |C\rangle = |BC\rangle$。每个粒子可处于 $|0\rangle$ 态和 $|1\rangle$ 态。$|A\rangle$ 可存在于四个态 $|00\rangle, |01\rangle, |10\rangle$ 和 $|11\rangle$。根据量子力学,$|A\rangle$ 可存在于由这四个态组成的所有可能的叠加态。在这些叠加态中,有的如

$$\frac{1}{\sqrt{2}}(|00\rangle + |01\rangle) = |0\rangle \otimes \frac{1}{\sqrt{2}}(|0\rangle + |1\rangle) = \leftrightarrow \otimes \nearrow$$

可以写为两个粒子各自的量子态的张积的形式,即为可分离态。但是,有的如

$$\frac{1}{\sqrt{2}}(|01\rangle + |10\rangle)$$

则不能写为两个粒子各自的量子态的张积的形式,则为纠缠态。这个量子态

的特点是,两个量子位没有一个携带确定的信息,但是当第一个处于$|0\rangle$态,另一个则立即处于$|1\rangle$态。反之,当第一个处于$|1\rangle$态,另一个则立即处于$|0\rangle$态,而不论这两个粒子相离多远。这是量子非定域性的表现。在所有两个量子位的量子态中,有 4 个特殊的态,被称为贝尔(Bell)态,它们都是纠缠态。下面计算著名的贝尔态的纠缠度。贝尔态为 A, B 两粒子组成的总自旋为零的自旋单态

$$|\psi^-\rangle = \frac{1}{\sqrt{2}}(|01\rangle - |10\rangle)$$

和总自旋为 1 的自旋三重态

$$|\psi^+\rangle = \frac{1}{\sqrt{2}}(|01\rangle + |10\rangle)$$

$$|\phi^-\rangle = \frac{1}{\sqrt{2}}(|00\rangle - |11\rangle)$$

$$|\phi^+\rangle = \frac{1}{\sqrt{2}}(|00\rangle + |11\rangle)$$

贝尔态是典型的纠缠态。它是由两个自旋 1/2 粒子组成的系统,其自旋单态和自旋三重态均不能简单地表示为两个粒子各自子态的直积,从而显示出非经典的量子关联。

容易证明,贝尔态的纠缠度为 1,即贝尔态是纠缠程度最高的纯态。其他形式的纯态纠缠度介于 0 和 1 之间。实际上,对于 Bell 态有

$$E(\psi) = -\frac{1 + \sqrt{1-\varepsilon}}{2}\log_2 \frac{1 + \sqrt{1-\varepsilon}}{2} - \frac{1 - \sqrt{1-\varepsilon}}{2}\log_2 \frac{1 - \sqrt{1-\varepsilon}}{2}$$

其中,$\varepsilon = 4|c_0 c_3 - c_1 c_2|^2$,并且 $0 \leqslant \varepsilon \leqslant 1$。

对于一般形式的混合态,其纠缠度可以定义为

$$E(\rho) = \min \sum_i p_i E(\psi_i) \tag{12.29}$$

这里,在所有可能的构造方式中求最小,$E(\psi_i)$ 由(12.28)式给出。显然,求混合态的纠缠度要比求纯态的纠缠度困难得多。在量子计算和量子通讯中的一个很重要的应用方向就是如何通过对量子系统的操控来提高量子混合态的纠缠度。

在纠缠态中,信息不是由单个位所携带,而是分布于两个量子位,即每个位有自己的信息,还有两个位之间的相互信息,这是量子纠缠的本质。纠缠与量子力学的非定域性相关。对于两个分离很远的纠缠位,每个位的态是不确定的,即无法确定哪个位处于哪个态。但是,当对其中一个进行测量而得到确定的态,则将立即影响另一个离得很远的位的量子态,并使它处于相应确定的态。这是一种比经典关联要强的量子关联。

12.3　耗散量子系统状态的分析

本节我们将研究量子系统中耗散(dissipative)的影响。耗散是由量子系统与环境的相互作用所引起的。量子力学系统的纯状态总是可以用归一化的波函数 $|\psi\rangle$ 来表示,它是希尔伯特空间 H 中的一个单位矢量。而对于一个耗散系统的状态必须用在希尔伯特空间 H 上的密度算符矩阵 ρ 来表达。如果系统处于纯态 $|\psi\rangle$,那么 ρ 则是简单的状态投影:$\rho = |\psi\rangle\langle\psi|$。不过,密度算符公式允许我们处理更加一般系统的状态如量子状态的系综。给定一个量子系统,系统在状态 $|\psi_1\rangle$ 分量为 ω_1,处于状态 $|\psi_2\rangle$ 的分量为 ω_2,等等。我们可以用密度算符 $\rho = \sum_{n=1}^{N}\omega_n$ · $|\psi_n\rangle\langle\psi_n|$ 来表达状态,其中,$0\leqslant\omega_n\leqslant 1$,且 $\sum_{n=1}^{N}\omega_n = 1$。系统的状态必须是正交的。因此一般有:$N\leqslant\dim H$。不过我们可以假定 $N = \dim H$,因为我们可以通过增加概率 $\omega_n = 0$ 的方式将线性独立的量子态子集扩大成为希尔伯特空间 H 上的一个基。秩大于 1 的密度矩阵代表一个非一般(non-trival)的系综,称为混合态。混合态是不能用一个波函数来表达的。

令 E_n 为系统内部哈密顿 H_0 的一个本征值,$|n\rangle$ 为相应的本征态,则有 $H_0|n\rangle = E_n|n\rangle$。在此,同样我们仅考虑一个具有有限维离散能级的量子系统,能级可能退化。不过,我们假定所选择的本征态 $|n\rangle$ 在 H 上形成完备正交集,因此我们可以用相应的本征态 $|n\rangle$ 来描述密度算符 ρ 为

$$\rho = \sum_{n=1}^{N}\rho_{nn}|n\rangle\langle n| + \sum_{n=1}^{N}\sum_{m>n}(\rho_{nm}|n\rangle\langle m| + \rho_{nm}^{*}|m\rangle\langle n|)$$

其中,ρ_{nn} 为对角矩阵,代表能量本征态 $|n\rangle$ 的群;ρ_{nm}($n \neq m$)为非对角矩阵,确定本征态之间的相干态。后者从能量本征态 $\rho = \sum_{n=1}^{N}\omega_n|n\rangle\langle n|$ 的统计系综中分辨出能量本征态的相干叠加态 $|\psi\rangle = \sum_{n=1}^{N}c_n|n\rangle$。

对于一个非耗散系统的密度矩阵 ρ 的演化满足关系式:

$$\rho(t) = U(t,t_0)\rho(t_0)U^{*}(t,t_0) \tag{12.30}$$

其中,演化算符 $U(t,t_0)$ 满足薛定谔方程:

$$i\hbar\frac{\partial}{\partial t}U(t,t_0) = HU(t,t_0) \tag{12.31}$$

系统的密度矩阵 ρ 满足量子 Liouville 方程:

$$i\hbar\frac{\partial}{\partial t}\rho = [H,\rho] = H\rho - \rho H \tag{12.32}$$

其中,H 为系统总的哈密顿。如果系统受外部控制,那么 H 取决于一个有限数量的控制函数 $f_m(t)(m=1,\cdots,M)$,它是被定义在时间间隔 $[t_0,t_F]$ 上的有界、可测量的、实数函数,并且根据具体所考虑的问题可能还有其他限制。如果与场的相互作用足够的小,系统的哈密顿 H 可以被分解为

$$H = H_0 + \sum_{m=1}^{M} f_m(t) H_m \tag{12.33}$$

其中,H_0 是内部的哈密顿;H_m 为对场 f_m 的相互作用哈密顿。

当一个量子系统与环境相互作用时,将出现两种耗散类型:相位松弛(phase relaxation)和群松弛(population relaxation),相位松弛或消相位出现在系统与环境相互作用时,破坏了量子态之间的相关性的情况下,它导致系统密度矩阵的非对角元素的衰退:

$$i\hbar\dot{\rho}_{kn}(t) = [H,\rho]_{kn} - i\hbar\Gamma_{kn}\rho_{kn} \tag{12.34}$$

其中,$\Gamma_{kn}(k\neq n)$ 是 $|k\rangle$ 和 $|n\rangle$ 之间消相位速率。

群松弛出现在当一个激发态 $|n\rangle$ 具有 $E_n > E_1$ 时,自发地发射一个光子并衰减到一个较低的激发态 $|k\rangle$,它还影响能量本征态 $|n\rangle$ 的群,即影响密度矩阵 ρ 的对角元素及其非对角元素的相干态。从 $|n\rangle$ 态到 $|k\rangle$ 态的群松弛速率 γ_{kn} 取决于激发态的寿命以及在多重衰减情况下的跃迁概率。由群松弛的影响所导致的密度矩阵 ρ 对角元素的运动方程修改为

$$i\hbar\dot{\rho}_{nn}(t) = [H,\rho]_{nn} - i\hbar\sum_{k\neq n}\gamma_{kn}\rho_{nn} + i\hbar\sum_{k\neq n}\gamma_{nk}\rho_{kk} \tag{12.35}$$

既然群松弛产生相位松弛,ρ 的非对角元素也将被修正,总的消相位速率变为:

$$\Gamma_{nk} = \frac{1}{2}(\gamma_{nk} + \gamma_{kn}) + \widetilde{\Gamma}_{nk}$$

其中,$\widetilde{\Gamma}_{nk}$ 为相干 ρ_{kn} 的纯消相位速率,而 $\frac{1}{2}(\gamma_{nk} + \gamma_{kn})$ 是由状态 $|n\rangle$ 和 $|k\rangle$ 之间的群松弛所产生的消相位速率。

增加了群及相位松弛后,使量子 Liouville 方程变为

$$i\hbar\dot{\rho}(t) = [H_0,\rho]_{nn} + \sum_{m=1}^{M} f_m(t)[H_m,\rho] - i\hbar L_D(\rho) \tag{12.36}$$

其中,$L_D(\rho)$ 为耗散算符。

耗散的一个主要结果是系统与环境的相互作用改变了系统的熵。最有用的熵的测量是 Renyi 熵,一般而言,有一族 Renyi 熵:

$$S_\alpha(\rho) = \frac{1}{1-\alpha}\text{tr}(\rho^\alpha)$$

其中,$\alpha>1$ 是一个实参数。

我们取 $\alpha=2$,并定义 $S(\rho)=S_2(\rho)+1=1-\text{tr}(\rho^2)$,增加一个 $+1$ 是为了保

证一个纯态系统的 Renyi 熵为 0,与冯·诺依曼(von Neumann)熵或香农(Shannon)熵一致。

对于非耗散量子系统,给一个相干驱动,幺正演化的限制将从具有相同光谱的无限多的动力学等价类别的密度算符中分离出密度算符集,因此一个非耗散的相干驱动量子系统的熵被保留。采用 Renyi 熵将直接从幺阵变换的迹不变的事实中获得。通过施加相干控制场,我们在相同的动力学类别中可以驱动系统从状态 ρ_0 到状态 ρ_1,但我们达不到具有不同熵的状态。

如果去掉幺正演化限制,耗散提供新的控制的机会,允许我们达到由初始态所确定的动力学等价状态类别以外的状态。尤其那些熵不同于初始态的状态,例如纯消相位,将一个相干叠加态转变成为一个非相关的能量本征态的统计混合态,因此,消相位能使我们在原理上将任何给定的纯态转变为一个混合态,这是通过采用相干控制,并使相干衰退来创建一个叠加态完成的。群松弛在原理上允许我们将一个高熵混合态转变成一个(零熵)纯态或相反。例如,在没有群松弛的情况下,一个能量本征态 $|\psi\rangle = \sum_{n=1}^{N} c_n |n\rangle$ 的相干叠加态具有

$$\sum_{n=1}^{N} c_n c_n^* = 1$$

当衰减成一个态 $|n\rangle$ 统计混合态时,具有离散概率 $\omega_n = |c_n|^2, 1 \leqslant n \leqslant N$,产生纯消相位。当消相位时间远大于控制时间时,我们可以设计一个控制场,将初始态转变成所需的相干叠加态,而不用担心消相位的影响。然后场的消失允许消相位变换叠加态到期望的混合态。然而,如果在相干控制相位的过程中有大量消相位的出现,由于快速的消相位,又因为相干过程太长,将达不到期望的目标。

现考虑一个具有两个非退化能级的系统,假定我们期望转变初始态 $|1\rangle$ 为一个相等且不相关的混合态 $|1\rangle$ 和 $|2\rangle$。基于非耗散系统的几何控制理论,我们可以试图应用一个共振的高斯控制脉冲,具有有效的脉冲宽度为 $\frac{\pi}{2}$,它在非耗散的情况下将产生一个叠加态 $|\psi\rangle = \frac{1}{\sqrt{2}}(|1\rangle + |2\rangle))$,并且希望这个态在消相位的作用下消相干到期望的混合态上。

通过计算表明,这一方法对于控制脉冲的 Rabi 频率的阶的消相位速率注定要失败。不过,对于有效脉冲宽度及控制脉冲长度的直接优化表明,可以通过选择脉冲长度和脉冲面积来达到所期望的结果。例如,通过增加一个高斯脉冲的有效面积,持续振动 50 个周期,从其值为 $\frac{\pi}{2}$ 到 0.81π,消相位速率 $\Gamma = 0.1$,只要 50 个振动周期就可以达到期望的最大熵状态。

另一方面,在量子光学中一个更加重要的被控耗散动力学的应用是光泵驱动

一个混合态系统到一个期望的纯态。它是通过采用一个相干控制与来自激发态的群松弛的结合完成的。例如,有大量冷原子,其电子基态为三级(three-fold)退化,如果系统没有被制备在一个特殊的纯态,它将总是处于三个衰退子态中的一个统计混合态上。我们简单的用 $|1\rangle$、$|2\rangle$ 和 $|3\rangle$ 来代表,对于许多应用,例如在量子计算中,制备系统处于某个纯初始态是相当重要的,如同我们已经看到的,仅通过相干控制是不可能实现的。为了利用自发喷射的优势来建立系统的纯态,必须以有限的寿命来耦合一个基态或一个激发态。

第 13 章　量子系统的几何代数分析

当一个量子系统的一个或多个子系统相互作用时,它们就变得相互纠缠。此时,每一个子系统不能再用纯量子态加以描述。对于只有两个子系统的量子系综,这一纠缠态可以采用施密特分解来描述。它通过选择一个合适的正交基,给出了存在于系统的纠缠度的测量。但是多粒子系统的量子纠缠更加复杂,而且应用于分析两粒子系综的技术无法轻易推广到多粒子系综中。

几何代数的优势在于被分析系统的粒子数目仅确定空间尺寸,不影响所采用的分析。另外,量子力学与经典几何所解释旋转群的物理意义是完全不同的(Anandar J et al. 1990)。量子计算机的设想使人们的注意力都集中到最简单的量子系统上:一个两能级的量子系统。这里,我们将基于几何代数重点分析一个和两个粒子的量子系统(Rachel Parker et al. 2001)。

13.1　几　何　代　数

线性空间为一个定义了加法和标量乘法运算的空间。对于任意向量 a 和 b,定义其向量和为 $a+b$。为了和我们的目标一致。我们约定标量为实数,记标量 λ 和向量 a 的乘积为 λa,其几何意义为方向与向量 a 平行、大小(magnitude)为向量 a 的 λ 倍的一个向量。

为了运用代数来表达大小的几何意义,需要用到向量内积的概念。

内积 $a \cdot b$,又称为点积或标量积,是一个大小为 $|a\|b|\cos\theta$ 的标量,其中,$|a|$、$|b|$ 分别为向量 a 和 b 的长度,θ 为两向量之间的夹角,且 $|a| = (a \cdot a)^{1/2}$。所以 $a \cdot b$ 的表达式是一个含有 $\cos\theta$ 的代数定义。当两个向量垂直时,其值为零,所以内积包含了任意两个向量之间相对方向的部分信息。

$$a^2 = \| a \|^2 \equiv a \cdot a \tag{13.1}$$

$$a^{-1} = \frac{a}{\| a \|^2} \tag{13.2}$$

为了获得有关方向上的其余信息,需要引入向量叉积,又称向量积。两个向量的叉积 $a \times b$ 是一个向量,其大小为 $|a\|b|\sin\theta$,方向垂直于向量 a 和 b,满足 a、b 和 $a \times b$ 符合的右手系。由此可见,叉积存在于三维世界中,因为二维世界中不存在一个同时垂直于 a 和 b 的方向,在四维或五维世界中,这一方向又是模棱两可的。为了在任何维数的世界中表达对方向的全部信息,需要引入外积。

外积 $a \wedge b$ 的大小为 $|a\|b|\sin\theta$,但它既不是标量也不是向量,而是一个双向量(bivector)。外积和叉积具有相同的大小(模),并具有反交换性:$a \wedge b = -b \wedge a$。可以想象 $a \wedge b$ 为先沿着 b 平行移动 a,再沿着 a 平行移动 b 所扫过的区域。

我们已经知道:内积 $a \cdot b$ 为一个标量,外积 $a \wedge b$ 为一个双向量,两者分别降低或提高了一个向量的度,并且都具有不同的交换性质:

$$a \cdot b = b \cdot a \tag{13.3}$$

$$a \wedge b = -b \wedge a \tag{13.4}$$

$$a \wedge (b \wedge c) = \frac{1}{2}(abc - cba) = (a \wedge b) \wedge c \tag{13.5}$$

可以用内积和外积组成一种新的积,称为几何积(Clifford W K　1878) ab:
$ab = a \cdot b + a \wedge b$。

由此可知,平行向量的几何积为一个标量;正交向量的几何积为一个双向量,而既不平行又不垂直向量的几何积则既有标量部分,又有双向量部分。

由几何积 ab 的定义可以求出

内积:$a \cdot b = \frac{1}{2}(ab + ba)$

证明:$\frac{1}{2}(ab + ba) = \frac{1}{2}((a+b)^2 - a^2 - b^2) = \frac{1}{2}(\|a+b\|^2 - \|a\|^2 - \|b\|^2) = a \cdot b$

外积:$a \wedge b = \frac{1}{2}(ab - ba)$。

现在考虑二维平面中满足如下关系式的正交基向量 σ_1 和 σ_2

$$\sigma_1 \cdot \sigma_1 = 1, \sigma_1 \wedge \sigma_1 = 0, \sigma_2 \cdot \sigma_2 = 1, \sigma_2 \wedge \sigma_2 = 0 \tag{13.6}$$

$$\sigma_1 \cdot \sigma_2 = 0 \tag{13.7}$$

我们可以从这些基向量获得如下几何意义的量

$$1:标量;\{\sigma_1, \sigma_2\}:向量;\sigma_1 \wedge \sigma_2:双向量 \tag{13.8}$$

由(13.8)式所给出的四个基元素进行线性组合,可以构建平面中任意一个向量 A,称为多向量 $A = a_0 1 + a_1 \sigma_1 + a_2 \sigma_2 + a_3 \sigma_1 \wedge \sigma_2$。

下面我们运用所定义的几何积 $ab = a \cdot b + a \wedge b$ 来进行向量乘法运算:

$$\sigma_1^2 = \sigma_1 \sigma_1 = \sigma_1 \cdot \sigma_1 + \sigma_1 \wedge \sigma_1 = 1 = \sigma_2^2$$

$$\sigma_1 \sigma_2 = \sigma_1 \cdot \sigma_2 + \sigma_1 \wedge \sigma_2 = \sigma_1 \wedge \sigma_2 = -\sigma_2 \sigma_1 \tag{13.9}$$

$\sigma_1 \sigma_2$ 中包含了双向量 $\sigma_1 \wedge \sigma_2 = \sigma_1 \sigma_2$ 特别重要,因为几何积满足结合律

$$(\sigma_1 \sigma_2)\sigma_1 = -\sigma_2 \sigma_1 \sigma_1 = -\sigma_2, (\sigma_1 \sigma_2)\sigma_2 = \sigma_1 \sigma_2 \sigma_2 = \sigma_1 \tag{13.10}$$

$$\sigma_1(\sigma_1 \sigma_2) = \sigma_1 \sigma_1 \sigma_2 = \sigma_2, \sigma_2(\sigma_1 \sigma_2) = -\sigma_2 \sigma_2 \sigma_1 = -\sigma_1 \tag{13.11}$$

而双向量 $\sigma_1 \wedge \sigma_2$ 的平方为

$$(\sigma_1 \wedge \sigma_2)^2 = \sigma_1 \sigma_2 \sigma_1 \sigma_2 = -\sigma_1 \sigma_1 \sigma_2 \sigma_2 = -1 \tag{13.12}$$

到此为止,我们可以得出以下结论:

1) 两平行向量的几何积为标量;

2) 两垂直向量的几何积为双向量;

3) 平行向量几何积具有交换性,垂直向量几何积具有反交换性;

4) 当向量 $\{\sigma_1, \sigma_2\}$ 左乘双向量 $\sigma_1 \wedge \sigma_2$ 时,其几何效果为在 $\{\sigma_1, \sigma_2\}$ 平面上顺时针旋转该向量 90°;当右乘双向量 $\sigma_1 \wedge \sigma_2$ 时,其几何效果为在 $\{\sigma_1, \sigma_2\}$ 平面上逆时针旋转该向量 90°,用这种方式可以定义 σ_1 和 σ_2 的方向。

5) 双向量 $\sigma_1 \wedge \sigma_2$ 的平方为标量:$(\sigma_1 \wedge \sigma_2)^2 = -1$。

上述最后两条性质使双向量 $\sigma_1 \wedge \sigma_2$ 成为表示单位虚数 i 角色的首选,且它在二维平面中完美的实现了这一功能。事实上,可以看出,表示法 $z = x + y\sigma_1\sigma_2$ 就是一个复数的自然自代数。

若添加第三个正交基向量 σ_3 到 $\{\sigma_1, \sigma_2\}$ 中,可以得到以下几何实体:

$$1:标量; \{\sigma_1, \sigma_2, \sigma_3\}:3 \text{ 个向量}; \{\sigma_1\sigma_2, \sigma_2\sigma_3, \sigma_3\sigma_1\}:3 \text{ 个双向量面积元素};$$

$$\sigma_1\sigma_2\sigma_3:3 \text{ 向量体积元素} \tag{13.13}$$

由(13.13)式所给出的实体,我们可以构建一个 $(1+3+3+1) = 8 = 2^3$ 维线性空间。由于 $\{\sigma_1, \sigma_2\}, \{\sigma_2, \sigma_3\}, \{\sigma_3, \sigma_1\}$ 属于二维子代数,所以需要考虑新的几何积的计算

$$(\sigma_1\sigma_2)\sigma_3 = \sigma_1\sigma_2\sigma_3$$

$$(\sigma_1\sigma_2\sigma_3)\sigma_k = \sigma_k(\sigma_1\sigma_2\sigma_3), k = 1, 2, 3$$

$$(\sigma_1\sigma_2\sigma_3)^2 = \sigma_1\sigma_2\sigma_3\sigma_1\sigma_2\sigma_3 = \sigma_1\sigma_2\sigma_1\sigma_2\sigma_3^2 = -1$$

上述关系产生了新的几何视角:

1) 一个简单的双向量在自身的平面内旋转 90°,和与其垂直的向量构成三向量体积元素;

2) 三向量 $\sigma_1\sigma_2\sigma_3$ 对所有向量都具有可交换性,因此对所有多向量也具有可交换性。

三向量 $\sigma_1\sigma_2\sigma_3$ 也具有 $\sqrt{-1}$ 的代数特性。实际上,8 个几何实体中,4 个具有平方为 -1 的特性 $\{\sigma_1\sigma_2, \sigma_2\sigma_3, \sigma_3\sigma_1, \sigma_1\sigma_2\sigma_3\}$,其中,只有 3 向量 $\sigma_1\sigma_2\sigma_3$ 具有自身的独特交换性,事实上它也是空间级数最高的元素。最高级实体一般被称为伪标量(pseudo-scalars),因此 $\sigma_1\sigma_2\sigma_3$ 是 3 维空间中的单位伪标量。从其特性出发,我们用一个特殊的符号 i 表示它为

$$i \equiv \sigma_1\sigma_2\sigma_3 \tag{13.14}$$

需要注意的是,这里采用 i 表示一个伪标量,因此无法再用 i 表示量子力学或一般领域中的可交换标量虚数,我们改用 j 表示:$j^2 = -1$。

任意虚数可以表示为一个三向量:

$$i \equiv \sigma_1\sigma_2\sigma_3 = \sigma_1 \wedge \sigma_2 \wedge \sigma_3 \tag{13.15}$$

角动量关系变为

$$\sigma_1 \wedge \sigma_2 = \sigma_1\sigma_2 = \sigma_1\sigma_2(\sigma_3)^2 = \mathrm{i}\sigma_3 \tag{13.16}$$

更一般地,叉积与外积的关系还可以表示为

$$a \times b = -\frac{\mathrm{i}}{2}(ab - ba) = -\mathrm{i}(a \wedge b) \tag{13.17}$$

如果我们引入双向量基为

$$I \equiv \sigma_2 \wedge \sigma_3, \; J \equiv \sigma_3 \wedge \sigma_1, \; K \equiv \sigma_1 \wedge \sigma_2 \tag{13.18}$$

可以容易地得出这些基向量的平方为 -1。通过关系式 $-1 = \mathrm{i}^2$,我们可得

$$JI = K, \; IK = J, \; KJ = I, \; \text{以及} \; KJI = -1$$

对所获得的 $\mathrm{i} \equiv \sigma_1\sigma_2\sigma_3$,具有平方为负,且与任意一个多向量可交换,将其分别与 σ_3、σ_1 以及 σ_2 相乘可得

$$(\sigma_1\sigma_2\sigma_3)\sigma_3 = \sigma_1\sigma_2 = \mathrm{i}\sigma_3$$
$$(\sigma_1\sigma_2\sigma_3)\sigma_1 = \sigma_2\sigma_3 = \mathrm{i}\sigma_1$$
$$(\sigma_1\sigma_2\sigma_3)\sigma_2 = \sigma_3\sigma_1 = \mathrm{i}\sigma_2 \tag{13.19}$$

这就是自旋 1/2 粒子的量子系统中所使用的泡利旋转矩阵代数。著名的泡利矩阵关系为

$$\hat{\sigma}_i \hat{\sigma}_j = 1\delta_{ij} + \mathrm{j}\epsilon_{ijk}\hat{\sigma}_k$$

即为正交向量几何基描述,其中,$\hat{\sigma}_i$ 为泡利矩阵

$$\hat{\sigma}_1 = \begin{pmatrix} 0 & 1 \\ 1 & 0 \end{pmatrix}, \; \hat{\sigma}_2 = \begin{pmatrix} 0 & -\mathrm{j} \\ \mathrm{j} & 0 \end{pmatrix}, \; \hat{\sigma}_3 = \begin{pmatrix} 1 & 0 \\ 0 & -1 \end{pmatrix} \tag{13.20}$$

构成 3 维几何代数的矩阵表示。

在自旋 1/2 粒子的量子系统中,物理学家们一直采用的是矩阵,实际上对相同的方程存在一个在几何上的完美的解释。一般认为 $\{\hat{\sigma}_1, \hat{\sigma}_2, \hat{\sigma}_3\}$ 是一个向量 $\hat{\sigma}$ 的分量,而不知道如何写出类似 $\hat{a}\sigma = a_k\hat{\sigma}_k$ 以及 $S^2 = (\sigma_1^2 + \sigma_2^2 + \sigma_3^2)\hbar^2/4$ 的表达式。而 $\{\sigma_1, \sigma_2, \sigma_3\}$ 是 3 个包含空间基的正交向量,所以在 $a_k\hat{\sigma}_k$ 中,$\{a_k\}$ 是一个向量沿着 σ_k 的分量,并且使 $a_k\sigma_k$ 为一个向量,而不是标量。至于 S^2,如果你想获得一个向量的长度,必须求其平方,并且加上沿单位基向量方向上的向量分量,而不是基向量本身。从构造方面来看,几何代数容易使用,并允许我们以自由的方式在坐标系中操纵几何量,σ 向量在其中起了关键性的作用。

1) 单个粒子纯态分析

若系统中只含有一个粒子,那么,自旋体 $|\psi\rangle \in H$ 总能够被写成如下形式:

$$|\psi\rangle = c_0|0\rangle + c_1|1\rangle \tag{13.21}$$

(13.21)式中的 $|0\rangle$ 和 $|1\rangle$ 为一对正交基状态,c_0 和 c_1 为复系数。另外,粒子态的所有信息可以用极化(或自旋)矢量 P 来表示,其组成由下式给出:

$$P_i = \langle \sigma_i \rangle \langle \psi | \sigma_i | \psi \rangle / \langle \psi | \psi \rangle \tag{13.22}$$

其中，σ_i 为泡利矩阵

$$\sigma_1 = \begin{pmatrix} 0 & 1 \\ 1 & 0 \end{pmatrix}, \quad \sigma_2 = \begin{pmatrix} 0 & -i \\ i & 0 \end{pmatrix}, \quad \sigma_3 = \begin{pmatrix} 1 & 0 \\ 0 & -1 \end{pmatrix} \tag{13.23}$$

且遵循 $|P| = 1$ 这一限制。以这一方式，粒子的自旋状态可以用二维空间上的点图解表出，且粒子状态的任何演化均可视为极化矢量的旋转。

2）两粒子系统

假定由状态所描述的两粒子各属于自己的希尔伯特空间 H_1 和 H_2，相互作用系统的联合希尔伯特空间是 $H_1 \otimes H_2$，是由各自空间状态的张积叠加组成。$H_1 \otimes H_2$ 的基矢量是由 H_1 和 H_2 的基矢量的张积构成。因此，复合系统的任意纯态 $|\psi\rangle \in H_1 \otimes H_2$ 可以被描述为

$$|\psi\rangle = \sum_{i,j=0,1} c_{i,j} |i\rangle \otimes |j\rangle \equiv \sum_{i,j=0,1} c_{i,j} |i,j\rangle \tag{13.24}$$

若多于一个 $c_{i,j}$ 为非零，则每一个子系统均不再为纯状态，为纠缠态。为了量化纠缠度，我们重新表示等式(13.24)为

$$|\psi\rangle = \cos(\alpha/2) |0',0'\rangle + \sin(\alpha/2) |1',1'\rangle \tag{13.25}$$

(13.25)式总是可以由合适的基变换完成。这里，$|0'\rangle$ 和 $|1'\rangle$ 为 H_1 和 H_2 中的正交基矢量，且 $0 \leqslant \alpha \leqslant \pi/2$，所以 $\cos(\alpha/2) > \sin(\alpha/2)$，那么，$|0',0'\rangle$ 可视为最接近 $|\psi\rangle$ 的可分离状态且 α 为系统所呈现的纠缠度。由这一方法构建基的步骤为施密特分解。

13.2　施密特分解

任意波函数 $|\psi\rangle$ 可以通过下述等式的矢量变换重新写为两个状态矢量的和。令 $|u\rangle$ 和 $|v\rangle$ 分别为第一和第二粒子的单位矢量。定义 M 为(Ekert A et al. 1995)

$$M = \langle u, v | \psi \rangle \tag{13.26}$$

$|M|^2$ 非负有界，因此，当 $|u\rangle$ 和 $|v\rangle$ 分别为 $|u_1\rangle$ 和 $|v_1\rangle$ 时存在最大值 $|M_1|^2$。因为只通过相位来确定，所以 $|u_1\rangle$ 和 $|v_1\rangle$ 的选择并不唯一，还可能存在其他分解。

令 $|u'\rangle$ 为第一粒子正交于 $|u_1\rangle$ 的任意状态，且令 ε 为一个任意小的数，则有

$$\big|\, |u_1\rangle + \varepsilon |u'\rangle \big|^2 = 1 + O(\varepsilon^2) \tag{13.27}$$

因此，相对于 ε^2 数量级，$|u_1\rangle + \varepsilon |u'\rangle$ 为一个单位矢量。我们可以发现

$$\langle u_1 + \varepsilon u', v_1 | \psi \rangle = M_1 + \varepsilon \langle u', v_1 | \psi \rangle \tag{13.28}$$

所以

$$|\langle u_1 + \varepsilon u', v_1 | \psi \rangle|^2 = |M_1|^2 + 2\mathrm{Re}(\overline{M_1} \varepsilon \langle u', v_1 | \psi \rangle) + O(\varepsilon^2) \tag{13.29}$$

但$|u_1\rangle$的选择必须使等式(13.26)中的标量积为最大值。因此必须有

$$|M_1|^2 + 2\mathrm{Re}(\overline{M}_1\varepsilon\langle u', v_1|\psi\rangle) \leqslant |M_1|^2 \Rightarrow \mathrm{Re}(\overline{M}_1\varepsilon\langle u', v_1|\psi\rangle) \leqslant 0$$

(13.30)

$|v_1\rangle$的选取可以是任意的。但为了保证满足(13.30)式,必须

$$\langle u', v_1|\psi\rangle = 0, \forall\, u' \in H_1^{u_1^\perp} = \{u' \in H_1 | \langle u_1|u'\rangle = 0\} \quad (13.31)$$

类似地,我们可以对第二个粒子应用同样的限制:

$$\langle u_1, v'|\psi\rangle = 0, \forall\, v' \in H_2^{v_1^\perp} = \{v' \in H_2 | \langle v_1|v'\rangle = 0\} \quad (13.32)$$

若我们定义一个新的波函数

$$|\psi'\rangle = |\psi\rangle - M_1|_1, v_1\rangle \quad (13.33)$$

则$|\psi'\rangle$同样满足等式(13.31)和(13.32),且具有另一特性

$$\langle u_1, v'|\psi'\rangle = 0 \quad (13.34)$$

(13.34)式满足$\psi' \in H_1^{u_1^\perp} \otimes H_2^{v_1^\perp}$,且我们在$\psi'$上重复上面的过程。重要的是,$H_1^{u_1^\perp} \otimes H_2^{v_1^\perp}$的维数小于$H_1 \otimes H_2$的维数,所以这一过程必将结束。最终我们获得

$$|\psi\rangle = \sum_i M_i|u_i, v_i\rangle \quad (13.35)$$

其中,和的维数小于$H_1 \otimes H_2$的维数,且$\{|u_i\rangle\}$和$\{|v_i\rangle\}$相互正交。

对于每一个子系统均为二维的情形,可以得到

$$|\psi\rangle = M_1|u_1, v_1\rangle + M_2|u_2, v_2\rangle \quad (13.36)$$

M_1和M_2的相位可由$|u_1, v_1\rangle$以及$|u_2, v_2\rangle$完全吸收,所以可以将它们设置为实数,这一分解可以明确地写为:

$$|\psi\rangle = \rho^{1/2}\mathrm{e}^{\mathrm{i}\chi}\left[\cos(\alpha/2)\mathrm{e}^{\mathrm{i}\tau/2}\begin{bmatrix}\cos(\theta_1/2)\mathrm{e}^{-\mathrm{i}\phi_1/2}\\\sin(\theta_1/2)\mathrm{e}^{\mathrm{i}\phi_1/2}\end{bmatrix}\otimes\begin{bmatrix}\cos(\theta_2/2)\mathrm{e}^{-\mathrm{i}\phi_2/2}\\\sin(\theta_2/2)\mathrm{e}^{\mathrm{i}\phi_2/2}\end{bmatrix}\right.$$

$$\left. + \sin(\alpha/2)\mathrm{e}^{\mathrm{i}\tau/2}\begin{bmatrix}\sin(\theta_1/2)\mathrm{e}^{-\mathrm{i}\phi_1/2}\\-\cos(\theta_1/2)\mathrm{e}^{\mathrm{i}\phi_1/2}\end{bmatrix}\otimes\begin{bmatrix}\sin(\theta_2/2)\mathrm{e}^{-\mathrm{i}\phi_1/2}\\-\cos(\theta_2/2)\mathrm{e}^{\mathrm{i}\phi_1/2}\end{bmatrix}\right] \quad (13.37)$$

这就是双粒子两态系统的施密特分解。在此分解中,我们满足了条件:$\cos(\alpha) \geqslant \sin(\alpha)$,否则,将会有$|\langle u_2, v_2|\psi\rangle|^2 > |\langle u_1, v_1|\psi\rangle|^2$,将与$|u_1, v_1\rangle$的选择相矛盾。

13.3　几何代数在单个粒子量子系统中的分析

当我们只想计算一个粒子的期望值,且另一个粒子的状态未知时,显然无法写出整个波函数。这就迫使我们转向来采用密度算符ρ,其定义为

$$\rho = |\psi\rangle\langle\psi| = \sum_{i,j,k,l} c_{i,j}c_{k,l}^*|i\rangle\langle k| \otimes |j\rangle\langle l| \quad (13.38)$$

在密度算符的表述下,任意可观测的 A 的期望值由下式给出

$$\langle A \rangle = \mathrm{tr}(\rho A) \tag{13.39}$$

每一粒子的密度算符为

$$\rho_1 = \mathrm{tr}_2\rho = \sum_j \langle j|\rho|j\rangle, \rho_2 = \mathrm{tr}_1\rho = \sum_i \langle i|\rho|i\rangle \tag{13.40}$$

所以,第 i 个粒子的期望值可用下式计算

$$\langle A \rangle_i = \mathrm{tr}(\rho_i A) \tag{13.41}$$

对于一个未知环境下的纠缠系统,密度矩阵代表了系统的最终状态,这对于量子力学的解释具有重要意义。

几何代数(GA)本质上是加入了几何内容的 Clifford 代数。因为 Clifford 代数是处理由量子自旋体描述的两态量子系统的基础,人们期望以几何代数的构架理论引入几何视野,这一思想首先是由 Hestenes 提出的。这里先回顾单粒子系统的处理过程,它们均是由 3D 空间的 GA 来描述的,用 G_3 表示。所选取的正交基为

$$\{\sigma_k\}, \{I\sigma_k\}, I = \sigma_1\sigma_2\sigma_3 \tag{13.42}$$

其逆算符(也含有双矢量和三矢量)在其上加一个"∼",且 $\langle M \rangle_k$ 被用来映射 M 的 k 级部分。对标量部分的映射记为 $\langle M \rangle$。

两态量子系统的最简单例子就是量子自旋。自旋状态可以表示为所谓的自旋体的复合 2 部件矢量。可以通过在 G_3 中定义两个状态之间的一个线性的一对一映射(作为一个复合矢量)进行自然解码。这些映射的最简单的形式为

$$|\psi\rangle = \begin{bmatrix} a_0 + ia_3 \\ -a_2 + ia_1 \end{bmatrix} \leftrightarrow \psi = a_0 + a_k I\sigma_k \tag{13.43}$$

因此,基元素 $|0\rangle$ 和 $|1\rangle$ 的映射为

$$|0\rangle \leftrightarrow 1, 以及 |1\rangle \leftrightarrow -I\sigma_2 \tag{13.44}$$

以此方式,ψ 则坐落于位于由 $\{1, I\sigma_k\}, (k=1,2,3)$ 张成的空间中。且满足

$$\psi\tilde{\psi} = (a_0 + a_k I\sigma_k)(a_0 - a_k I\sigma_k) = a_0^2 + a_1^2 + a_2^2 + a_3^2 = \tilde{\psi}\psi \equiv \rho \tag{13.45}$$

其中,ρ 为态矢的标量幅值。

对于多矢的 ψ 可以写成

$$\psi = \rho^{1/2} R \tag{13.46}$$

R 是一个偶数,3 维空间中归一化的多矢是一个旋转体———一个旋转产生器。方程(13.20)中的泡利矩阵的作用是

$$\sigma_k |\psi\rangle \leftrightarrow \sigma_k\psi\sigma_3 = -I\sigma_k\psi I\sigma_3 \tag{13.47}$$

与 i 相乘可以表示为

$$i|\psi\rangle = \sigma_1\sigma_2\sigma_3|\psi\rangle \leftrightarrow \psi I\sigma_3 \tag{13.48}$$

为了构造可观测量,定义两个自旋体的 ψ 和 ϕ 内积为

$$\langle \psi | \phi \rangle \leftrightarrow (\psi, \phi)_s = \langle \phi \widetilde{\psi} \rangle - \langle \phi I\sigma_3 \widetilde{\psi} \rangle I\sigma_3 \tag{13.49}$$

这一定义可以容易地推广到多粒子系统。由(13.49)式可得概率密度为

$$\langle \psi | \psi \rangle \leftrightarrow (\psi, \psi)_s = \langle \psi \widetilde{\psi} \rangle - \langle \psi I\sigma_3 \widetilde{\psi} \rangle I\sigma_3 \tag{13.50}$$

由于 $\psi I\sigma_3 \widetilde{\psi}$ 取反自身相减,所以,它不含标量部分,这使得

$$\langle \psi | \psi \rangle \leftrightarrow (\psi, \psi)_s = \langle \psi \widetilde{\psi} \rangle \tag{13.51}$$

对于单粒子情形,$\psi \widetilde{\psi}$ 为纯标量,且等于 ρ。

在更为普遍的 n 粒子的情况下,无法假定 $\psi \widetilde{\psi}$ 是纯标量,所以需要将方程 (13.51)进行适当的归一化处理,才能给出概率密度的一般定义。

我们可以构建的其他的可观测量是 k 方向的自旋体的期望值:

$$\langle \psi | \sigma_k | \psi \rangle / \langle \psi | \psi \rangle \leftrightarrow \rho^{-1}(\psi, -I\sigma_k \psi I\sigma_3)_s$$
$$= \rho^{-1}\langle -I\sigma_k \psi I\sigma_3 \widetilde{\psi} \rangle - \rho^{-1}\langle -I\sigma_k \psi I\sigma_3 \widetilde{\psi} \rangle I\sigma_3 \tag{13.52}$$
$$= \rho^{-1}I\sigma_k \cdot \langle \psi I\sigma_3 \widetilde{\psi} \rangle_2 - \rho^{-1}\langle I\sigma_3 \psi \widetilde{\psi} \rangle I\sigma_3$$

既然 $\psi \widetilde{\psi}$ 为一个标量,则$\langle I\sigma_3 \psi \widetilde{\psi} \rangle = 0$。同理,$\psi I\sigma_3 \widetilde{\psi}$ 取反自身相减,故为一个纯双矢量。同样在多粒子空间中,我们无法作出这一假定。因此,采用(13.46)式可以定义极化双矢量为

$$P = \langle \rho^{-1} \psi I\sigma_3 \widetilde{\psi} \rangle_2 = \langle R I\sigma_3 \widetilde{R} \rangle_2 \tag{13.53}$$

所以

$$P_k = \langle \psi | \sigma_k | \psi \rangle / \langle \psi | \psi \rangle = -I\sigma_k \cdot \langle R I\sigma_3 \widetilde{R} \rangle_2 = -I\sigma_k \cdot P \tag{13.54}$$

以此方式,粒子的自旋可以被视为 $I\sigma_3$ 平面的旋转,且旋转由粒子的波函数给出,然后,k 方向的极化期望值可以被简化为 k 方向的 P 部分。这就是 Hestenes 的最初观点。一个挑战性课题就是如何将此思想推广到多粒子体系中。

例 13.1　考虑方程(13.37)中的施密特分解,所用的波函数为

$$| \psi \rangle = \begin{bmatrix} \cos(\theta/2)e^{-i\phi/2} \\ \sin(\theta/2)e^{i\phi/2} \end{bmatrix} \tag{13.55}$$

在单粒子空间中,上式变为

$$\psi = \cos(\theta/2)e^{-\phi I\sigma_3/2} - \sin(\theta/2)I\sigma_2 e^{\phi I\sigma_3/2}$$
$$= e^{-\phi I\sigma_3/2}(\cos(\theta/2) - \sin(\theta/2)I\sigma_2)$$
$$= e^{-\phi I\sigma_3/2}e^{-\theta I\sigma_2/2} \tag{13.56}$$

极化矢量 P 简单得为

$$P = \psi I\sigma_3 \widetilde{\psi} = e^{-\phi I\sigma_3/2}e^{-\theta I\sigma_2/2}I\sigma_3 e^{\theta I\sigma_2/2}e^{\phi I\sigma_3/2}$$
$$= \sin(\theta)\cos(\phi)I\sigma_1 + \sin(\theta)\sin(\phi)I\sigma_2 + \cos(\theta)I\sigma_3 \tag{13.57}$$

13.4　几何代数在两个粒子量子系统中的分析

两粒子系统状态以多粒子时空代数(MSTA)来构建,MSTA 源于 n 粒子相对

论的结构空间。此空间中的一个基可由矢量 $\{\gamma_\mu^a\}$ 提供,其中,上标表示个体粒子空间。由于来自不同空间的矢量是相互正交的,所以它们相互抵消。来自不同空间的双矢量是对易的,所以,MSTA 的偶数子代数包含一组非相对论的子代数的张量积。这是一个需要构造一个精确的多粒子波函数的代数。一个两粒子波函数的基是由单粒子波函数的基元素 $\{1, I\sigma_j^1, I\sigma_k^2\}$ 的和与积给出,其中

$$\sigma_k^a = \gamma_k^a \gamma_0^a, \quad I^a = \gamma_0^a \gamma_1^a \gamma_2^a \gamma_3^a (\text{没有求和}) \tag{13.58}$$

同样,上标为粒子标识,同时我们将 $I^1\sigma_k^1$ 等符号简记为 $I\sigma_k^1$。

现在我们由基给出 $4\times4=16$ 的实数自由度,而对于一个两粒子状态只有 8 个实自由度,此问题的解需要对单位虚数有一个统一的含义。在虚数乘法的每一个分离空间里,通过 $I\sigma_3$ 对应于右乘。既然我们的新空间里有两个我们需要的双矢量

$$\psi I\sigma_3^1 = \psi I\sigma_3^2, \quad \psi = \psi \frac{1}{2}(1 - I\sigma_3^1 I\sigma_3^2) \tag{13.59}$$

以此我们定义两粒子的相关算符:

$$E = \frac{1}{2}(1 - I\sigma_3^1 \sigma_3^2), E^2 = E \tag{13.60}$$

E 为一个投影算符,并通过一个 2 的因子降低了自由度的数目。现在两粒子代数的复合结构由一个非简双矢量 J 定义

$$EI\sigma_3^1 = EI\sigma_3^2 = \frac{1}{2}(I\sigma_3^1 + I\sigma_3^2) \equiv J \tag{13.61}$$

由此将两粒子旋转体映射成多矢量

$$|\psi, \phi\rangle \leftrightarrow \psi^1 \phi^2 E \tag{13.62}$$

其中上标同样是多矢量所处空间。单位虚数的作用结果为

$$\mathrm{i}|\psi, \phi\rangle \leftrightarrow \psi^1 \phi^2 EI\sigma_3^1 = \psi^1 \phi^2 EI\sigma_3^2 = \psi^1 \phi^2 J \tag{13.63}$$

(13.63)式中的一致不变性由下式结果保证

$$J^2 = -E, \text{以及} J = JE = EJ \tag{13.64}$$

每个泡利矩阵的作用现在变为,例如

$$\sigma_k \otimes I|\psi\rangle \leftrightarrow -I\sigma_k^1 \psi J \tag{13.65}$$

其中,I 为 2×2 单位矩阵。对第二个粒子空间具有相似的结果。方程右边的作用是使我们保持在 G_3 偶元素的相关乘积空间中,而量子内积则由下述算符替代

$$\langle\psi|\phi\rangle \leftrightarrow (\psi, \phi)_s = 2\langle\phi E\widetilde{\psi}\rangle - 2\langle\phi J\widetilde{\psi}\rangle\mathrm{i} \tag{13.66}$$

实部中的算符 E 并不是必需的,不过把它包含在其中为实部和虚部之间提供了一个简洁的对称。含有 2 的因子也确保了标准量子内积的完全不变性(在更一般的 n 粒子的情形中则需要包含 2^{n-1})。

我们发现一个一般的 2 粒子波函数可以写成方程(13.37)的形式。为了获得

几何代数形式,先定义旋转体

$$\psi\langle\theta,\phi\rangle = e^{-\phi I\sigma_3/2}e^{-\theta I\sigma_2/2} \tag{13.67}$$

对此同样需要一个正交态的表达式:

$$|\psi\rangle = \begin{bmatrix} \sin(\theta/2)e^{-i\phi/2} \\ -\cos(\theta/2)e^{i\phi/2} \end{bmatrix} \leftrightarrow \begin{aligned} & \sin(\theta/2)e^{-\phi I\sigma_3/2} + \cos(\theta/2)I\sigma_2 e^{-\phi I\sigma_3/2} \\ & = \psi(\theta,\phi) \end{aligned}$$

$$\tag{13.68}$$

这是直接证实了此状态正交于 $\psi(\theta,\phi)$。这里需要构建施密特分解的 MSTA 版本。用下式替代方程(13.37)

$$\begin{aligned} \psi &= \rho^{1/2}(\cos(\alpha/2)\psi^1(\theta_1,\phi_1)\psi^2(\theta_2,\phi_2)e^{J\tau/2} \\ &\quad + \sin(\alpha/2)\psi^1(\theta_1,\phi_1)\psi^2(\theta_2,\phi_2)I\sigma_2^1 I\sigma_2^2 e^{J\tau/2})e^{J\chi}E \\ &= \rho^{1/2}\psi^1(\theta_1,\phi_1)\psi^2(\theta_2,\phi_2)e^{J\tau/2}(\cos(\alpha/2) \\ &\quad + \sin(\alpha/2)I\sigma_2^1 I\sigma_2^2)e^{J\chi}E \end{aligned} \tag{13.69}$$

如果定义具体的旋转体为

$$R = \psi(\theta_1,\phi_1)e^{I\sigma_3\tau/4}, S = \psi(\theta_2,\phi_2)e^{I\sigma_3\tau/4} \tag{13.70}$$

则波函数可以记为

$$\psi = \rho^{1/2}R^1 S^2(\cos(\alpha/2) + \sin(\alpha/2)I\sigma_2^1 I\sigma_2^2)e^{J\chi}E \tag{13.71}$$

(13.71)式给出了两粒子状态的简洁的一般形式。特别地,为了得到简单的几何积,所有与张量积相关的内容都消掉了。幅值与相位中的自由度、每个粒子空间的两个分离的旋转、以及唯一的纠缠角均成立。在所有这 9 个自由度中,有一个是冗余的,这一个冗余度存在于单粒子旋转中。如果取

$$R \rightarrow Re^{I\sigma_3\beta}, S \rightarrow Se^{I\sigma_3\beta} \tag{13.72}$$

则总体波函数 ψ 是不变的。在实际中,这个冗余度不是问题,且(13.71)式是绝对有用的。

(13.71)式中的施密特分解对一般化公式是非常具有建议性的。左边在每一个具体空间中有旋转算符,在某种意义上,旋转体 $R^1 S^2$ 可视为代表最接近的可分离状态的直积。后面一项描述了 2 粒子纠缠。很明显的进行了泛化。对于一个 3 粒子系统,我们期望看到各项描述不同的 2 粒子纠缠态,随后是 3 粒子纠缠态,如何沿这些方向上找到精确的最优分解是一个公开问题。

13.5　2 个粒子的可观测量

从研究 2 个粒子可观测量来理解(13.60)式的用途。例如

$$\langle\psi|\sigma_k \otimes I|\psi\rangle \leftrightarrow (\psi, -I\sigma_k^1\psi J)_s = -2I\sigma_k^1 \cdot (\psi J\tilde{\psi}) \tag{13.73}$$

以及

$$\langle \psi | \sigma_j \otimes \sigma_k | \psi \rangle \leftrightarrow (\psi, -I\sigma_j^1 I\sigma_k^2 \psi)_s = -2(I\sigma_j^1 I\sigma_k^2) \cdot (\psi E \widetilde{\psi}) \quad (13.74)$$

因此,所有可构建的可观测量均包含在多矢量 $\psi E \widetilde{\psi}$ 和 $\psi J \widetilde{\psi}$,这也适用于更一般的 n 粒子情形,且为 MSTA 方法的主要优势。

为了研究可观测量的公式,令 $\rho = 1$,可以发现(应用 $E\widetilde{E} = EE = E$)

$$\begin{aligned}
\psi E \widetilde{\psi} &= R^1 S^2 (\cos(\alpha/2) + \sin(\alpha/2) I\sigma_2^1 I\sigma_2^2) E (\cos(\alpha/2) \\
&\quad + \sin(\alpha/2) I\sigma_2^1 I\sigma_2^2) \widetilde{R}^1 \widetilde{S}^2 \\
&= R^1 S^2 (1 + \sin(\alpha) I\sigma_2^1 I\sigma_2^2) E \widetilde{R}^1 \widetilde{S}^2
\end{aligned} \quad (13.75)$$

用(13.60)式中的 E 的形式进行替换得

$$\psi E \widetilde{\psi} = \frac{1}{2} R^1 S^2 (1 - I\sigma_3^1 I\sigma_3^2 + \sin(\alpha)(I\sigma_2^1 I\sigma_2^2 - I\sigma_1^1 I\sigma_1^2)) \widetilde{R}^1 \widetilde{S}^2 \quad (13.76)$$

为了使结果更加清楚,引入符号

$$A_k = RI\sigma_k \widetilde{R}, \quad B_k = SI\sigma_k \widetilde{S} \quad (13.77)$$

所以

$$\psi E \widetilde{\psi} = \frac{1}{2}(1 - A_3^1 B_3^2) + \frac{1}{2}\sin(\alpha)(A_2^1 B_2^2 - A_1^1 B_1^2) \quad (13.78)$$

从上式可以看出

$$\langle \psi E \widetilde{\psi} \rangle = \frac{1}{2} \quad (13.79)$$

这半个因子由(13.66)式量子内积定义中因子 2 所吸收,显示出该状态被正确地归一化为 1。可观测量的 4 矢量部分更加有趣,因为它包含了 A_1, A_2, B_1, B_2 的组合,且每一个均无法在单粒子情形中直接测量(因为没有相位变化)。这是出现于自旋体量子模型与经典模型之间不同之处。

2 粒子状态的第二个可观测量形式为 $\psi J \widetilde{\psi}$,即

$$\begin{aligned}
\psi J \widetilde{\psi} &= R^1 S^2 (\cos(\alpha/2) + \sin(\alpha/2) I\sigma_2^1 I\sigma_2^2) J (\cos(\alpha/2) + \sin(\alpha/2) I\sigma_2^1 I\sigma_2^2) \widetilde{R}^1 \widetilde{S}^2 \\
&= \frac{1}{2} R^1 S^2 (\cos^2(\alpha/2) - \sin(\alpha/2)(I\sigma_3^1 + I\sigma_3^2)) \widetilde{R}^1 \widetilde{S}^2 \\
&= \frac{1}{2}\cos(\alpha)(A_3^1 + B_3^2)
\end{aligned} \quad (13.80)$$

这个结果将极化双矢量定义拓展到了多粒子系统。这一定义的直接结果是双矢量的长度不再固定,而是取决于纠缠。

归一化 2 粒子纯态密度矩阵可以以泡利矩阵乘积的形式拓展为

$$\rho = |\psi\rangle\langle\psi| = \frac{1}{4}(I \otimes I) + a_k\sigma_k \otimes I + b_k I \otimes \sigma_k + c_{jk}\sigma_j \otimes \sigma_k \quad (13.81)$$

不同的系数由公式获得,如

$$a_k = \langle\psi|\sigma_k \otimes I|\psi\rangle = -2I\sigma_k^1 \cdot (\psi J \widetilde{\psi}) \quad (13.82)$$

所有出现在密度矩阵中的自由度都包含在多矢量可观测量 $\psi E \widetilde{\psi}$ 和 $\psi J \widetilde{\psi}$ 中。对于混合态,只需要简单的加上由纯态形成这些观测量的加权值即可。这是一个很一般的方法,并可以用于任何数目的粒子。一个小问题是 $\psi J \widetilde{\psi}$ 中的项是反厄米的(anti-Hermitian),所以密度矩阵是厄米矩阵。一个解决方案是纠正所有的伪标量且将所有双矢量映射回两个矢量。然而,我们可以忽略这一问题,而直接应用可观测量 $\psi E \widetilde{\psi}$ 和 $\psi J \widetilde{\psi}$。

这一解密度矩阵的方法的优势在于形成降维密度矩阵的粒子轨迹算符,只需要去掉状态未知空间的可观测部分即可。例如,考虑 2 粒子纠缠状态(13.71)式,跟踪空间 2 的自由度只需要

$$\rho = \frac{1}{2}(1 + P_k\sigma_k),\, P_k = (-\,I\sigma_k) \cdot \cos(\alpha)RI\sigma_3\widetilde{R} \qquad (13.83)$$

这表明纠缠的作用为减少从 1 到 $\cos(\alpha)$ 的极化期望值,但极化方向不变。对于 2 粒子纯态,同样可以看出对每一个粒子的极化矢量的长度相同,每一粒子受纠缠态的影响相同。

对于更多粒子数目或混合状态,纠缠态的影响更复杂,对多粒子的纠缠态形成的降维密度矩阵有

$$P_k = -\,2^{n-1}(I\sigma_k^a) \cdot (\psi J \widetilde{\psi}) \qquad (13.84)$$

简单的 2 粒子系统已经展现了量子理论的基本结果。当一个系统与第二个未知系统(通常是指周围环境)相互纠缠时,该系统的一些我们感兴趣的状态无法知道,所以必须采用密度矩阵,即同环境纠缠导致了消相干和信息的丢失。

前述的一个有用的应用为两状态内积的重叠概率。考虑两个归一化的状态,有

$$P(\psi, \phi) = |\langle \psi|\phi \rangle|^2 = \mathrm{tr}(\rho_\psi \rho_\phi) \qquad (13.85)$$

密度矩阵的自由度包含在 $\psi E \widetilde{\psi}$ 和 $\psi J \widetilde{\psi}$ 中,且为 ϕ 的等价描述。概率由下述简洁表示给出

$$P(\psi, \phi) = \langle (\psi E \widetilde{\psi})(\phi E \widetilde{\phi}) \rangle - \langle (\psi J \widetilde{\psi})(\phi J \widetilde{\phi}) \rangle \qquad (13.86)$$

这一公式在 n 粒子情形下同样成立,除了附加一个因子 2^{n-2} 给出正确的归一化。这一简洁描述为 MSTA 方法的独特优势。作为检验,假定有两可分离的状态

$$\psi = R^1 S^2 E,\, \phi = U^1 V^2 E \qquad (13.87)$$

及

$$\psi E \widetilde{\psi} = \frac{1}{2}(1 - A^1 B^2),\, \phi E \widetilde{\phi} = \frac{1}{2}(1 - C^1 D^2) \qquad (13.88)$$

可以得到

$$P(\psi, \phi) = \frac{1}{4}\langle (1 - A^1 B^2)(1 - C^1 D^2) - (A^1 + B^2)(C^1 + D^2) \rangle$$

$$= \frac{1}{4}(1 + A \cdot CB \cdot D - A \cdot C - B \cdot D)$$

$$= \frac{1}{2}(1 + A \cdot C)\frac{1}{2}(1 - B \cdot D) \tag{13.89}$$

这表明概率为可分离的单粒子概率的乘积。若其中任何状态发生纠缠,这一结论不再成立。

例 13.2　考虑单自旋体状态

$$|\psi\rangle = \frac{1}{\sqrt{2}}(|01\rangle - |10\rangle) \leftrightarrow \psi = \frac{1}{\sqrt{2}}(I\sigma_2^1 - I\sigma_2^2)E \tag{13.90}$$

这个状态是处于最大纠缠($\alpha = \pi/2$),且各向同性。为了形成两个可观测量,我们发现

$$\psi E \widetilde{\psi} = \frac{1}{2}(1 + I\sigma_k^1 I\sigma_k^2) \tag{13.91}$$

且

$$\psi J \widetilde{\psi} = 0 \tag{13.92}$$

它是满足每一个粒子空间的降维密度矩阵简单的为单位矩阵的一半,且所有的方向一致。若我们沿测量仪器的某个给定轴向测量粒子 1 的状态,那么向上和向下的概率各有一半。

假定现在单个粒子上进行联合测量。我们的模型建立在 ψ 与下面的分离状态之间的重叠概率上:

$$\phi = R^1 S^2 E \tag{13.93}$$

定义自旋方向为

$$R I \sigma_3 \widetilde{R} = P, \quad S I \sigma_3 \widetilde{S} = Q \tag{13.94}$$

由方程(13.86)可得

$$P(\psi, \phi) = \langle \frac{1}{2}(1 - P^1 Q^2)(1 - C^1 D^2)\frac{1}{2}(1 + I\sigma_k^1 I\sigma_k^2) \rangle$$

$$= \frac{1}{4}(1 + P \cdot (I\sigma_k)Q \cdot (I\sigma_k))$$

$$= \frac{1}{4}(1 - \cos\theta) \tag{13.95}$$

其中,θ 是自旋体 P 和 Q 之间的角度。

正如所期望的:具有相同自旋体($\theta = 0$)的粒子中测量结果的概率为 0。类似的,如果测量仪器是匹配的,那么粒子 2 向上而粒子 2 向下的概率各占一半。只要没有纠缠,我们可以获得分离单个粒子测量的乘积$\left(\text{结果为}\frac{1}{4}\right)$。研究单个粒子状态如何将奇特的量子纠缠态包含在可观测量的 4 矢量部分中具有指导意义。它揭示了与多粒子量子力学相联系的复合几何学,不过这仅是用于 2 粒子系统。大多数量子计算机的发展方向均包含更大数目的纠缠量子位。

第 14 章　量子系统的最优控制

首先复习一下经典最优控制理论。考虑任意一个由定常微分方程系统所描述的被控过程：

$$\dot{x}_i = f_i(x_1, \cdots, x_n; u_1, \cdots, u_r), i = 1, \cdots, n \tag{14.1}$$

其中，x_i 为被控过程的状态，典型的为相空间坐标；u_r 为控制参数，通常为外部作用力。

对于过程(14.1)，定义：$u_j = u_j(t), j = 1, \cdots, r$。给定：$x_i(t_0) = x_{0i}, i = 1, \cdots, n$。(14.1)式的解是唯一确定的。通常选择代价(或性能)函数

$$J = \int_{t_0}^{t_1} f_0(x_1, \cdots, x_n; u_1, \cdots, u_r) \mathrm{d}t \tag{14.2}$$

并在 $f_0(x_n, u_r)$ 确定情况下，通过求解(14.2)的极值来优化求解 u。当 $f_0(x_n, u_r) = 1$ 时，J 的优化将变成时间最优问题。

J 的优化问题(通常是指最小化问题)是通过不断调整满足等式(14.1)式的控制量 u_r 来获得。在实际应用中，u_r 的值常常是受限的，例如：$|u_r| \leqslant C^r$。简单的例子是一个受到外部作用的谐振子，需要使其在最短的时间里停下来。这一问题可以表述为

$$\dot{x}_1 = x_2$$
$$\dot{x}_2 = -x_1 + u, \; |u| \leqslant 1 \tag{14.3}$$

其中，$x_1 = x$ 表示位置；$x_2 = p = \dot{x}$ 表示动量，u 为控制量。最小化的函数为 $J = \int_{t_0}^{t_1} 1 \mathrm{d}t$。

上述 J 的优化可通过最优化原理来求解，解的物理意义可表述如下：u 所施加的方向应始终与运动方向相反，并且总是以最大的幅值；当运动方向改变，u 也应改变作用方向。因此这种控制又被称为"棒棒(bang-bang)控制"。这是最优控制中一种简单并具有良好效果的控制策略。

一般系统进行最优控制的求解过程如下。

对于被控系统：$\dot{x}_i = f_i(x, u), i = 1, \cdots, n$，且 $\dot{x}_0 = f_0(x, u)$，合在一起考虑 $\dot{x}_i = f_i(x, u), i = 0, \cdots, n$ (注意，不是 1 至 n)。采用变量 ψ_0 到 ψ_n 的辅助集

$$\frac{\mathrm{d}\psi_i}{\mathrm{d}t} = -\sum_{\alpha=0}^{n} \frac{\partial f_\alpha}{\partial x_i} \psi_\alpha, \; i = 0, \cdots, n$$

我们可以将上述方程放到一个哈密顿方程中：

$$H(\psi, x, u) = \sum \psi_a f_a(x, u)$$

$$\frac{\mathrm{d}x_i}{\mathrm{d}t} = \frac{\partial H}{\partial \psi_i}, \quad i = 0, \cdots, n$$

$$\frac{\mathrm{d}\psi_i}{\mathrm{d}t} = -\frac{\partial H}{\partial x_i}, \quad i = 0, \cdots, n$$

定义 $M(\psi, x) = \sup_{u \in U} H(\psi, x, u)$ 表示给定 ψ, x 时,作为 u 函数的 H 的严格上限。

定理 14.1　令 $u(t), t_0 \leqslant t \leqslant t_1$ 为一个允许控制;$u(t)$ 和 $x(t)$ 最优的必要条件为存在一个对应于 $x(t)$ 的 $\psi(t)$,满足

1) 给定 $t_0 \leqslant t \leqslant t_1$,有

$$H(\psi(t), x(t), u(t)) = M(\psi(t), x(t)) \tag{14.4}$$

即 H 在 $u(t)$ 达到最大值。

2) 在最终时刻 t_1 有

$$\psi_0(t_1) \leqslant 0, \quad M(\psi(t_1), x(t_1)) = 0 \tag{14.5}$$

更进一步,若 $x(t), \psi(t)$ 满足运动方程,且 $|u(t)| \leqslant 1$,ψ_0 和 $M(\psi(t), x(t))$ 为常数,那么可以证明等式(14.5)不仅只对 t_1,而是对 $t_0 \leqslant t \leqslant 1$ 均成立。

例 14.1　考察被控系统

$$H = \psi_1 x_2 - \psi_2 x_1 + \psi_2 u$$

$$\dot{x}_1 = x_2, \quad \dot{x}_2 = -x_1 + u$$

$$\dot{\psi}_1 = \psi_2, \quad \dot{\psi}_2 = -\psi_1$$

可以求解得:$\psi_1 = A\sin(t - \alpha_0), A > 0,$且 α_0 为常数。

又因为

$$\max H(\psi, x, u) = \mathrm{sign}\psi_2 = \mathrm{sign}(A\sin(t - \alpha_0))$$

所以该系统的控制为 bang-bang 控制。

我们无法将上述方法直接通过用算符 $\hat{x}$ 和 $\hat{p}$ 替代 x 和 p 应用于量子力学领域,因为需要考虑量子力学的薛定谔方程中的状态波函数 $|\psi\rangle$。此时需要解决的问题变为:在某一控制 u_i 以及代价函数 $J = \int_{t_0}^{t} f(\psi, u) \mathrm{d}t$ 的作用下,如何使系统最优地从初始态 ψ_I 移动到终态 ψ_F。数学上这一问题可以写为(Gadiyar G H 1994)

$$\mathrm{i}\hbar \frac{\partial \psi}{\partial t} = -\frac{\hbar^2}{2m} \frac{\partial^2 \psi}{\partial x^2} + V(x)\psi + u(x, t)\psi$$

$$= H_0\psi + u(x, t)\psi$$

其中,$u(x, t)$ 为控制势能。问题为优化一个函数:

$$J = \int_{t_0}^{t_1} f_0(\psi, u) \mathrm{d}t$$

这样一来,问题的答案就变得非常简单:可以应用最优控制理论,将问题改写成另外一种形式如下。

考虑 $|n\rangle$ 为 H_0 的特征函数

$$H_0|n\rangle = E_n|n\rangle$$

由

$$\mathrm{i}\hbar \frac{\partial \psi}{\partial t} = (H_0 + u(x, t))\psi \tag{14.6}$$

可用 $\psi(x, t) = \sum_{n=0}^{\infty} C_n(t)|n\rangle$ 代入(14.6)式中可得:

$$\mathrm{i}\hbar \sum_{n=0}^{\infty} \dot{C}_n(t)|n\rangle = H_0 \sum_{n=0}^{\infty} C_n(t)|n\rangle + u(x, t)\sum_{n=0}^{\infty} C_n(t)|n\rangle$$

现在应用 $|n\rangle$ 和 $\langle m|$ 的内积,得:

$$\mathrm{i}\hbar \sum_{n=0}^{\infty} \dot{C}_n(t)\langle m|n\rangle = E_n C_n(t)\langle m|n\rangle + C_n(t)\langle m|u|n\rangle$$

$$\mathrm{i}\hbar \dot{C}_n(t) = C_n(t) + \sum_{m=0}^{\infty} u_{nm} C_m(t)$$

现在此方程已经变为一个线性定常微分方程系统,因此可以应用最优控制理论。剩下来的只有技术问题:指数从 0 变到无穷。这一问题可以通过数学分析得到解决。

在实际应用中不但要考虑数学上的求解问题,更主要的还需要考虑具体系统控制的可实现性及其验证性。所以需要考虑结合其他方面的很多因素,比如,目前实际中较多的是采用几何代数对具体问题进行分析并进行最优控制。

14.1 单个位量子系统的最优控制

本节研究两能级量子系统的操纵,研究动机出自于在一个两能级量子系统中所规定的逻辑算符的量子逻辑门的设计。我们考虑在最小化能量代价函数下,驱动演化算符到一个期望的状态的问题。

一个两能级量子系统是最简单并令人感兴趣、具有着重要应用价值的量子系统。当一个量子系统具有彼此相互靠得很近,而同时又远离其他能级的双能级时,就可以看成合适的两能级量子系统。多能级系统的量子问题可以近似为一个无限维动力学的问题。需要用本征态有限的拓展来近似。

从建模的观点看,如果控制的能量小,在 1/2 自旋粒子的逻辑算符中应用两级的近似就有效,我们希望保持驱动的控制小,而不干扰邻近的自旋,同时还要进

行其他的逻辑操作。我们想用对量子系统幺正算符的演化达到控制的目的。在这一方面,重提描述量子系统的状态。一个量子系统在 t 时刻的状态用希尔伯特空间 H 中的右矢 $|\psi(t)\rangle$ 来描述。$|\psi(t)\rangle$ 的演化由薛定谔方程决定:

$$i\hbar|\dot{\psi}\rangle = H|\psi\rangle \tag{14.7}$$

其中,H 是哈密顿算符,并且与系统及其控制相联系。方程(14.7)的解 $|\psi(t)\rangle$ 具有初始条件 $|\psi(0)\rangle$,可以写成

$$|\psi(t)\rangle = U(t)|\psi(0)\rangle \tag{14.8}$$

其中,$U(t)$ 是幺正演化算符。

从(14.8)式中可以看出,不论是对量子系统进行状态控制、跟踪控制还是最优控制,都是对方程(14.7)中的状态 $|\psi(t)\rangle$ 的控制:在施加控制量的前提下,获得状态 $|\psi(t)\rangle$ 的演化律——方程(14.8),也就是方程(14.7)的解。由此可见,在控制的作用下,只要获得了幺正演化算符 $U(t)$,以及状态的初始条件 $|\psi(0)\rangle$,就可以得到任意 t 时刻系统所处的状态。对算符 $U(t)$ 的控制,或对幺正演化算符 $U(t)$ 的求解,就意味着对状态 $|\psi(t)\rangle$ 的控制。

一个两能级量子系统在希尔伯特空间具有一对可区分的状态:我们可以分别称它们为基态 $|0\rangle$ 和激发态 $|1\rangle$。在 t 时刻,系统的状态可以用 $|0\rangle$ 和 $|1\rangle$ 的线性组合来描述为

$$|(t)\rangle = c_0(t)|0\rangle + c_1(t)|1\rangle \tag{14.9}$$

其中,$c_0(t)$ 和 $c_1(t)$ 是复数,并且对于每一个时刻 t 都满足

$$|c_0(t)|^2 + |c_1(t)|^2 = 1 \tag{14.10}$$

实际系统可将方程(14.7)中的哈密顿算符 H 分成两部分:未受扰动的系统内部哈密顿 H_0 与受微扰动的或外部哈密顿 $H_1(t)$ 之和的形式:

$$H = H_0 + H_1(t) \tag{14.11}$$

其中,H_0 的本征态为已知的态矢 $|0\rangle$ 和 $|1\rangle$,$H_1(t)$ 是为了达到改变量子系统的状态 $|\psi(t)\rangle$ 到期望的值所需要施加的外部控制量。

另一方面,我们讨论方程(14.7)中的哈密顿算符 H,系统的哈密顿被假定为由未受扰动的(或内部的)哈密顿 H_0 与受微扰动的(或外部的)哈密顿 $H_e(t)$ 之和的形式组成:

$$H = H_0 + H_e(t) \tag{14.12}$$

其中,$H_e(t) = \sum_{k=1}^{m} H_k v_k(t)$,$H_k(t)$,$k = 1,\cdots,m$ 是厄米线性算符 $H_k: H \rightarrow H$,$v_k(t)$ 为实函数,通常代表外加的电磁场,是输入的控制量。在(14.10)式的作用下,系统状态 $|\psi(t)\rangle$ 的薛定谔方程变为

$$i\hbar|\dot{\psi}\rangle = \Big(H_0 + \sum_{k=1}^{m} H_k v_k(t)\Big)|\psi\rangle \tag{14.13}$$

与(14.13)式相对应的演化算符 $X(t)$ 方程此时为

$$i\hbar\dot{U}(t) = \Big(\overline{H}_0 + \sum_{k=1}^{m} \overline{H}_k v_k(t)\Big)U(t) \tag{14.14}$$

此时我们可以把问题转化为对具有初始条件 $U(0)=I$ 的(14.14)式系统考虑其状态的演化或操纵问题。对 $X(t)$ 的操纵,就是操纵系统(14.13)的状态到期望终态的一个途径。

下面将根据 Jun Zhang 等人描述的特殊幺正李群上的最优控制问题。利用成熟的几何控制理论推导出最优输入,引导单量子比特的幺正算符到目标的演化。虽然研究的是单个量子门,即最简单一个位两能级量子系统,可以拓展到 k 位量子门的最优实现。

k 位幺正算符的时间演化取决于时间的薛定谔方程,由(14.14)式可以定义为

$$\dot{U}(t) = i\Big(H_d + \sum_{k=1}^{n} v_k H_k\Big)U(t), U(0) = I$$

其中,$U(t) \in SU(2^k)$ 是幺正演化算符;$H_d \in su(2^k)$ 是漂移哈密顿;$H_k \in su(2^k)$ 是控制哈密顿;v_k 代表某个外部施加控制的输入量。我们感兴趣的是驱动幺正算符从初始态 $U(0)=I$ 以最小的控制能量到达终态 U_T。

本节采用 Lie-Poisson 约化理论来寻找一个量子位的转换的实施,所以其最优控制可以由约化动力学而获得,提供了一个唯一解 k 位量子门的最优生成器。进而从在 $su^*(2)$ 上对 Lie-Poisson 括号的研究,可以揭示某些 k 位量子门最优生成的性质,同时考虑漂移及无漂移的系统在不同输入数量下的情况。

重温泡利矩阵定义

$$\sigma_1 = \frac{1}{2}\begin{pmatrix} 0 & 1 \\ 1 & 0 \end{pmatrix}, \quad \sigma_2 = \frac{1}{2}\begin{pmatrix} 0 & -i \\ i & 0 \end{pmatrix}, \quad \sigma_3 = \frac{1}{2}\begin{pmatrix} 1 & 0 \\ 0 & -1 \end{pmatrix}$$

且 $\{i\sigma_1, i\sigma_2, i\sigma_3\}$ 构成 $su(2)$ 上的一个基。不失一般性,我们研究 $SU(2)$ 上的一个系统为

$$\dot{U} = (a_0 i\sigma_1 + a_1 v_1 i\sigma_1 + a_2 v_2 i\sigma_2 + a_3 v_3 i\sigma_3)U \tag{14.15}$$

具有 $U(0)=I$。控制目标是驱动幺正算符 $U(t)$ 在给定的最终时间 T 时到达一个目标态 $U_T \in SU(2)$,最小化下列二次型性能指标:

$$J = \frac{1}{2}\int_0^T (v_1^2 + v_2^2 + v_3^2)\mathrm{d}t$$

这个性能指标意味着使所施加的控制量最小化。为了确保至少存在一个控制律驱动幺正算符到达目标态,我们必须考虑可控性。这里被讨论的所有系统,除了

具有一个输入的无漂移系统外,都是可控的。另一方面,为了驱动幺正算符在给定的最终时间 T 下到一个目标态,我们必须研究量子系统的可达集合,我们假定目标集 U_T 落在可达集中。剩下的研究是可达集的拓扑结构问题,还要注意,因为 $SU(2)$ 是简单的与 $SO(3)$ 群相联系的。

14.1.1 Lie-Poisson 约化理论

令 G 为一个有限维李群,具有单位 E。定义李群 G 上的李代数为 g。令 $\{X_1,\cdots,X_n\}$ 为 g 的一组基,$\{X^1,\cdots,X^n\}$ 为 g^* 上对应的对偶基,结构常数被定义为

$$[X_a,X_b] = \sum_{d=1}^{n} C_{ab}^d X_d$$

其中,$a,b\in\{1,2,\cdots,n\}$。辨识 g^* 函数集上在 $T*G$ 上赋予 g 具有 Lie-Poisson 的右张积函数集给定为

$$\{F,G\}_{\pm}(\mu) = \pm \sum_{a,b,d=1}^{n} C_{ab}^d \mu_d \frac{\partial F}{\partial \mu_a} \frac{\partial G}{\partial \mu_b}$$

其中,$\mu = \sum_{i=1}^{n} \mu_i X^i$。我们介绍 Lie-Poisson 约化理论如下。

定理 14.2 令 G 是一个李群,且令 $H:T^*G\to R$ 是一个右张积哈密顿,令 $h:g^*\to R$ 是 H 对 T_e^*G 的限制。对于一个曲线 $p(t)\in T_{U(t)}^* G$,令 $\mu(t) = (T_e^* R_{U(t)})\cdot p(t)$ 是 g^* 上引出的曲线。假定 $U(t)$ 满足微分方程 $\dot{U} = T_e R_U \frac{\partial h}{\partial \mu}$,其中,$\mu = p(0)$,那么,$\mu(t)$ 满足 Lie-Poisson 方程

$$\dot{U} = \{\mu_i,h\}_+ = \sum_{b,d=1}^{n} C_{ib}^d \mu_d \frac{\partial h}{\partial \mu_b}$$

这个理论将被用来推导后面的最优化控制动力学。

我们可以用 $SU(2)$ 通过非衰减对 $\langle\alpha,\xi\rangle = \mathrm{tr}(\alpha\xi^*)$ 来辨识 $SU^*(2)$。也很容易证实 $\langle i\sigma_i,(i\sigma_j)^*\rangle = -\delta_{ij}/2$。因此,$\{(i\sigma_1)^*,(i\sigma_2)^*,(i\sigma_3)^*\}$ 形成 $SU^*(2)$ 上对应的对偶基。$(\pm)$Lie-Poisson 括号在 $SU^*(2)$ 上给定为

$$\{\phi,\psi\}_{\pm}(p) = \pm\left(\frac{\partial\phi}{\partial p_1},\cdots,\frac{\partial\phi}{\partial p_n}\right)\Gamma\begin{pmatrix}\frac{\partial\psi}{\partial p_1}\\ \vdots \\ \frac{\partial\psi}{\partial p_n}\end{pmatrix}$$

其中,第 ab 个 Γ 矩阵输入由 $\Gamma_{ab} = \sum_{d=1}^{n} C_{ib}^d p_d$ 确定,其中,$\{(i\sigma_1),(i\sigma_2),(i\sigma_3)\}$ 是 $SU(2)$ 的基,服从下述关系

$[.,.]$	$i\sigma_1$	$i\sigma_2$	$i\sigma_3$
$i\sigma_1$	0	$-i\sigma_3$	$i\sigma_2$
$i\sigma_2$	$i\sigma_3$	0	$-i\sigma_1$
$i\sigma_3$	$-i\sigma_2$	$i\sigma_1$	0

从而我们有

$$\Gamma = \begin{bmatrix} 0 & -p_3 & p_2 \\ p_3 & 0 & -p_1 \\ -p_2 & p_1 & 0 \end{bmatrix}$$

很明显有

$$\mathrm{Ker}(\Gamma) = \mathrm{span}\left\{ \begin{bmatrix} p_1 \\ p_2 \\ p_3 \end{bmatrix} \right\}$$

由此得出 Casimir 函数有形式 $\Phi(p_1^2 + p_2^2 + p_3^2)$,其中 $\Phi \in C^1(R)$。换句话,$p_1^2 + p_2^2 + p_3^2$ 保持沿最优轨迹为常数。对于任意 $(i\sigma_k),(i\sigma_m),k \neq m$,容易证实下述事实

$$[i\sigma_k, [i\sigma_k, i\sigma_m]] = -i\sigma_m \tag{14.16}$$

采用 Campbell-Baker-Hausdorff 公式可以证明下述命题:

命题 14.1 对于任意 $(i\sigma_k),(i\sigma_m)$

$$Ad_{\exp(i\sigma_k\gamma)} i\sigma_m = \begin{cases} i\sigma_m & \text{如果 } k = m \\ i\sigma_m \cos\gamma + [i\sigma_k, i\sigma_m]\sin\gamma, & \text{如果 } k \neq m \end{cases}$$

14.1.2 无漂移项的最优驱动

本节中考虑 (14.15) 式中漂移哈密顿为 $H_d = 0$ 的情况。

1) 有一个控制输入的无漂移项的情况

不失一般性,考虑下述有一个控制输入的无漂移项的系统:

$$\dot{U} = (a_1 v_1 i\sigma_1) U \tag{14.17a}$$

且性能指标为

$$J = \frac{1}{2} \int_0^T v_1^2 \mathrm{d}t$$

在一个控制输入的情况下,由于系统的 H_k 中只有一项,所以不能组成 $SU(2)$ 中的李代数,不满足系统可控性条件,即此时的系统在由 $SU(2)$ 所组成的空间里是不可控的,所以此时的输入不能驱动系统达到任意所期望的目标。但在给定控制律下的一定可达集合范围内是可控的。

实际上,对于给定的系统 (14.17a),可以求出其解为

$$U(t) = \exp(i\sigma_1 \phi(t)) \tag{14.17b}$$

其中, $\phi(t) = -a_1 \int_0^t v_1(\tau) d\tau$ 。另一方面, 既然 $\exp(i\sigma_1 \phi(t)) = \exp(i\sigma_1(\phi + 4m\pi))$, $m \in Z$, 可达集是 S^1, 所以, 当给定一个目标态

$$U_T = \exp(\beta i\sigma_1) \tag{14.17c}$$

其中, $\beta \in [-2\pi, 2\pi]$ 。

比较(14.17b)和(14.17c)式可以看出, 最优控制应当是常数。下面利用定理 14.2 来求解最优控制律。

构造哈密顿函数为

$$H = \langle T_e^* R_U P, a_1 v_1 i\sigma_1 \rangle + \frac{1}{2} v_1^2$$

其中, $P \in T_U^* SU(2)$ 。

因为 $\{(i\sigma_1)^*, (i\sigma_2)^*, (i\sigma_3)^*\}$ 对 $\{(i\sigma_1), (i\sigma_2), (i\sigma_3)\}$ 形成一个对偶基, 令 $T_e^* R_U P = p_1 (2i\sigma_1)^* + p_2 (2i\sigma_2)^* + p_3 (2i\sigma_3)^*$, 由 $\langle i\sigma_i, (i\sigma_j)^* \rangle = -\delta_{ij}/2$, 可得

$$H = a_1 p_1 v_1 + \frac{1}{2} v_1^2$$

其中, p 是待求参数。通过对哈密顿函数 H 求极值, 即对 H 求一阶导数, 再令其为零(或为最小), 可得最优控制律为

$$v_1^* = -a_1 p_1$$

在此控制律的作用下, 最优控制下的哈密顿量为: $H^* = -\frac{1}{2} v_1^2$ 。因为最优哈密顿 H^* 沿最优轨迹保持常数, 所以最优控制 v_1^* 也是常数。既然 v_1^* 是常数, 由被控系统(14.17a) $\dot{U} = (a_1 v_1 i\sigma_1) U$, 可以解出系统状态为

$$U(T) = \exp(a_1 v_1^* i\sigma_1 T)$$

结合(14.17c)式, 当给定目标态, 可以求出对系统(14.17a)的最优控制律是

$$v_1^*(t) \equiv \frac{\beta}{a_1 T}$$

在此控制律的作用下, 系统可以达到期望的目标态: $U_T = \exp(\beta i\sigma_1)$ 。

2) 两输入的无漂移情况

考虑下列有两个控制输入的无漂移系统

$$\dot{U} = (a_1 v_1 i\sigma_1 + a_2 v_2 i\sigma_2) U \tag{14.18}$$

及其性能指标函数为

$$J = \frac{1}{2} \int_0^T (v_1^2 + v_2^2) dt$$

此时根据定理 14.2 可设定系统的哈密顿形式为

$$H = \langle T_e^* R_U P, a_1 v_1 i\sigma_1 + a_2 v_2 i\sigma_2 \rangle + \frac{1}{2}(v_1^2 + v_2^2)$$

$$= a_1 p_1 v_1 + a_2 p_2 v_2 + \frac{1}{2}(v_1^2 + v_2^2)$$

其中，$P \in T_U^* SU(2)$。

同样，最优控制律可以通过对函数 H 求极值获得为

$$v_1^* = -a_1 p_1, \quad v_2^* = -a_2 p_2$$

且

$$H^* = -\frac{1}{2}(a_1^2 p_1^2 + a_2^2 p_2^2) \tag{14.19}$$

同样，需要确定最优控制律中的参数 p_1 和 p_2。

由定理 14.2，此时的约化动力学是

$$\begin{pmatrix} \dot{p}_1 \\ \dot{p}_2 \\ \dot{p}_3 \end{pmatrix} = \Gamma \cdot \nabla H^* \begin{pmatrix} a_2^2 p_2 p_3 \\ -a_1^2 p_1 p_3 \\ (a_1^2 - a_2^2) p_1 p_2 \end{pmatrix} \tag{14.20}$$

(14.20)式表示的是一个微分方程。

重写(14.19)式为

$$\frac{p_1^2}{-2H^*/a_1^2} + \frac{p_2^2}{-2H^*/a_2^2} = 1$$

注意哈密顿 H^* 仍保持常数，可得

$$p_1 = \frac{\sqrt{-2H^*}}{a_1} \cos\phi$$

$$p_2 = \frac{\sqrt{-2H^*}}{a_2} \sin\phi \tag{14.21}$$

由(14.21)式可以看出，参数 p_1 和 p_2 都是 H^* 和 ϕ 的函数，必须先求出 H^* 和 ϕ，才能确定 p_1 和 p_2。可以通过(14.20)式来求出 H^* 和 ϕ。

首先，对(14.21)式中的 p 求微分，并同时考虑(14.20)式中关系式可得

$$\dot{p}_1 = \frac{\sqrt{-2H^*}}{a_1} \sin\phi(-\dot{\phi}) = a_2^2 p_3 \frac{\sqrt{-2H^*}}{a_2} \sin\phi \tag{14.22a}$$

由此可以求出关系式：

$$\dot{\phi} = -a_1 a_2 p_3$$

这是一个与 p_3 相关的式子，利用(14.20)式，再次微分 $\dot{\phi}$，可得

$$\ddot{\phi} = -a_1 a_2 \dot{p}_3 = (a_1^2 - a_2^2) H^* \sin 2\phi \tag{14.22b}$$

求解微分方程(14.22b)，可以获得 ϕ 与 H^* 之间的关系式。此时的最优化控

制律为

$$v_1^* = -\sqrt{-2H^*}\cos\phi$$

$$v_2^* = -\sqrt{-2H^*}\sin\phi \tag{14.23}$$

由(14.23)式可知,对于两输入的无漂移情况,所要解决的问题是需要找到合适的 H^*、$\phi(0)$ 以及 $\dot\phi(0)$ 这三个参数,来确定最优控制律,驱动态 $U(t)$ 到达给定的目标态 U_T。

3) 三输入的无漂移情况

考虑下列有三个控制输入的无漂移系统

$$\dot U = (a_1 v_1 \mathrm{i}\sigma_1 + a_2 v_2 \mathrm{i}\sigma_2 + a_3 v_3 \mathrm{i}\sigma_3)U$$

以及价值函数为

$$J = \frac{1}{2}\int_0^T (v_1^2 + v_2^2 + v_3^2)\mathrm{d}t$$

重复上述过程,可以求出最优控制律为

$$v_1^* = -a_1 p_1, \quad v_2^* = -a_2 p_2, \quad v_3^* = -a_3 p_3 \tag{14.24}$$

最优控制下的哈密顿是

$$H^* = -\frac{1}{2}(a_1^2 p_1^2 + a_2^2 p_2^2 + a_3^2 p_3^2)$$

约化动力学为

$$\begin{bmatrix} \dot p_1 \\ \dot p_2 \\ \dot p_3 \end{bmatrix} = \begin{bmatrix} (a_2^2 - a_3^2)p_2 p_3 \\ (a_3^2 - a_1^2)p_1 p_3 \\ (a_1^2 - a_2^2)p_1 p_2 \end{bmatrix} \tag{14.25}$$

同样需要确定出控制律中的参数值 p_1、p_2 和 p_3。考虑下述三种情况:

情况 1:$a_1^2 = a_2^2 = a_3^2$

此时 p_1,p_2 和 p_3 沿最优轨迹保持常数,因此最优控制全是常数。在 $t = T$ 时有

$$U(T) = \exp\{a_1 v_1^* \mathrm{i}\sigma_1 + a_2 v_2^* \mathrm{i}\sigma_2 + a_3 v_3^* \mathrm{i}\sigma_3\}T$$

此时,相对于基 $\{(\mathrm{i}\sigma_1),(\mathrm{i}\sigma_2),(\mathrm{i}\sigma_3)\}$,对任何 $U_T \in SU(2)$,可以写成:

$$U_T = \exp\{\beta\mathrm{i}\sigma_1 + \gamma\mathrm{i}\sigma_2 + \theta\mathrm{i}\sigma_3\}$$

比较表达式 $U(T)$ 和 U_T,可以获得最优控制律分别为

$$v_1^*(t) \equiv \frac{\beta}{a_1 T}, \quad v_2^*(t) \equiv \frac{\gamma}{a_2 T}, \quad v_3^*(t) \equiv \frac{\theta}{a_3 T} \tag{14.26}$$

也就是说,对于三输入的无漂移系统,在 $a_1^2 = a_2^2 = a_3^2$ 的情况下,可以根据给

定目标态 $U_T = \exp\{\beta i\sigma_1 + \gamma i\sigma_2 + \theta i\sigma_3\}$ 中的参数 β, γ, θ 值,来求解出常数最优控制律。在最优控制律(14.26)式的作用下,可以驱动系统到达任意期望的目标态 $U_T = \exp\{\beta i\sigma_1 + \gamma i\sigma_2 + \theta i\sigma_3\}$。

情况 $2: a_1^2 = a_2^2$,或 $a_1^2 = a_3^2$ 或 $a_2^2 = a_3^2$

不失一般性,我们讨论 $a_1^2 = a_2^2$,此时(14.25)式的解可以写成

$$
\begin{cases}
p_1 = l\cos(\omega t + \alpha) \\
p_2 = l\sin(\omega t + \alpha) \\
p_3 \text{ 为常数}
\end{cases}
$$

其中,l, ω 以及 $\alpha \in R$。

将 p_1、p_2 和 p_3 代入(14.24)式,可得最优控制为

$$v_1^* = -\alpha_1 l\cos(\omega t + \alpha)$$

$$v_2^* = -\alpha_2 l\sin(\omega t + \alpha)$$

下面需要具体确定控制律中的参数:l, ω 和 α。

考虑下面时变不同构的 $U(t)$

$$U_r(t) = \exp\{(\omega t + \alpha)i\sigma_3\}U(t)$$

对 $U_r(t)$ 微分

$$
\begin{aligned}
\dot{U}_r(t) = \{\omega i\sigma_3 &+ Ad_{\exp(\omega t + \alpha)i\sigma_3}(-la_1^2 i\sigma_1\cos(\omega t + \alpha) \\
&- la_2^2 i\sigma_2\sin(\omega t + \alpha) + a_3 v_3^* i\sigma_3)\}U_r
\end{aligned} \tag{14.27}
$$

由命题 14.1,有

$$Ad_{\exp(\omega t + \alpha)i\sigma_3}i\sigma_1 = i\sigma_1\cos(\omega t + \alpha) - i\sigma_2\sin(\omega t + \alpha)$$

$$Ad_{\exp(\omega t + \alpha)i\sigma_3}i\sigma_2 = i\sigma_2\cos(\omega t + \alpha) + i\sigma_1\sin(\omega t + \alpha)$$

$$Ad_{\exp(\omega t + \alpha)i\sigma_3}i\sigma_3 = i\sigma_3$$

将这些值代入(14.27)式中

$$\dot{U}_r = ((\omega + a_3 v_3^*)i\sigma_3 - la_1^2 i\sigma_1)U_r$$

可获得 $U(t)$ 的解为

$$U(t) = \exp\{-(\omega t + \alpha)i\sigma_3\} \cdot \exp\{(a_3 v_3^* + \omega)i\sigma_3 - la_1^2 i\sigma_1\}t\exp\{\alpha i\sigma_3\} \tag{14.28}$$

$SU(2)$ 的李代数有一个直和分解 $su(2) = a \oplus b$,其中,$a = \text{span}\{i\sigma_3\}$,$b = \text{span}\{i\sigma_1, i\sigma_2\}$。可以证明:$[a, a] \subset a, [b, a] = b, [b, b] \subset a$,因此,$su(2) = a \oplus b$ 的分解是一个 $su(2)$ 上的 Cartan 分解。注意阿贝尔子代数由 $\{i\sigma_1\}$ 产生,且为最大阿贝尔,因此任何 $U_T \in SU(2)$ 可以分解为

$$U_T = \exp\theta i\sigma_3\exp\gamma i\sigma_1\exp\beta i\sigma_3 \tag{14.29}$$

方程(14.29)也称为 $SU(2)$ 的 ZXZ 参数。用(14.28)式中 $t = T$ 替代,并与(14.29)式中参数相比较,可以获得

$$\begin{cases} \alpha = \beta \\ \omega = -\dfrac{\theta + \beta + 4m\pi}{T} \\ l = \dfrac{\gamma + 4n\pi}{a_1^2 T} \\ v_3^* = \dfrac{\theta + \beta + 4m\pi}{a^3 T} \end{cases}$$

其中,$m, n \in Z$。因此最优控制是

$$v_1^* = \frac{\gamma + 4n\pi}{a_1 T}\cos\left(\beta - \frac{\theta + \beta + 4m\pi}{T}t\right)$$

$$v_2^* = \frac{\gamma + 4n\pi}{a_2 T}\sin\left(\beta - \frac{\theta + \beta + 4m\pi}{T}t\right)$$

$$v_3^* = \frac{\theta + \beta + 4m\pi}{a_3 T} \tag{14.30}$$

此时,性能函数为

$$J = \frac{(\gamma + 4n\pi)^2}{2a_1^2 T} + \frac{(\theta + \beta + 4m\pi)^2}{2a_3^2 T}$$

我们可以求得合适的 n 和 m,最小化性能指标。

对于三输入的无漂移系统,在 $a_1^2 = a_2^2$ 或 $a_1^2 = a_3^2$ 或 $a_2^2 = a_3^2$ 的情况下,设计最优控制律(14.30)式可以使得系统到达一个期望的最终态 $U_T = \exp\theta i\sigma_3 \exp\gamma i\sigma_1 \exp\beta i\sigma_3$。

情况 3:$a_1^2 \neq a_2^2, a_1^2 \neq a_3^2, a_2^2 \neq a_3^2$

不失一般性,假定 $a_3^2 > \max(a_1^2, a_2^2)$,并令 $p_1^2 + p_2^2 + p_3^2 = k$,重温最优控制下的哈密顿有

$$(a_3^2 - a_1^2) p_1^2 + (a_3^2 - a_2^2) p_2^2 = ka_3^2 + 2H^*$$

因此,(14.25)式的解可以写成

$$\begin{cases} p_1 = \sqrt{\dfrac{ka_3^2 + 2H^*}{a_3^2 - a_1^2}}\cos\phi \\ p_2 = \sqrt{\dfrac{ka_3^2 + 2H^*}{a_3^2 - a_2^2}}\sin\phi \\ p_3 = \sqrt{k - p_1^2 - p_2^2} \end{cases}$$

对 p_1 微分得

$$\dot{p}_1 = \sqrt{\frac{ka_3^2 + 2H^*}{a_3^2 - a_1^2}} \sin\phi(-\dot{\phi}) = (a_2^2 - a_3^2)p_3 \sqrt{\frac{ka_3^2 + 2H^*}{a_3^2 - a_1^2}} \sin\phi$$

因此,ϕ 满足

$$\dot{\phi} = \sqrt{(a_3^2 - a_2^2)(a_3^2 - a_1^2)} p_3 = \sqrt{(a_3^2 - a_2^2)(a_3^2 - a_1^2)}$$

$$\cdot \sqrt{-\frac{ka_3^2 + 2H^*}{a_3^2 - a_1^2} - \frac{(a_2^2 - a_1^2)(ka_3^2 + 2H^*)}{(a_3^2 - a_2^2)(a_3^2 - a_1^2)} \sin^2\phi}$$

通过此式求解,并通过找到合适的 H^*,k 和 $\phi(0)$ 以使最优控制(14.24)驱动状态 $U(t)$ 到达给定的目标态 U_T。

14.1.3 有漂移的最优驱动

本节将处理有漂移系统的幺正算符的最优驱动。

1) 漂移加一个输入

不失一般性,考虑下述漂移外加一个输入的情况:

$$\dot{U} = (a_1 v_1 i\sigma_1 + a_2 i\sigma_2)U \tag{14.31}$$

及性能指标:

$$J = \frac{1}{2}\int_0^T v_1^2 \mathrm{d}t$$

此时可达集是 $SU(2)$ 上的一个子集,所以系统(14.31)的解(可达集)不能在整个 $SU(2)$ 可控。下面的讨论,假定目标态 U_T 给定在(14.31)系统的可达集上。此时最优控制为

$$v_1^* = -a_1 p_1 \tag{14.32}$$

最优哈密顿为

$$H^* = -\frac{1}{2}a_1^2 p_1^2 + a_2 p_2$$

约化动力学为

$$\begin{pmatrix} \dot{p}_1 \\ \dot{p}_2 \\ \dot{p}_3 \end{pmatrix} = \begin{pmatrix} a_2 p_3 \\ -a_1^2 p_1 p_3 \\ a_1^2 p_1 p_2 + a_2 p_1 \end{pmatrix}$$

既然哈密顿 H^* 沿最优轨迹保持常数,p_1 满足下列方程式

$$\ddot{p}_1 = -a_2 \dot{p}_3 = -a_1^2 p_1 a_2 p_2 - a_2^2 p_1 = -a_1^2 p_1 \left(H^* + \frac{a_1^2}{2}p_1^2\right) - a_2^2 p_1$$

$$= -\frac{a_1^4}{2}p_1^3 - (a_1^2 H^* + a_2^2)p_1$$

同样,要想对系统进行最优控制,以便使得系统状态达到目标态,需要求出

H^*, $p_1(0)$ 以及 $\dot{p}_1(0)$, 以致于 (14.32) 式最优控制能够驱动态 $U(t)$ 到达一个给定的目标态。

2) 漂移加两个输入

不失一般性, 考虑下述漂移外加两个输入的情况:

$$\dot{U} = (a_1 v_1 \mathrm{i}\sigma_1 + a_2 v_2 \mathrm{i}\sigma_2 + a_3 \mathrm{i}\sigma_3) U$$

及性能指标:

$$\min \frac{1}{2} \int_0^T (v_1^2 + v_2^2) \mathrm{d}t$$

可求得最优控制是

$$v_1^* = -a_1 p_1, \quad v_2^* = -a_2 p_2$$

最优哈密顿为

$$H^* = -\frac{1}{2}(a_1^2 p_1^2 + a_2^2 p_2^2) + a_3 p_3 \tag{14.33}$$

由定理 14.2, 约化动力学为

$$\begin{bmatrix} \dot{p}_1 \\ \dot{p}_2 \\ \dot{p}_3 \end{bmatrix} = \begin{bmatrix} a_2^2 p_2 p_3 - a_3 p_2 \\ -a_1^2 p_1 p_3 - a_3 p_1 \\ (a_1^2 - a_2^2) p_1 p_2 \end{bmatrix} \tag{14.34}$$

我们考虑下述两种情况。

情况 1: $a_1^2 = a_2^2$

此时, 约化动力学变为

$$\begin{bmatrix} \dot{p}_1 \\ \dot{p}_2 \\ \dot{p}_3 \end{bmatrix} = \begin{bmatrix} (a_2^2 p_3 - a_3) p_2 \\ -(a_1^2 p_3 + a_3) p_1 \\ 0 \end{bmatrix}$$

最优控制可以写为

$$v_1^* = -a_1 l \cos(\omega t + \alpha)$$

$$v_2^* = -a_2 l \sin(\omega t + \alpha)$$

其中, l, ω 以及 $\alpha \in R$。下面需要确定控制律中的参数: l, ω 和 α。

$U(t)$ 的解可以获得为

$$U(t) = \exp\{-(\omega t + \alpha)\mathrm{i}\sigma_3\} \cdot \exp\{(a_3 + \omega)\mathrm{i}\sigma_3 - l a_1^2 \mathrm{i}\sigma_1\} t \exp\{\alpha \mathrm{i}\sigma_3\} \tag{14.35}$$

重提 (14.29) 式, 任何 $U_T \in SU(2)$ 可以被分解为

$$U_T = \exp\theta \mathrm{i}\sigma_3 \exp\gamma \mathrm{i}\sigma_1 \exp\beta \mathrm{i}\sigma_3 \tag{14.36}$$

用 $t = T$ 代替 (14.35) 式, 并与 (14.36) 式中的系数相比较, 可得

$$\begin{cases} \alpha = \beta \\ \omega = -a_3 \\ l = -\dfrac{\gamma + 4n\pi}{a_1^2 T}, \ n \in Z \end{cases}$$

终态满足

$$T = -\frac{\theta + \beta + 4m\pi}{a_3}, \ m \in Z \qquad (14.37)$$

因此,最优控制是

$$v_1^* = \frac{\gamma + 4n\pi}{a_1 T}\cos(\beta - a_3 t)$$

$$v_2^* = \frac{\gamma + 4n\pi}{a_2 T}\sin(\beta - a_3 t)$$

及性能函数为

$$J = \frac{(\gamma + 4n\pi)^2}{2a_1^2 T}$$

我们能够取 n 来最小化性能指标。注意在此情况中,因为 T 必须满足 (14.37)式,所以输入并不能驱动系统在任意终止时间 T 到达终态 $U_T = \exp\theta i\sigma_3 \exp\gamma i\sigma_1 \exp\beta i\sigma_3$。

情况 $2: a_1^2 \neq a_2^2$

既然哈密顿 H^* 以及 $p_1^2 + p_2^2 + p_3^2$ 沿着最优轨迹保持常数,令 $p_1^2 + p_2^2 + p_3^2 = k$,那么(14.34)式的解可以写为

$$\begin{cases} p_1 = \sqrt{k - p_3^2}\cos\phi \\ p_2 = \sqrt{k - p_3^2}\sin\phi \end{cases} \qquad (14.38)$$

对 p_1 微分,我们获得 ϕ 满足

$$\begin{aligned} \dot{\phi} &= -a_3 - p_3(a_1^2\cos^2\phi + a_2^2\sin^2\phi) \\ &= -a_3 - p_3\frac{a_1^2 p_1^2 + a_2^2 p_2^2}{k - p_3^2} \\ &= -a_3 - p_3\frac{2(H^* + a_3 p_3)}{k - p_3^2} \end{aligned}$$

将(14.38)式代入(14.33)式中,p_3 是下列二次型方程的根:

$$(a_1^2\cos^2\phi + a_2^2\sin^2\phi)p_3^2 + 2a_3 p_3 - 2H^* - k(a_1^2\cos^2\phi + a_2^2\sin^2\phi) = 0$$

从而最优控制为

$$v_1^* = -a_1\sqrt{k - p_3^2}\cos\phi$$

$$v_2^* = -a_2\sqrt{k - p_3^2}\sin\phi \qquad (14.39)$$

参数 H^{*}, k 和 $\phi(0)$ 可以通过数字优化过程来确定,并以此来达到驱动 $U(t)$ 到一个给定的终态的最优控制的目标。

3) 具有三个输入的漂移系统

考虑下列具有三个输入的漂移系统

$$\dot{U} = (a_0 i\sigma_3 + a_1 v_1 i\sigma_1 + a_2 v_2 i\sigma_2 + a_3 i\sigma_3)U$$

令:$v_1' = v_1 + a_0/a_1$,这是具有三个输入的无漂移系统。可以按照前面的方法进行分析求解。

14.2 量子系统最优控制迭代算法的仿真实验研究

这里我们将对一个位于磁场中的两个相互作用的自旋 $-\frac{1}{2}$ 粒子系统采用双线性最优控制迭代算法进行最优控制器的设计与仿真实验,并对结果进行分析。

14.2.1 模型的建立

该量子系统的双线性状态空间模型为

$$i\hbar\dot{\psi} = (\gamma_1(B_0 S_z \otimes I + B_y(t)S_y \otimes I) + \gamma_2(B_0 I \otimes S_z + B_y(t)I \otimes S_y)$$
$$+ J(S_z \otimes S_z))\psi \tag{14.40}$$

其中,$\psi \in C^2 \otimes C^2$,同时,γ_1 和 γ_2 为两粒子的回旋磁比,J 为自旋-自旋相互作用强度。所有张量积左边的量都代表第一个自旋,右边的量代表第二个自旋。令 $t \to \tau = \dfrac{\gamma_1 B_0}{\hbar}t$,$u(t) = \dfrac{B_y(t)}{B_0}$,$\rho = \gamma_2/\gamma_1$,$\hat{J} = J/\gamma_1 B_0$,系统方程变为

$$\dot{\psi} = -i((S_z \otimes I + \rho I \otimes S_z + \hat{J} S_z \otimes S_z) + (S_y \otimes I + \rho I \otimes S_y)u(t))\psi \tag{14.41}$$

对 $\rho \neq 1$,即 $\gamma_1 \neq \gamma_2$,该系统可控。这里设 $\rho = 0.6$,$\hat{J} = 0.004$。同时,通过对相互作用量子系统模型空间关系的分析可知,$C^2 \otimes C^2 \subseteq C^4$,以及

$$S_z = \begin{bmatrix} \dfrac{1}{2} & 0 \\ 0 & -\dfrac{1}{2} \end{bmatrix}, S_y = \begin{bmatrix} 0 & -\dfrac{1}{2}i \\ \dfrac{1}{2}i & 0 \end{bmatrix}$$

为了得到实数状态空间的系统方程,需要将系数矩阵以及状态的实部和虚部分离。设 $A_0 = -i(S_z \otimes I + \rho I \otimes S_z + \hat{J} S_z \otimes S_z)$,$B_0 = -i(S_y \otimes I + \rho I \otimes S_y)$,即系统状态空间方程变为

$$\dot{\psi} = (A_0 + u(t)B_0)\psi \tag{14.42}$$

设 $\psi=[\psi_1 \quad \psi_2 \quad \psi_3 \quad \psi_4]'=[x_1+ix_5 \quad x_2+ix_6 \quad x_3+ix_7 \quad x_4+ix_8]'$, $x_i\in R(i=1,\cdots,8)$。由等式两边的实虚部分别相等得到如下关于实向量 x 的状态空间方程:

$$\dot{x} = Ax + uBx$$

其中

$$A = \begin{bmatrix} \mathrm{Re}(A_0) & -\mathrm{Im}(A_0) \\ \mathrm{Im}(A_0) & \mathrm{Re}(A_0) \end{bmatrix}, \quad B = \begin{bmatrix} \mathrm{Re}(B_0) & -\mathrm{Im}(B_0) \\ \mathrm{Im}(B_0) & \mathrm{Re}(B_0) \end{bmatrix}$$

代入各常数值,得

$$A = \begin{bmatrix} 0 & A_{12} \\ A_{21} & 0 \end{bmatrix}, \quad B = \begin{bmatrix} B_{11} & 0 \\ 0 & B_{22} \end{bmatrix}$$

其中

$$A_{12} = \begin{bmatrix} 0.801 & 0 & 0 & 0 \\ 0 & 0.199 & 0 & 0 \\ 0 & 0 & -0.201 & 0 \\ 0 & 0 & 0 & -0.799 \end{bmatrix},$$

$$A_{12} = -A_{21}, B_{11} = B_{22} = \begin{bmatrix} 0 & -0.3 & -0.5 & 0 \\ 0.3 & 0 & 0 & -0.5 \\ 0.5 & 0 & 0 & -0.3 \\ 0 & 0.5 & 0.3 & 0 \end{bmatrix}$$

14.2.2 控制器设计

量子系统的控制目标是从某一指定的初态转移到指定的终态。在设计控制律之前需要先判断系统的能控性。用 MATLAB 的函数求得系数矩阵 A 的特征值为相异的纯虚数,另外可以由计算结果可得,系统满足李秩条件,因此根据量子系统可控性条件可知所讨论的系统是可控的。

现在考虑将状态 $\psi_0 = |++\rangle$(全部自旋向上)在时间 $T>0$ 时转移到 $\psi_1 = |--\rangle$(全部自旋向下)的问题。这里采用矩阵的表示,取状态 $|+\rangle$ 和 $|-\rangle$ 分别取为

$$|+\rangle = \begin{bmatrix} 1 \\ 0 \end{bmatrix}, \quad |-\rangle = \begin{bmatrix} 0 \\ 1 \end{bmatrix}$$

所以,系统的初态为

$$\psi_0 = x_0 = \begin{bmatrix} 1 \\ 0 \end{bmatrix} \otimes \begin{bmatrix} 1 \\ 0 \end{bmatrix} = [1 \quad 0 \quad 0 \quad 0]' \tag{14.43}$$

即: $x_1=1$,其余状态为零;系统的终态为

$$\psi_1 = x_1 = \begin{bmatrix} 0 \\ 1 \end{bmatrix} \otimes \begin{bmatrix} 0 \\ 1 \end{bmatrix} = \begin{bmatrix} 0 & 0 & 0 & 1 \end{bmatrix}' \qquad (14.44)$$

即 $x_4 = 1$,其余状态为零。

　　这里采用第 8 章介绍的双线性系统的最优跟踪器迭代设计方法进行量子控制器的最优设计。

　　对于一般极值问题,取性能指标为

$$J'_1 = \frac{1}{2} a_0 \int_0^T \sum_{i=1}^m u_i^2(t) \mathrm{d}t - x_f' x(T) = a_0 J_0 + J_1$$

编程反复迭代求解下列方程组:

$$\dot{x}_n = \left(A + \sum_{i=1}^m B_i [x_n' B_i \lambda_{n-1}/a_0] \right) x_n$$

$$x_n(0) = x_0$$

$$\dot{\lambda}_n = \left(A + \sum_{i=1}^m B_i u_{i(n)} \right) \lambda_n$$

$$\lambda_n(T) = -x_f$$

直到到达所要求的精度为止。

14.2.3　仿真实验及其结果分析

　　下面分为两种情形,即一般极值问题和非一般极值问题进行系统仿真及其分析。

　　1)一般极值问题

$$J'_1 = \frac{1}{2} a_0 \int_0^T \sum_{i=1}^m u_i^2(t) \mathrm{d}t - x_f' x(T) = a_0 J_0 + J_1$$

　　我们在 MATLAB 环境下进行系统控制器的迭代设计及其仿真系统的控制实验,取终止迭代的条件为:对 J'_1 的改善小于 10^{-6},或迭代达到 500 步;采样周期为 $T_0 = 0.05\mathrm{s}$,实验中通过参数 a_0 的不同取值来观察系统响应的性能。下面对不同参数取值对控制效果影响的分析。

　　首先来看 a_0 的影响。固定到达终态的时间为 $T = 5$,分别取 a_0 为 0.01 和 0.1,得到的系统各个变量的时间曲线分别如图 14.1 和图 14.2 所示,其中,横坐标为时间,单位为秒;上图为各状态变量 X 的变化曲线图;下图为控制信号随时间的变化曲线。

　　从各自图中可以看出,状态 x_1 从初态 1 经过 5s 后转变为 0;而状态 x_4 由 0 转变为 1,其他状态均保持不变。结合两图还可以看出,a_0 取值越小,控制的效果越好,即状态的终态值越能够准确地到达期望值,但是所需要的控制量幅值相对来说也需要大一些。随着 a_0 的数值的增大,加强了对控制量的限制,因而驱动系统状

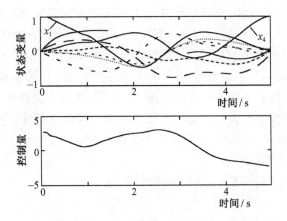

图 14.1　$a_0 = 0.01$ 时的量子系统控制结果

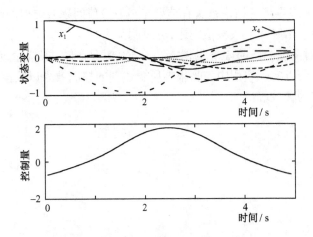

图 14.2　$a_0 = 0.1$ 时的量子系统控制结果

态达到期望值的愿望也随之受到限制;或需要更长的控制时间;或无法达到期望终值。图 14.2 中的状态 x_4 在 5s 的控制时间内,其控制性能 J'_1 的改善,即连续两次迭代的 J'_1 的变化小于 10^{-6},但此时的 $J'_1 = 0.82$。由此可见,对控制量的限制是有限的,太大将有可能达不到期望的终态。

　　通过系统仿真我们还做了以下实验:固定 a_0 的取值不变,改变终态 T 的时间,比较所获得的控制效果,从中得出的结论是 T 越大,控制的效果越好,控制量的幅值也要小些,但这是以延长控制时间为代价的。反过来,控制时间越短,即 T 越小,要想达到同样的控制效果,就需要以提高控制量幅值为代价。

　　在利用前面所推导出的迭代算法进行控制律求解过程中,还有一个对控制效果有直接影响的因素,这就是初始控制值 $u(0)$ 的选取。我们对此做了反复的实验。结果表明,初始 $u(0)$ 可以取常值,也可以取随时间变化的函数,但不同的初始值下所获得的控制律在幅值以及所花费的迭代次数上是存在很大差异的。比如在 a_0 为 0.01,以及与前面一般极值给定的相同的迭代条件下,取 $u(0) = 1$。迭代次数需要 383 次;取 $u(0) = 0.8$,迭代次数只需要 97 次,但控制量的最大值达到 5 以上。而当取 $u(0) = 0.5$ 时,迭代次数满 500 次也没有达到期望的 10^{-6} 的性能指标。折中考察控制量大小和迭代次数两方面的因素,在我们的系统实验中所取的初始值为 $u(0) = \sin(t)$,它的迭代次数是 192 次。

2) 非一般极值问题

也就是 $a_0 = 0$ 的情形。此时的性能指标为

$$J_1 = - x'_f x(T)$$

取同样的采样周期 $T_0 = 0.05$ 以及不同的 c 值进行仿真实验发现 c 的取值对控制效果的影响很小,所以在实验中我们固定 $c = 0.987$,然后取不同的终值时间 T 进行实验,最终得到的结论是所有结果与一般极值问题有类似的趋势。

比较一般极值和非一般极值问题,可以明显看出 a_0 越小,越容易达到期望的终态值,但是所需控制量的幅值也越大。$a_0 = 0$ 时(即非一般极值问题)的状态转移效果最好。所以实际应用中应当根据所要达到的控制效果以及控制量大小的限制来调整相应的参数取值。

第 15 章　量 子 测 量

测量是测量仪器与被测对象之间的相互作用。经典测量对被测对象的影响可以忽略。量子测量对被测对象的影响一般不可以忽略,甚至于可以摧毁对被测对象或被测对象的状态。测量前后,测量仪器的状态一般也会发生变化。因此,测量结果可能依赖于测量方法和测量过程。

15.1　量子的一般测量

数学表达式与物理观测变量之间是通过测量联系起来的。希尔伯特空间概率幅的平方可以被解释为实数概率。概率可以通过对密度矩阵求和获得。在量子测量中,由于被测状态可能在一次测量后发生改变,因此不可能通过重复测量对测量结果进行确认。对大量的全同的量子系统测量一个可观测量,理论也只能预言各个测量结果的相对概率。

我们来看待测体系和测量装置。我们将待测体系(A)和测量装置(B)看作一个复合系统。A 的一组力学量完全集 F 的共同本征函数 $|n\rangle$,相应本征值为 F_n,本征方程为

$$F|n\rangle = F_n|n\rangle$$

在以 $|n\rangle$ 为基矢的表象中,A 的任意一个量子态 $|\psi\rangle$ 可表示为

$$|\psi\rangle = \sum C_n|n\rangle, \ C_n = \langle n|\psi\rangle, \ \sum|C_n|^2 = 1$$

其中,$|C_n|^2$ 表示在 $|\psi\rangle$ 态下测量 F 得到 F_n 的概率。与 $|\psi\rangle$ 相应的密度矩阵为

$$\rho = |\psi\rangle\langle\psi| = \sum C_i C_j^*|i\rangle\langle j| =$$

$$(C_1 \quad C_2 \cdots C_n) \otimes \begin{pmatrix} C_1^* \\ C_2^* \\ \vdots \\ C_n^* \end{pmatrix} = \begin{pmatrix} |C_1|^2 & C_1 C_2^* & \cdots & C_1 C_n^* \\ C_2 C_1^* & |C_2|^2 & \cdots & C_2 C_n^* \\ \vdots & \vdots & & \vdots \\ C_n C_1^* & C_n C_2^* & \cdots & |C_n|^2 \end{pmatrix}$$

它描述了一个纯态,$|C_i|^2$ 为矩阵的对角元;非对角元 $C_i C_j^*$ 描述了纯态的相干态性($i,j = 1,2,\cdots,n$)。

待测体系(A)和测量装置(B)所组成的复合体系的量子态

$$|\psi\rangle = \sum C_n|n,n'\rangle$$

其中,不带"′"的态是待测体系(A)的态,带"′"的态是测量装置(B)的态。$|\psi\rangle$ 是一个纯态,一般为纠缠态,它的密度矩阵为

$$\rho = |\psi\rangle\langle\psi| = \sum C_i C_j^* |i,j\rangle\langle i',j'|$$

测量时,人们只对待测体系(A)的态感兴趣,即对于一个复合系统,只对其中的一部分的力学量进行测量,这是量子不完全测量。需要引入约化密度矩阵的概念。待测体系(A)的态的约化密度矩阵为

$$\rho_A = \mathrm{tr}_B(\rho_{AB}) = \sum |C_i|^2 |i\rangle\langle i| = \sum p_i\rho_i$$

其中,$p_i = |C_i|^2, \rho_i = |i\rangle\langle i|$。$\rho_A$ 描述的是体系 A 的各个可能纯态 $|i\rangle$ 且具有相应概率 p_i 所叠加起来的混态(尽管复合系统处于纯态),它的非对角元全部消失,只剩下对角元 $p_i = |C_i|^2$,它表征 A 处于纯态 $|i\rangle$ 的概率。

"(物理实验上)力学量 A 是可观测的"等价于"(数学上)算符 A 的本征矢是完备的"。因为,只有当 A 的本征矢是完备的,才可以对任给的被测态做谱分解,如此才能谈得上对其进行关于 A 的观测;能对任意态进行关于 A 的观测,才可以说力学量 A 是可观测的。

系统在不受外界作用的情况下是按照幺正算符演化的,但是当实验者采用实验设备对其进行观测以了解系统内部情况时,则破坏了系统的幺正演化。

量子一般测量是由一组算符 $\{M_m\}$ 描述,这些算符作用在被测系统状态空间上,指标 m 表示实验中可能的测量结果。若在测量前,量子系统的最新状态是 $|\psi\rangle$,则测量结果 m 发生的可能性由

$$p(m) = \langle\psi|M_m^+ M_m|\psi\rangle$$

给出,且测量后系统的状态为

$$\frac{M_m|\psi\rangle}{\sqrt{\langle\psi|M_m^+ M_m|\psi\rangle}}$$

测量算符满足完备性方程

$$\sum_m M_m^+ M_m = I$$

完备性方程表达了概率之和为 1 的事实:

$$1 = \sum_m p(m) = \sum_m \langle\psi|M_m^+ M_m|\psi\rangle$$

该方程对所有 $|\psi\rangle$ 成立,等价于完备性方程。然而,直接验证完备性方程要容易得多。

测量的一个简单但重要的例子是单量子比特在计算基下的测量。有两个测量算符 $M_0 = |0\rangle\langle 0|$ 和 $M_1 = |1\rangle\langle 1|$ 定义两个结果。注意到每个 $M_0 = |0\rangle\langle 0|$ 算符都是厄米的,并且 $M_0^2 = M_0, M_1^2 = M_1$,于是,满足完备性关系,$M_0 + M_1 = M_0^+ M_0 + M_1^+ M_1 = I$。假设被测状态是 $a|0\rangle + b|1\rangle$,则获得测量结果 0 的概率

为

$$p(0) = \langle \psi | M_0^+ M_0 | \psi \rangle = \langle \psi | M_0 | \psi \rangle = | a |^2$$

类似地,则获得测量结果 1 的概率为 $p(1) = | b |^2$。两种情况下,测量后的状态分别为

$$\frac{M_0 | \psi \rangle}{| a |} = \frac{a}{| a |} | 0 \rangle$$

$$\frac{M_1 | \psi \rangle}{| b |} = \frac{b}{| b |} | 1 \rangle$$

由于 $\frac{a}{| a |}$ 和 $\frac{b}{| b |}$ 的模均为 1,所以测量后的有效状态实际上就是 $| 0 \rangle$ 和 $| 1 \rangle$。

在宏观世界里,研究对象的不同状态至少原则上常常是可以区分的,但在量子力学系统中,情况是比较复杂的。

设状态集 $| \psi_i \rangle$ 是正交的,对每个下标定义测量算符 $M_i = | \psi_i \rangle \langle \psi_i |$,再定义一个测量算符 M_0 为半正定算符 $I - \sum_{i \neq 0} | \psi_i \rangle \langle \psi_i |$ 的非负平方根。这些算符满足完备性关系,并且如果状态是 $| \psi_i \rangle$,则 $p(i) = \langle \psi_i | M_i | \psi_i \rangle = 1$,测量结果肯定是 i。因此可以可靠地区分正交状态集 $| \psi_i \rangle$。

但是,如果状态集 $| \psi_i \rangle$ 不是正交的,那么可以证明没有量子测量可以可靠地区分这些状态。

15.1.1 投影测量

投影测量由被观测系统状态空间上的一个可观测量厄米算符 M 描述,该可观测量具有谱分解

$$M = \sum_m m P_m$$

其中,P_m 是到特征值 m 的本征空间 M 上的投影。测量的可能结果对应于测量算符的特征值 m。测量状态 $| \psi \rangle$ 时,得到结果 m 的概率为

$$p(m) = \langle \psi | P_m | \psi \rangle$$

给定测量结果 m,测量后量子系统的状态立即为

$$\frac{P_m | \psi \rangle}{\sqrt{p(m)}}$$

投影测量可视为一般测量的特殊情况。设一般测量算符除了满足完备性关系 $\sum_m M_m^+ M_m = I$ 外,还满足 M_m 是正交投影算符的条件,即 M_m 是厄米的,且 $M_m M_{m'} = \delta_{m, m'} M_m$。有了这些附加条件,一般测量就退化为投影测量。

投影测量具有许多好的性质,特别地,很容易计算投影测量的平均值。由定义,测量的平均值是

$$E(M) = \sum_m mp(m) = \sum_m m\langle\psi|P_m|\psi\rangle = \sum_m m\langle\psi|\sum mp_m|\psi\rangle = \langle\psi|M|\psi\rangle$$

这是一个非常有用的公式。可以简化许多计算。可观测量 M 的平均值常写作 $\langle M\rangle \equiv \langle\psi|M|\psi\rangle$。从这个平均公式可以导出与观测 M 相联系的标准偏差的一个公式

$$[\Delta(M)]^2 = \langle(M-\langle M\rangle)^2\rangle = \langle M^2\rangle - \langle M\rangle^2$$

标准差是测量 M 的观测值典型分散程度的一个度量。特别地,如果进行大量状态为 $|\psi\rangle$ 观测 M 的实验,则观测值的标准差是 $[\Delta(M)]^2$ 由公式 $[\Delta(M)]^2 = \langle M^2\rangle - \langle M\rangle^2$ 决定。这个对可观测量给出的测量和标准差的公式是导出诸如海森伯(Heisenberg)测不准原理结果的一种方法。

量子力学中最有名的结果就是海森伯测不准原理。设 A 和 B 是两个厄米算符,$|\psi\rangle$ 是一个量子状态。设 $\langle\psi|AB|\psi\rangle = x + \mathrm{i}y$,其中,$x$ 和 y 是实数;而 $\langle\psi|[A,B]|\psi\rangle = 2\mathrm{i}y$,$\langle\psi|\{A,B\}|\psi\rangle = 2x$,这意味着

$$|\langle\psi|[A,B]|\psi\rangle|^2 + |\langle\psi|\{A,B\}|\psi\rangle|^2 = 4|\langle\psi|AB|\psi\rangle|^2 \qquad (15.1)$$

由于

$$|\langle\psi|AB|\psi\rangle|^2 \leqslant \langle\psi|A^2|\psi\rangle\langle\psi|B^2|\psi\rangle$$

结合(15.1)式,并去掉非负项,给出

$$|\langle\psi|[A,B]|\psi\rangle|^2 \leqslant 4\langle\psi|A^2|\psi\rangle\langle\psi|B^2|\psi\rangle$$

设 C 和 D 是两个可观测量,以 $A = C - \langle C\rangle$ 和 $B = D - \langle D\rangle$ 代入上式,我们得到海森伯测不准原理的常见形式

$$\Delta(C)\Delta(D) \geqslant \frac{|\langle\psi|[C,D]|\psi\rangle|}{2} \qquad (15.2)$$

测不准原理的解释是:如果我们制备大量具有相同状态 $|\psi\rangle$ 的量子系统,并对一部分系统测量 C,另对一部分系统测量 D,那么 C 的结果的标准偏差 $\Delta(C)$ 乘以 D 的结果的标准偏差 $\Delta(D)$ 将满足不等式(15.2)。

有两个广泛使用的关于测量的说法。人们常简单地列出一组满足关系式 $\sum_m P_m = I$ 和 $P_m P_{m'} = \delta_{m,m'}P_m$ 的正交投影算符 P_m,而不是给出观测量来描述投影测量,这种做法的相应观测量为 $M = \sum_m mP_m$。另一广泛采用的术语是"在基 $|m\rangle$ 下的测量",其中,$|m\rangle$ 构成标准正交基,就是指用投影 $P_m = |m\rangle\langle m|$ 的投影测量。

让我们来看一个单量子比特上投影测量的例子。首先是可观测量 Z 的测量,其特征值是 $+1$ 和 -1,相应的特征向量是 $|0\rangle$ 和 $|1\rangle$。于是,例如,测量 Z 对状态 $|\psi\rangle = (|0\rangle + |1\rangle)/\sqrt{2}$ 得到结果 $+1$ 的概率为 $\langle\psi|0\rangle\langle0|\psi\rangle = 1/2$,类似地,得到结果 -1 的概率为 $1/2$。更一般地,设 v 是任意三维实向量,则可以定义观测量

$$v \cdot \sigma \equiv v_1\sigma_1 + v_2\sigma_2 + v_3\sigma_3$$

这个观测量的测量被称为对自旋沿 v 轴的测量。

从研究的观点来看,在实际应用中,人们目前对系统测量后的状态本身往往不太关注,更关心的是系统得到不同观测结果的概率。例如,仅在结束阶段对系统进行一次测量的实验就是这种情况。"正定算符值测量(positive operator-valued measure,简称 POVM)"特别适合于分析在这类情况的测量结果。设测量算符 M_m 在状态为 $|\psi\rangle$ 的量子系统上进行测量,则得到结果 m 的概率由 $p(m) = \langle\psi|M_m^+M_m|\psi\rangle$。如果定义 $E_m = M_m^+M_m$,则 E_m 满足 $\sum_m E_m = I$ 和 $p(m) = \langle\psi|E_m|\psi\rangle$ 的半正定算符。于是算符集合 E_m 足以确定不同测量结果的概率,算符 E_m 称为与测量相联系的 POVM 元,完整的集合 $\{E_m\}$ 称为一个 POVM。由测量算符 P_m 描述的投影测量,其中 P_m 满足 $P_mP_{m'} = \delta_{m,m'}P_m$ 和 $\sum_m P_m = I$ 的投影算符,就是 POVM 的例子。在此例中(仅对此例)所有的 POVM 元与测量算符本身相同,因为 $E_m \equiv P_m'P_m = P_m$。

设 $\{E_m\}$ 是任意满足 $\sum_m E_m = I$ 的半正定算符集合,证明存在一组测量算符 M_m,来定义由 POVM $\{E_m\}$ 所描述的测量。定义 $M_m \equiv \sqrt{E_m}$,则我们看到 $\sum_m M_m^+M_m = \sum_m E_m = I$,故集合 M_m 描述了一个具有 POVM $\{E_m\}$ 的测量。出于这个原因,把 POVM 定义为任意满足如下条件的算符集合 $\{E_m\}$ 是方便的:(1)每个算符 E_m 是半正定的;(2)表达概率和为 1 的完备性 $\sum_m E_m = I$ 成立。为完成 POVM 的描述,再次注意对给定的 POVM $\{E_m\}$,得到结果 m 的概率由 $p(m) = \langle\psi|E_m|\psi\rangle$ 给出。

投影测量加上幺正操作等价于一般测量。从数学上看,一般测量在某种意义下更简单,因为它所涉及到的限制少,一般测量没有像投影测量要求满足 $P_iP_j = \delta_{ij}P_i$ 条件。这一简化的结构也带给一般测量一些投影测量所不具备的有用性质。另外,区分一组量子状态的最优方式的答案涉及的是一般测量,而不是投影测量。不过投影测量具有可重复性。投影测量在以下意义下可以重复:若进行一次投影测量,得到结果 m,重复测量会再次得到 m 而不会改变状态。为明确说明这一点,设 $|\psi\rangle$ 为初始态,第一次测量后的状态是 $|\psi_m\rangle = (P_m|\psi\rangle)/\sqrt{\langle\psi|P_m|\psi\rangle}$,应用 P_m 到 $|\psi_m\rangle$ 并不会改变它,于是有 $\langle\psi_m|P_m|\psi_m\rangle = 1$,故重复测量每次都得到 m,且不改变状态。

投影测量的可重复性提示我们,量子力学中的许多重要测量不是投影测量。例如,如果我们用涂有银的屏去测量光子的位置,那么在测量的过程中毁灭了光子,这当然使重复测量光子的位置成为不可能。许多其他量子测量在与投影测量相同的意义下也是不可重复的,对这些测量就必须采用一般测量的假设了。最后,POVM 处于什么样的理论位置? 应当将 POVM 视为为研究一般测量的统计特性提供最简单的方法,而不需要知道测量后状态的特殊工具,它有时可以为量子测量的研究提供额外的方便的数学工具。

15.1.2　量子不完全测量

量子力学中的完全测量是能得到所有可能的不同结果的测量。量子力学中的不完全测量不是(如分辨率不够的)模糊测量,也不同于经典力学中(如测量了角动量矢量的两个分量)的不完全测量。

量子力学中的测量可以分为三种情况。

1) 如果对一个力学量分量的本征函数进行测量,则将以相应的一套概率得到可能的本征值的谱。每个测量值的精度取决于测量仪器和测量方法,没有其他原则上的限制。

2) 两个或两个以上、相互对易的力学量分量的共同本征函数进行测量,一个力学量的分量都将以相应的几套概率得到几组可能的本征值的谱。每个测量值的精度取决于测量仪器和测量方法,没有其他原则上的限制。

3) 两个或两个以上、相互不对易的力学量的分量,它们没有共同的本征函数。对其中某一个力学量分量的本征函数进行测量,该力学量分量都将以相应的一套概率得到一组可能的本征值的谱;对其中另一个力学量分量的本征函数进行测量,该力学量分量都将以相应的另一套概率得到另一组可能的本征值的谱。每个测量值的精度除取决于测量仪器和测量方法之外,这两组测量值的确定度之间还必须遵从不确定性关系。任何精确的仪器或测量方法都不可能突破不确定性关系的限制。例如测量同一微观粒子的坐标 x 和动量在 x 方向的分量 p_x,其不确定度 Δx 和 Δp_x 必须遵从

$$\Delta x \Delta p_x \geqslant \hbar / 2,$$

其中,$\hbar = h/2\pi$, h 为普朗克常数。

例 15.1　考察自旋 1/2 粒子系统的不同测量特性。

1) 自旋 1/2 粒子系统的状态空间为

$$H = \{ |\psi\rangle = C_+ |+\rangle + C_- |-\rangle, C_\pm \in C \}$$

满足单位范数条件:

$$\langle \psi | \psi \rangle = |C_+|^2 + |C_-|^2 = 1$$

$e^{i\theta} |\psi\rangle$ 和 $|\psi\rangle$ 在物理观测上是等价的。

2) 自旋 1/2 粒子系统在 x, y 和 z 轴上的自旋算符分别为

$$S_x = \frac{\hbar}{2} \sigma_x = \frac{\hbar}{2} \begin{pmatrix} 0 & 1 \\ 1 & 0 \end{pmatrix}$$

$$S_y = \frac{\hbar}{2}\sigma_y = \frac{\hbar}{2}\begin{pmatrix} 0 & -i \\ i & 0 \end{pmatrix}$$

$$S_z = \frac{\hbar}{2}\sigma_z = \frac{\hbar}{2}\begin{pmatrix} 1 & 0 \\ 0 & -1 \end{pmatrix}$$

对于一般轴 $\hat{n}$，有：$S_n = S \cdot \hat{n}$。

本征值为：$\pm\frac{\hbar}{2}$，本征态 $|S_x;\pm\rangle$：$S_n|S_n;\pm\rangle = \pm\frac{\hbar}{2}|S_n;\pm\rangle$ 组成完备基。在 S_z 基中，有

$$|S_x;\pm\rangle = \frac{1}{\sqrt{2}}|+\rangle \pm \frac{1}{\sqrt{2}}|-\rangle, |S_y;\pm\rangle = \frac{1}{\sqrt{2}}|+\rangle \pm \frac{i}{\sqrt{2}}|-\rangle, |S_z;\pm\rangle = |\pm\rangle$$

S_i 的其他一些性质有

$$[S_i, S_j] = i\varepsilon_{ijk}\hbar S_k$$

$$\{S_i, S_j\} = S_iS_j + S_jS_i = \frac{1}{2}\hbar^2\delta_{ij}$$

$$S^2 = S \cdot S = S_x^2 + S_y^2 + S_z^2 = \frac{3}{4}\hbar^2 I = \frac{3\hbar^2}{4}\begin{pmatrix} 1 & 0 \\ 0 & 1 \end{pmatrix}$$

$$[S^2, S_i] = 0$$

3）测量

（1）如果：$|\psi\rangle = C_+|+\rangle + C_-|-\rangle$，$\langle\psi|\psi\rangle = 1$，则

$$|\psi\rangle = C_+|S_z;+\rangle + C_-|S_z;-\rangle$$

所以，当取 $|S_z;\pm\rangle = |\pm\rangle$ 为基变量时，测量到 $S_z = +\frac{\hbar}{2}$ 的概率为 $|C_+|^2$，而测量到 $S_z = -\frac{\hbar}{2}$ 的概率为 $|C_-|^2$。

（2）由于算符 $|S_x;\pm\rangle = \frac{1}{\sqrt{2}}|+\rangle \pm \frac{1}{\sqrt{2}}|-\rangle$，因为有：$|+\rangle = \frac{1}{\sqrt{2}}(|S_x;+\rangle + |S_x;-\rangle)$，所以当取 $|S_x;\pm\rangle$ 为基变量时，测量到 $S_x = +\frac{\hbar}{2}$ 的概率为 $1/2(50\%)$，测量到 $S_x = -\frac{\hbar}{2}$ 的概率为 $1/2(50\%)$。

（3）因为 $|\psi\rangle = |\psi_+\rangle + |\psi_-\rangle = |+\rangle$，而取 $|\psi_+\rangle = \frac{1}{2}(|+\rangle + |-\rangle)$，$|\psi_-\rangle = \frac{1}{2}(|+\rangle - |-\rangle)$，代入前面的式子可得：$|\psi\rangle = |\psi_+\rangle + |\psi_-\rangle = |+\rangle = |S_z;+\rangle$，即当取 $|\psi_\pm\rangle = \frac{1}{2}(|+\rangle \pm |-\rangle)$ 为基变量时，测量到 $S_z = +\frac{\hbar}{2}$ 的概率为 $1(100\%)$。

(4)当对状态 $|\psi_+\rangle = \frac{1}{\sqrt{2}}(|+\rangle + |-\rangle)$ 进行观测时,测量到 $S_z = +\frac{\hbar}{2}$ 和 $S_z = -\frac{\hbar}{2}$ 的概率各为 50%。

例 15.2 考察两个粒子系统的不同测量特性。

给定两个希尔伯特空间 $H^{(1)}, H^{(2)}$,具有完备基 $|\phi_i^{(1)}\rangle, |\phi_j^{(2)}\rangle$,其张积 $H = H^{(1)} \otimes H^{(2)}$ 也是希尔伯特空间,具有完备基 $|\phi_{ij}\rangle = |\phi_i^{(1)}\rangle \otimes |\phi_j^{(1)}\rangle$,以及内积

$$\langle \phi_{i,j} | \phi_{k,l} \rangle = \langle \phi_i^{(1)} | \phi_k^{(1)} \rangle_1 \otimes \langle \phi_j^{(1)} | \phi_l^{(1)} \rangle_2$$

如果 $H^{(1)}, H^{(2)}$ 具有维数 N, M,那么 $H = H^{(1)} \otimes H^{(2)}$ 具有维数 NM。

如果 $H^{(1)}, H^{(2)}$ 是可分离的,那么 $H = H^{(1)} \otimes H^{(2)}$ 也是可分离的。

1) 右矢和算符的张积

如果 $|\alpha\rangle = \sum c_i |\phi_i^{(1)}\rangle \in H^{(1)}, |\beta\rangle = \sum d_i |\phi_j^{(2)}\rangle \in H^{(2)}$ 是 $H^{(1)}, H^{(2)}$ 中的右矢,那么

$$|\alpha\rangle \otimes |\beta\rangle = \sum c_i d_j |\phi_{i,j}\rangle \in H$$

是处于 $H = H^{(1)} \otimes H^{(2)}$ 之中。

如果 A 和 B 是 $H^{(1)}, H^{(2)}$ 中的算符,那么我们可以构造 $H = H^{(1)} \otimes H^{(2)}$ 中的算符 $A \otimes B$ 为

$$(A \otimes B)|\phi_{i,j}\rangle = (A|\phi_i^{(1)}\rangle \otimes B|\phi_j^{(2)}\rangle)$$

张积空间中的特性为

(1) $H = H^{(1)} \otimes H^{(2)}$

(2) $\dim H = (\dim H^{(1)}) \otimes (\dim H^{(2)})$

(3) 基矢:$|\phi_{i,j}\rangle = |\phi_i^{(1)}\rangle \otimes |\phi_j^{(2)}\rangle, \langle \phi_{i,j}| = \langle \phi_i^{(1)}| \otimes \langle \phi_j^{(2)}|$

(4) 右矢:$|\alpha\rangle = \sum c_i |\phi_i^{(1)}\rangle, |\beta\rangle = \sum d_j |\phi_{i,j}\rangle, (\alpha \otimes \beta) = \sum c_i d_j |\phi_{i,j}\rangle)$

(5) $(A \otimes B) \sum C_{i,j} |\phi_{i,j}\rangle = \sum C_{i,j}(A|\phi_i^{(1)}\rangle \otimes B|\phi_j^{(2)}\rangle)$

2) H 上算符的简化

$$A \otimes I, I \otimes B$$

如果作用在 $H^{(1)}, H^{(2)}$ 上的 A, B,则具有关系式:

$$(A \otimes B) \cdot (C \otimes D) = (AC) \otimes (BD)$$

注意,存在 $[(A \otimes I),(I \otimes B)] = 0$。常可以写成下面简化形式:

$$|\alpha\rangle \otimes |\beta\rangle = |\alpha\rangle |\beta\rangle, A \otimes B = AB$$

考虑两个分别在 $H^{(1)}, H^{(2)}$ 上的 1/2 粒子系统,两粒子的希尔伯特空间为 $H = H^{(1)} \otimes H^{(2)}$。$H$ 的一组基为

$$|++\rangle = |+\rangle_1 \otimes |+\rangle_2, |+-\rangle = |+\rangle_1 \otimes |-\rangle_2,$$

$$|-+\rangle = |-\rangle_1 \otimes |+\rangle_2, |--\rangle = |-\rangle_1 \otimes |-\rangle_2$$

一组完备的对易可观测量为

$$S_z^{(1)} = S_z^{(1)} \otimes I, \quad S_z^{(2)} = I \otimes S_z^{(2)}$$

考虑算符

$$S_z = S_z^{(1)} + S_z^{(2)} = \begin{pmatrix} \hbar & 0 & 0 & 0 \\ 0 & 0 & 0 & 0 \\ 0 & 0 & 0 & 0 \\ 0 & 0 & 0 & -\hbar \end{pmatrix}$$

$$S_z^{(1)} S_z^{(2)} = (S_z^{(1)} \otimes I)(I \otimes S_z^{(2)}) = S_z^{(1)} \otimes S_z^{(2)}$$

$$= \begin{pmatrix} \frac{\hbar}{2} & & & \\ & \frac{\hbar}{2} & & \\ & & -\frac{\hbar}{2} & \\ & & & -\frac{\hbar}{2} \end{pmatrix} \begin{pmatrix} \frac{\hbar}{2} & & & \\ & -\frac{\hbar}{2} & & \\ & & \frac{\hbar}{2} & \\ & & & -\frac{\hbar}{2} \end{pmatrix}$$

$$= \frac{\hbar^2}{4} \begin{pmatrix} +1 & & & \\ & -1 & & \\ & & -1 & \\ & & & +1 \end{pmatrix}$$

15.1.3 量子完全测量

量子完全测量需要满足下列六个假设。

(1) 统计确定性假设: 如果制备一个量子系统, 使得在完全测量中得到可预测的结果, 那么, 出现各个不同测量结果的概率是确定的。这些概率与量子系统的具体制备过程无关。我们说, 这样制备的量子系统是处于纯态。因此, 产生一个处于给定的纯态的量子系统的最简单的方法是: 将一些量子系统经过完全测量, 丢掉不产生预期结果的那些系统(例如将理想吸收屏放在我们要丢掉的光束的通道上), 保留下来的产生预期结果的系统就是处于给定的纯态量子系统。于是, 该系统一旦选定, 它就与选择量子系统的所有过去历史无关, 这就是我们所能给予量子系统的所谓最完全描述。

(2) 完全测量的等效性假设: 对 N 个不同的制备, 每一个完全测量都将产生确定的和不同的输出。对任何一个制备, 两个等效的完全测量都将产生确定的和相同的输出。对任何其他的制备(它对这两个等效的完全测量得到不同预测输出), 两个等效的完全测量产生的输出有相同的概率。

(3) 随机混合: 有 N 个可能态的量子系统, 对于每一次平权的完全测量, 每一个态输出的概率都是 $1/N$。所有的随机态都是全同的,对其各个量子态的历史一无所知。这种唯一的随机混合态在动力学上是不变的,这就是所谓的无知守恒定律,是孤立系统的熵守恒定律的特殊情况。随机不同于无序,无知不同于不完全知。

(4) 相互性定理:令 ϕ 和 ψ 表示纯态。在制备 ψ 后进行的完全测量中得到的 ϕ 的概率等于在制备 ϕ 后进行的完全测量中得到的 ψ 的概率。即在上述相继测量中,改变两次测量的顺序,不影响最后结果,这可通过实验来验证。

(5) 态函数的合成法则:量子体系的状态由态函数描述,态函数遵从叠加原理,它的模方等于量子概率。态函数的相位按如下方法选定:若从初态到最后输出之间有一些可能的路径,而且若动力学过程不允许区分这些路径,则最后输出的总态函数是各个路径的态函数之和:$\psi = \psi_1 + \psi_2 + \psi_3 + \psi_4 \cdots$。概率则是态函数的模方:$P = |\psi|^2, P_1 = |\psi_1|^2, P_2 = |\psi_2|^2, P_3 = |\psi_3|^2, \cdots$。

15.1.4　量子态的概率克隆

"克隆(cloning)"一词现在已经是家喻户晓,量子克隆指的是通过一定的物理过程,产生未知输入态的两份或多份复制(输入态在此过程中被破坏)。即:原来的量子态不被破坏,而在另一个系统中产生一个完全相同的量子态(段路明等 1999)。

量子克隆在新兴的量子密码的接受和窃听、量子力学中有一个很基本的定理,即量子态不可克隆定理,该定理有着两个不同的版本。早在 1982 年,Wootters 和 Zurek 就首次提出量子态不可能通过任何量子过程精确克隆,这里的量子过程既包括幺正演化,也包括了任意的测量。该定理的证明基于量子力学的线性和克隆过程之间的矛盾。后来,随着量子信息论的发展,人们感兴趣的量子态往往不再是完全未知的,而是已知它随机地选出自一个确定的态集合 $\{|\Psi_1\rangle, |\Psi_2\rangle, \cdots, |\Psi_n\rangle\}$,在这种情况下,量子态是否可以精确克隆? 在 1986 年,Yuen 首先考虑了这个问题,他发现当量子过程限定为幺正演化时,一个随机选自确定态集合的量子态被精确克隆的充要条件是确定态集合中所有量子态相互之间正交。随后,郭光灿等人又发现并证明了将幺正演化和选择型测量过程结合起来,可以以一定的概率产生从非正交集合中随机选出的输入态的精确复制。这里,概率克隆的含义是指,测量的结果可以分为两类,一类结果为"成功",另一类结果为"失败",当测量结果为"成功"时,就确知该过程已产生了输入态的精确复制。反之,若测量结果为"失败",机器的输出态就不是输入态的复制态,则抛弃该输出态。

概率克隆和非精确克隆可以看作是量子态不可克隆定理朝两个不同方向的发展。既然从一组非正交态中随机选出的态不可能通过幺正演化精确克隆,那么在非精确克隆中,人们就要放松要求,允许输入态和输出态之间存在差别,但希望该差别尽可能的小。因此,一个用于非精确克隆的机器对于每个输入态都能产生输出,但是对从非正交态集合随机选出的量子态,其输出与输入之间总是存在差别,与此不同的是,概率克隆机的输出一定是输入态的精确复制态,但对于非正交态,有时候机器没有输出(对应于测量结果为"失败"的情况)。

定理 15.1 如果 $|0\rangle$ 和 $|1\rangle$ 是两个不同的非正交的量子态,则不存在一个物理过程可以做出 $|0\rangle$ 和 $|1\rangle$ 两者完全复制。换句话说,非正交(或未知)的量子态是不可克隆的。

证明:设有两个不同的、归一化的、非正交的量子态 $|0\rangle$ 和 $|1\rangle$:

$$\langle 0|0\rangle = \langle 1|1\rangle = 1, \langle 0|1\rangle \neq 0$$

设存在一个克隆操作:能使

$$|0\rangle |\rangle |克隆操作\rangle \rightarrow |0\rangle |0\rangle |对 0 的克隆操作\rangle$$
$$|1\rangle |\rangle |克隆操作\rangle \rightarrow |1\rangle |1\rangle |对 1 的克隆操作\rangle$$

其中,空白态表示对其进行克隆操作的粒子的初态。量子力学的任何操作都是幺正的,并使态的内积不变,即

$$\langle 0|1\rangle \langle |\rangle \langle 克隆操作|克隆操作\rangle = \langle 0|1\rangle \langle 0|1\rangle \langle 对 0 的克隆操作|对 1 的克隆操作\rangle$$

只有当 $\langle 0|1\rangle = 0$ 或 $\langle 0|1\rangle = 1$ 时,上式才成立。$\langle 0|1\rangle = 0$ 说明 $|0\rangle$ 和 $|1\rangle$ 正交,与初始为"非正交的量子态"的假设矛盾;$\langle 0|1\rangle = 1$ 说明 $|0\rangle$ 和 $|1\rangle$ 是同一个态,与初始为"不同的量子态"的假设矛盾。

可以证明,若某人秘密制备了归一化的非正交的量子态 $|0\rangle$ 和 $|1\rangle$ 随机系列,则没有第二人能够复制出完全一样的系列来。如果非法窃听者用他的测量器件去识别该系列的各个态,则无法从系列中得到信息。于是,用非正交的光子偏振态传递密钥,其安全性就得到保证。

定理 15.2 一个未知的量子态不能被完全复制。

定理 15.3 要从编码在非正交量子态中获得信息,不扰动这些态是不可能的。

15.2 量子测量中纠缠与干涉的影响

对量子系统中一个或多个粒子进行测量,将会把量子系统的状态投射到与测量值相对应的状态子空间去,同时也会对投射的幅度进行缩放,结果态矢的长度为 1。测量的结果出现的概率等于测量所用基的复系数模的平方和。假设要对一个由两个量子位组成的系统进行测量。该量子系统的所有状态可以表示为

$$a|00\rangle + b|01\rangle + c|10\rangle + d|11\rangle$$

其中,a, b, c, d 都是复系数,且 $|a|^2 + |b|^2 + |c|^2 + |d|^2 = 1$。

现在采用基 $|0\rangle, |1\rangle$ 对该系统的第一个量子位进行测量。测量为 $|0\rangle$ 的概率为 $|a|^2 + |b|^2$,并且,如果测量的结果是 $|0\rangle$,那么系统的状态会投影到和该测量相对应的子空间上,该子空间由 $|00\rangle + |01\rangle$ 张起。该投影的结果是 $a|00\rangle +$

$b|01\rangle$。为了得到系统被测量后的状态,我们必须对它的复系数进行归一化,使得总的概率为 1:

$$\frac{1}{\sqrt{|a|^2 + |b|^2}}(a|00\rangle + b|01\rangle)$$

测量实际上给出了另外一种理解关联粒子的方法。如果对其中任意一个粒子进行测量,都不会影响另外一个粒子的状态,那么,我们认为这两个粒子之间不存在纠缠(关联)。例如,对态 $\frac{1}{\sqrt{2}}(|00\rangle + |11\rangle)$ 而言,当还没有对其第二个粒子进行测量时,第一个粒子测量结果为 $|0\rangle$ 的概率为 50 %。如果在测量第一个粒子之前,我们已经对第二个粒子进行了测量。当第二个粒子的测量结果为 $|0\rangle$ 时,第一个粒子测量结果为 $|0\rangle$ 的概率为 1;当第二个粒子的测量结果为 $|1\rangle$ 时,第一个粒子测量结果为 $|0\rangle$ 的概率为 0。由此可以看出第一个粒子测量的结果为 $|0\rangle$ 的概率和第二个粒子的测量结果有关。此时,可以认为该态为纠缠态。

但是,对态 $\frac{1}{\sqrt{2}}|00\rangle + |01\rangle$ 而言,由于 $\frac{1}{\sqrt{2}}|00\rangle + |01\rangle = |0\rangle \otimes \frac{1}{\sqrt{2}}|0\rangle + |1\rangle$ 另一个粒子状态为 $|0\rangle$,所以不管第二个粒子的测量结果是什么,第一个粒子的测量结果总是 $|0\rangle$。同样,不管第一个粒子的测量结果是什么,第二个粒子的测量结果为 $|0\rangle$ 的概率是 50 %。所以,$\frac{1}{\sqrt{2}}|00\rangle + |01\rangle$ 是一个非纠缠态。

我们看到,一般地对共处于一个纯态的两个子系统执行分离的测量,对其中子系统之一的测量,虽然不能对另一个子系统产生直接的相互作用,但却包含了另一个子系统的信息,并且在测量一个子系统的同时,瞬时地获得了另一个子系统所处状态的信息。

在量子测量前,人们需要制备一系列的全同的被测量态。为具体起见,我们考虑一个例子。用仪器测电子的自旋。电子可以有两个可能的自旋状态:$|\uparrow\rangle$ 和 $|\downarrow\rangle$,即

$$|\psi\rangle = \alpha|\uparrow\rangle + \beta|\downarrow\rangle$$

测量前后,仪器的状态可有三种可能情况:初态 $|A_0\rangle$,测到 $|\uparrow\rangle$ 态后所处的态 $|A_\uparrow\rangle$ 和测到 $|\downarrow\rangle$ 态后所处的态 $|A_\downarrow\rangle$。仪器和电子在测量中有相互作用,仪器和电子在整个过程中是一个孤立的组合系统。测量后,仪器和电子的组合状态将发生变化

$$|A_0\rangle(\alpha|\uparrow\rangle + \beta|\downarrow\rangle) \Rightarrow \alpha|A_\uparrow\rangle|\uparrow\rangle + \beta|A_\downarrow\rangle|\downarrow\rangle$$

其中,仍然用相同的符号表示测量前后的电子状态,但是我们看到,测量后的态是纠缠态,不可能将其分解为只是仪器态和电子态的张积。

我们考虑测量仪器与被测量对象之间的纠缠。

设测量光子的偏振态仪器,测量前处于 $|A\rangle$ 态;光子的两种偏振态表示为 $|0\rangle$ 和 $|1\rangle$。因此,光子处于

$$|\psi\rangle = \alpha|0\rangle + \beta|1\rangle$$

测量前,光子和仪器的态为

$$\begin{aligned}|A\rangle \otimes |\psi\rangle &= |A\rangle \otimes (\alpha|0\rangle + \beta|1\rangle) \\ &= |A\rangle(\alpha|0\rangle + \beta|1\rangle)) \Rightarrow \alpha|A_0\rangle|0\rangle + \beta|A_1\rangle|1\rangle\end{aligned}$$

其中,$|A_0\rangle$ 为仪器测到 $|0\rangle$ 后所处的态,$|A_1\rangle$ 为仪器测到 $|1\rangle$ 后所处的态。仪器与光子发生了纠缠。不可能将仪器的态和光子的态从测量后的态中分离出来。由于仪器与被测对象发生相互作用,改变了被测量态。因此,量子测量可看作是纠缠的一个例子。

我们已经看到,量子力学测量过程中,测量仪器对量子系统的干扰是绝对的。由于系统在测量时受到宏观仪器的扰动,改变了原来态制备过程中限定的条件,所以测量后的态就不再是原来的态。量子力学中的测量不仅是单值的,而且测量对量子态将会产生不可恢复的干扰破坏。当测量刚刚完成时,系统已由 $|\psi\rangle$ 描述的态塌缩到该算符的一个本征态上———一个较小的空间中,实际上制备了系统的一个新态。所以一般一个测量过程就是新态的制备过程。把这一概念应用到量子计算上,当量子计算结束时,在量子计算机内得到一个终态。计算结果的输出就需要对这个终态实施测量。测量输出态一般不会得到唯一的结果,只能概率地得到一些可能结果中的一个。所以量子计算在这种情况下需要多次重复进行,从每次输出结果的概率分布中得到需要的答案。这种情况启发了量子编程的一个基本原则,在计算过程中,充分利用概率幅的相长干涉,尽可增大需要结果出现的概率;同时减小不需要结果出现的概率,即,使不要的结果概率幅发生相消干涉,使对计算终态的测量以最大地概率得到需要的结果。

例 15.3 求沿任意给定方向 $n = (n_x, n_y, n_z) = (\cos\varphi\sin\theta, \sin\varphi\sin\theta, \cos\theta)$,算符 $\sigma_n = \sigma \cdot n$ 的本征值和本征矢,以及当 $\theta = \pi/2$,$\phi = 0$,即 $n = (1, 0, 0)$ 的叠加态。

由于

$$\sigma_n = \sigma \cdot n = \sigma_x n_x + \sigma_y n_y + \sigma_z n_z = \begin{bmatrix} \cos\theta & \sin(\theta)e^{-i\phi} \\ \sin(\theta)e^{i\phi} & -\cos\theta \end{bmatrix} \tag{15.3}$$

设 σ_n 的本征值为 λ,本征矢为 $|\psi\rangle = \begin{bmatrix} C_1 \\ C_2 \end{bmatrix}$,则本征方程为

$$\sigma_n|\psi\rangle = \lambda|\psi\rangle$$

可以写成矩阵形式

$$\begin{bmatrix} \cos\theta - \lambda & \sin(\theta)e^{-i\phi} \\ \sin(\theta)e^{i\phi} & -\cos\theta - \lambda \end{bmatrix} \begin{bmatrix} C_1 \\ C_2 \end{bmatrix} = 0 \tag{15.4}$$

即

$$\begin{cases}(\cos\theta - \lambda)C_1 + \sin(\theta)e^{-i\phi}C_2 = 0 \\ \sin(\theta)e^{i\phi}C_1 - (\cos\theta + \lambda)C_2 = 0\end{cases} \tag{15.5}$$

方程组(15.5)有非零解的条件是系数行列式为零:

$$\begin{vmatrix} \cos\theta - \lambda & \sin(\theta)e^{-i\phi} \\ \sin(\theta)e^{i\phi} & -\cos\theta - \lambda \end{vmatrix} = 0$$

即: $\lambda^2 = 1$, $\lambda = \pm 1$。将 $\lambda = +1$ 和 $\lambda = -1$ 分别代入(15.5)式中,可以求出归一化的本征函数为

$$|\psi_{+1}(\theta,\phi)\rangle = \begin{pmatrix} \cos(\theta/2)e^{-i\phi/2} \\ \sin(\theta/2)e^{i\phi/2} \end{pmatrix}$$

$$|\psi_{-1}(\theta,\phi)\rangle = \begin{pmatrix} \sin(\theta/2)e^{-i\phi/2} \\ -\cos(\theta/2)e^{i\phi/2} \end{pmatrix}$$

分别对应本征值 $+1$ 和 -1。

如果取 $n = (1,0,0)$,即: $\theta = \pi/2$, $\phi = 0$,此时, $\sigma_n = \sigma_x$,可以得到在 σ_z 表象的基矢为

$$|\psi_{+1}\rangle = \frac{1}{\sqrt{2}}\begin{pmatrix} 1 \\ 1 \end{pmatrix}, |\psi_{-1}\rangle = \frac{1}{\sqrt{2}}\begin{pmatrix} 1 \\ -1 \end{pmatrix}$$

上式可以写为

$$|\psi_{+1}\rangle = \frac{1}{\sqrt{2}}\left(\begin{pmatrix} 1 \\ 0 \end{pmatrix} + \begin{pmatrix} 0 \\ 1 \end{pmatrix}\right) = \frac{1}{\sqrt{2}}(|0\rangle + |1\rangle) \tag{15.6}$$

$$|\psi_{-1}\rangle = \frac{1}{\sqrt{2}}\left(\begin{pmatrix} 1 \\ 0 \end{pmatrix} - \begin{pmatrix} 0 \\ 1 \end{pmatrix}\right) = \frac{1}{\sqrt{2}}(|0\rangle - |1\rangle) \tag{15.7}$$

是分别用 σ_z 表象基矢表示的算符 σ_x 本征值 $+1$ 和 -1 的本征态。

在 $|\psi_+\rangle$ 和 $|\psi_-\rangle$ 描述的态中,如果沿 z 方向测量自旋,将以概率各 $1/2$ 得到沿 z 方向自旋向上态和自旋向下态。但对于叠加态

$$\frac{1}{\sqrt{2}}(|\psi_+\rangle + |\psi_-\rangle) \tag{15.8}$$

沿 x 方向测量自旋,当然各以 $1/2$ 的概率得到沿 x 方向自旋向上态和自旋向下态。但是沿 z 方向测量自旋,将以概率 1 得到沿 z 方向自旋向上态,而不可能得到自旋向下态。原因就是当把(15.6)式和 (15.7)式代入(15.8)中,会出现

$$\frac{1}{\sqrt{2}}(|\psi_+\rangle + |\psi_-\rangle) = \frac{1}{\sqrt{2}}\left(\frac{1}{\sqrt{2}}|0\rangle + \frac{1}{\sqrt{2}}|1\rangle + \frac{1}{\sqrt{2}}|0\rangle - \frac{1}{\sqrt{2}}|1\rangle\right) = |0\rangle$$

发生了量子干涉:沿 z 方向测量向上态相位相同,发生了相长干涉,使 $|0\rangle$ 态的概率幅为 1;而沿 $-z$ 方向测量向上态相位相反,发生了相消干涉,使 $|1\rangle$ 态的概

率幅为 0。这就是干涉最简单的例子。

另一方面，量子计算机以及量子通讯的应用，主要是依赖于量子系统的态之间的干涉叠加和量子纠缠这些量子所特有的现象。量子位与量子位之间可以相互纠缠，量子位也可以与它的"环境"纠缠，这种纠缠造成量子计算机内部编码态的消相干，编码信息丢失，从而破坏了量子计算所应具有的特性。所以有必要分析干涉、纠缠以及消相干之间的关系。

15.2.1　量子干涉

干涉是来自经典波动的一个概念。在量子力学中，干涉描述了同一个量子系统若干个不同的叠加态构成一个纯态的情况。比如说，一个量子位的两个不同基底态的叠加

$$|\psi\rangle = \frac{1}{\sqrt{2}}(|0\rangle + |1\rangle)$$

不同的量子系统可以通过相互作用互相纠缠起来，构成一个更大的复合系统的一个纯态

$$|\psi\rangle = \sum_i C_i |\psi_i\rangle \tag{15.9}$$

其中，C_i 是复数，满足 $\sum_i |C_i|^2 = 1$。

$|\psi\rangle$ 称为各 $|\psi_i\rangle$ 的相干叠加态。复合系统的相干叠加态是以各子系统的纠缠为前提的，只有互相纠缠起来的子系统才是量子干涉中的"同一个量子系统"。

干涉的一个最重要的特征就是叠加态的相位具有可以观测的效应。

例 15.4　一个量子位的相干叠加态

$$|\psi(1,\phi)\rangle = \frac{1}{\sqrt{2}}(|0\rangle + e^{i\phi}|1\rangle)$$

两个成分态具有相对相位相差 $e^{i\phi}$。为了看出 $e^{i\phi}$ 的观测效应，我们定义一个转动基

$$|0'\rangle = \frac{1}{\sqrt{2}}(|0\rangle + |1\rangle), \quad |1'\rangle = \frac{1}{\sqrt{2}}(|0\rangle - |1\rangle) \tag{15.10}$$

我们已经知道，这两个基实际上就是在 σ_z 表象中 σ_x 的两个本征态。如果对态 $|\psi(1,\phi)\rangle$ 做投影到 $\{|0'\rangle, |1'\rangle\}$ 上的测量，即测量自旋 σ_x 分量，由于

$$\langle 0'||\psi(1,\phi)\rangle = \frac{1}{2}(\langle 0| + \langle 1|)(|0\rangle + e^{i\phi}|1\rangle) = \frac{1}{2}(1 + e^{i\phi})$$

测得 $|0'\rangle$ 的概率为 $\cos^2\frac{\phi}{2}$。同样可以求出测得 $|1'\rangle$ 的概率为 $\sin^2\frac{\phi}{2}$。特别当 $\phi = 0$ 时，将根本测不到 $|1'\rangle$；而当 $\phi = \pi$ 时，则不存在 $|0'\rangle$。

另一方面，当量子位处于混合态时，情况则大不相同。当量子位处于混合态

$$\begin{cases} |0\rangle & e^{i\phi}|1\rangle \\ \dfrac{1}{2} & \dfrac{1}{2} \end{cases} \tag{15.11}$$

由变换关系(15.10)式可得

$$|0\rangle = \frac{1}{\sqrt{2}}(|0'\rangle + |1'\rangle), |1\rangle = \frac{1}{\sqrt{2}}(|0'\rangle - |1'\rangle) \tag{15.12}$$

无论是处在 $|0\rangle$ 或 $|1\rangle$ 态,测得 $|0'\rangle$ 和 $|1'\rangle$ 的概率都是 $\dfrac{1}{2}$,所以对于处在 (15.11)式所表示的混合态的量子位,测得 $|0'\rangle$ 和 $|1'\rangle$ 的概率都是 $\dfrac{1}{2}\times\dfrac{1}{2}+\dfrac{1}{2}\times\dfrac{1}{2}$ $=\dfrac{1}{2}$,并且容易看出,$|1\rangle$ 前的相对相位 $e^{i\phi}$ 没有任何测量意义。

采用密度矩阵形式表述可以更明显地看出这两者的差别。对于(15.12)式的相干叠加态密度算符(在纯态情况下就是投影算符)为

$$\rho = |\psi(1,\phi)\rangle\langle\psi(1,\phi)| = \frac{1}{2}(|0\rangle\langle0| + |0\rangle e^{-i\phi}\langle1| + |1\rangle e^{i\phi}\langle0| + |1\rangle\langle1|)$$

在基 $|0\rangle$ 和 $|1\rangle$ 下的密度矩阵为

$$\rho = \frac{1}{2}\begin{bmatrix} 1 & e^{-i\phi} \\ e^{i\phi} & 1 \end{bmatrix} \tag{15.13}$$

而在(15.11)式混合态的情况下,密度矩阵为

$$\rho = \frac{1}{2}\begin{pmatrix} 1 & 0 \\ 0 & 1 \end{pmatrix} \tag{15.14}$$

比较(15.13)式和(15.14)式,密度矩阵非对角元的存在就反映了这种相干性。

如果两个量子位构成的复合系统的纯态 $|\psi\rangle$ 不能写成分属于两个量子位的纯态 $|\psi(1)\rangle$ 和 $|\psi(2)\rangle$ 的直积:

$$|\psi\rangle \neq |\psi(1)\rangle \otimes |\psi(2)\rangle \tag{15.15}$$

我们就说这两个量子位处于纠缠态 $|\psi\rangle$,例如

$$|\psi(2,\phi)\rangle = \frac{1}{\sqrt{2}}(|00\rangle + e^{-i\phi}|11\rangle) \tag{15.16}$$

就是两量子位复合系统的一个纠缠态,也是最大的纠缠态。当然,它同时还是两量子位系统的一个相干叠加态。在某种意义上可以说,纠缠态是一种特殊(复合系统)的相干叠加态。

显然,(15.16)式中的相对相位 $e^{i\phi}$ 是具有测量意义的。使用(15.10)式的转动基,(15.16)式可以表示为

$$|\psi(2,\phi)\rangle = \frac{1+e^{-i\phi}}{2}\frac{1}{\sqrt{2}}(|0'0'\rangle + |1'1'\rangle) + \frac{1-e^{-i\phi}}{2}\frac{1}{\sqrt{2}}(|0'1'\rangle + |1'0'\rangle)$$

$$\tag{15.17}$$

对于两子系统的联合测量,可以揭示出干涉效应。测得两量子位处于相同态(同为 $|0'\rangle$ 或为 $|1'\rangle$ 态)的概率是 $\cos^2\dfrac{\phi}{2}$,处于不同态的概率是 $\sin^2\dfrac{\phi}{2}$。

当复合系统处于混合态

$$
\begin{cases}
|00\rangle & e^{i\phi}|11\rangle \\
\dfrac{1}{4} & \dfrac{3}{4}
\end{cases}
$$

时,由于在转动基下

$$|00\rangle = \frac{1}{2}(|0'0'\rangle + |0'1'\rangle + |1'0'\rangle + |1'1'\rangle),$$

$$e^{i\phi}|11\rangle = \frac{1}{2}e^{i\phi}(|0'0'\rangle - |0'1'\rangle - |1'0'\rangle + |1'1'\rangle)$$

这里相对相位仍然没有测量意义,测得两量子位同处在 $|0'\rangle$ 或 $|1'\rangle$ 态的概率都是

$$\frac{1}{4} \times \left[\frac{1}{4} + \frac{1}{4}\right] + \frac{3}{4} \times \left[\frac{1}{4} + \frac{1}{4}\right] = \frac{1}{2}$$

注意,两量子位系统的纠缠态的相干性只有通过联合测量才能揭示出来,只测量一个量子位就观测不到这种相干性。例如,对(15.13)式中的态测得第一个量子位处在 $|0'\rangle$ 态的概率为

$$\left|\frac{1 + e^{-i\phi}}{2}\frac{1}{\sqrt{2}}\right|^2 + \left|\frac{1 - e^{-i\phi}}{2}\frac{1}{\sqrt{2}}\right|^2 = \frac{1}{2}\left(\cos^2\frac{\phi}{2} + \sin^2\frac{\phi}{2}\right) = \frac{1}{2}$$

同样测得处在 $|1'\rangle$ 态的概率也是 $\dfrac{1}{2}$,完全与相位 ϕ 无关。

相干态是一个系统的纯态叠加态,而纠缠态是两(多)个子系统构成的复合系统的纯态,所谓混合纠缠态实际上是纠缠态的混合态。两个子系统纠缠的直接效果就是破坏各子系统内态之间的干涉,也就是说引起了子系统内态之间的消相干。

15.2.2 纠缠和测量

量子力学中的测量过程是通过测量仪器和被测系统的纠缠实现的。当我们用仪器去测量一个量子力学系统的力学变量 M 时,一个明显的事实是,必须使用测量仪器和被测系统发生某种相互作用,共同构成一个大的复合系统。这个复合系统经过一段时间演化,在仪器的可区分状态和被测系统 M' 的本征态之间建立纠缠,从而当我们从仪器上读出某一仪器态时,也在被测系统中制备出 M' 的一个本征态,这个态的本征值就是我们的测量值。由于测量过程中使被测系统和测量仪器纠缠,这种纠缠破坏了被测系统作为 M' 的本征态的相干叠加态,使被测系统由 M' 本征态的相干叠加纯态变成 M' 本征态的混合,测量结果相当于从这个混合态中以一定的概率取出一个。

　　为了理解上述测量过程,我们考察用一个粒子去测量哈密顿量为 H_0 的量子系统的力学变量 M。我们认为粒子的质量很大,描述它的波包态在测量期间扩散不太严重,从而存在可确定的经典位置。粒子作为测量仪器,用它与被测系统作用后的经典位置,带给我们关于被测量系统力学变量 M 的信息。

　　测量的第一步是使粒子和被测系统相互作用,构成一个大的复合系统。这个大系统的哈密顿可以写成

$$H = H_0 + \frac{P^2}{2m} + \lambda MP$$

其中,$P^2/2m$ 是自由粒子的哈密顿,H_0 是系统原来的哈密顿,λ 是耦合常数。在测量期间,令 $\lambda = 1$,其他期间取它为零。

　　如果 M 和 H_0 不对易,我们还需关心在测量期间态的时间演化。为了简化分析,假设 $[H_0, M] = 0$,或者测量进行十分短暂,以致于测量进行中 M 的演化可以忽略。M 和 P^2 是两个不同系统的力学量算符,所以 $[M, P] = 0$。由于相互作用与时间无关,在相互作用表象中的时间演化算符可以写成

$$U(t) = e^{-i\lambda t MP}$$

设 M 对应本征值 M_a 的本征态为 $|a\rangle$

$$M|a\rangle = M_a |a\rangle \tag{15.18}$$

被测系统 $t = 0$ 时在 M 的本征态的相干叠加态 $\sum_a \alpha_a |a\rangle$,粒子最初处在波包态 $|\psi(x)\rangle$,初始态被测系统和粒子非纠缠,没有相互作用。测量进行 t 后,耦合系统将演化为态

$$U(t)\Big(\sum_a \alpha_a |a\rangle \otimes |\psi(x)\rangle\Big) = e^{-i\lambda t MP}\Big(\sum_a \alpha_a |a\rangle \otimes |\psi(x)\rangle\Big) \tag{15.19}$$

注意到 e 的指数算子是通过它的级数定义的

$$e^{-i\lambda t MP} = \sum_{n=0}^{\infty} \frac{(-i\lambda t MP)}{n!}$$

以及(15.18)式,(15.19)式可以写成

$$U(t)\Big(\sum_a \alpha_a |a\rangle \otimes |\psi(x)\rangle\Big) = e^{-i\lambda t M_a P}\Big(\sum_a \alpha_a |a\rangle \otimes |\psi(x)\rangle\Big) \tag{15.20}$$

又因为 P 是粒子位置平移产生算符,在坐标表象中有 $P = -i\frac{d}{dx}$,而

$$e^{-i\lambda t M_a P} = e^{-i\lambda t M_a \frac{d}{dx}}$$

所以

$$e^{-i\lambda t M_a P}|\psi(x)\rangle = |\psi(x - \lambda t M_a)\rangle \tag{15.21}$$

利用(15.21)式,(15.20)式可以写成

$$U(t)\Big(\sum_a \alpha_a |a\rangle \otimes |\psi(x)\rangle\Big) = \sum_a \alpha_a |a\rangle \otimes |\psi(x - \lambda t M_a)\rangle$$

这是粒子和被测系统的一个纠缠态。由于作为测量仪器的粒子和被测系统的相互作用,耦合系统演化为一个纠缠态。如果粒子的波包足够窄,使我们可以辨认出 M_a 的所有值,当我们以概率 $|\alpha_a|^2$ 观测到一个与 M_a 有关的波包位移 $\lambda t M_a$ 时,我们就在被测系统中制备出了力学量算符 M 的一个本征态 $|a\rangle$。被测系统就从原来的相干叠加态 $\sum_a \alpha_a |a\rangle$ 以概率 $|\alpha_a|^2$ 被投影到 $|a\rangle$ 上。

将上述测量一个系统的力学量算符 M 的概念推广,可以定义一般的测量如下:给出一个算符集合 $\{E_a\}$,满足条件

$$\begin{cases} E_a = E_a^+ \\ E_a E_b = \delta_{ab} E_a \\ \sum_a E_a = I \end{cases}$$

我们就可以执行一个测量,这个测量以概率

$$\mathrm{prob}(a) = \langle \psi | E_a | \psi \rangle$$

变换纯态 $|\psi\rangle\langle\psi|$ 为

$$\frac{E_a |\psi\rangle\langle\psi| E_a}{\langle\psi| E_a |\psi\rangle}$$

测量可以用对所有可能输出态及用测量结果概率加权求和得到的密度矩阵描述。在这种描述下,测量修改初始纯态为混合态:

$$|\psi\rangle\langle\psi| \rightarrow \sum_a E_a |\psi\rangle\langle\psi| E_a$$

如果我们知道已经作了测量,但不知道测量结果,我们就可以使用这种描述。

总结以上结果,如果被测系统初始纯态 $|\psi\rangle$ 不是算符 $\{E_a\}$ 的本征态,测量将变换这个纯态为一个混合态。更一般的情况下,如果被测系统初始处在密度矩阵 ρ 描述的混合态,那么通过把 ρ 表示成一个纯态系综

$$\rho = \sum_i p_i |\psi_i\rangle\langle\psi_i|$$

由于测量将变换每一个纯态为

$$|\psi_i\rangle\langle\psi_i| \rightarrow \sum_a E_a |\psi_i\rangle\langle\psi_i| E_a$$

测量对混合态 ρ 的效果是

$$\rho \rightarrow \sum_i p_i \Big[\sum_a E_a |\psi_i\rangle\langle\psi_i| E_a \Big] = \sum_a E_a \rho E_a$$

15.2.3 消相干

量子计算机和环境的相互作用,将导致量子耗散和量子消相干两种破坏过程,前者导致计算机能量损耗,后者导致量子计算机编码态从量子相干叠加态退化到经典态。近几年来关于环境对量子计算破坏过程的研究表明,对于大多数量子耗

散的时间尺度要比量子消相干时间尺度大得多。克服量子消相干就成为量子计算物理实现的突出问题。

消相干的表示：

仍然用基底 $|0\rangle$ 和 $|1\rangle$ 描写单个物理量子位态。L 个量子位的希尔伯特空间中的态矢是

$$|i\rangle = |i_{L-1}, i_{L-2}, \cdots, i_0\rangle, i_{L-1} \in \{0,1\}, k = 1,2,\cdots,L$$

描述含 L 个物理量子位的量子计算机态的密度矩阵是

$$\rho(t) = \sum_{i,j=0}^{2^L-1} \rho_{ij}(t)|i\rangle\langle j|$$

在计算机条件下密度算符的非对角元 $\rho_{ij}(i \neq j)$ 定量地表示了这 L 个量子位干涉、纠缠程度。计算机和环境热库的作用可以引起计算机能量耗散——这导致密度矩阵对角元的衰变，同时复合系统演化导致计算机态和环境态的纠缠，产生破坏计算机相干叠加态的消相干，使密度矩阵的非对角元项趋于零。

消相干可理解如下。设计计算机和热库初始二者都处于纯态：

$$|\Psi_0\rangle = \Big(\sum_i C_i(0)|i\rangle\Big)\otimes|a_0\rangle$$

其中前一部分是计算机态，后一部分是热库态，二者之间不存在相互作用。从 $t = 0$ 开始，相互作用接通，二者构成的复合系统联合演化，导致计算机态和热库态之间的纠缠，t 时刻复合系统的态可以写为

$$|\Psi(t)\rangle = \Big(\sum_i C_i(t)|i\rangle\Big)\otimes|a_i(t)\rangle$$

其中，$|i\rangle$ 是计算机态，$|a_i(t)\rangle$ 是与 $|i\rangle$ 相应的环境态。一般开始阶段环境态 $\langle a_i|a_j\rangle \neq 0$，计算机态密度矩阵元演化

$$\rho_{ij}(0) \rightarrow \rho_{ij}(t) = C_i(t)C_j^*(t)\langle a_i(t)|a_j(t)\rangle$$

使得各环境态 $\{|a_i(t)\rangle\}$ 变得越来越可以区分，最后变成相互正交。情况类似于环境作为仪器对量子系统的作用，结果 $\rho_{ij}(t)$ 的非对角元趋于 0，量子态之间的相干消失。非对角元消失的特征时间称为消相干时间，它的值取决于量子位的类型以及它们与环境的作用。

15.3　量子态的无破坏测量

真正的量子应当是测量仪器也是由原子组成，原则上也应当可以由量子理论来描述。测量仪器和被测对象在测量过程中有相互作用，它们在整个过程中是一个孤立的组合系统。因此，量子力学中的测量关系到两个量子系统和它们的组合系统。

定义 15.1　量子无破坏性(QND)测量:如果对一个没有耦合外部未知信号体系的某个力学量 A,能够进行一系列准确的测量,使得每一个测量值都能由第一次测量结果预测出来,这样的测量就叫做量子无破坏性测量(张晓龙等　1994)。

1) 传统测量方法与 QND 测量的比较

传统测量方法通常是破坏性测量,主要体现在以下几个方面:

(1) 传统的测量方法往往同时测量一对共轭力学量。

(2) 即便只探测共轭力学量中的一个,也没有采取措施克服被测力学量的共轭量的反作用,因此仍然造成很大的无规量子起伏。

2) 无破坏性测量所采取的措施

(1) 只探测共轭力学量中的一个,这个力学量已足以反映它所耦合到外部的信号。

(2) 合理地选择所要测量的力学量,以及该力学量与后级测量系统的耦合作用过程,使它们满足一定的条件,克服被测力学量的共轭量带来的起伏以及测量动作所带来的反作用。

3) 理想的 QND 测量条件

进行 QND 探测的系统分为两大部分:探测器和测量系统。测量系统是由测量器和读出器组成的。进行 QND 测量的条件为

(1) 单独就测量器而言,选择合理的、能与外力耦合的力学量,这个力学量不会因为对它的重复测量而受到其共轭力学量噪声的污染,而且其自由运动是可以作完全量子分析的,即理论上完全可预测的,可重复性可预测性被称为 QND 考虑。

(2) 后级测量系统对探测器的作用而言,它可能通过相互作用哈密顿量干扰被测力学量,这种作用通常被称为"反作用",是必须消除的,通常将这种考虑称为"反作用逃逸",而做到了反作用逃逸的测量称为"反作用逃逸测量",或称作 BAE 测量(back-action evading measurement)。

4)量子无破坏性测量的三点假设

(1) 不考虑相对论效应;

(2) 外来信号视为经典信号,不涉及其他量子特性;

(3) 只考虑由测不准关系引入的量子起伏,即不考虑非量子噪声对测量的影响。

设探测器中与外部信号耦合的力学量为 A,测量系统中与 A 耦合的力学量是 A_{M},则探测器系统总的哈密顿量可以写成

$$H = H_{\mathrm{D}} + H_{\mathrm{M}} + H_{\mathrm{I}} + H_{\mathrm{F}}$$

其中,H_{D} 是探测器的哈密顿量;H_{M} 是测量系统的哈密顿量;H_I 是它们之间的相互作用哈密顿量;H_{F} 是探测器与外力耦合的哈密顿量,并假设它与 A_{M} 无关。

5) QND 测量的条件

根据 QND 测量所需要考虑的可重复性可预测性,进行 QND 测量必须满足方程式

$$\begin{cases} A_D(t_k) = f_k[A_D(t_0)], k = 1, \cdots, n, \cdots \\ [A_D(t_k), A_D(t')] = 0 \end{cases}$$

其中,当测量对连续的 t 成立时,A_D 被称为连续的 QND 力学量,对其测量被称为连续的 QND 测量;当只对某些周期性的时刻成立,则 A_D 被称为频闪 QND 力学量,对其测量被称为频闪 QND 测量。

6) BAE 测量条件

定义 15.2　BAE 测量:测量系统与探测器的相互作用哈密顿不改变被测力学量 A_D,或者即使改变被测力学量 A_D,这种改变也是可以预测的(不是随机和无规的)。具有这种相互作用哈密顿量的对探测器的测量过程叫做 BAE 测量。一般都是简单地认为 H_I 不改变 A_D。

如果要求 H_I 的加入(即开动)测量不改变 A_D,则需要满足:

$$H_I = H_I(A_D(t), A_M(t); t)$$

即 H_I 只含有测量系统的力学量 A_M 和所要测量的 QND 力学量 A_D,而不含有 QND 力学量 A_D 的共轭量。

7) 外力 $F(t)$ 的影响

为了在只测量 A_D 的情况下就能够准确地得到 $F(t)$ 的变化律,显然 $F(t)$ 和 $A_D(t)$ 之间必须有一一对应关系式

$$A_D(t) = f[A_D(t_0), F(t'); t', t_0], t_0 < t' < t$$

此关系被称为 QNDF 条件。

综上所述,QND 测量需要满足以下条件:

(1) 对力学量 $A_D(t)$ 的频闪 QND 测量要满足:

$$\begin{cases} A_D(t_k) = f_k[A_D(t_0)] \\ H_I = H_I(A_D(t_k), A_M(t_k); t_k) \\ A_D(t_0) = f[A_D(t_0), F(t'_k); t', t_0] \end{cases}$$

其中,$k = 1, 2, \cdots, n, \cdots, t_k, t'_k$ 是某些特定的周期性时刻,$t_0 < t'_k < t_k$。

(2) 对力学量 $A_D(t)$ 的连续的 QND 测量要满足:

$$\begin{cases} [A_D(t), A_D(t')] = 0 \quad (对任何的 t, t') \\ H_I = H_I(A_D(t), A_M(t); t) \\ A_D(t) = f[A_D(t_0), F(t'); t', t_0], t_0 < t' < t \end{cases}$$

如果我们把所有对力学量 $A_D(t)$ 的量子噪声都包含在 BAE 所指的反作用中,同时又将 QND 所提的非破坏泛指为消除所有这些量子噪声的污染,从这种意义

上讲,QND 就和 BAE 等同起来了。

从 QND 测量的定义及其条件中可以看出,这是一种基于量子测量假设构造一个量子系统对耦合外界的作用力来达到对经典微小信号的高精度的测量。

量子测量将以三种或更多种方式引入不期望的噪声。

第一,可能会测量到与所感兴趣的变量相关联的变量,从而引入更多的所感兴趣变量的不确定性。更进一步地,可能会获得与控制状态不一致的信息。例如,为了保持一个两位置状态的叠加状态,位置测量必须避免破坏状态的叠加,因此,在量子力学中,所选择的测量类型必须与控制目标相一致。这一条件在经典反馈控制中不是必须的。

第二,如果尝试控制多个可观测量,必须注意不同可观测量的时间演化过程必然相互影响,这个可观测量的不确定的时间将导致另一个可观测量在下一个时刻的不确定性。例如,某一时刻粒子位置的准确测量将引起该粒子动量的不确定性。因为粒子动量决定了稍后时刻该粒子的位置,动量的不确定性将使得该粒子后续位置更加不确定。因此引入了测量噪声。通常称这一引入噪声的行为是量子测量的反向作用。

第三,噪声包括了噪声结果的随机性。因为测量后被观测系统的状态取决于测量输出,测量结果波动越大,系统演化过程中噪声越多。在经典测量中,测量结果波动不会超过测量前系统的熵,即测量不会对系统引入额外噪声,而在量子力学中,即使系统状态已经准确知道,测量仍然有可能随机改变系统状态,因此对系统注入噪声。当系统的全部状态,而不是一个特殊的可观测量为控制量时,这一观测尤为明显。事实上,对于某些测量带来了噪声与所获得测量信息的权衡问题,这使得情况更加复杂,因此,测量策略的设计尤为重要。

量子态的控制可以被描述为量子系统状态的制备和操纵。在量子力学系统的研究中,尤其在量子光学和量子通讯领域,简单量子系统的控制只是一个主要的目标,典型的问题是一个囚禁离子内部自由度的操纵;一个光子的极化度或光的福克(Fock)态的制备,所有这些量子系统的操纵都是通过被控系统与粒子或围绕它的场之间的相互作用来实施的。从目前所涉及的研究方向上,具体可分为 5 个方面:(1)某一初始化纯态的制备;(2)可控性分析;(3)驱动一个给定的初始态到事先确定的终态(目标态);(4)最优化一个可观测的目标期望值;(5)量子状态的非破坏性测量。对于理想的量子状态的非破坏性测量,主要是令 $(P_i)_{i\in I}$ 是投影的一个完全正交族(或可观测的),令 H_c 是希尔伯特空间,其上作用于作为测量仪器的任何系统("c"为控制器的意思),可观测的 (P_i) 的测量是一个幺正演化,始于一个积态 $|\phi\rangle\otimes|\psi\rangle\in H_c\otimes H_s$,并终止于状态 $\sum_i|\phi_i\rangle\otimes P_i|\psi\rangle$,其中 $(|\psi_i\rangle)_{i\in I}$ 为测量仪器状态的一个正交归一化族。通常,对一个可观测 A 的测量,对任何一个自伴算符

A 是由自身特殊投影族来定义。

　　量子控制的一般方法是基于能够改变系统及控制器之间的相互作用的假定，这意味着一个人能够操作一个(可能是取决于时间的)哈密顿 H(作用于 $H_c \otimes H_s$ 之上)或系统的自由哈密顿通过外部接触作用于 H_s 上，有时假定至少能够控制一个微扰动的哈密顿。当然这样的方法在许多现实的物理中已被证实是好的方法。

　　在某种意义上，通过外部控制机理操纵一个量子系统是测量问题的逆问题。后者，量子系统的一个状态对测量仪器点的位置有影响。在前一种情况中，控制仪器对系统的量子态有影响。两问题之间的对称性可以被描述如下：测量可以被描述为幺正算符在系统状态上的仪器调节，而幺正量子态控制可以被描述为幺正算符在控制器状态上的调节。唯一不对称的是测量对一般系统的状态产生纠缠，而幺正必须避免与控制器的纠缠。

第 16 章 量子系统的反馈相干控制

16.1 引　言

20 世纪 90 年代中期以来,研究人员努力想利用液体的原子或分子中的核自旋磁矩、或光的偏振,最近又打算利用玻色-爱因斯坦凝聚去做成量子位,实现量子逻辑门,实现量子幺正变换,进而实现量子计算,实现量子通讯与加密,并且已经取得了重要进展。但是,将这种微型量子装置转化为实用的、大尺度的、有几千几万个量子位的量子装置,去完成复杂的任务,达到使用的目的,还有许多工作要做,其中最大的困难是消相干问题。

现在的经典计算机所使用的固体器件中的电路元件已经小到只有几百个纳米,固体中的大量电子难以区分为量子位所需要的通－断两态。然而,超导固体中的电子具有共同的量子态并成对地运动。在宏观或介观的尺度上的量子相干叠加效应已得到实验室验证,即实现由以百万计的电子组成的"单一库珀对(Cooper pair) 盒"的两个带电态的相干叠加所产生的振荡。一般说来,实现量子计算的困难是系统和环境之间的相互作用所引起的消相干和耗散效应。

一个与环境隔绝的两子系统处于纯态的叠加态,它与环境的相互作用将使它演化为混合态,即各个纯态以相应的概率为权重的叠加态,并失去确定的相位关系,这就是环境使系统发生的消相干。

与环境的相互作用正是宏观世界之所以是经典世界的原因所在。宏观的不同态,如在大规模集成电路中的一个记忆单元中的 0 和 1,就是不同的荷电态,与环境发生很强的相互作用,以致于关于该单元所在的环境状态的信息被渗漏掉。因此,即使能将该单元制备为 0 和 1 的叠加态。从记忆单元来看,相互作用态会显示为统计性的混合态。量子态的概率幅相加退化为概率的相加,相干效应不再显示。简而言之,纯态的叠加态自发退化为混合态就是所谓的消相干。

在实验上观察到 C-60 分子的衍射具有重要的意义。C-60 分子具有许多被激发的内部自由度及与环境的耦合,几乎是一个经典物体。利用原子干涉技术,通过物质吸收光栅,已经在实验上观察到 C-60 分子的德布罗意的相干衍射,这一结果有两方面的意义:一方面,量子力学的波粒二象性在如此大分子的情况下得到证实。另一方面,虽然这个尺度离宏观尺度较远,但是就其与环境的耦合,基本上应该是出现消相干。在这样的大分子的情况下仍然出现消相干现象,对在大尺度下实现量子计算具有重要意义。

　　1981 年费曼提出量子计算机的概念,1985 年,牛津大学的道奇提出量子图灵机的模型。以前人们认为消相干是建造量子计算机不可逾越的障碍,现在已经有了一些技术,在一定的条件下,在一定的程度上,可以克服消相干。

　　与环境发生相互作用是量子操作的主要困难。为了避免量子操作消相干为概率性的经典操作,就要保持操作的各自由度之间的纠缠,避免它们与环境的相互作用,这就要使在相干量子操作中进行的操作次数小于消相干时间与硬件中所用的基本量子开通的特征时间之比。

　　任何量子系统都有消相干问题(Viola L et al. 1998),消相干使量子系统失去两个关键性质:纠缠性和相干性。设二进制的量子位是光子的水平偏振态和垂直偏振态,分别以 $|\leftrightarrow\rangle$ 和 $|\updownarrow\rangle$ 表示。设包含两个光子的系统形成 EPR 对,系统的量子态为

$$|\leftrightarrow\rangle|\updownarrow\rangle - |\updownarrow\rangle|\leftrightarrow\rangle$$

　　这就是说,两个光子总是处于不同的偏振态,但是并不知道哪个光子处于哪个偏振态。显然,这两个光子处于纠缠态,因为上述态不能写成两个光子态的直积。经过一次测量,就经历了一个很强的消相干,系统退化为两个态 $|\leftrightarrow\rangle|\updownarrow\rangle$ 和 $|\updownarrow\rangle|\leftrightarrow\rangle$ 的混合态。

　　要想进行量子系统的反馈控制(Lloyd S　2000),关键的一点就是需要对系统的状态进行测量,从第 15 章中我们已经知道,所谓量子测量,就是让测量仪器和被测系统之间产生某种相互作用,以便能够从测量仪器的状态去"读出"被测系统的状态。量子力学的测量假说是:量子体系在经历测量之后,就跃迁到相应算符的本征态上,或由纯态转化到混合态。例如,某量子体系的一个力学量 A,设 A 的本征态为 $|1\rangle,|2\rangle,\cdots,|n\rangle,\cdots$,其相应的本征值为 $a_1,a_2,\cdots,a_n\cdots$,并且 $\{|n\rangle\}$ 组成一个完备的系。对任意给定的此体系的波函数 $|\psi\rangle$,总可以用这完备系将其表示为

$$|\psi\rangle = \sum_n C_n |n\rangle$$

其中,C_n 为复数。这是一个纯态,各本征态之间是相干的。

　　如果对 A 进行测量,结果只能是 A 的本征值 $\{a_n\}(n=1,2,\cdots)$ 中的一个,测得 a_n 的概率是 $|C_n^2|$。若第一次测量得到的确切结果是 a_n,紧接着的第二重复测量得到的确切结果还是 a_n,则可以断定体系的态 $|\psi\rangle$ 塌缩到它的一个分支 $|n\rangle$ 态上。测量后不同本征态之间变成不相干的,被测系统自此进入了混合状态。

　　这种由测量导致的波函数瞬间改变是由冯·诺依曼引入的,故又称为冯·诺依曼投影或波函数约化。按照冯·诺依曼的原意,这种瞬间在全空间的约化过程代表了测量导致的莱尼相干性的破坏。这使得与量子测量密切相关的量子相干性和量子消相干所涉及的问题,成为量子力学的核心问题之一。

　　实际上,任何量子测量都要经历测量装置与被测系统之间的量子纠缠过程。

若 $|\psi\rangle = \sum_n C_n|n\rangle$ 是被测系统的待测状态,而 $|e_n\rangle$ 是测量装置的一组波函数,则测量时系统加装置构成的总波函数应表示为

$$|\psi\rangle = \sum_n C_n|n\rangle \otimes |e_n\rangle$$

这个"总波函数"也就描写了系统和仪器之间的量子纠缠状态。一旦知道仪器处在 $|e_n\rangle$ 态上,整个波函数便会塌缩到 $|n\rangle \otimes |e_n\rangle$ 上,从而可以断定被测系统是处在 $|n\rangle$ 态上。由此可见,被测系统和测量仪器间的相互作用产生量子纠缠,导致量子消相干是一个具有普适性的物理过程。量子测量的操作也就是测量装置的状态去"读出"被测系统的状态。量子纠缠是测量过程起关键作用的主要环节。

人们把量子测量分为破坏性测量和非破坏性测量(即理想的)两大类。由于测量仪器以外的其他一些原因也能导致量子消相干,人们把这些其他原因统归为"环境",如果环境、仪器和被测系统的相互作用不影响"系统"的状态,则称为理想的量子测量,用数学式子表达出来就是:

$$[H_s, H_{sd}] = [H_s, H_{se}] = [H_{sd}, H_{se}] = 0$$

其中,H_s, H_d, H_e 分别是被控系统、测量仪器和环境的哈密顿量;H_{sd}, H_{se} 分别是系统与仪器及环境相互作用的哈密顿量。如果上式不成立,则称为破坏性测量。

量子控制理论已有很长的历史。有关基本粒子、原子、固体系统以及光子的实验包括量子系统的系统测量和操控。量子控制理论对量子力学各方面的基础理解包括无破坏测量以及随机量子化等方面做出极大的贡献。几何控制的概念对许多量子结果提供了基础,例如,核磁共振场与相互作用的核自旋集合的几何控制有很大的关系。尤其是采用 NMR 以及光学技术的最优控制理论对量子系统的实验应用。随着量子技术的成熟,大量量子控制的实际应用已经在分子动力学、量子光学以及量子计算等应用中实现。对来自于噪声和消相干的量子信息的防护的努力已经导致对量子纠错和纠缠纯化的方案,这些都是借助于量子反馈控制。最近的量子远程隐形传递的演示实验就是对量子通讯的反馈控制的应用。

采用反馈控制一个量子系统,例如对一个原子控制的传统方法为对该系统进行测量以确定它的状态,并施加一个半经典电势如激光束,以便使系统逼近理想状态。这一方法可以被称为半经典控制。例如考虑一个处于基态和激发态叠加态的原子。受激放射可用来测量该原子是处于基态还是激发态,若测量结果是处于激发态,则可对该原子施加一个激光脉冲,以使其达到基态。这一反馈过程的最终效果为控制该原子处于基态。

在常规的量子反馈控制中,传感器执行系统的测量,一个经典控制器处理测量结果,发生器(执行机构)产生半经典势来改变量子系统的行为。在此过程中,传感器趋向于破坏测量过程中的相干性。虽然控制器能够使用执行机构相干的作用于量子系统上,但它所处理以及反馈的是经典信息。

本章首先介绍控制器为经典的量子反馈控制。然后,给出量子反馈控制的另一种方法,其中的传感器、控制器以及执行机构都是与被控系统相干作用的量子系统,此时,控制器处理并反馈量子信息。采用如此量子反馈回路操作的控制器能够执行经典反馈所不可能完成的如纠缠转移的任务。

量子技术的快速发展与量子信息以及计算的增长不断显示出量子控制理论对量子信息产生重大作用。控制主要是信息:例如,一个控制器获得关于系统所要进行的控制、信息的处理,并反馈信息到系统以期望的方式来改变它的行为。在常规的量子反馈系统中,一个反馈控制器是一个处理通过测量被控量子系统所获得的经典信息的经典系统。而量子控制器是一个通过与被控量子系统的相互作用而获得量子信息的装置,采用量子逻辑处理信息,并把信息相干地反馈到系统中。正如将要看到的,一个处理量子信息的控制器能够执行处理经典信息的控制器所不能完成的任务。

16.2　带有经典反馈的相干控制

一个没有很好控制的系统,无论是量子的还是经典的系统都存在一个基本的问题:系统不能按照人们的期望去运行,如电机运行太快或太慢、房间太热或太冷、原子可能衰变或核自旋消相位比人们期望的要快等。为了改善系统性能,系统与一个被称为“控制器”的相连,它与原系统以一定的方式相互作用,以改善系统的性能。一个离心调速器可以被加在一个电机上调节其速度;一个温度继电器可以被安装在房间里保持期望的室温;电磁辐射脉冲可以被应用在一个原子或自旋体上来将其从周围环境中解耦出来,并放慢其衰变或消相位的速度。系统与控制器在一起形成一个复合的动力学系统,如果控制器被很好地设计,那么,这个复合的“系统－控制器”系统的行为将比原系统更好。

控制方式可以按照与被控系统相互作用的形式来分成两大类。如果相互作用是一种方式,使控制器作用于系统上没有获得任何有关状态的信息,那么这种控制被称为开环的。而在“闭环”控制中,控制器是通过获得系统状态的信息而发挥作用的。闭环控制特别重要的一种形式是反馈控制,其中控制器获得有关系统的信息,它通过传感器作用在控制器上,处理信息,并将其通过执行机构反馈到所作用的系统上。虽然比开环控制复杂得多,但是闭环控制是典型的更精确的控制。

量子控制是应用于一个行为受量子力学定律支配的系统控制理论中的一个分支。当然,量子力学统治所有物理系统的行为——小汽车、空调以及原子和核自旋。然而,量子控制总是应用于特殊的系统,如原子、自旋体、电子、光子、Bose-Einstein 冷凝物等。它们的行为不符合一个精确的经典描述。在过去的几十年里,在量子级控制系统的高精度技术的快速发展,极大拓展了对量子控制可能达到的技术。稳定的、高强度的激光,以及复杂的冷凝技术,已经达到的量子可达极限和可控极限都比以前有很大地提高。

一个重要且特别有效的量子控制方法是所谓的"相干控制"。在相干控制中,人们通过应用半经典的势能以保持量子相干的方式操控量子系统的状态,例如,驱动一个原子相干地从其基态到其激发态。人们在原子上发射一束激光,使其频率等于两个状态之间的能量差。光束与原子的感应极矩之间的相互作用引起原子产生 Rabi 共振,相干地驱动原子之间的基态和激发态。虽然激光束自身就是一个量子系统,但是一个相干态中的许许多多光子的聚合,它在原子中的影响以及原子对它的影响可以通过把光束看成一个振荡的半经典的势能而被合适的建模。这个半经典的激光束的模型在稳态是精确的,它在原子中光子的量子影响效果是小的,并且原子对光子的量子态影响,即反作用是可以忽略的。

相干的方法还可以被用在反馈控制中。此时,一个测量仪器被用来获取量子系统的经典信息,被用于系统的势能是一个被获得的信息的函数。测量仪器可以被经典有效的处理,如同哥本哈根的量子力学解释中的一样,即在相干控制以及具有反馈的相干控制中,系统是量子力学的,而控制器是有效经典的。

采用反馈控制一个量子系统的常规方法是对系统进行测量来确定其状态,然后应用其值能够在测量的结果上进行调节的半经典的电位来引导相干的系统到达期望的状态。由于这样的控制器处理和反馈经典信息,这一方法可以被称为带有经典反馈的相干控制。在这种控制方法中,虽然系统自身必须用量子力学定理来描述,但是,控制器可以被经典的描述。作为带有经典反馈的相干控制的一个例子。

例 16.1 考虑 Monroe 等人的 $^2S_{1/2}$ 超精细状态 $|F=2, m_F=2> \equiv |\downarrow\rangle$, $|F=1, m_F=1> \equiv |\uparrow\rangle$ 的控制,以及单个 $^9Be^+$ 在离子阱中的离子的控制。

假定离子原始的处在一个未知的叠加态

$$|\psi\rangle = \alpha |\downarrow\rangle + \beta |\uparrow\rangle$$

经典反馈回路的目标是使离子处于状态 $|\uparrow\rangle$。控制回路开始于通过采用 σ^+ 极化光来驱动循环 $|\downarrow\rangle \rightarrow {}^2P_{3/2} |F=3, m_F=3\rangle$ 暂态来测量离子的状态,并测量离子荧光的结果:荧光指出离子处于 $|\downarrow\rangle$。

如果发现离子处于 $|\downarrow\rangle$ 态,控制器(一个经典的数字计算机)指示执行机构(激光)通过一个虚拟的 $^2P_{1/2}$ 能级翻转原子到状态 $|\uparrow\rangle$ 来驱动一个 Raman 暂态影响一个 π 脉冲。反馈回路的纯影响是使离子变为状态 $|\uparrow\rangle$。

测量提供了一个经典的信息位,并且一个经典控制器基于该位是否提供了 Raman 脉冲在离子中驱动一个相干量子暂态来做决定,从这个意义上说反馈回路是经典的。

从控制理论的发展前景来看,带有经典反馈的相干控制虽然有效,但是存在几个缺陷。首先,测量一个量子系统几乎不可避免的干扰它:甚至一个非破坏测量的测量在状态中都会给系统留下测量给系统的状态带来的改变。前面例子中的离子原始的是处于未知的基态与激发态所组成的相干叠加态,在荧光后确定离子是否是处于基态或激发态,在这些态之间的初始量子相干性不可撤销的丧失。第二,带有经典反馈的相干控制是随机的:因为测量系统的结果概率地跳到了一个状态或另一个状态。虽然在测量结果上应用相干操作调节的能力允许控制器补偿它们结果的概率特性,但是随机的影响引入复杂的控制过程。

当采用量子反馈控制以及前馈控制的常规观点审视经典控制器与量子系统的相互作用时,通过半经典传感器和执行机构,没有原因说为什么传感器、控制器以及执行机构不应当自身是量子系统。一个常规的数字放大控制器不保持量子相干性。相反,最近的量子计算的发展表明,可以保持由量子逻辑装置所构造的反馈回路中控制器的量子相干性。如同下面将要看到的,采用量子反馈回路的控制器执行大量采用经典反馈回路的控制器所不能完成的任务。例如,它们能够使用相干反馈来引导量子系统从一个未知的初始态,在不破坏初始态的情况下转变到一个期望的终态。另外,一个控制器能够采用量子反馈回路来驱动一个量子系统到一个与其他量子系统纠缠的目标态。纠缠是一个非局部的不能通过采用经典反馈回路的控制器来产生的量子现象。

特别的,对量子计算、量子通讯以及量子-信息处理的新技术的实现允许下面的革新。另外采用半经典的势能(以一个有效的半经典的稳态操作的量子系统),作为一个控制系统,采用量子系统自身作为控制器的一部分,例如人们可以使用非经典光控制一个原子态,其中的量子影响以及量子反作用都是显著的,人们也可以通过对一个被控量子系统联合的另一个量子系统来构造一个混杂的半经典/量子控制器,例如另一个原子,采用一个半经典势能(电位)作用于两个量子系统上,正如下面将会看到的,这些方法都比采用半经典电位的量子控制具有更加强的潜在的功效。它们却是更加有效是因为控制器中的量子系统的结合允许控制器与被控系统交换量子信息,我们将称这样的装置为量子控制器。量子控制器是控制器的部分或全部需要本质的量子描述的控制器。

16.3　带有量子反馈的相干控制

下面的例子将表明如何采用光学或核磁共振技术来实现带有量子反馈的相干控制,重点在表明带有量子反馈的相干控制与带有经典反馈的相干控制的不同上。所选择的例子主要是因为其简单性和实验的可达性。在每一个例子中,被控系统都是简单的量子系统如一个离子或核自旋体。量子控制器包括其他简单的量子系统,如离子、光子以及核自旋体,它们能够带来被控制的相互作用,并且能够通过开发出的量子计算的技术进行简单的量子信息处理。注意,量子控制器的简单性以及它们对被控系统的物理逼近并不是不要限制它们作为控制装置:毕竟经典控制器如电机的调节器或对一个电路的工作放大器的反馈控制器都是简单的装置,它们与被设计来控制的物理系统已经集成为一体。确实,相干量子控制器的实现有可能来自于一个有效的由单个工作放大器组成的经典控制器来物理实现的。如同将要看到的,一个有效的量子控制器,能够通过单个离子或单个核自旋体来构造。

　　首先,我们讨论一个势阱中的离子如何能够被支配来进行相干的量子反馈。然后给出一个采用自旋体进行反馈控制的例子。

16.3.1　一个离子阱例子

　　首先,考察控制一个势阱中的离子状态的问题。重提一个量子控制器是与被控系统交换量子信息的一个装置,结果至少量子控制器的一部分需要一个量子描述。构建一个量子控制器的简单的办法就是对势阱增加第二个离子。通过离子之间的质量中心震动模式的一般相互作用可以制造出相互作用。假定我们期望控制的离子状态是处于未知态 $|\psi\rangle$,而震动模式已经被冷却到基态, $|0\rangle_m$,并且第二,"控制器"离子已经被制备在期望的"目标态" $|\phi\rangle_c = \gamma|\uparrow\rangle_c + \delta|\downarrow\rangle_c$。正如在经典反馈控制中,通过联合一个附加的系统作为控制器,我们已经建造了一个联合的系统－控制器系统,初始的处于状态

$$|\Psi\rangle \otimes |0\rangle_m \otimes |\phi\rangle_c \tag{16.1}$$

　　现在我们的工作是表明联合系统对其自身系统能够具有更好的特性。采用相干量子反馈能够控制离子到其基态。首先,在系统的离子上聚光,并驱动一个所选择的自旋体 π 脉冲:这个脉冲使 $|\uparrow\rangle \otimes |0\rangle_m$ 变成 $-i|\downarrow\rangle \otimes |1\rangle_m$,并反之亦然。而使 $|\downarrow\rangle \otimes |0\rangle_m$ 保持不变。这个联合的系统-控制器系统现在处于状态

$$|\downarrow\rangle \otimes (-i\alpha|1\rangle_m + \beta|0\rangle_m) \otimes |\phi\rangle_c = |\downarrow\rangle \otimes |\psi'\rangle_m \otimes |\phi\rangle_c \tag{16.2}$$

　　我们看到在系统的原始未知态 $|\psi\rangle$ 所获得的量子信息已经被相干的传递到震动模式的状态("相干传感"),以稍微变化的形式($\alpha \rightarrow -i\alpha$)。

　　第二,对控制离子应用相同的过程,可直接证明联合的系统－控制器系统现在处于状态

$$|\downarrow\rangle \otimes (-i\gamma|1\rangle_m + \delta|0\rangle_m) \otimes (\alpha|1\rangle_c + \beta|0\rangle_c) = |\downarrow\rangle \otimes |\phi'\rangle_m \otimes |\Psi\rangle_c \tag{16.3}$$

　　即这个脉冲交换了控制离子中量子信息模式中的量子信息。再一次稍微地改变它。注意系统离子未受这个脉冲的影响:这一步能被认为是量子控制器中相干量子信息处理的一种形式。

　　第三,重复第一步,最终状态是

$$|\phi\rangle \otimes |0\rangle_m \otimes |\Psi\rangle_c \qquad (16.4)$$

这一步相干的植入目标态到系统离子中("相干执行")。反馈处理的量子信息到第二步。

第三步,相干传感,在量子控制中进行相干量子信息处理,并相干量子执行,完成获得系统量子信息、对其进行处理和反馈的相干量子反馈的一个周期。这个相干反馈回路的纯效应就是交换初始未知的系统离子的具有初始储存在控制器离子中的状态。

具有大量的显著的不同点在带有经典反馈的相干控制与带有量子反馈的相干控制之间。如同上面已经注意到的,带有经典反馈的相干控制是典型的随机的(一个由量子测量所引入的机会的单元)和破坏性的(系统最初的未知状态不可避免的被破坏)。相反,带有量子反馈的相干控制,是确定性的(上述量子反馈回路中的每一步都是完全可逆的),和破坏性的(系统初始未知状态能够通过重复的反馈回路被储存一秒钟时间)。另外,如同将要看到的,带有量子反馈的相干控制能够用来完成带有经典反馈的相干控制所完成不了的任务。

16.3.2　一个自旋体的例子

让我们现在来看第二个相干量子反馈的例子。这次采用核磁共振。当上述的离子阱被技术允许时,装载有几个离子的离子阱量子计算机出现——这还是一个困难的实验。尤其问题集中在一个离子而不是其他离子上的激光是一个很难的问题(采用两种离子允许频率选择空间的地址)。相反,NMR 已经表明自身是柔性的,并实验可达两字信息处理的变化。含有十到上百步的在三个或更多量子位上 NMR 量子计算机现在已经很普通了。

让我们重述上述离子的例子。考虑取一个原始的处于状态为 $|\psi\rangle = \alpha|\uparrow\rangle + \beta|\downarrow\rangle$ 的量子自旋体的问题,其中,α,β 未知,并使其处于 $|\downarrow\rangle$。在带有经典反馈的相干控制中,控制器开始于自旋体的状态的非破坏测量(比如采用一个 Stern-Gerlach 仪器),给 $|\uparrow\rangle$ 态的概率为 $|\alpha|^2$,以及 $|\downarrow\rangle$ 态的概率为 $|\beta|^2$。控制律如下:如果测量结果是 $|\downarrow\rangle$,不做任何操作;而如果测量结果是 $|\uparrow\rangle$,那么,使自旋体处于稳定的磁场 B 中,并施加频率为 $\omega = 2\mu B/\hbar$ 的电磁脉冲来翻转自旋体(这里的 μ 自旋体的磁极矩)。自旋体现在处于期望的状态 $|\downarrow\rangle$。

与前面相同,带有经典反馈的相干控制需要测量:一个测量仪器首先必须产生控制器所需要的经典信息以便实施反馈。但事实是,反馈过程起始于由带有经典反馈的相干控制所产生的随机测量且不可逆:虽然测量显示了自旋体沿某一轴的状态,但是破坏了原是相干的叠加态。

相反,带有量子反馈的相干控制,考虑由第二个自旋体所组成的量子控制器,初始态处在 $|\downarrow\rangle_c$,通过一般的标量作用项 $\gamma\sigma_z\sigma_z^c$ 与第一个相互作用,以致于两个

自旋体的哈密顿为$(\hbar/2)(\omega\sigma_z + \omega_c\sigma_z^c + \gamma\sigma_z\sigma_z^c)$,其中,$\omega_c = 2\mu_c B/\hbar \neq \omega$,是控制器自旋体的共振频率。正如离子阱量子反馈回路的情况一样,通过所获得的普通质量中心模式与系统离子相互作用的控制器离子处理并反馈量子信息,这里的控制器自旋体将采用其标量与系统自旋体进行相互作用来起到量子反馈回路的作用。

量子反馈回路采用常规的双共振技术,通过加强自旋体－自旋体的相互作用来操作。例如施加一个频率为$\omega_c + \gamma$的π脉冲,相干的翻转控制器自旋体当且仅当系统自旋体处于状态$|\uparrow\rangle$(在实际操作中,不用单个的"高度选择性"脉冲,而是一个序列的"半选择性"脉冲,来实施这样的自旋体翻转的调节)。用量子计算中的说法,这个操作被称为受控非门(或 CNOT)。两个自旋体现在都处于$\alpha|\uparrow\rangle|\uparrow\rangle_c + \beta|\downarrow\rangle|\downarrow\rangle_c$。很明显,测量控制器自旋体的状态将显示出系统自旋体的状态,在这个意义上说控制器自旋体与系统自旋体已经处于相互关联的。受控非门操作已经引起了控制器自旋体获得系统自旋体的信息。

另外,为了减小系统与控制器自旋体之间的相关性,受控非门操作已经扰动了系统自旋体的状态:最初的纯态$|\psi\rangle$,自旋体现在处于由密度矩阵所表示的混合态:$\rho' = \alpha\bar{\alpha}|\uparrow\rangle\langle\uparrow| + \beta\bar{\beta}|\downarrow\rangle\langle\downarrow|$。控制器自旋体处于相同的混合态。然而,发生了不是不可逆的测量。可以去除扰动并且通过施加第二个具有相同频率的脉冲来再次翻转第二个自旋体,使两个自旋体回到初始态来达到去除关联性。带有量子反馈回路与带有经典反馈回路不同,由传感器所引起的扰动是可逆的,并且可以通过执行机构来消除。

状态$\alpha|\uparrow\rangle|\uparrow\rangle_c + \beta|\downarrow\rangle|\downarrow\rangle_c$展现了特殊的被称为纠缠关联性的量子形式。众所周知,纠缠态展现出奇特的、明显的非局部量子效应,其中,最著名的是 Einstein-Podolsky-Rosen(EPR)效应。创建并控制纠缠态是新的量子技术如量子密码术、量子计算和隐形传态中决定性的一部分。控制器自旋体与系统自旋体之间的相互作用将系统与控制器进行了纠缠。这里的关键点是纠缠在没有量子交换中不能被创建。一个经典控制器不能与它正在控制的量子系统纠缠。量子反馈回路典型地在它们操作的某个步骤中创建系统与控制器之间的纠缠。

在两个自旋体之间的第二个相干相互作用相干地控制了自旋体到状态$|\downarrow\rangle$:简单的在系统的状态$\alpha|\uparrow\rangle|\uparrow\rangle_c + \beta|\downarrow\rangle|\downarrow\rangle_c$上施加一个具有频率为$\omega + \gamma$的脉冲来翻转第一个自旋体当且仅当第二个自旋体自旋向上。两个自旋体的状态现在是$|\downarrow\rangle(\alpha|\uparrow\rangle_c + \beta|\downarrow\rangle_c)$,即不仅相干量子反馈使第一个自旋体处于状态$|\downarrow\rangle$,而且相干的使第二个自旋体处于第一个自旋体的初始态。没有发生随机的操作,并且被控自旋体的初始态没有被破坏:而且它已经被相干的转变为控制器的状态。

16.3.3 对比

在自旋体与离子阱的两个例子中,都复合了第二个量子系统作为控制器的一部分,允许人们以采用完全的经典控制器所不可能达到的方式控制了自旋体,与带有经典反馈的相干控制不同,带有量子反馈的相干控制既不是随机的,也不是破坏性的。

虽然自旋体与离子阱的量子反馈回路完成了相同的任务,带有已知控制器目标态的未知系统状态的交换,它们以稍微不同的方式进行操作,特别需要注意的是,在离子阱的量子反馈回路中,对量子信息的传输有一个明显的指向,来自系统离子的量子信息首先传给质量中心模式,然后再传给控制器离子。当质量中心模式中的量子信息传给控制器离子时,控制器离子中的信息被传到质量中心模式,从那里再传到系统离子。这里,信息在回路中以一个方向来回运动。

相反,在自旋体的两个例子中,虽然第一眼是第一个受控非门操作像是一个经典的“感知”操作(传感器改变系统状态的响应),最接近的探测揭示它实际上引导了双方向的量子信息的流动,导致一个对称的、两自旋体的纠缠态。相似的,第二个受控非门操作像是一个经典的“执行机构”操作(作用在系统上调节控制器的状态),它也涉及一个对两自旋体消纠缠的量子信息双方向的流动,并用初始系统状态交换初始控制器状态。这个效应突显了量子反馈回路的另外一个特性:在使用具有经典反馈的量子控制的地方,传感器和执行机构是两个可区分的步骤,而在具有量子反馈的量子控制的地方,传感器和执行机构经常是不可区分的。一个量子传感器就是一个执行机构,反之亦然。仅在某个很好定义的情况下,如在离子阱量子反馈回路中,它可能是回路中统一方向的量子信息的流动。在典型的量子反馈回路中,量子信息是双向的。

16.3.4　纠缠转移

前面的量子反馈回路的例子被设计来演示简单的量子反馈是如何不同于经典反馈,以及一个控制器交换量子信息的能力如何,而被控系统可以以既不随机也不破坏的方式实施量子系统的反馈控制。量子反馈回路能够完成其他一些经典所不可能完成的任务。在进一步描述量子反馈的理论之前,让我们简要的看一下其中之一的任务:纠缠转移。

为了紧凑性,我们仅用自旋体系统的情况来描述纠缠转移。一个离子阱的纠缠转移可以容易地通过对离子阱增加第三个离子来完成。这里,控制过程的目标是使系统自旋体处于纠缠态 $(1/\sqrt{2})(|\uparrow\rangle|\uparrow\rangle_a + |\downarrow\rangle|\downarrow\rangle_a)$,其中,$|\uparrow\rangle_a$ 和 $|\downarrow\rangle_a$ 是第三个自旋体(“ancilla”)的状态。如同上面已经注意到的,这些状态可以容易的通过使系统自旋体直接与第三个自旋体相互作用来产生。然而,假定我们不允许直接进行两个自旋体相互作用。一个众所周知的事实是,如果两个量子系统不是初始纠缠的,那么它们仅通过经典信息的交换是不能变成纠缠的,即没有通过系统与 ancilla 交换信息的经典反馈回路能够使之纠缠。

相反,由于其自身传递量子信息的能力,一个在两个自旋体之间的量子反馈回路能够容易的引导它们之间的纠缠。为了完成纠缠转移,制备 ancilla 自旋体处于 $(1/\sqrt{2})(|0\rangle_a + |1\rangle_a)$,然后通过在控制器自旋体实施以 ancilla 自旋体作为控制字节的一个受控非门,将 ancilla 与控制器自旋体进行纠缠。现在三个自旋体处于状态

$$(\alpha|\uparrow\rangle + \beta|\downarrow\rangle)(1/\sqrt{2})(|\uparrow\rangle_c|\uparrow\rangle_a + |\downarrow\rangle_c|\downarrow\rangle_a) \qquad (16.5)$$

现在实施前面所给定的量子反馈过程,通过施加第三个具有频率为 $\omega_c + \gamma$ 的 π 脉冲来翻转控制器自旋体当且仅当系统自旋体处于 $|\uparrow\rangle$。很容易证明最终态为

$$(1/\sqrt{2})(|\uparrow\rangle|\uparrow\rangle'' + |\downarrow\rangle|\downarrow\rangle'')(\alpha|\uparrow\rangle' + \beta|\downarrow\rangle') \qquad (16.6)$$

尽管事实是系统与 ancilla 自旋体之间从没有直接的相互作用过,但量子反馈回路完成了产生的期望的系统自旋体与 ancilla 自旋体之间的纠缠态的目标。相反,如从上面注意到的一样,一个带有经典反馈操作的相干控制器在不直接作用于第三个自旋体上时是不能够驱动系统到这样一个纠缠目标态。

16.4 量子反馈的理论特性

量子系统的控制可以通过经典或量子控制器来完成。一个经典控制器的操作可以用经典来描述:它采用经典技术(如经典数字或模拟计算),通过测量、处理获得一个量子系统的经典信息,并通过半经典电位反馈所处理的信息到量子系统。相反,一个量子控制器不能用经典来描述:至少它的部分功能含有获取、处理以及反馈量子信息。如同上述实验例子所演示的那样,量子控制器能够完成如纠缠转移这样经典控制器所不能完成的任务。

我们现在转到量子反馈的理论特性上。如同上面已经注意到的,控制理论的中心问题是询问一个系统通过一个特殊的控制方法是否可控,它能否被驱动到一个期望的状态?以及它是否可观:方法能否确定系统的状态?下面,我们通过不同方法:开环相干控制、带有经典反馈的闭环相干控制以及带有量子反馈的闭环相关控制来推导量子系统可控、可观的充分必要条件。这个方法的前两部分已经在量子控制理论的文献中被很好的研究,为了完整性我们主要介绍他们的研究结果,为了推导我们的相干量子反馈的结果而给出数学的框架。

16.4.1 可控性与可观性

现在来更仔细地叙述本章中所推导的理论结果。由控制理论产生的两个基本问题——可控性:一个控制器能否驱动一个系统到一个期望的状态? 以及可观性:一个控制器的传感器能否完全的确定系统的状态? 本章介绍下述两个控制理论的

结果。

　　首先,对一个有限维的哈密顿量子系统的可控、可观性通过一个控制器对系统的测量,并通过相干的作用将信息反馈到系统,给出充分必要条件。既然控制器是相干的作用,而处理的是经典信息,这个控制形式将被称为带有经典反馈的相干控制。前人在带有经典反馈的相干控制问题上的工作主要集中在控制一个量子系统到一个期望的纯态 $|\psi_d\rangle$ 上:本章补充如何消相干过程。如测量被用来控制系统到一个期望的由密度矩阵 ρ_d 所描述的混合态。另外作为函数的传感器,一个测量仪器可以被用来作为随机执行机构消相干一个量子系统并且改变系统状态的纯度。

　　第二,本章对量子反馈控制提出不同基本方法,使量子反馈回路保持量子相干性。这里控制器放大携带量子相位的量子信息,采用量子逻辑门处理来保持这些相位,并相干地反馈这些量子信息到系统中。既然是由控制器处理并反馈量子信息,这一方法被称为带有量子反馈的相干控制。这种相干量子反馈应当区别于前一节所描述的带有经典反馈的相干量子控制:术语“相干控制”指的是广泛不同的、一种量子相干的方式控制量子系统的技术。这里所讨论的两种方法都采用相干控制。当“常规的”相干控制被用来反馈时,至今为止,反馈回路被取为经典的,且不能保持量子相干性。如同下面将要看到的,一个采用量子反馈的相干控制器能够完成任务:特别的,产生器、变换器、以及纠缠变换,都不能通过带有经典反馈的相干控制来完成。

　　用来推导这些结果的方法将是应用于量子系统上的几何控制方法:这些群理论方法允许容易的数学处理哈密顿系统,由于数学的简单性,系统被取为有限维的,因为所有限制有限空间的有限能量的量子系统都是有限维的,所以这不是一个很大的限制。这里开发出的方法也能够在增加数学计算的复杂性的前提下可以被拓展到无限维系统。几何控制使用中的较大的限制是对封闭哈密顿系统的应用。特别是,更一般的量子控制的情况是一个开放的(即非哈密顿的)有限维系统与一个有效的无限维环境的耦合,如同热温中的化学系统控制的情况,这样系统的数学处理需要对量子系统的一个半群方法。

16.4.2　开环相干控制系统

　　开环相干控制系统只提供给控制器一些有关系统初始态的信息。控制器在控制过程中不再获得有关信息。在量子情况下,一个开环相干控制器通过对系统施加时间独立的电位 $\sum_i \gamma_i(t) H_i$。可控性是一个使量子系统从初始态到期望态的问题。一个量子系统是开环可控的,只要电位能够通过变化 $\gamma_i(t)$ 来进行调节以致于使系统从任意一个已知初始态 $|\psi\rangle$ 到达一个期望的终态 $|\psi_d\rangle$。这个可控性的形式被称为开环的,是因为系统的初始态被假定是已知的,而在系统中没有进行测

量。有限维哈密顿量子系统的相干开环可控性的问题早已被称为具有一个纠缠几何的解。

结论 16.1 相干可控性:开环情况。当且仅当由 $\{H, H_i\}$ 通过对易所产生的代数 A 是系统厄米算符的完全代数,一个具有哈密顿 H 的量子系统是开环可控的。

上述例子中的自旋体通过一个相干控制器就是开环可控的,因为 NMR 方法允许可以使其从任意给定态到任意期望态:由对应于稳定磁场 $B\sigma_z$ 以及所施加的哈密顿 $B_x\sigma_x \sin \omega t$ 所产生的代数,很容易的判断出通过对易是 $SU(2)$ 的完全代数。结论 16.1 是经典不完全控制的几何理论的量子模拟。一个经典不完全控制问题的相似的例子是并行停放:一辆小汽车不能直接的被停放到车位,但仍旧可以通过第一次靠边缘方向然后再沿另一边方向而被放置到位。在量子情况中,代数 A 确定能够通过首先在量子系统一个方向的边缘,然后另一边缘可达到的状态集合。该方法可被称为"停放薛定谔小汽车"。

16.4.3 带有测量的闭环量子控制系统

现在让我们转到闭环量子控制。带有经典反馈("传统的"量子反馈控制)的闭环量子控制的任何讨论中心都是测量的作用。如同众所周知的,测量起了重要且有问题的作用。在企图描述量子力学系统如何与经典方式行为的系统相互作用时出现基本的困难("测量问题")。此时的量子测量是随机的和破坏性的,而量子力学的动力学是确定的和可逆的,结果,量子控制中的测量处理经常是控制过程中最困难的技术部分,尤其,甚至在带有经典反馈的量子控制的情况下,测量不仅仅是一个传感过程,而且还是一个随机执行过程。

量子力学中的随机测量特性以及问题也是有用的,例如,注意上述对开环相干控制所给出的可控性的定义是特别的对纯的初始态和终态,这是因为开环相干控制使纯态到纯态,更一般的,如果系统的纯态由一个已知的密度矩阵 ρ 来描述,那么那个所期望的哈密顿的时间演化将保持 ρ 的本征值。如果系统是如上所描述的开环可控的,那么,以致初始 ρ 会被任何具有相同本征值的 ρ_d 所取代。

为了拓展这个可控性结果到未知初始态 ρ 到任意的终态 ρ_d,我们必须使用开放系统技术如热松弛,或我们必须引入闭环控制。这里我们假定量子系统反馈控制的控制器能够获取 S(为了简单的原因,假定测量是投影的冯·诺伊曼测量)上的测量,对应于哈密顿可观测变量的有限集合 $\{M_j\}$,然后,施加取决于测量结果 m_j 的电位 $\sum_i \gamma_i(m_j, t)H_i$。注意不同于经典情况,在那里测量可以被假定为原理上是非入侵的,而量子测量典型的对所测量的系统具有随机的、相干破坏效应。一个对量子系统的测量仪器不仅是一个传感器,而且还是一个随机的执行机构,一个量

子系统 S 当且仅当一个闭环控制器能够使 S 从任意一个未知初态 ρ 到任意期望的终态 ρ_d 时是闭环可控的。那么,我们有下面的结论。

结论 16.2　相干可控性:闭环情况。当且仅当(1)至少一个 $M_j \neq I$(即控制器能够对系统获得一些非无效的测量),(2)由 $\{H, H_i\}$ 所产生的代数 A 是系统哈密顿算符的完全代数,一个具有哈密顿 H 的量子系统通过一个带有经典反馈的相干控制器对任意混合态 ρ_d 是闭环可控的。

例如,上面的自旋体明显的是一个采用所描述的技术,通过经典反馈闭环可控的。结论中的"当"部分是因为当人们采用单个一个位信息的无破坏测量时,系统的开环可控性允许所对应的位探测任意子空间;那么重新测量允许任何算符的值被确定,且系统被引到一个期望的纯态。为了构造一期望的混合态 ρ_d,传感器现在被用来作为随机的执行机构以一个被控的方式来破坏系统的相干性,而跟随的"且仅当"部分是因为如果系统不是开环可控的,那么可能被达到的在测量结果上的可调状态集合是低于系统希尔伯特空间的维数。

经典定义的系统可观性用于量子系统时需要稍微进行变化。因为由测量所引起的可逆的扰动意味着没有过程能够揭示一个量子系统的任意未知初始态。对应的,一个量子系统通过一个相干控制器通过经典反馈将被称为可观测的,只要合适的控制序列以及测量能够被用来观测系统初始态的任何期望的特性。特别的,系统是可观的,只要控制器能够揭示原始态沿在希尔伯特空间上的任何期望的正交轴几何方向上的投影测量。

结论 16.3　量子反馈的可观性。当且仅当它是闭环可控的时,一个哈密顿量子系统通过一个带有经典反馈的相干控制器是可观的。

在上述的例子里,NMR 技术,与沿着 z 轴测量自旋体部件的能力一起,明显的允许人们沿着任何一个轴测量自旋体。另外,如果人能够操控自旋体以致于沿着任何一个轴测量它,那么人也能够操纵它,通过调节测量的结果,充分的控制它的状态到期望的态。

一个量子系统通过完全量子反馈被说成是可控的,只要对控制器存在某些初始态(与其他量子系统可能是纠缠的),与控制器的一个序列相互作用以及一个序列的所施加的半经典电位以使系统从某个初始态 ρ 到任意也被其他量子系统纠缠的期望的终态 ρ_d。

更精确点,允许量子信息在系统与控制器之间进行交换——量子反馈——所施加的电位使系统与量子控制器相互作用是相干的相互作用形式: $\sum_i \gamma_i(t) H_{SC}^i$,其中,$H_{SC}^i$ 是系统到控制器耦合的厄米算符,$\gamma_i(t)$ 是对系统与控制器耦合进行开关的耦合常数(不同的是,能够总是"开",并对系统进行合适的"棒棒"控制,而控制器对耦合进行有效的开和关。对两种情况的数学演示也是相似的,只有时间独立的相互作用将在这里讨论。)对于一个相互作用,允许量子信息的交换,H_{SC} 不等于

$H_S^i \otimes I_C$, 也不等于 $H_C^i \otimes I_S$, 其中, I 是单位算符。否则相互作用将减少相干控制。对于一个量子控制器, 在传感器和执行机构之间没有一个明显的区别: 可以起到一个传感器的功能, 也能够起到一个执行机构的功能。

假定控制器的量子部分具有一个大维数的希尔伯特空间, 其自身通过相干开环控制是可控的, 令 $\{O_i = \mathrm{tr}_C H_{SC}^i \rho_C\}$ 是能够作用在系统上对控制器给定不同的状态的厄米算符, 我们给出下面的结果。

结论 16.4(a) 量子可控性(a): 当且仅当由 $\{H, O_i\}$ 通过对易所产生的代数 A 是系统厄米算符的完全代数, 一个具有哈密顿 H 的量子系统通过全量子反馈是可控的。

更一般的, 我们有下述:

结论 16.4(b) 量子可控性(b): 当且仅当系统与控制器的量子部分通过相干控制是可控的, 一个量子系统通过全量子反馈是可控的。

结论 16.4(a)、(b) 直接来自开环量子系统与上述引入的控制概念相结合的理论。注意我们假定控制器的量子部分与系统的希尔伯特空间的维数 N 相比具有一个大维数(至少是 N^2), 并且控制器自身是相干可控的。采用量子反馈回路的相干控制的结论 16.4(a) 和 16.4(b) 对应于采用经典反馈回路的相干控制的结论 16.1 和 16.2。量子传感器与量子执行机构之间的等价性意味着当一个量子控制器作用于一个量子系统时, 它几乎是不变的获得有关系统的量子信息。作为结论 16.4 的例子, 上述例子中的两个一自旋体量子控制器明显能够控制另一个自旋体到任意纠缠的或不纠缠的期望状态。

正如采用经典反馈的相干控制的情况一样, 必须小心定义采用量子反馈的相干控制的客观性: 控制器不是一个在系统上进行测量的经典装置, 而是自身内部的一个量子系统变得与系统相干, 产生了不是不可逆的测量一个量子系统通过一个量子控制器被说成是可观的, 当系统的初始状态与所有的与任何其他量子系统的纠缠一起, 能够被转移到控制器的一个模拟态。那么, 控制器可以利用这个转移状态作为目标态来控制一些其他量子系统。这个基本的可观性的量子定义是结论 16.4 中可控性的量子定义的特性的转换。给定结论 16.1~16.4, 下面结论应当自然得出。

结论 16.5 量子可观性 当且仅当系统通过控制器是可控的, 一个量子系统通过控制器是可观的。

作为 3 个自旋体的例子, 与一个量子控制器的相互作用使一个处于期望态的哈密顿系统必须转移初始态或系统, 与其纠缠态一起, 到控制器的一个模拟终态。采用经典反馈回路的量子哈密顿系统的控制一般不能确定系统的初始态, 因为控制器是经典的, 系统的量子态肯定不能转移到控制器的一个模拟经典终态(不过当一个经典的哈密顿控制器采用经典反馈回路控制一个经典的哈密顿系统, 系统的原始态必定被转移到控制器)。

16.5 小　结

　　本章揭示了采用经典反馈和量子反馈的相干控制的特性,并给出哈密顿量子系统在不同给定值下的可控性与可观性的充分必要条件。常规的是包含经典信息的数据采集和处理的通过经典反馈的量子系统的相干控制。相反,一个量子反馈控制器采集和处理的是量子信息。以量子位(或量子比特)测量的量子信息携带量子相位信息以及经典信息,一个反馈量子信息的控制器能够完成诸如纠缠转移等反馈经典信息的控制器所不能完成的任务。这里所讨论的量子控制器潜在的实验实现是基于核磁共振;本章的结果也可以采用量子逻辑装置如离子阱,量子光子中的高 Q 以及量子点来实现。

　　虽然构造量子控制器的困难限制了初始的应用,但是这样的控制器在量子技术的发展中起到关键的作用。Ramakrishna 和 Rabiz 的工作已经指出了上面所描述的开环几何来控制的方法与量子逻辑门的结构之间的紧密关系。的确,最近报道的在量子隐形传态的实验结果表明量子反馈控制的应用(在这些实验中,纠缠态与经典反馈回路相结合来转移量子信息)。量子控制器可以具有各种不同的应用,包括经典模拟的问题,如轨迹控制,和非经典模拟的问题,如防止消相干。如同量子纠错中显示的那样,对量子系统的扰动消除策略比经典的要困难得多。然而对极化光以相同的方式则允许人们观测到非极化光所达不到的,所产生的纠缠态效应,并且量子控制器的操纵可以允许更有效的观测以及不同系统的控制。一个特别重要的开放问题是对这里所给出的哈密顿量子系统的可控性和可观性对开放量子系统的拓展。

第 17 章   量子系统的应用

17.1   大数质因子分解的量子算法

量子系统的最早应用是在量子计算的突破与应用上,主要表现在大数质因子的分解。所谓大数质因子的分解,是指把一个大整数分解为所有质数因子的乘积。对于一个大数 N,一般需要 $L = \log_2 N$ 个字节表示(在二进制中,用 L 个字节可以记录 $0 \sim 2^L - 1$ 之间的任何一个数)。众所周知,传统的因子分解算法是用尝试法,不断地选用质因子 $\in [1, \sqrt{N}]$ 去除 N,整个计算过程需要 $S = \sqrt{N} = 2^{\frac{L}{2}}$ 步来找到 N 的全部质数因子。这个函数 $S(L) = 2^{\frac{L}{2}}$ 与 L 呈指数关系。然而当采用量子有效算法进行求解时,可以将其总的计算步骤限制在 $\leqslant L$ 的多项式。

第一个分解大数质因子的量子有效算法是美国 AT&T 公司的 Peter Shor 于 1994 年提出的。该算法同大部分大数质因子分解算法一样,也是将分解问题变为寻找函数周期的问题。他首先用量子并行性通过一步计算获得所有的函数值;然后通过测量函数值得到相关联的函数自变量的叠加态,并对其进行量子傅里叶变换;最后利用函数的周期对大数进行质因子分解。该算法的最重要之处就在于使用量子傅里叶变换求出周期。

17.1.1   量子有效算法

这里我们首先给出一个用量子有效算法寻找一个周期函数周期的过程。

设一个周期函数 $f(x) = \cos(\pi x) + 1$,x 只取整数值 $0, 1, 2, \cdots$。显然,很容易求出该函数的周期 $T = 2$。我们采用两串量子字节:一串 x 代表自变量,另一串 y 代表函数 $f(x)$。我们以狄拉克算符来记录,例如,$x = 5, f(x) = \cos 5\pi + 1 = 0$,记为 $x: |101\rangle, y: |000\rangle$。这里,采用 $|x, f(x)\rangle$ 来记录 x 和 y 的状态(或表示成 $|x\rangle|f(x)\rangle$,这两种记录方式是等价的)。

根据 Shor 的算法,首先要计算 $f(x)$ 在平衡状态下的所有取值。为了达到此目的,建立自变量 x 初始的平衡叠加态。例如,x 由 3 个量子位组成,即有:$L = 3$,$N = 2^L = 2^3 = 8$。则平均叠加态为

$$\frac{1}{\sqrt{N}} \sum_{x=0}^{2^L - 1} |x\rangle = \frac{1}{\sqrt{8}} (|000\rangle + |001\rangle + |010\rangle + |011\rangle + |100\rangle + |101\rangle + |110\rangle + |111\rangle)$$

$$\text{(17.1)}$$

将(17.1)式写成十进制,则变为

$$\frac{1}{\sqrt{N}}\sum_{x=0}^{2^L-1}|x\rangle = \frac{1}{\sqrt{8}}(|0\rangle+|1\rangle+|2\rangle+|3\rangle+|4\rangle+|5\rangle+|6\rangle+|7\rangle) \quad (17.2)$$

y 初始的量子位均处于基本态 $|0\rangle^L$,在制备了 x 的平衡叠加态后,在 y 中将被制成由 $x\to y$ 系统组成的量子状态 ψ:

$$\begin{aligned}\psi &= \frac{1}{\sqrt{N}}\sum_{x=0}^{2^L-1}|x,f(x)\rangle \\ &= \frac{1}{\sqrt{8}}(|0,f(0)\rangle+|1,f(1)\rangle+|2,f(2)\rangle+|3, \\ &\quad f(3)\rangle+|4,f(4)\rangle+|5,f(5)\rangle+|6,f(6)\rangle+|7,f(7)\rangle\end{aligned} \quad (17.3)$$

其中,ψ 为 $x\to y$ 系统的波函数。若 $|x\rangle$ 为横坐标,$|f(x)\rangle$ 为纵坐标,可以将 (17.3)式用平面矢量图表示出如图 17.1 所示。该图形象地描绘了(17.3)式中量子状态:$|x\rangle$、$|f(x)\rangle$ 交点处向量表示了(17.3)式中 $|x,f(x)\rangle$ 量子状态的叠加复系数,向量的振幅对应于复系数的模(本例中,各向量振幅均为 $\frac{1}{\sqrt{8}}$)。各向量与 $|x\rangle$ 轴夹角则对应于复系数的幅角,图 17.1 中各向量与 $|x\rangle$ 轴夹角均为 0°。

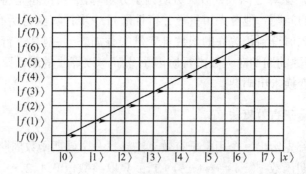

图 17.1　(17.3)式表达式的平面矢量图

下面需要构造与 $f(x)$ 具有相同周期的状态。为达到此目的,需要对 y 中的波函数实施离散傅里叶变换,即量子位态矢空间中的一个幺正变换。设 $|x\rangle$ 是 L 个量子位态矢空间的一个矢量,定义态矢 $|x\rangle$ 的离散傅里叶变换:

$$U_{\mathrm{QFT}}|x\rangle = \frac{1}{\sqrt{2^L}}\sum_{k=0}^{2^L-1}e^{2\pi i xk/2^L}|k\rangle \quad (17.4)$$

例如,$|2\rangle$ 可以按(17.4)式规则变换为

$$U_{\mathrm{QFT}}|2\rangle = \frac{1}{8}\left[|0\rangle+e^{4\pi i1/8}|1\rangle+e^{4\pi i2/8}|2\rangle+\cdots+e^{4\pi i7/8}|7\rangle\right]$$

$$= \frac{1}{8} \left[\left(|0\rangle + |4\rangle \right) - \left(|2\rangle + |6\rangle \right) + \mathrm{i} \left(|1\rangle + |5\rangle \right) - \mathrm{i} \left(|3\rangle + |7\rangle \right) \right]$$

$$(17.4\mathrm{a})$$

对(17.3)式中的波函数 ψ 进行傅里叶变换,可获得新的波函数 ψ':

$$\psi' = \frac{1}{8} \sum_{x,k=0}^{7} \mathrm{e}^{2\pi \mathrm{i}kx/8} |k, f(x)\rangle$$

$$= \frac{1}{8} |0\rangle \left[|f(0)\rangle + |f(1)\rangle + |f(2)\rangle + \cdots + |f(7)\rangle \right]$$

$$+ \frac{1}{8} |1\rangle \left[|f(0)\rangle + \mathrm{e}^{2\pi \mathrm{i}1/8} |f(1)\rangle + \mathrm{e}^{2\pi \mathrm{i}2/8} |f(2)\rangle + \cdots + \mathrm{e}^{2\pi \mathrm{i}7/8} |f(7)\rangle \right]$$

$$+ \frac{1}{8} |2\rangle \left[|f(0)\rangle + \mathrm{e}^{4\pi \mathrm{i}1/8} |f(1)\rangle + \mathrm{e}^{4\pi \mathrm{i}2/8} |f(2)\rangle + \cdots + \mathrm{e}^{4\pi \mathrm{i}7/8} |f(7)\rangle \right]$$

$$\vdots$$

$$+ \frac{1}{8} |7\rangle \left[|f(0)\rangle + \mathrm{e}^{14\pi \mathrm{i}1/8} |f(1)\rangle + \mathrm{e}^{14\pi \mathrm{i}2/8} |f(2)\rangle + \cdots + \mathrm{e}^{14\pi \mathrm{i}7/8} |f(7)\rangle \right]$$

$$(17.5)$$

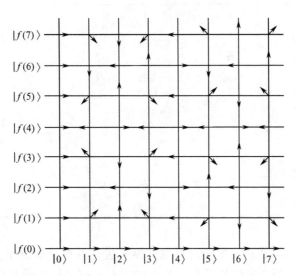

图 17.2　离散傅里叶变换后波函数 ψ' 中量子叠加态

　　图 17.2 给出了实施离散傅里叶变换后波函数 ψ' 中量子叠加态的情形,其中, $|x\rangle$、$|f(x)\rangle$ 交点处的向量表示了(17.5)式中 $|x, f(x)\rangle$ 量子状态的叠加复系数: 矢量的振幅对应于复系数的模 $1/8$,各矢量与 $|x\rangle$ 轴的夹角对应于复系数的幅角。 ψ' 描述了对应于 x 和 y 量子位所描述量子系统的纠缠态。

　　在本例中,因为 $f(x) = \cos(\pi x) + 1$,周期 $T = 2$,所以有: $f(0) = f(2) = f(4) =$

$f(6)$，且 $f(1)=f(3)=f(5)=f(7)$，我们可以重写(17.5)式，并考虑关系式 $|k,f(0)\rangle$ 与 $|k,f(2)\rangle$、$|k,f(4)\rangle$、$|k,f(6)\rangle$ 等价，而状态 $|k,f(1)\rangle$ 与 $|k,f(3)\rangle$、$|k,f(5)\rangle$、$|k,f(7)\rangle$ 等价，而将其进行合并：

$$
\begin{aligned}
\psi' = 1/2|0\rangle & [|f(0)\rangle + |f(1)\rangle] \\
& + 1/8|1\rangle|f(0)\rangle[1 + e^{2\pi i2/8} + e^{2\pi i4/8} + e^{2\pi i6/8}] \\
& + 1/8|2\rangle|f(1)\rangle[e^{2\pi i1/8} + e^{2\pi i3/8} + e^{2\pi i5/8} + e^{2\pi i7/8}] \\
& \quad\vdots \\
& + 1/8|7\rangle|f(1)\rangle[e^{14\pi i1/8} + e^{14\pi i3/8} + e^{14\pi i5/8} + e^{14\pi i7/8}]
\end{aligned}
\tag{17.6}
$$

注意观察(17.6)式各项中的相互叠加复系数的幅角，经计算可得如表17.1所示的关系式和结果。即

$$
\psi' = 1/2(|0,f(0)\rangle + |0,f(1)\rangle + 1/2|\psi,f(0)\rangle + e^{i\pi}|\psi,f(1)\rangle) \tag{17.7}
$$

表 17.1　(17.6)式中各状态所对应的各复系数幅角以及叠加后复系数幅角

状态	各项对应复系数幅角				叠加后复系数幅角
$\|0\rangle\|f(0)\rangle$	0	0	0	0	$1/2$
$\|0\rangle\|f(1)\rangle$	0	0	0	0	$1/2$
$\|1\rangle\|f(0)\rangle$	0	$\pi/2$	π	$3\pi/2$	0
$\|1\rangle\|f(1)\rangle$	$\pi/4$	$3\pi/4$	$5\pi/4$	$7\pi/4$	0
$\vdots$					
$\|4\rangle\|f(0)\rangle$					$1/2$
$\|4\rangle\|f(1)\rangle$					$1/2e^{i\pi}$
$\vdots$					
$\|7\rangle\|f(0)\rangle$	0	$3\pi/2$	π	$\pi/2$	0
$\|7\rangle\|f(1)\rangle$	$7\pi/4$	$5\pi/4$	$3\pi/4$	$\pi/4$	0

下面，我们用标准基对量子计算后的结果进行测量。本例中，测量 x 的状态得到 $|0\rangle$ 或 $|4\rangle$，且每个出现的概率为 $1/2$。对应 shor 的算法，通过使用量子离散傅里叶变换，并运用量子状态的叠加，使得能够代表函数周期数以确定等概率存在，而无用的数字则相互抵消。对 x 最终状态的测量将是一组确定的 k 值中的一个。

$$
k = 0, \frac{N}{T}, N\frac{2}{T}, N\frac{3}{T}, \cdots, N\frac{T-1}{T} \tag{17.8}
$$

其中，N 为所表征数字量的总数(N 可被 T 整除)。本例中，$N=2^L=8$，L 为量子位数。我们测量得 $x=0$ 或 $x=4$，即对应着 $N/T=4$，由此可得 $T=8/4=2$。

由(17.8)式可以求出，随着周期值的增大，测量 x 值所出现的 k 值也会增多。

对于周期为 T 的函数 $f(x)$ 或数字,通过离散傅里叶变换后,最终出现的 k 值有 T 个,分别以 $1/T$ 的等概率出现。那么这就存在一个问题:对于 T 值较大时,如何确定 $f(x)$ 的周期 T?

为了回答这个问题,我们再给一个简单的例子。假定 $T=8$, $N=2^7=128$,由 (17.8) 式可得:$k=0,16,32,48,64,80,96,112$(8 个)。现在假定测量一次后,得到 $k=80$,此时并不知道是 8 个中的哪一个,因此都统一的写成分式:

$$T = N/k = 128/80 = 8/5$$

同理,重复多次测量,可获得如下值:

$$N/k : 8, 4, \frac{8}{3}, 2, \frac{8}{5}, \frac{4}{3}, \frac{8}{7}$$

当我们把所有 N/k 的化成最简形式后,可以由分式中分子的最大值来确定周期 T 的值。对于所给例子,k 分别为 $16,48,80,112$ 四个测量值,其 N/k 的最简式分别为 8、$8/3$、$8/5$、$8/7$,它们的分子都是 8,所以总体看,这个测量结果占所有可能结果的 $1/2$ 概率。这是相当高的,即该算法以一个足够大的概率提供一个找到周期 T 的有效途径。

因此,一个对 x 状态的量子测量以等概率产生,其值为:$k=mN/T$, $m=0,1,2,\cdots,T-1$。取分数 $N/k=T/m$ 在最简形式下,即若 T 和 m 无公约数,则分子即周期 T。

通过利用量子力学特性,我们设计了一个通过离散傅里叶变换的波函数 ψ',它包含了所有自变量 x 可能取值的平衡叠加态,量子计算同时并行地"尝试"了所有这些数字信息,并且自动地选择了合适的 x 值——T 的倍数。这种量子算法是确定性的,但测量到的输出是概率性的。量子计算的最大优点就是它能同时对所有 x 值进行同时并行的计算,而且这种并行并不需要很多的计算步骤,因为"不需要"的数字量子状态可相互抵消,只剩下"需要"的 x 值。在以上的例子中,这些"需要的"数字量子态以相等的概率出现。

17.1.2 离散傅里叶变换

在上节求函数周期过程中,用到了离散傅里叶变换。量子离散傅里叶变换是由 (17.9) 式定义的 2^L 维矢量空间的幺正变换:

$$U_{\text{QFT}} |x\rangle = \frac{1}{\sqrt{2^L}} \sum_{k=0}^{2^L-1} e^{2\pi i x k / 2^L} |k\rangle \tag{17.9}$$

这个幺正变换矩阵第 (x,k) 个元素是

$$\frac{1}{\sqrt{2^L}} e^{2\pi i x k / 2^L} \tag{17.10}$$

执行这一变换可以用两个基本操作完成:一个是一位量子字节的运算操作符 A_j

$$A_j = 2^{-1/2}(|0_j\rangle\langle 0_j| + |0_j\rangle\langle 1_j| + |1_j\rangle\langle 0_j| - |1_j\rangle\langle 1_j|)$$

$$= 1/\sqrt{2}\begin{bmatrix} 1 & 1 \\ 1 & -1 \end{bmatrix} \qquad j = 0,1,\cdots,L-1$$

这一操作实际上是作用到第 j 位上的 Hadamard 门。

对第 j 位的操作结果为

$$A_j|0_j\rangle = 1/\sqrt{2}(|0_j\rangle + |1_j\rangle)$$

$$A_j|1_j\rangle = 1/\sqrt{2}(|0_j\rangle - |1_j\rangle)$$

第二个操作是作用到第 j 和第 k 位上的两字节操作符 B_{jk}：

$$B_{jk} = |0_{jk}\rangle\langle 0_{jk}| + |1_{jk}\rangle\langle 1_{jk}| + |2_{jk}\rangle\langle 2_{jk}|\langle 1_{jk}| + e^{i\pi\theta_{jk}}|3_{jk}\rangle\langle 3_{jk}|$$

$$= \begin{bmatrix} 1 & 0 & 0 & 0 \\ 0 & 1 & 0 & 0 \\ 0 & 0 & 1 & 0 \\ 0 & 0 & 0 & e^{\theta_{jk}} \end{bmatrix}$$

其中

$$\theta_{jk} = \pi/2^{k-j},$$

$$|0_{jk}\rangle = |0_j0_k\rangle, |1_{jk}\rangle = |0_j1_k\rangle,$$

$$|2_{jk}\rangle = |1_j0_k\rangle, |3_{jk}\rangle = |1_j1_k\rangle,$$

由

$$B_{jk}|0_{jk}\rangle = |0_{jk}\rangle$$

$$B_{jk}|1_{jk}\rangle = |1_{jk}\rangle$$

$$B_{jk}|2_{jk}\rangle = |2_{jk}\rangle$$

$$B_{jk}|3_{jk}\rangle = e^{i\pi/2^{k-j}}|3_{jk}\rangle$$

可见在 B_{jk} 的作用下,仅 $|3_{jk}\rangle = |1_j1_k\rangle$ 角度改变,而状态 $|0_{jk}\rangle$, $|1_{jk}\rangle$, $|2_{jk}\rangle$ 均保持不变。

下面进行变换操作。操作的顺序是:先对 $|x\rangle$ 施加 A_{L-1} 操作,然后再对其结果应用 $A_{L-2}B_{L-2,L-1}$ 操作,此后,按以下算符继续操作下去。

$$A_{L-3}B_{L-3,L-2}B_{L-3,L-1}$$

$$A_{L-4}B_{L-4,L-3}B_{L-4,L-2}B_{L-4,L-1}$$

$$\cdots$$

$$A_0B_{0,1}B_{0,2}B_{0,3}\cdots B_{0,L-1}$$

这样从 A_{L-1} 到 A_0 顺序施加 A_j,而对 $k>j$ 之间施加两位操作 B_{jk},所执行的全部操作为:

$$A_0B_{0,1}B_{0,2}\cdots B_{0,L-1}A_1B_{1,2}B_{1,3}\cdots B_{1,L-1}\cdots A_{L-2}B_{L-2,L-1}A_{L-1} \qquad (17.11)$$

可以证明，执行(17.11)式操作后，将获得量子态

$$\frac{1}{\sqrt{2}} \sum_{k'} e^{2\pi i k' x / 2^L} |k'\rangle \qquad (17.12)$$

其中，$|k'\rangle$ 是 $|k\rangle$ 的量子位逆序排列，即将 $|k\rangle$ 中从左到右所有量子位从右到左排列，例如，将 $|ijkmn\rangle$ 逆序排列成 $|nmkji\rangle$。所以只要颠倒(17.12)式中 $|k'\rangle$ 的量子位，就可得到要求的 $|x\rangle$ 的傅里叶变换。

下面以(17.3)式所描述的波函数为例来说明对一个变量 $|x\rangle$ 的傅里叶变换过程。

$$\psi' = \frac{1}{\sqrt{8}}[|0, f(0)\rangle + |1, f(1)\rangle + |2, f(2)\rangle + |3, f(3)\rangle + |4, f(4)\rangle$$
$$+ |5, f(5)\rangle + |6, f(6)\rangle + |7, f(7)\rangle]$$

因为我们取 $L = 3$，所以施加变换的操作符应为

$$(A_0 B_{0,1} B_{0,2})(A_1 B_{1,2}) A_2 \qquad (17.13)$$

取 $|x\rangle = |2\rangle = |010\rangle$ 为例进行操作，可得结果为

$$\frac{1}{\sqrt{8}}(|000\rangle + |001\rangle - |010\rangle - |011\rangle + e^{i\pi/2}|100\rangle + e^{i\pi/2}|101\rangle - e^{i\pi/2}|110\rangle - e^{i\pi/2}|111\rangle)$$

最后通过将所有量子位的字节顺序颠倒，则得到最终变换为

$$U_{\mathrm{QFT}}|2\rangle = \frac{1}{\sqrt{8}}[(|000\rangle + |100\rangle) - (|010\rangle + |110\rangle)$$
$$+ e^{i\pi/2}(|001\rangle + |101\rangle) - e^{i\pi/2}(|011\rangle + |111\rangle)]$$
$$= \frac{1}{\sqrt{8}}[(|0\rangle + |4\rangle) - (|2\rangle + |6\rangle) + i(|1\rangle + |5\rangle) - i(|3\rangle + |7\rangle)]$$

此结果与用(17.4)式计算 $|x\rangle = |2\rangle$ 变换的结果完全相同。所以(17.13)式实现了一次离散傅里叶变换。

由于对 L 位量子字节 $|x\rangle$ 的离散傅里叶变换需要执行 L 个 A_j 算符的操作 $A_0, A_1, \cdots, A_{L-1}$ 和 $(L-1)L/2$ 个 B_{jk} 算符 $B_{01}, B_{02}, \cdots, B_{0(L-1)}, B_{12}, B_{13}, \cdots, B_{1(L-1)}, \cdots, B_{L-2, L-1}$ 操作，需执行的操作总数为 $(L+1)L/2$。因此该运算步骤的数目为输入位数 L 的二次函数，由此可见，这是一个有效算法。

17.1.3 大数因子分解的步骤

Shor 采用寻找函数周期的量子算法来对大数进行因子分解。我们现以一个具体的例子来描述该算法的应用。例如：对 $N = 15$。

第一步：随机选择一个整数 $y = a$，该数 a 小于 N 且和 N 互质，即满足 $\gcd(a, N) = 1$，即 a 和 N 的最大公约数为 1。

第二步：构造函数

$$f(x) = a^x (\mathrm{mod}\ N), x = 0, 1, 2, \cdots$$

这里 $a(\mathrm{mod}\ b)$ 表示求 a/b 的余数。

对于 $N = 15$，随机挑选 $a = 7$，满足 $(a, N) = (7, 15) = 1$，对于不同的 x 值，可以得到：

$$f(0) = 1(\mathrm{mod}15) = 1, (7^0 = 1 = 0 \times 15 + 1)$$
$$f(1) = 7(\mathrm{mod}15) = 7, (7^1 = 7 = 0 \times 15 + 7)$$
$$f(2) = 7^2(\mathrm{mod}15) = 4, (7^2 = 49 = 3 \times 15 + 4)$$
$$f(3) = 7^3(\mathrm{mod}15) = 13, (7^3 = 343 = 22 \times 15 + 13)$$
$$f(4) = 7^4(\mathrm{mod}15) = 1, (7^4 = 2401 = 160 \times 15 + 1)$$
$$f(5) = 7^5(\mathrm{mod}15) = 7, (7^5 = 16807 = 2120 \times 15 + 7)$$
$$f(6) = 7^6(\mathrm{mod}15) = 4, (7^6 = 117649 = 7843 \times 15 + 4)$$
$$\cdots$$

由上面可知，此时所构造的函数 $f(x) = a^x (\mathrm{mod}\ N), x = 0, 1, 2, \cdots$ 具有周期 $T = 4$。这个周期 T 实际上是由前面所描述的离散傅里叶变换，采用量子有效算法获得的。在那里，对于 $N = 15$，需要用 $L = 4$ 的量子位串来表示 $2^4 = 16$ 个数。由于周期 $T = 4$，所以在进行傅里叶变换的计算过程中，产生了

$$f(0) = f(4) = f(8) = f(12),$$
$$f(1) = f(5) = f(9) = f(13),$$
$$f(2) = f(6) = f(10) = f(14),$$
$$f(3) = f(7) = f(11) = f(15),$$

最后测量到的波函数 ψ' 为

$$\psi' = \frac{1}{4}|0\rangle[|f(0)\rangle + |f(1)\rangle + |f(2)\rangle + |f(3)\rangle]$$

$$+ \frac{1}{4}|4\rangle|f(0)\rangle(1 + \mathrm{e}^{\frac{\pi}{2}\mathrm{i}} + \mathrm{e}^{\pi\mathrm{i}} + \mathrm{e}^{\frac{3}{2}\pi\mathrm{i}})$$

$$+ \frac{1}{4}|4\rangle|f(1)\rangle(\mathrm{e}^{\frac{\pi}{8}\mathrm{i}} + \mathrm{e}^{\frac{5\pi}{8}\mathrm{i}} + \mathrm{e}^{\frac{9\pi}{8}\mathrm{i}} + \mathrm{e}^{\frac{13\pi}{8}\mathrm{i}})$$

$$+ \frac{1}{4}|4\rangle|f(2)\rangle(\mathrm{e}^{\frac{\pi}{4}\mathrm{i}} + \mathrm{e}^{\frac{3\pi}{4}\mathrm{i}} + \mathrm{e}^{\frac{5\pi}{4}\mathrm{i}} + \mathrm{e}^{\frac{7\pi}{4}\mathrm{i}})$$

$$+ \frac{1}{4}|4\rangle|f(3)\rangle(\mathrm{e}^{\frac{3\pi}{8}\mathrm{i}} + \mathrm{e}^{\frac{7\pi}{8}\mathrm{i}} + \mathrm{e}^{\frac{11\pi}{8}\mathrm{i}} + \mathrm{e}^{\frac{15\pi}{8}\mathrm{i}}) + \frac{1}{4}|8\rangle|f(0)\rangle\cdots$$

当测量 x 时，可能的测量值为：$k = 0, 4, 8, 12$ 四个值中的一个。应用公式可得 $T = \frac{16}{k} = 0, 4/1, 2/1, 4/3$，最大的分子为 4，所以周期 T 是以 $1/2$ 的概率被测出。

第三步：假设求得的 $f(x)$ 的周期为 T, T 是偶数，且 $T(\mathrm{mod}\ N) \neq -1$（否则

需另取一个 y 重新计算,那么则有

$$y^T = 1 (\text{mod } N)$$

此式表示相对于 N, y^T 于 1 同余,这从前面计算 $f(x)$ 对不同 x 值时的 $y^x (\text{mod } N)$ 值可以很容易的证实此式的正确性。于是有

$$(y^T - 1) = 0 (\text{mod } N)$$

$$(y^{T/2} - 1)(y^{T/2} + 1) = 0 (\text{mod } N)$$

即左边两项乘积是 N 的整数倍,$y^{T/2} \pm 1$ 和 N 的最大公约数(the greatest common divisor,简称 gcd),$\gcd(y^{T/2} \pm 1, N)$ 必是 N 的因子。

对于 $N = 15$, $T = 4$, $y = 7$,我们计算

$$z = y^{\frac{T}{2}} = 7^2 = 49$$

$$\gcd(z + 1, N) = \gcd(50, 15) = 5$$

$$\gcd(z - 1, N) = \gcd(48, 15) = 3$$

这样获得了数 15 的两个(质)因子 5 和 3。

满足 $y < 15$ 且和 15 互质的其他数还有 $\{2, 4, 8, 11, 13, 14\}$,它们的周期分别是 $\{4, 2, 4, 2, 4, 2\}$,除了 $y = 14$ 失效外($14(\text{mod } 15) = -1$),其他的选择都可以得到正确的结果。

在上述的量子因子分解的求解步骤中,需要用到求两个数的最大公约数 gcd,这一计算可由欧几里得(Euclid)有效算法给出:

例如:对 12 和 30,求 $\gcd(12, 30)$

gcd 的求解是用大数除小数,然后再用除数除余数,这样不断除法的过程,即

$$30 = 2 \times 12 + 6 (\text{除数 } 12, \text{余数 } 6)$$

$$12 = 2 \times 6 + 0 (\text{除数 } 6, \text{余数 } 0)$$

若余数不为 0,将继续此过程,直到余数为 0。而最后一次非 0 余数(在本例中为 6)即为所求的最大公约数。

17.2 量子计算和量子逻辑门的物理实现

由于两个量子位间的转动控制可以构造出能执行任意复杂的量子计算的网络,而量子计算机最基本的逻辑部件就是受控两个量子位的物理系统,使它们之间产生的相互作用能根据一个位的状态条件对另一个位实现需要的幺正演化。已经提出的这样的物理系统有离子阱方案、腔量子电动力学(QEN)方案、核磁共振(NMR)方案以及量子点方案等。

第一个实现量子计算的物理系统是一个完全同周围隔离的在一个"离子陷阱"里的冷离子群系统,具有标准旋转频率(rf)的四级"陷阱",可以提供一个非静态

的磁场。在此磁场中,任意一个可以被观测得到的微观粒子将遇到使其从原运动转移到任意方向的磁力。单一的离子可以被定位在 $rf=0$ 的"陷阱"中心。而若要定位若干离子,则可以使用一个线性"陷阱"及一个额外施加的静态电动势作为轴向约束。一束频率略小于使一个离子状态发生转换的光子频率的激光,将会冷却离子并降低它的运动能量。

在一个线性"陷阱"里,离子振动能级的空隙可能超过从光子发射所获得变冷能量(即 Lamb Dicke 极限)。在这个极限下,该离子系统可以被冷却到其振动的基态。此后,每个离子将会被定位在一个比光子发射的波长要小的区域里,离子间的距离足够大,以至于可以选择激光来分别激活其中的任意一个离子。

假定一个离子的第一激发态有足够长的放射生命期而能够被观测到,则可通过对任意离子施加一个谐振激光脉冲来实现一位量子字节的旋转,将离子状态转换到基态 $|0\rangle$、激发态 $|1\rangle$ 或它们的叠加态:

$$U^{\alpha}(\phi)|0\rangle = \cos(\alpha/2)|0\rangle - \mathrm{i}e^{\mathrm{i}\phi}\sin(\alpha/2)|1\rangle$$
$$U^{\alpha}(\phi)|1\rangle = \cos(\alpha/2)|1\rangle - \mathrm{i}e^{-\mathrm{i}\phi}\sin(\alpha/2)|0\rangle \tag{17.14}$$

其中,α 为所施加的旋转角度,ϕ 为激光束的相角。

下面我们以整数 $N=4$ 的量子因数分解为例,来说明如何在一个"离子陷阱"中实现量子计算。

选用一串量子字节寄存器代表自变量 X,其中共有 16 个状态,所以需要 $\log_2 16 = 4$ 个量子字节;另外用一串量子字节寄存器 Y 代表函数 $f(x)$,其中共有 $N=4$ 个状态,所以需要 $\log_2 N = 2$ 个量子字节。然后,随机挑选 y' 满足 $\gcd(y', N) = 1$,本例中 y' 只有一个:$y=3$,由求周期函数公式

$$f(x) = y^x(\mathrm{mod}\ N) = 3^x(\mathrm{mod}\ 4) \quad x = 0,1,\cdots,16$$

可得

$$f(0) = 1(\mathrm{mod}4) = 1$$
$$f(1) = 3(\mathrm{mod}4) = 3$$
$$f(2) = 1(\mathrm{mod}4) = 1$$
$$f(3) = 3(\mathrm{mod}4) = 3$$
$$f(4) = 1(\mathrm{mod}4) = 1$$

可见周期为 2。

现在假设我们并不知道函数 $f(x)$ 的周期,希望通过 Shor 的量子有效算法来求得该周期。当系统的初始状态处于基态时,即有

$$|0000,00\rangle = |0000\rangle|00\rangle = XY$$

"陷阱"中前四个离子对应量子寄存器 X,后两个离子对应量子寄存器 Y。现在我们对 X 的四个离子分别施加相角为 $\pi/2$ 的 π 脉冲,可得到如下的结果:

$$\psi = 1/4(|0\rangle + |1\rangle)(|0\rangle + |1\rangle)(|0\rangle + |1\rangle)(|0\rangle + |1\rangle)|00\rangle$$

由(17.14)式可知,对每一位离子,当施加相角为 $\pi/2$ 的 $\pi/2$ 谐振脉冲时,有

$$U^{\pi/2}\left(\frac{\pi}{2}\right)|0\rangle = \cos\frac{\pi}{4}|0\rangle - \mathrm{i}\mathrm{e}^{\mathrm{i}\frac{\pi}{2}}\sin\frac{\pi}{4}|1\rangle = \frac{1}{\sqrt{2}}(|0\rangle + |1\rangle)$$

即将每一位离子状态从基态 $|0\rangle$ 转为叠加态:

$$|0\rangle \to \frac{1}{\sqrt{2}}(|0\rangle + |1\rangle)$$

所以,分别对 4 位中的每一位作用一次 $U^{\pi/2}$,其结果为 4 个 $\frac{1}{\sqrt{2}}(|0\rangle + |1\rangle)$ 相乘,即可获得(17.14)式。

下一步,我们对量子寄存器 X 中的最后一位,以及量子寄存器 Y 的第一位应用量子非门 CN 门。其中,X 中的量子位为控制字节,Y 中的量子位为目标字节。由

$$CN = (|00\rangle\langle00| + |01\rangle\langle01| + |10\rangle\langle11| + |11\rangle\langle10|)$$

$$\psi_1 = CN \cdot \psi = \frac{1}{4}(|0\rangle + |1\rangle)(|0\rangle + |1\rangle)(|0\rangle + |1\rangle) \otimes (|0\rangle|0\rangle + |1\rangle|1\rangle)|0\rangle$$

$$(17.15)$$

最后,对寄存器 Y 的最后一位字节施加相角为 $\varphi = \pi/2$ 的 π 谐振脉冲,由于 π 谐振脉冲的作用是使 $|0\rangle \to |1\rangle$,所以作用后的结果为

$$\psi_2 = \frac{1}{4}(|0\rangle + |1\rangle)(|0\rangle + |1\rangle)(|0\rangle + |1\rangle) \otimes (|0\rangle|0\rangle + |1\rangle|1\rangle)|1\rangle$$

$$= \frac{1}{4}(|0\rangle + |1\rangle)(|0\rangle + |1\rangle)(|0\rangle + |1\rangle)(|0,01\rangle + |1,11\rangle)$$

$$= \frac{1}{4}(|0\rangle + |1\rangle)(|0000,01\rangle + |0001,11\rangle + |0010,01\rangle + |0011,11\rangle$$

$$+ |0100,01\rangle + |0101,11\rangle + |0110,01\rangle + |0111,11\rangle$$

$$+ |1000,01\rangle + |1001,11\rangle + |1010,01\rangle + |1011,11\rangle$$

$$+ |1100,01\rangle + |1101,11\rangle + |1100,01\rangle + |1111,11\rangle)$$

在十进制表示中,ψ_2 可以写为

$$\psi_2 = \frac{1}{4}(|0\rangle + |1\rangle)(|0,1\rangle + |1,3\rangle + |2,1\rangle + |3,3\rangle + |4,1\rangle + |5,3\rangle + |6,1\rangle + |7,3\rangle$$

$$+ |8,1\rangle + |9,3\rangle + |10,1\rangle + |11,3\rangle + |12,1\rangle + |13,3\rangle + |14,1\rangle + |15,3\rangle)$$

$$(17.16)$$

这个结果也是我们前面所获得 $X-Y$ 系统组成的量子状态 ψ 的(17.3)式。这样,我们就得到了同函数 $f(x) = 3^x(\bmod 4)$ 所描述的叠加状态 $|x, f(x)\rangle$ 相同形式的结果。根据前面所描述的算法,可知该叠加状态通过离散傅里叶变换 U_{QFT} 即可实现该 Shor 有效算法的算符操作。

对本例进行离散傅里叶变换,就是对 φ_2 进行如下算符操作:

$$U_{\text{QFT}} = A_0 B_{01} B_{02} B_{03} A_1 B_{12} B_{13} A_2 B_{23} A_3$$

这里算符 A_j 和 B_{jk} 的运算规则如下：

$$A_j |0_j\rangle = \frac{1}{\sqrt{2}}(|0_j\rangle + |1_j\rangle)$$

$$A_j |1_j\rangle = \frac{1}{\sqrt{2}}(|0_j\rangle - |1_j\rangle)$$

$$B_{jk} |0_j 0_k\rangle = |0_j 0_k\rangle$$

$$B_{jk} |0_j 1_k\rangle = |0_j 1_k\rangle$$

$$B_{jk} |1_j 0_k\rangle = |1_j 0_k\rangle$$

$$B_{jk} |1_j 1_k\rangle = \mathrm{e}^{\mathrm{i}\theta_{jk}} |1_j 1_k\rangle = \mathrm{e}^{\frac{\mathrm{i}\pi}{2^{k-j}}} |1_j 1_k\rangle$$

注意，这里只对 ψ_2 中下标与 A_j、B_{jk} 相同的对应量子位进行操作，整个操作为

$$U_{\text{QFT}}\psi_2 = A_0 B_{01} B_{02} B_{03} A_1 B_{12} B_{13} A_2 B_{23} A_3 \psi_2$$

而 ψ_2 是由(17.16)式表示，其中共有 16 项，须对每一项都作用 U_{QFT}。下面只以其中的两项为例，说明 $U_{\text{QFT}}\psi_2$ 的操作过程：一是以 ψ_2 左边第一项 $|0000,01\rangle$，求解 $U_{\text{QFT}}|0000,00\rangle$ 的步骤为

1) $A_3 |0000,01\rangle = A_3|0\rangle|000,01\rangle = \dfrac{1}{\sqrt{2}}(|0\rangle + |1\rangle)|000,01\rangle$

$$= \frac{1}{\sqrt{2}}(|0000,01\rangle + |1000,01\rangle) = |S_1\rangle$$

2) $B_{23}|S_1\rangle = B_{23}\dfrac{1}{\sqrt{2}}(|00\rangle|00,01\rangle + |10\rangle|00,01\rangle) = |S_1\rangle$

3) $A_2|S_1\rangle = \dfrac{1}{\sqrt{2}} A_2(|0\rangle|0\rangle|00,01\rangle + |1\rangle|0\rangle|00,01\rangle)$

$$= \frac{1}{2}[|0\rangle(|0\rangle + |1\rangle)|00,01\rangle + |1\rangle(|0\rangle + |1\rangle)|00,01\rangle]$$

$$= \frac{1}{2}(|0000,01\rangle + |0100,01\rangle + |1000,01\rangle + |1100,01\rangle)$$

$$= |S_3\rangle$$

4) $B_{13}|S_3\rangle = |S_3\rangle$

5) $B_{12}|S_3\rangle = |S_3\rangle$

6) $A_1|S_3\rangle = \dfrac{1}{\sqrt{8}}(|0000,01\rangle + |0010,01\rangle + |0100,01\rangle + |0110,01\rangle$

$$+ |1000,01\rangle + |1010,01\rangle + |1100,01\rangle + |1110,01\rangle)$$

$$= |S_6\rangle$$

7) $B_{03}|S_6\rangle = |S_6\rangle$

8) $B_{02} | S_6 \rangle = | S_6 \rangle$

9) $B_{01} | S_6 \rangle = | S_6 \rangle$

10) $A_0 | S_6 \rangle = \dfrac{1}{4} (| 0000,01 \rangle + | 0001,01 \rangle + | 0010,01 \rangle + | 0011,01 \rangle$

$+ | 0100,01 \rangle + | 0101,01 \rangle + | 0110,01 \rangle + | 0111,01 \rangle$

$+ | 1000,01 \rangle + | 1001,01 \rangle + | 1010,01 \rangle + | 1011,01 \rangle$

$+ | 1100,01 \rangle + | 1101,01 \rangle + | 1110,01 \rangle + | 1111,01 \rangle)$

$= | S_{10} \rangle$ (17.17)

同样地,需要对 ψ_2 的其他各项进行和上述完全类似的操作计算,再给出对 ψ_2 左起第三项 $| 0010,01 \rangle$ 进行变换的过程: $U_{\text{QFT}} | 0010,00 \rangle$

1) $A_3 | 0010,01 \rangle = A_3 | 0 \rangle | 010,01 \rangle = \dfrac{1}{\sqrt{2}} (| 0 \rangle + | 1 \rangle) | 010,01 \rangle$

$= \dfrac{1}{\sqrt{2}} (| 0010,01 \rangle + | 1010,01 \rangle) = | S_1 \rangle$

2) $B_{23} | S_1 \rangle = B_{23} \dfrac{1}{\sqrt{2}} (| 00 \rangle | 10,01 \rangle + | 10 \rangle | 10,01 \rangle) = | S_1 \rangle$

3) $A_2 | S_1 \rangle = \dfrac{1}{\sqrt{2}} A_2 (| 0 \rangle | 0 \rangle | 10,01 \rangle + | 1 \rangle | 0 \rangle | 10,01 \rangle)$

$= \dfrac{1}{2} [| 0 \rangle (| 0 \rangle + | 1 \rangle) | 10,01 \rangle + | 1 \rangle (| 0 \rangle + | 1 \rangle) | 10,01 \rangle]$

$= \dfrac{1}{2} (| 0010,01 \rangle + | 0110,01 \rangle + | 1010,01 \rangle + | 1110,01 \rangle)$

$= | S_3 \rangle$

4) $B_{13} | S_3 \rangle = \dfrac{1}{2} (| 0010,01 \rangle + | 0110,01 \rangle + e^{\frac{i\pi}{2^{3-1}}} | 1010,01 \rangle + e^{\frac{i\pi}{2^{3-1}}} | 1110,01 \rangle)$

$= | S_4 \rangle$

5) $B_{12} | S_4 \rangle = \dfrac{1}{2} (| 0010,01 \rangle + e^{\frac{i\pi}{2^{2-1}}} | 0110,01 \rangle + e^{\frac{i\pi}{4}} | 1010,01 \rangle + e^{\frac{i\pi}{2^{2-1}}} \cdot e^{\frac{i\pi}{4}} | 1110,01 \rangle)$

$= | S_5 \rangle$

6) $A_1 | S_5 \rangle = \dfrac{1}{\sqrt{8}} [(| 0000,01 \rangle - | 0010,01 \rangle) + e^{\frac{i\pi}{2}} (| 0100,01 \rangle - | 0110,01 \rangle)$

$+ e^{\frac{i\pi}{4}} (| 1000,01 \rangle - | 1010,01 \rangle) + e^{\frac{i3\pi}{4}} (| 1100,01 \rangle - | 1110,01 \rangle)]$

$= | S_6 \rangle$

7) $B_{03} | S_6 \rangle = | S_6 \rangle$

8) $B_{02} | S_6 \rangle = | S_6 \rangle$

9) $B_{01} | S_6 \rangle = | S_6 \rangle$

10) $A_0 \mid S_6 \rangle = \dfrac{1}{4}\big[(\mid 0000,01 \rangle + \mid 0001,01 \rangle - \mid 0010,01 \rangle - \mid 0011,01 \rangle)$

$$+ e^{\frac{i\pi}{2}} (\mid 0100,01 \rangle + \mid 0101,01 \rangle - \mid 0110,01 \rangle - \mid 0111,01 \rangle)$$

$$+ e^{\frac{i\pi}{4}} (\mid 1000,01 \rangle + \mid 1001,01 \rangle + \mid 1010,01 \rangle + \mid 1011,01 \rangle)$$

$$+ e^{\frac{i3\pi}{4}} (\mid 1100,01 \rangle + \mid 1101,01 \rangle + \mid 1110,01 \rangle + \mid 1111,01 \rangle)$$

$$= \mid S_{10} \rangle \tag{17.18}$$

对比（17.17）式和（17.18）式可以看出,对于状态 $\mid 0000,01 \rangle$ 和状态 $\mid 0001,01 \rangle$,两次操作的结果使这两项积极相长。因为这两项在（17.17）式和（17.18）式中系数均为 $\dfrac{1}{4}$;而另一方面,对于另外两个状态 $\mid 0010,01 \rangle$ 和 $\mid 0011,01 \rangle$,两次操作的结果使这两项相互抵消。因为这两项在（17.17）式中系数为 $\dfrac{1}{4}$,而在（17.18）式中系数为 $-\dfrac{1}{4}$。所以,当我们对 X 寄存器的四个状态进行测量时,可以以相等的概率 $\dfrac{1}{2}$ 观测到 $\mid 0000 \rangle$ 或 $\mid 0001 \rangle$。多次重复上述操作过程,完成对 ψ_2 的全部操作,并通过物理实验完成实现上述量子因数分解的离子群量子系统所需施加的适当的磁场脉冲,并测量最终的 X 寄存器中量子状态,我们将会以一半的次数观测到 X 寄存器中量子状态为 $\mid 0000 \rangle$,另一半的次数观测到 X 寄存器中量子状态为 $\mid 0001 \rangle$,将其翻转左右顺序可得 $\mid 0000 \rangle \rightarrow \mid 0000 \rangle$,$\mid 0001 \rangle \rightarrow \mid 1000 \rangle$,即为十进制数 $\mid 0 \rangle$ 或 $\mid 8 \rangle$,这意味着

$$\frac{N}{T} = \frac{2^4}{T} = 8$$

所以可得:$T = \dfrac{16}{8} = 2$,即所求周期函数 $f(x) = 3^x (\mathrm{mod}4)$ 的周期为 2。

从前面的章节中我们得知,在实际的物理系统中,对一个量子系统人为施加一个持续时间为某个类型的谐振磁场脉冲时,可将该量子系统的某个量子状态（位）从一个态变为另一个态。这就是最基本的量子计算和量子逻辑门的物理实现。我们知道,当我们希望将某个量子位从一个状态转变成另一个状态,就是通过对其施加一个幺正变换来实现的,所以其物理实现的过程,就是在物理系统中实现一系列的算符操作。最典型的算符可以说是用来进行离散傅里叶变换的 A_j 算符和 B_{jk} 算符,因为包括大数因式分解在内的典型的量子计算都是通过一系列的 A_j、B_{jk} 算符的作用来完成的。而物理实现中只要能够实现这一系列的操作,即可达到期望目标。所以下面首先讨论如何用实际的物理系统来实现 A_j、B_{jk} 算符的作用。

我们已经知道,A_j 算符的定义为

$$A_j = 2^{-\frac{1}{2}} (\mid 0_j \rangle \langle 0_j \mid + \mid 0_j \rangle \langle 1_j \mid + \mid 1_j \rangle \langle 0_j \mid - \mid 1_j \rangle \langle 1_j \mid) = \frac{1}{\sqrt{2}} \begin{bmatrix} 1 & 1 \\ 1 & -1 \end{bmatrix}$$

当将 A_j 作用于初始态为基态 $|0_j\rangle$ 的一个量子位时,作用后状态转换为

$$A_j|0_j\rangle = \frac{1}{\sqrt{2}}(|0_j\rangle + |1_j\rangle) \tag{17.19}$$

当将 A_j 作用于初始态为激发态 $|1_j\rangle$ 的一个量子位时,作用后状态转换为

$$A_j|1_j\rangle = \frac{1}{\sqrt{2}}(|0_j\rangle - |1_j\rangle) \tag{17.20}$$

现在,我们寻找一个可以实现(17.19)式和(17.20)式转换的磁场脉冲。我们引入一个参考圆形极化旋转磁场,该磁场频率同量子系统特征频率 ω。并且采用一个相位超前参考磁场相位 φ 的圆形极化磁场,其磁场强度 B 为

$$B_x = h\,\cos(\omega t + \varphi), B_y = -h\,\sin(\omega t + \varphi)$$

由此定义:

$$B^+ = B_x + iB_y = h\,\cos(\omega t + \varphi) - ih\,\sin(\omega t + \varphi)$$
$$= h\,\cos(-\omega t - \varphi) + ih\,\sin(-\omega t - \varphi)$$
$$= h\,e^{-i(\omega t + \varphi)} = h\,e^{-i\varphi}e^{-i\omega t}$$

$$B^- = B_x - iB_y = h\,\cos(\omega t + \varphi) + ih\,\sin(\omega t + \varphi) = h\,e^{i(\omega t + \varphi)} = h\,e^{i\varphi}e^{i\omega t}$$

由此可将哈密顿改写为

$$H = -\frac{\hbar}{2}\big[\omega_0(|0\rangle\langle 0| - |1\rangle\langle 1|) + \Omega e^{i\varphi}e^{i\omega t}|0\rangle\langle 1| + \Omega e^{-i\varphi}e^{-i\omega t}|1\rangle\langle 0|\big]$$

重复进行所需要的求解运算,最后可以得到 t 时所对应的 $C_0(t)$ 和 $C_1(t)$ 分别为

$$C_0(t) = C_0(0)\cos\frac{\Omega}{2}t + iC_1(0)e^{i\varphi}\sin\frac{\Omega}{2}t$$

$$C_1(t) = C_1(0)\cos\frac{\Omega}{2}t + iC_0(0)e^{-i\varphi}\sin\frac{\Omega}{2}t \tag{17.21}$$

如果我们施加一个 $\Omega t_1 = \pi/2$ 的谐振磁场脉冲,并令其超前相角 $\varphi = \pi/2$,(17.21)式则变为

$$C_0(t) = C_0(0)\cos\frac{\pi}{4} + iC_1(0)e^{i\frac{\pi}{2}}\sin\frac{\pi}{4} = \frac{1}{\sqrt{2}}[C_0(0) - C_1(0)]$$

$$C_1(t) = C_1(0)\cos\frac{\pi}{4} + iC_0(0)e^{-i\frac{\pi}{2}}\sin\frac{\pi}{4} = \frac{1}{\sqrt{2}}[C_0(0) + C_1(0)]$$

$$\tag{17.22}$$

1) 如果系统的初始状态为基态 $|0\rangle$,由第 3 章中所述情形,那么施加一个 $\pi/2$ 谐振脉冲后,可得

$$C_0(0) = 1, C_1(0) = 0$$

此时由(17.22)式有

$$C_0(t_1) = \frac{1}{\sqrt{2}}[C_0(0) - C_1(0)] = \frac{1}{\sqrt{2}}(1 - 0) = \frac{1}{\sqrt{2}}$$

$$C_1(t_1) = \frac{1}{\sqrt{2}}[C_0(0) + C_1(0)] = \frac{1}{\sqrt{2}}(1 + 0) = \frac{1}{\sqrt{2}}$$

2) 如果系统的初始状态为激发态 $|1\rangle$,由第 3 章中所述情形,那么施加一个 $\pi/2$ 谐振脉冲后,可得

$$C_0(0) = 0, C_1(0) = 1$$

代入(17.21)式可得:

$$C_0(t_1) = \frac{1}{\sqrt{2}}[C_0(0) - C_1(0)] = \frac{1}{\sqrt{2}}(0 - 1) = -\frac{1}{\sqrt{2}}$$

$$C_1(t_1) = \frac{1}{\sqrt{2}}[C_0(0) + C_1(0)] = \frac{1}{\sqrt{2}}(0 + 1) = \frac{1}{\sqrt{2}}$$

因此,当超前相角 $\varphi = \pi/2$ 时,该 $\pi/2$ 谐振磁场脉冲提供了如下转换:

$$|0\rangle \rightarrow \frac{1}{\sqrt{2}}(|0\rangle + |1\rangle)$$

$$|1\rangle \rightarrow \frac{1}{\sqrt{2}}(|1\rangle - |0\rangle)$$

(17.23)

将(17.19)式、(17.20)式和(17.23)式相比可得,施加一个 $\pi/2$ 谐振磁场脉冲的作用与 A_j 算符作用的不同之处仅在于,该脉冲对量子系统的激发态 $|1\rangle$ 的转换与 A_j 算符的作用相差一个符号(−),那么该负号差异应当如何解决呢:为此,我们引进第三个辅助状态 $|2_j\rangle$,它可以代表基态 $|0\rangle$ 与激发态 $|1\rangle$ 的任意叠加态。我们选择 $|2_j\rangle$ 使 ω_{12} 满足

(1) 当我们给量子系统施加一个频率为 ω_{12} 的 2π 脉冲时,若量子系统初态为基态 $|0\rangle$,则系统状态保持不变;若量子系统初态为激发态 $|1\rangle$,则由(17.21)式可得:

$$C_0(t_1) = C_0(0)\cos\pi + iC_1(0)e^{i0}\sin\pi = -C_0(0) = 0$$

$$C_1(t_1) = C_1(0)\cos\pi + iC_0(0)e^{-i0}\sin\pi = -C_1(0) = -1$$

由此实现了 $|1\rangle \rightarrow -|1\rangle$ 的转换。

(2) 在施加一个频率为 ω_{01} 的脉冲 $\pi/2$ 时,并令其超前相角 $\varphi = \pi/2$,若量子系统初态为基态 $|0\rangle$,则作用后结果为

$$|0\rangle \rightarrow \frac{1}{\sqrt{2}}(|0\rangle + |1\rangle)$$

而若量子系统初态为激发态 $|1\rangle$,则 2π 脉冲作用后,量子系统状态变为 $-|1\rangle$ 态。此时有:$C_0(0) = 0, C_1(0) = -1$。所以最终

$$C_0(t_1) = \frac{1}{\sqrt{2}}[C_0(0) - C_1(0)] = \frac{1}{\sqrt{2}}[0 - (-1)] = \frac{1}{\sqrt{2}}$$

$$C_1(t_1) = \frac{1}{\sqrt{2}}\big[C_1(0) + C_0(0)\big] = \frac{1}{\sqrt{2}}\big[(-1) + 0\big] = -\frac{1}{\sqrt{2}}$$

得到了

$$|1\rangle \rightarrow \frac{1}{\sqrt{2}}(|0\rangle - |1\rangle)$$

综上所述,在这样两个脉冲作用后,我们就获得了同算符 A_j 作用一样的转换效果。

下面我们来讨论算符 B_{jk} 的物理实现。已知 B_{jk} 算符定义如下:

$$\begin{aligned}
B_{jk} &= |0_{jk}\rangle\langle 0_{jk}| + |1_{jk}\rangle\langle 1_{jk}| + |2_{jk}\rangle\langle 2_{jk}| + \mathrm{e}^{\mathrm{i}\theta_{jk}}|3_{jk}\rangle\langle 3_{jk}| \\
&= \begin{bmatrix} 1 & 0 & 0 & 0 \\ 0 & 1 & 0 & 0 \\ 0 & 0 & 1 & 0 \\ 0 & 0 & 0 & \mathrm{e}^{\mathrm{i}\theta_{jk}} \end{bmatrix}
\end{aligned}$$

其中,$\theta_{jk} = \dfrac{\pi}{2^{k-j}}$,$|0_{jk}\rangle = |0_j 0_k\rangle$,$|1_{jk}\rangle = |0_j 1_k\rangle$,$|2_{jk}\rangle = |1_j 0_k\rangle$,$|3_{jk}\rangle = |1_j 1_k\rangle$。

B_{jk} 算符作用于对应第 j 和第 k 个原子(质子等)量子状态,即第 j 位和第 k 位量子字节,因此该量子系统有四个基本状态:$|0_j 0_k\rangle$,$|0_j 1_k\rangle$,$|1_j 0_k\rangle$ 和 $|1_j 1_k\rangle$,它们在算符 B_{jk} 作用后分别转换为

$$B_{jk}|0_j 0_k\rangle = |0_j 0_k\rangle$$
$$B_{jk}|0_j 1_k\rangle = |0_j 1_k\rangle$$
$$B_{jk}|1_j 0_k\rangle = |1_j 0_k\rangle$$
$$B_{jk}|1_j 1_k\rangle = \mathrm{e}^{\mathrm{i}\theta_{jk}}|1_j 1_k\rangle$$

由此可见,B_{jk} 的作用仅改变了量子系统状态 $|3_{jk}\rangle = |1_j 1_k\rangle$ 的角度 $\mathrm{e}^{\mathrm{i}\theta_{jk}}$,而其他 3 个量子系统状态均保持不变。

为了达到我们所期望的转换结果,我们需要使用两次超前相角分别 φ_1 为 φ_2 和的 π 脉冲。在 π 脉冲作用下,由(17.21)式可得

$$C_0(t) = \mathrm{i} C_1(0)\mathrm{e}^{-\mathrm{i}\varphi}$$
$$C_1(t) = \mathrm{i} C_0(0)\mathrm{e}^{\mathrm{i}\varphi} \tag{17.24}$$

仅当 j 原子和 k 原子均处于激发态 $|1_j\rangle$ 和 $|1_k\rangle$ 时,我们对 k 原子施加一个超前相角为 φ_1 的 π 脉冲,作用后可得

$$C_0(t_1) = \mathrm{i}\mathrm{e}^{\mathrm{i}\varphi_1}$$
$$C_1(t_1) = 0$$

然后再对其结果施加第二次超前相角为 φ_2 的 π 脉冲,因为此时 $C_0(t_1)$,

$C_1(t_1)$ 为新的初始条件, 由此可得

$$C_0(t_2) = iC_1(t_1)e^{i\varphi_2} = 0$$

$$C_1(t_2) = iC_0(t_1)e^{-i\varphi_2} = i(ie^{i\varphi_1})e^{-i\varphi_2} = -e^{i(\varphi_1-\varphi_2)}$$

在对 k 原子施加了两个 π 脉冲后, 我们就获得了如下变换:

$$|1_k\rangle \rightarrow C_0|0\rangle + C_1|1\rangle = -e^{i(\varphi_1-\varphi_2)}|1_k\rangle$$

即将两个量子位状态 $|1_j 1_k\rangle$ 转换为 $-e^{i(\varphi_1-\varphi_2)}|1_j 1_k\rangle$, 且只要取 $\theta_{jk}:\pi+\varphi_1-\varphi_2$, 就完成了 B_{jk} 算符的物理实现。

17.3　量子纠错技术

自从 Shor 提出可以用量子计算求解大数因子以来, 量子计算机引起人们的广泛关注。量子计算中, 量子位一般是以叠加态的形式参与运算。当量子态被观测时, 由于发生了量子位与外界环境的相互作用, 量子位的态所对应的波函数容易发生塌缩, 塌缩的直接后果造成量子计算结果的错误。因此如何建造一种足够好地隔离于它的环境的机器并在整个计算过程中保持相干性以及如何实现量子防错和纠错, 成为量子系统在量子计算应用中的首要问题。本节专门介绍有关量子纠错技术。

17.3.1　纯量子状态纠错

对量子计算机而言, 一个重要的理论挑战就是量子纠错技术。传统的计算机纠错方法是利用冗余码以便使用若干不同的元素来表示同一字节。为了将纠错技术在一个基于原子链量子系统的量子计算机上实现, Lloyd 提出使用一个更加复杂的三能级量子系统。在此量子系统中, 原子 A(或 B 或 C)不仅有基本态 $|0\rangle$ 和激发态 $|1\rangle$, 还可以占据一个可以迅速蜕变到基本态 $|0\rangle$ 的辅助激发量子态 $|2\rangle$。

例如, 假定 B 原子有一可以迅速蜕变到基本态 $|0\rangle$ 的辅助激发量子态 $|2\rangle$, 且该三元组 ABC 被用来存储同一字节, 即用该三元组只能表示量子状态 $|000\rangle$(ABC 存储字节 "0")或量子状态 $|111\rangle$(ABC 存储字节 "1"), 这里 $|ijk\rangle$ 即 $|i_A j_B k_C\rangle$: i 对应原子 A 所占据量子状态, j 对应原子 B 所占据量子状态, k 对应原子 C 所占据量子状态。但是只要一位原子状态改变, 就会产生错误。当初始状态为 $|000\rangle$ 时, 我们会得到错误的量子状态 $|001\rangle$(仅 C 原子状态改变)、$|010\rangle$(仅 B 原子状态改变)、$|100\rangle$(仅 A 原子状态改变);同理, 当初始状态为 $|111\rangle$ 时, 我们会得到错误的量子状态 $|110\rangle$(仅 C 原子状态改变)、$|101\rangle$(仅 B 原子状态改变)、$|011\rangle$(仅 A 原子状态改变)。

为了纠正上述错误, 首先, 施加如下一系列脉冲:

$$\omega_{00}^B(1\leftrightarrow2)\,\omega_{11}^B(0\leftrightarrow1)\,\omega_{11}^B(1\leftrightarrow2)\,\omega_{11}^B(0\leftrightarrow1) \qquad (17.25)$$

说明：

1) 施加脉冲顺序为从右向左,因为量子算符运算规则为从右向左。

2) $\omega_{ik}^B(n\leftrightarrow m)$ 表示当左侧 A 原子处于状态 $|i\rangle$ 且右侧 C 原子处于状态 $|k\rangle$ 时,施加频率为 $\omega_{ik}^B(n\leftrightarrow m)$ 的 π 谐振脉冲将使 B 原子状态在 $|n\rangle\leftrightarrow|m\rangle$ 之间互相转换。当然,若未施加脉冲前 B 原子所占据状态既非 $|n\rangle$,又非 $|m\rangle$,则 B 原子保持原状态不变。

然后,施加下述一系列 π 脉冲:

$$\omega_{01}^A\,\omega_{11}^A\,\omega_{10}^B\,\omega_{11}^B\,\omega_{01}^A\,\omega_{11}^A \qquad (17.26)$$

1) 施加脉冲顺序为从右向左,因为量子算符运算规则为从右向左。

2) ω_{ik}^B 表示当左侧 A 原子处于状态 $|i\rangle$ 且右侧 C 原子处于状态 $|k\rangle$ 时,施加频率为 ω_{ik}^B 的 π 谐振脉冲将使 B 原子状态在 $|0\rangle\leftrightarrow|1\rangle$ 之间互相转换。ω_{0i}^A 意味着当 A 右侧 B 原子处于状态 $|i\rangle$ 时,施加频率为 ω_{0i}^A 的 π 谐振脉冲将使 A 原子状态从 $|0\rangle$ 转换到 $|1\rangle$; ω_{1i}^A 意味着当 A 右侧 B 原子处于状态 $|i\rangle$ 时,施加频率为 ω_{1i}^A 的 π 谐振脉冲将使 A 原子状态从 $|1\rangle$ 转换到 $|0\rangle$。同理,ω_{i0}^C 意味着当 C 左侧 B 原子处于状态 $|i\rangle$ 时,施加频率为 ω_{i0}^C 的 π 谐振脉冲将使 C 原子状态从 $|0\rangle$ 转换到 $|1\rangle$; ω_{1i}^C 意味着当 C 左侧 B 原子处于状态 $|i\rangle$ 时,施加频率为 ω_{1i}^C 的 π 谐振脉冲将使 A 原子状态从 $|1\rangle$ 转换到 $|0\rangle$。

3) 应注意写在一起同上标的算符,例如 $\omega_{01}^A\,\omega_{11}^A$ 表示只要当 A 右侧 B 原子处于状态 $|1\rangle$ 时,连续施加频率为 ω_{01}^A 和 ω_{11}^A 的 π 谐振脉冲将使 A 原子状态发生转换（$|0\rangle\rightarrow|1\rangle$,$|1\rangle\rightarrow|0\rangle$）,但是状态只转换一次。又如,$\omega_{10}^B\,\omega_{11}^B$ 表示只要当 B 原子左侧 A 处于状态 $|1\rangle$ 时,右侧 C 不论出于状态 $|0\rangle$ 还是状态 $|1\rangle$,连续施加频率为 ω_{10}^B 和 ω_{11}^B 的 π 谐振脉冲将使 B 原子状态发生转换（$|0\rangle\rightarrow|1\rangle$,$|1\rangle\rightarrow|0\rangle$）,但是状态只转换一次。

由(17.26)式所给脉冲序列的作用效果见表 17.2。

表中符号"*"表示该原子处于状态 $|1\rangle$,例如 $AB*=|0\rangle|1\rangle$。从上表中可以看出,在第一对脉冲 $\omega_{01}^A\,\omega_{11}^A$ 作用后,当 A 原子右侧 B 原子处于激发态 $B*$ 时,A 原子状态改变,即 $A\leftrightarrow A*$（条件是同时存在 $B*$）;若 A 原子右侧 B 原子处于基态 B,A 原子状态保持不变。在第二对脉冲 $\omega_{10}^B\,\omega_{11}^B$ 作用后,其结果为:若 B 原子左侧的 A 原子处于激发态 $A*$,右侧 C 原子不论处于状态 $|0\rangle$ 还是状态 $|1\rangle$,B 原子的状态改变: $B\leftrightarrow B*$;若 B 原子左侧的 A 原子处于基态 A,右侧 C 不论处于状态 $|0\rangle$ 还是状态 $|1\rangle$,B 原子的状态保持不变。在第三对脉冲 $\omega_{01}^A\,\omega_{11}^A$ 作用后,A 原子状态的变换规律与第一对脉冲作用结果相同。由此可见,上述脉冲序列作用后,A 原子和 B 原子量子状态互换。

表 17.2　脉冲序列的作用使状态变化的过程

初始状态	AB	A ∗ B	AB ∗	A ∗ B ∗
$\omega_{01}^A\omega_{11}^A$ 作用后	AB	A ∗ B	A ∗ B ∗	AB ∗
$\omega_{10}^B\omega_{11}^B$ 作用后	AB	A ∗ B ∗	A ∗ B	AB ∗
$\omega_{01}^A\omega_{11}^A$ 作用后	AB	AB ∗	A ∗ B	A ∗ B ∗

然后,再施加(17.25)式所述一系列脉冲:

$$\omega_{00}^B(1\leftrightarrow2)\,\omega_{11}^B(0\leftrightarrow1)\,\omega_{11}^B(1\leftrightarrow2)\,\omega_{11}^B(0\leftrightarrow1)$$

第三,我们施加类似(17.26)式所述一系列 π 脉冲:

$$\omega_{10}^C\omega_{11}^C\omega_{01}^B\omega_{11}^B\omega_{10}^C\omega_{11}^C \tag{17.27}$$

说明:

1) 由(17.27)式所述脉冲序列的作用效果见表 17.3

表 17.3　脉冲序列的作用使状态变化的过程

初始状态	BC	BC ∗	B ∗ C	B ∗ C ∗
$\omega_{10}^C\omega_{11}^C$ 作用后	BC	BC ∗	B ∗ C ∗	B ∗ C
$\omega_{01}^B\omega_{11}^B$ 作用后	BC	B ∗ C ∗	BC ∗	B ∗ C
$\omega_{10}^C\omega_{11}^C$ 作用后	BC	B ∗ C	BC ∗	B ∗ C ∗

由此可见,上述脉冲序列作用后,B 原子和 C 原子量子状态互换。

然后,再施加(17.25)式所述一系列脉冲

$$\omega_{00}^B(1\leftrightarrow2)\,\omega_{11}^B(0\leftrightarrow1)\,\omega_{11}^B(1\leftrightarrow2)\,\omega_{11}^B(0\leftrightarrow1)$$

最终,正确的量子状态 $|000\rangle$ 或 $|111\rangle$ 被记录下来。

现在我们以量子状态 $|001\rangle$ 的纠错为例来进行说明。首先,施加(17.25)式所述一系列脉冲

$$\omega_{00}^B(1\leftrightarrow2)\,\omega_{11}^B(0\leftrightarrow1)\,\omega_{11}^B(1\leftrightarrow2)\,\omega_{11}^B(0\leftrightarrow1)$$

该脉冲作用后,保持量子状态 $|001\rangle$。因为当且仅当 B 原子左侧 A 原子、右侧 C 原子同是处于状态 $|0\rangle$ 或是状态 $|1\rangle$ 时,上述脉冲作用后,才会使 B 原子状态发生转换。

2) 施加(17.26)式所述一系列 π 脉冲

$$\omega_{01}^A\omega_{11}^A\omega_{10}^B\omega_{11}^B\omega_{01}^A\omega_{11}^A$$

正如上文所述,该脉冲作用后,A 原子和 B 原子量子状态互换,则量子系统状态转换 $|001\rangle\rightarrow|001\rangle$,即保持量子状态 $|001\rangle$ 不变。

然后,再施加(17.25)式所述一系列脉冲:

$$\omega_{00}^B(1\leftrightarrow2)\,\omega_{11}^B(0\leftrightarrow1)\,\omega_{11}^B(1\leftrightarrow2)\,\omega_{11}^B(0\leftrightarrow1)$$

该脉冲作用后,量子系统保持量子状态$|001\rangle$不变。因为当且仅当 B 原子左侧 A 原子、右侧 C 原子同是处于状态$|0\rangle$或是状态$|1\rangle$时,上述脉冲作用后,才会使 B 原子状态发生转换。

3) 我们施加(17.27)式所述一系列 π 脉冲

$$\omega_{10}^C\,\omega_{11}^C\,\omega_{01}^C\,\omega_{11}^C\,\omega_{10}^C\,\omega_{11}^C$$

该脉冲作用后,B 原子和 C 原子量子状态互换,则量子系统状态转换$|001\rangle\rightarrow$ $|010\rangle$。

然后,再施加(17.25)式所述一系列脉冲:

$$\omega_{00}^B(1\leftrightarrow2)\,\omega_{11}^B(0\leftrightarrow1)\,\omega_{11}^B(1\leftrightarrow2)\,\omega_{11}^B(0\leftrightarrow1)$$

前三个脉冲 $\omega_{11}^B(0\leftrightarrow1)\,\omega_{11}^B(1\leftrightarrow2)\,\omega_{11}^B(0\leftrightarrow1)$ 作用后(施加顺序为从右向左),量子系统保持量子状态$|010\rangle$不变。因为当且仅当 B 原子左侧 A 原子、右侧 C 原子同是处于状态$|1\rangle$时,上述脉冲作用后,才会使 B 原子状态发生转换。第四个脉冲 $\omega_{00}^B(1\leftrightarrow2)$ 作用后,B 原子量子状态从激发态$|1\rangle$转换到辅助激发量子态$|2\rangle$,然后迅速蜕变到基本态$|0\rangle$,即量子系统从量子状态$|010\rangle$转换到我们想要的正确的量子状态$|000\rangle$。(因为 B 原子左侧 A 原子、右侧 C 原子同是处于状态$|0\rangle$,且 B 原子处于激发态$|1\rangle$时,施加频率为 $\omega_{00}^B(1\leftrightarrow2)$ 的脉冲将使 B 原子状态$|1\rangle\leftrightarrow|2\rangle$之间转换,即使 B 原子状态从激发态$|1\rangle\rightarrow$辅助激发量子态$|2\rangle$。)

17.3.2　叠加量子状态纠错

在量子计算机中,一个最具挑战性的课题就是对复杂叠加量子状态的纠错。复杂叠加量子状态纠错方法的发现是继量子因数分解算法之后量子计算机理论的第二个里程碑性的胜利。我们这里将描述基于三量子字节量子系统纠错体系。

为描述这一体系,我们对量子旋转 x 向分量 $I^x=\dfrac{1}{2}\begin{bmatrix}0&1\\1&0\end{bmatrix}$ 作一个变换,使矩阵 I^x 成为对角阵。这一变换可以用下述幺正矩阵来实现

$$U=\frac{1}{\sqrt{2}}\begin{bmatrix}1&-1\\1&1\end{bmatrix} \tag{17.28}$$

则

$$I_t^x=U^+I^xU=\frac{1}{\sqrt{2}}\begin{bmatrix}1&1\\-1&1\end{bmatrix}\frac{1}{2}\begin{bmatrix}0&1\\1&0\end{bmatrix}\frac{1}{\sqrt{2}}\begin{bmatrix}1&-1\\1&1\end{bmatrix}=\frac{1}{2}\begin{bmatrix}1&0\\0&-1\end{bmatrix} \tag{17.29}$$

注:"+"表示共轭转置。

由上式可见,矩阵 I^x 经(17.29)式变换后所得矩阵 I_t^x 为对角阵,为方便起见,均记为 I^x。它的特征向量为

$$|0\rangle^x = \begin{bmatrix} 1 \\ 0 \end{bmatrix}_x \text{ 对应特征值 } I^x = 1/2$$

$$|1\rangle^x = \begin{bmatrix} 0 \\ 1 \end{bmatrix}_x \text{ 对应特征值 } I^x = -1/2$$

$$(17.30)$$

注: $I^x = \dfrac{1}{2}\begin{bmatrix} 1 & 0 \\ 0 & -1 \end{bmatrix}$

$$I^x |0\rangle^x = \frac{1}{2}\begin{bmatrix} 1 & 0 \\ 0 & -1 \end{bmatrix}\begin{bmatrix} 1 \\ 0 \end{bmatrix}_x = \frac{1}{2}\begin{bmatrix} 1 \\ 0 \end{bmatrix}_x = \frac{1}{2}|0\rangle^x$$

$$I^x |1\rangle^x = \frac{1}{2}\begin{bmatrix} 1 & 0 \\ 0 & -1 \end{bmatrix}\begin{bmatrix} 0 \\ 1 \end{bmatrix}_x = -\frac{1}{2}\begin{bmatrix} 0 \\ 1 \end{bmatrix}_x = -\frac{1}{2}|1\rangle^x$$

现在我们使用 CN 门来表示 I^x

$$CN_{ik}^x = |0_i 0_k\rangle\langle 0_i 0_k|^x + |0_i 1_k\rangle\langle 0_i 1_k|^x + |1_i 0_k\rangle\langle 1_i 1_k|^x + |1_i 1_k\rangle\langle 1_i 0_k|^x$$

$$(17.31)$$

当控制量子字节 i 指向 x 轴负方向,即处于状态 $|1_i\rangle^x$,目标量子字节 k 状态转换。假定量子系统初始状态可以用波函数表述为

$$\psi_0 = C_0 |0_1\rangle + C_1 |1_1\rangle \tag{17.32}$$

这里,我们忽略归一化条件 $|C_0|^2 + |C_1|^2 = 1$,因为这并不重要。为了将这一叠加态 $\psi_0 = C_0 |0_1\rangle + C_1 |1_1\rangle$ 译码,我们考虑两个额外的处于量子状态 $|0_2\rangle$ 和 $|0_3\rangle$ 的辅助量子字节,此时描述量子系统状态波函数为

$$\psi_0 = (C_0 |0_1\rangle + C_1 |1_1\rangle)|0_2 0_3\rangle = C_0 |0_1 0_2 0_3\rangle + C_1 |1_1 0_2 0_3\rangle \tag{17.33}$$

然后,我们应用算符 CN_{12}^x 和 CN_{13}^x 作用于波函数 ψ_0 上,

$$CN_{12}^x \psi_0 = CN_{12}^x(C_0 |0_1 0_2 0_3\rangle + C_1 |1_1 0_2 0_3\rangle) = C_0 |0_1 0_2 0_3\rangle + C_1 |1_1 1_2 0_3\rangle$$

说明:对 CN_{12}^x 而言,"1"为控制字节,"2"为目标字节。CN_{12}^x 作用于状态 $\psi_0 = C_0 |0_1 0_2 0_3\rangle + C_1 |1_1 0_2 0_3\rangle$ 时,$|0_1 0_2 0_3\rangle$ 中控制字节"1"处于基本态 $|0_1\rangle$,所以目标字节"2"保持原状态 $|0_2\rangle$ 不变;$|1_1 0_2 0_3\rangle$ 中控制字节"1"处于激发态 $|1_1\rangle$,所以目标字节"2"从原状态 $|0_2\rangle$ 变为状态 $|1_2\rangle$,即量子系统状态从 $|1_1 0_2 0_3\rangle$ 变为 $|1_1 1_2 0_3\rangle$。

$$\psi_1 = CN_{13}^x(CN_{12}^x \psi_0) = CN_{12}^x(C_0 |0_1 0_2 0_3\rangle + C_1 |1_1 1_2 0_3\rangle)$$

$$= C_0 |0_1 0_2 0_3\rangle + C_1 |1_1 1_2 1_3\rangle$$

最终,我们将量子系统纠缠态 $\psi_0 = C_0 |0_1\rangle + C_1 |1_1\rangle$ 转变成了本文所述量子系统所能记录的量子状态 $|000\rangle$ 及 $|111\rangle$:

$$\psi_1 = C_0 |0_1 0_2 0_3\rangle + C_1 |1_1 1_2 1_3\rangle \tag{17.34}$$

现在我们考虑对这三位量子字节 1、2、3 中的任一位附加一个相角偏移,例如,对第 1 位量子字节附加一个相角偏移 φ:

$$|0_1\rangle \rightarrow |0_1\rangle' = |0_1\rangle \cos\frac{\varphi}{2} + \mathrm{i}|1_1\rangle \sin\frac{\varphi}{2}$$

$$|1_1\rangle \rightarrow |1_1\rangle' = |1_1\rangle \cos\frac{\varphi}{2} + \mathrm{i}|0_1\rangle \sin\frac{\varphi}{2}$$

$$(17.35)$$

把(17.35)式代入(17.32)式,可得

$$C_0|0_1\rangle' + C_1|1_1\rangle' = C_0\left(|0_1\rangle\cos\frac{\varphi}{2} + \mathrm{i}|1_1\rangle\sin\frac{\varphi}{2}\right) + C_1\left(|1_1\rangle\cos\frac{\varphi}{2} + \mathrm{i}|0_1\rangle\sin\frac{\varphi}{2}\right)$$

$$= \left(C_0\cos\frac{\varphi}{2} + \mathrm{i}C_1\sin\frac{\varphi}{2}\right)|0\rangle + \left(C_1\cos\frac{\varphi}{2} + \mathrm{i}C_0\sin\frac{\varphi}{2}\right)|1\rangle \quad (17.36)$$

现在我们计算量子系统旋转向量平均值$\langle I^x\rangle$、$\langle I^y\rangle$、$\langle I^z\rangle$

第一:

$$I^x = \frac{1}{2}\begin{bmatrix} 1 & 0 \\ 0 & -1 \end{bmatrix}$$

$$I^y = U^+ I^y U = \frac{1}{\sqrt{2}}\begin{bmatrix} 1 & 1 \\ -1 & 1 \end{bmatrix}\frac{\mathrm{i}}{2}\begin{bmatrix} 0 & -1 \\ 1 & 0 \end{bmatrix}\frac{1}{\sqrt{2}}\begin{bmatrix} 1 & -1 \\ 1 & 1 \end{bmatrix} = \frac{1}{2}\begin{bmatrix} 0 & -\mathrm{i} \\ \mathrm{i} & 0 \end{bmatrix} \quad (17.37)$$

$$I^z = U^+ I^z U = \frac{1}{\sqrt{2}}\begin{bmatrix} 1 & 1 \\ -1 & 1 \end{bmatrix}\frac{1}{2}\begin{bmatrix} 1 & 0 \\ 0 & -1 \end{bmatrix}\frac{1}{\sqrt{2}}\begin{bmatrix} 1 & -1 \\ 1 & 1 \end{bmatrix} = -\frac{1}{2}\begin{bmatrix} 0 & 1 \\ 1 & 0 \end{bmatrix} \quad (17.38)$$

第二:

$$\langle I^x\rangle_i = \psi_0^+ I^x \psi_0 = [C_0^* \ C_1^*]\cdot\frac{1}{2}\begin{bmatrix} 1 & 0 \\ 0 & -1 \end{bmatrix}\cdot\begin{bmatrix} C_0 \\ C_1 \end{bmatrix} = \frac{1}{2}(|C_0|^2 - |C_1|^2)$$

$$\langle I^y\rangle_i = \psi_0^+ I^y \psi_0 = [C_0^* \ C_1^*]\cdot\frac{1}{2}\begin{bmatrix} 0 & -\mathrm{i} \\ \mathrm{i} & 0 \end{bmatrix}\cdot\begin{bmatrix} C_0 \\ C_1 \end{bmatrix} = \frac{\mathrm{i}}{2}(C_0 C_1^* - C_0^* C_1)$$

$$\langle I^z\rangle_i = \psi_0^+ I^z \psi_0 = [C_0^* \ C_1^*]\cdot\frac{-1}{2}\begin{bmatrix} 0 & 1 \\ 1 & 0 \end{bmatrix}\cdot\begin{bmatrix} C_0 \\ C_1 \end{bmatrix} = -\frac{1}{2}(C_0 C_1^* + C_0^* C_1)$$

$$(17.39)$$

说明:"i"表示初始状态,我们这样表示波函数

$$\psi_0 = C_0|0\rangle + C_1|1\rangle = \begin{bmatrix} C_0 \\ C_1 \end{bmatrix}$$

$$\psi_0^+ = (C_0|0\rangle + C_1|1\rangle)^+ = \begin{bmatrix} C_0 \\ C_1 \end{bmatrix}^+ = [C_0^* \ C_1^*] \quad (17.40)$$

由(17.35)式

$$\left(C_0\cos\frac{\varphi}{2} + \mathrm{i}C_1\sin\frac{\varphi}{2}\right)|0\rangle + \left(C_1\cos\frac{\varphi}{2} + \mathrm{i}C_0\sin\frac{\varphi}{2}\right)|1\rangle$$

可得:$C'_0 = C_0\cos\frac{\varphi}{2} + \mathrm{i}\,C_1\sin\frac{\varphi}{2}$,$C'_1 = C_1\cos\frac{\varphi}{2} + \mathrm{i}\,C_0\sin\frac{\varphi}{2}$

由此可得量子系统附加相角后的旋转向量平均值 $\langle I^x\rangle_d$、$\langle I^y\rangle_d$、$\langle I^z\rangle_d$ 分别为

$$\langle I^x\rangle_d = \frac{1}{2}(|C_0'|^2 - |C_1'|^2)$$

$$= \frac{1}{2}\left(\left|C_0\cos\frac{\varphi}{2} + \mathrm{i}\,C_1\sin\frac{\varphi}{2}\right|^2 - \left|C_1\cos\frac{\varphi}{2} + \mathrm{i}C_0\sin\frac{\varphi}{2}\right|^2\right)$$

$$= \langle I^x\rangle_i\cos\varphi - \langle I^y\rangle_i\sin\varphi$$

$$\langle I^y\rangle_d = \frac{\mathrm{i}}{2}(C_0'\,C_1'^* - C_0'^*C_1')$$

$$= \frac{\mathrm{i}}{2}\left[\left(C_0\cos\frac{\varphi}{2} + \mathrm{i}\,C_1\sin\frac{\varphi}{2}\right)\left(C_1\cos\frac{\varphi}{2} + \mathrm{i}C_0\sin\frac{\varphi}{2}\right)^*\right.$$

$$\left. - \left(C_0\cos\frac{\varphi}{2} + \mathrm{i}C_1\sin\frac{\varphi}{2}\right)^*\left(C_1\cos\frac{\varphi}{2} + \mathrm{i}C_0\sin\frac{\varphi}{2}\right)\right]$$

$$= \langle I^y\rangle_i\cos\varphi + \langle I^x\rangle_i\sin\varphi$$

$$\langle I^z\rangle_d = -\frac{1}{2}(C_0'\,C_1'^* + C_0'^*C_1')$$

$$= -\frac{1}{2}\left[\left(C_0\cos\frac{\varphi}{2} + \mathrm{i}C_1\sin\frac{\varphi}{2}\right)\left(C_1\cos\frac{\varphi}{2} + \mathrm{i}C_0\sin\frac{\varphi}{2}\right)^*\right.$$

$$\left. + \left(C_0\cos\frac{\varphi}{2} + \mathrm{i}C_1\sin\frac{\varphi}{2}\right)^*\left(C_1\cos\frac{\varphi}{2} + \mathrm{i}C_0\sin\frac{\varphi}{2}\right)\right]$$

$$= \langle I^z\rangle_i \tag{17.41}$$

注:"d"表示量子系统附加相角位移后状态。

从(17.41)式显而易见,量子系统旋转向量 $\langle \boldsymbol{I}\rangle$ 在 $x\to y$ 平面相对初始状态转过一个角度 φ。

在对第一位量子字节附加一个相角位移 φ(见(17.35)式)后,波函数 ψ_1(见(17.34)式)转化为波函数 ψ_2:

$$\psi_2 = C_0|0_1'0_20_3\rangle + C_1|1_1'1_21_3\rangle = C_0|0_1'\rangle|0_20_3\rangle + C_1|1_1'\rangle|1_21_3\rangle$$

$$= C_0\left(|0_1\rangle\cos\frac{\varphi}{2} + \mathrm{i}|1_1\rangle\sin\frac{\varphi}{2}\right)|0_20_3\rangle + C_1\left(|1_1\rangle\cos\frac{\varphi}{2} + \mathrm{i}|0_1\rangle\sin\frac{\varphi}{2}\right)|1_21_3\rangle$$

$$= C_0\left(\cos\frac{\varphi}{2}|0_10_20_3\rangle + \mathrm{i}\sin\frac{\varphi}{2}|1_10_20_3\rangle\right) + C_1\left(\cos\frac{\varphi}{2}|1_11_21_3\rangle + \mathrm{i}\sin\frac{\varphi}{2}|0_11_21_3\rangle\right)$$

$$\tag{17.42}$$

类似地,如果我们对第二位量子字节附加一个相角位移 φ,我们会得到和(17.42)式比例相同的额外量子状态 $|0_11_20_3\rangle$ 和 $|1_10_21_3\rangle$。最后,如果我们对第三位量子字节附加一相角位移 φ,我们会得到和(17.42)式比例相同的额外量子状态 $|0_10_21_3\rangle$ 和 $|1_11_20_3\rangle$。

为实现纠错，我们对波函数 Ψ_2 应用算符 CN^x_{12} 和 CN^x_{13}。表 17.4 显示了附加相角位移后的波函数 Ψ_2 的所有可能包含量子状态的转换过程。

表 17.4　附加相角位移后的波函数 ψ_2 的所有可能包含量子状态

u_i	$\|0_10_20_3\rangle$	$\|0_10_21_3\rangle$	$\|0_11_20_3\rangle$	$\|0_11_21_3\rangle$	$\|1_00_20_3\rangle$	$\|1_00_21_3\rangle$	$\|1_11_20_3\rangle$	$\|1_11_21_3\rangle$
$CN^x_{12}u_i$	$\|0_10_20_3\rangle$	$\|0_10_21_3\rangle$	$\|0_11_20_3\rangle$	$\|0_11_21_3\rangle$	$\|1_11_20_3\rangle$	$\|1_11_21_3\rangle$	$\|1_00_20_3\rangle$	$\|1_00_21_3\rangle$
$CN^x_{13}CN^x_{12}u_i$	$\|0_10_20_3\rangle$	$\|0_10_21_3\rangle$	$\|0_11_20_3\rangle$	$\|0_11_21_3\rangle$	$\|1_00_20_3\rangle$	$\|1_11_20_3\rangle$	$\|1_10_20_3\rangle$	$\|1_00_20_3\rangle$

现在，我们测量第 2、3 位辅助量子字节旋转 x 向分量。如果测量结果给出 $I^x_2 = I^x_3 = -\dfrac{1}{2}$ 见 (17.30) 式。$|0\rangle^x$ 对应特征值 $I^x = 1/2$，$|1\rangle^x$ 对应特征值 $I^x = -1/2$) 时，应用"非门"($N^x_1 = |0_1\rangle\langle 1_1|^x + |1_1\rangle\langle 0_1|^x$) 作用于第一位量子字节，即当第 2、3 位辅助量子字节均处于激发态 $|1_21_3\rangle$ 时，第一位量子字节状态发生 $|0_1\rangle \leftrightarrow |1_1\rangle$ 转换。当测量结果给出：

$$(I^x_2, I^x_3) = \left(\frac{1}{2}, -\frac{1}{2}\right)、\left(-\frac{1}{2}, \frac{1}{2}\right)、\left(\frac{1}{2}, \frac{1}{2}\right) \tag{17.43}$$

时，不应当用"非门"。

结果是不论测量 (I^x_2, I^x_3) 给出何种结果，都可得到第一位量子字节未附加相角位移时的初始状态。

例如，当对第一位量子字节附加一个相角位移 φ 时，有

$$\psi_2 = C_0\left(\cos\frac{\varphi}{2}\,|0_10_20_3\rangle + \mathrm{i}\sin\frac{\varphi}{2}\,|1_10_20_3\rangle\right) + C_1\left(\cos\frac{\varphi}{2}\,|1_11_21_3\rangle + \mathrm{i}\sin\frac{\varphi}{2}\,|0_11_21_3\rangle\right)$$

这就是 (17.42) 式。应用算符 CN^x_{12} 和 CN^x_{13} 作用于 ψ_2 后得：

$$\psi_3 = C_0\left(\cos\frac{\varphi}{2}\,|0_10_20_3\rangle + \mathrm{i}\sin\frac{\varphi}{2}\,|1_11_21_3\rangle\right) + C_1\left(\cos\frac{\varphi}{2}\,|1_10_20_3\rangle + \mathrm{i}\sin\frac{\varphi}{2}\,|0_11_21_3\rangle\right) \tag{17.44}$$

测量第 2、3 位辅助量子字节状态，可得

(1) $I^x_2 = I^x_3 = \dfrac{1}{2}$，对应：$C_0\cos\dfrac{\varphi}{2}\,|0_10_20_3\rangle$ 和 $C_1\cos\dfrac{\varphi}{2}\,|1_10_20_3\rangle$

(2) $I^x_2 = I^x_3 = -\dfrac{1}{2}$，对应：

$$C_0\,\mathrm{i}\sin\frac{\varphi}{2}\,|1_11_21_3\rangle 和 C_1\,\mathrm{i}\sin\frac{\varphi}{2}\,|0_11_21_3\rangle \tag{17.45}$$

在第一种情况下，不应当用非门，第一个量子字节的波函数为

$$C_0\cos\frac{\varphi}{2}\,|0_1\rangle + C_1\mathrm{i}\cos\frac{\varphi}{2}\,|1_1\rangle \tag{17.46}$$

　　忽略不重要的公因子 $\cos\dfrac{\varphi}{2}$，(17.46)式重现了波函数 ψ_0 的初始状态：

$$\psi_0 = C_0\,|\,0_1\rangle + C_1\,|\,1_1\rangle$$

也就是(17.32)式。

　　在第二种情况下，应当用非门，第一个量子字节的波函数发生变化：

$$C_0\,\mathrm{i}\sin\dfrac{\varphi}{2}\,|\,1_1\rangle + C_1\,\mathrm{i}\sin\dfrac{\varphi}{2}\,|\,0_1\rangle \rightarrow C_0\,\mathrm{i}\sin\dfrac{\varphi}{2}\,|\,0_1\rangle + C_1\,\mathrm{i}\sin\dfrac{\varphi}{2}\,|\,1_1\rangle$$

$$(17.47)$$

　　忽略不重要的公因子 $\mathrm{i}\sin\dfrac{\varphi}{2}$，(17.47)式重现了波函数 ψ_0 的初始状态：

$$\psi_0 = C_0\,|\,0_1\rangle + C_1\,|\,1_1\rangle$$

　　综上所述，当采用三量子字节量子系统，即每位量子字节用三位量子字节编码，对这三位量子字节进行纠错，就可得到量子系统初始状态 ψ_0。

参 考 文 献

陈维桓. 2001. 微分流形初步(第二版). 北京:高等教育出版社

丛爽,东宁. 2005b. 量子力学系统与双线性系统可控性关系的对比研究. 量子电子学报

丛爽,郑毅松,姬北辰,戴谊. 2003a. 量子系统控制发展综述. 量子电子学报,20(1):1-9

丛爽,郑毅松. 2003b. 量子力学系统控制的基础及现状. 自动化博览,20(1):41-44

丛爽. 2004a. 量子力学系统控制中的薛定谔方程及其应用. 第23届中国控制会议论文集,8:88-93

丛爽. 2004b. 量子系统控制中状态模型的建立. 控制与决策. 19(10):1105-1108

丛爽. 2004c. 量子力学系统控制中研究的问题. 自动化博览,21(3):52-53

丛爽. 2005a. 量子力学系统控制导论. 北京:科学出版社

丛爽. 2006.相互作用的量子系统模型及其物理控制过程. 控制理论与应用

Dirac P A 著,陈咸亨译. 1979. 量子力学原理(The Principles of Quantum Mechanics). 北京:科学出版社

戴葵,宋辉,刘芸,谭明峰. 2001. 量子信息技术引论. 长沙:国防科技大学出版社

方可. 1987. 群论及其在物理和化学中的应用. 重庆:重庆大学出版社

李承祖,黄明球,陈平形,梁林梅. 2001. 量子通讯和量子计算. 长沙:国防科技大学出版社

潘根. 2002. 基础物理评述教程. 北京:科学出版社

石名俊,杜江峰,朱栋培,阮图南. 2000. 混合纠缠态的几何描述. 物理学报,49(10):1912-1918

项武义. 2000. 侯自新,孟道骥,李群讲义. 北京:北京大学出版社

曾谨言. 1997. 量子力学. 卷 I. 北京:科学出版社

张启仁. 2002. 量子力学. 北京:科学出版社

张晓龙,郭光灿,彭堃墀,谢常德. 1994. 量子非破坏测量. 物理学进展,14(2):173-187

张镇九,张昭理,李爱民. 2002. 量子计算与通信加密. 武汉:华中师范大学出版社

赵千川译. 2004. 量子计算和量子信息(一)——量子计算部分. 北京:清华大学出版社

Albertini F, D'Alessandro D. 2003. Notions of controllability for bilinear multilevel quantum systems. IEEE. Transations On Automatic Control,48(8) : 1399-1403

Albertini F. 2001. The lie algebra structure and nonlinear controllability of spin systems [DK]. eprint:quant-ph/ 0106115

Altafini Claudio. 2002. Controllability of quantum mechanical systems by root space decomposition of su(N). Journal of Mathematical Physics,43(5):2051-2062

Altafini Claudio. 2003. Controllability properties of finite dimensional quantum Markvian master equation. Journal of Mathematical Physics,44(6):2357-2372

Anandan J, Aharonov Y. 1990. Geometry of quantum evolutions. Phys Rev Lett, 65(14):1697 -1990

Ardeen C J B, Yakovlev V V, Wilson K R, Carpenter S D, Weber P M, Warren W S. 1997. Feedback quantum control of molecular electronic population trans. Chem. Phys Lett, 280 :151

Assion A, Baumert M Bergt, Brixner T, Kiefer B, Seyfried V, Strehle M, Gerber G. 1998. Molecular bond length control by phase shaped femtosecond laser pulses. Science, 282:919

Augusto Ferrante, Michele Pavon, Giorgio Raccanelli. 2002. Control of quantum systems using model-based feedback strategies. Fifteenth International Symposium on Mathematical Theory of Networks and Systems (MTNS), Indiana, USA,MA6:1-9

Barenco A, Bennett C H, Cleve R, DiVincenzo D P, Margolus N,Shor P, Sleator T, Smolin J, Weinfurter H.

Phys Rev A 1995, 52, 3457

Bennett C H. IBM J. 1973. Res Dev, 6, 525

Boothby W M, Wilson E N. 1979. Determination of transitivity of bilinear systems. SIAM J. Control Opt, vol 17:212-221

Boothby W M. 1982. Some comments on positive orthant controllability of bilinear systems. Siam J. Control and Optimization, 20(5): 634-644

Brockett R W. 1972. System theory on group manifolds and coset spaces. SIAM J Control, 10:265-284

Bruni C, DiPillom G, Koch G. 1974. Bilinear systems: an appealing class of nearly linear systems in theory and application. IEEE Transactions on Automatic Control. AC-19:334-348

Chi-Tsong Chen. 1999. Linear System Theory and Design. New York:Oxford University Press

Claudio A. 2002. Explicit Wei-Norman formula for matrix Lie groups. IEEE International Conference on Dicision and Control. 2714-2719

Clifford W K. 1879. Application of Grassman's extensive algebra,Am J Math,1:350

Dahleh M, Peirce A, Rabitz H A, Ramakrishna V. 1996. Control of molecular motion. Proc. IEEE, 84(1):7-15

DiVincenzo D P. 1995. Quantum Computation. Science, 270:255-261

Doherty A C, Doyle J, Mabuchi H;Jacobs K, Habib S. 2000a. Robust control in quantum domain. IEEE International Conference on Decision and Control. 1: 949-954

Doherty A C,Habib S,Jacobs K,Mabuchi H, Tan S M. 2000b. Quantum feedback control and classical control theory,Phys Rev A 62(1),012105

Doherty A C,Jacobs K. 1999a. Feedback-control of quantum systems using continuous stateestimation. Phys Rev A, p60,2700

Doherty A C,Jacobs K,Jungman. Gerard. 2000c. Information,disturbance and Hamiltonian quantum feedback control,Eprint:quant-ph/0006013

Doherty A C,Tan S M,Parkins A S,Walls D F. 1999b. State determination in continuous measurement. Phys Rev A, p60,21384

Ekert A, Knight P L. 1995. Entangled quantum systems and the Schmidt decomposition. Am. J Phys, 63(5): 415

Feynman R P. 1985. Quantum mechanical computers. Optics News,11:11-20

Fredkin E, Toffoli T. 1982. Int J Theor Phys. 21, 219

Gadiyar G H. 1994. Quantum Optimal Control Theory. arXiv:hep-th/9405061

Gauthier J P, Kupka I, Sallet G. 1984. Controllability of right invariant systems on real simple Lie groups. Syst Control Lett, 5: 187-190

Gennarly P Berman, Gary D, Doolen Ronnie Mainieri. 1998. Introduction to Quantum Computers. World Scientific Publishing, Singapore

Grivopoulos S, Bamieh B. 2002. Iterative algorithms for optimal control of quantum systems. Proceedings of the 41st IEEE Conference on Decision and Control Las Vegas, USA

Gross P, Neuhauser D, Rabitz H. 1993. Teaching lasers to control molecules in the presence of laboratory field uncertainty and measurement imprecision. J Chem Phys, 98:4557

Hilgert J, Hofmann K H, Lawson J. 1985. Controllability of Systems on a Nilpotent Lie group. Beitrage zur Algebra and Geimetrie,20: 185-190

Huang Garng M, Tarn T J. 1983. On the Controllability of Quantum-mechanical Systems. J Math Phys,

24(11): 2608-2618

Jesus Clemente-Gallardo, Fatima Silva Leite. 2003. Spin systems and minimal switching decompositions. IEEE International Proceeding on Physics and Control, 2003:855-860

Judson R S, Rabitz H. 1992. Teaching Lasers to Control Molecules. Phys Rev Lett, vol: 68:1500

Jurdjevic V, Quinn J P. 1978. Controllablity and stability. J Diff Equations. 28: 381-389

Khaneja N, Brockett R, Glaser S J. 2001. Time Optimal Control of Spin Systems. Physical Review A, 63, 032308:1-13

Khaneja N, Glaser S J, Brockett R. 2003. Sub-Riemannian geometry and optimal control of three spin systems. Physical Review A, 65, 032301

Khaneja N, Glaser S J. 2000. Cartan Decomposition of SU(2^n), Constructive Controllbility of Spin Systems and Universal Quantum Computing. arXiv-quant-ph0010100, 29th October

Khapalov A Y, Mohler R R. 1996. Reachable sets and controllability of bilinear time-invariant systems: a qualitative approach. IEEE Transactions On Automatic Control, 41(9): 1342-1346

Kim J, Lee J-S, Lee S. 2000. Implementing unitary operators in quantum computation. Phys Rev A, 61, 032312

Koditschek D E, Narendra K S. 1985. The controllability of planar bilinear systems. IEEE Transactions on Automatic Control, 1985, AC-30:87-89

Kosloff R, Rice S A, Gaspard P, Tersigni S, Tannor D J. 1989. Wavepacket Dancing: Achieving chemical selectivity by shaping light pulses. Chemical Physics, 1989, 139: 201-220

Lloyd S. 1997. Quantum controllers for quantum systems. quant-ph/9703042

Navin Khaneja, Roger Brockett, Steffen J Glaser. 2002. Time optimal control in spin systems. Phy Rev A, 63, 032308

Ong C K, Huang G M, Tarn T J, Clark J W. 1984. Invertibility of Quantum-Mechanical Control Systems. Mathematical Systems Theory, 1984, 17:335-350

Paolo Vettori. 2002. On the convergence of a feedback control strategy for multilevel quantum systems. In Fifteenth International Symposium on Mathematical Theory of Networks and Systems (MTNS), Indiana, USA, TUP4:1-10

Peirce A P, Dahleh M A. 1988. Optimal control of quantum-mechanical systems: Existence, numerical approximation and applications. Physical Review, 1988:6, 37(12):4950-4956

Phan M Q, Rabitz H. 1999. A self-guided algorithm for learning control of quantum-mechanical systems. J Chem Phys, 34:110

Rabitz H. 2000a. Algorithms for closed loop control of quantum dynamics. IEEE International Conference on Decision and Control, 937-941

Rabitz H, Vivie-Riedle R de. Motzkus K Kompa. 2000b. Whither the Future of Controlling Quantum Phenomena? Science, 288:824-828

Rachel Parker, Chris Doran. 2001. Analysis of 1 and 2 Particle Quantum Systems using Geometric Algebra. quant-ph/0106055

Ramakrishna V, Ober R J, Flores K, Rabitz H. 2000. Control of Coupled Two Spin System Without Hard Pulses, arXiv:Quant-ph/00121qv1 5 Dec

Schirmer S G. 2001. Quantum control using Lie group decompositions, Proceedingsof the 40th IEEE Conference on Decision and Control. Orlando, Florida USA, 298-303

Schirrmer S G, J V Leahy. 2001. Limits of control for quantum systems: kinematial bounds on the optimization of observables and the question of dynamical realizability. Phys Rev A,63,025403

Sachkov Y L. 1997a. Controllability of affine right-invariant syatems on solvable lie groups. Discrete Mathematics and Theoretical Computer Science. 1:239-246

Sachkov Y L. 1997b. Controllability of right-invariant syatems on solvable lie groups, J. Dynamical and Control Systems. 3(4): 531-564

Sachkov Y L. 2003. Controllability of invariant systems on lie groups and homogeneous space. At Trimester on Dynamical and Control Systems, SISSA-ICTP, Trieste

Schirmer S G, Solomon A I, Leahy J V. 2001. Degrees of controllability for quantum systems and application to atomic systems [DK]. Eprint:quant-ph/0108114

Shi S, Rabitz H. 1989. Selective excitation in harmonic molecular systems by optimally designed fields. Chemical Physics. 139:185-199

Sussmann H J,Jurdjevic V. 1972. Controllability of nonlinear systems.J. Diff.Equations.12:95-116

Tarn T J, Clark J W, Huang G M. 2000. Controllability of quantum mechanical systems with continuous spectra, IEEE International Conference on Decision and Control. 943-948

Umeda H, Fujimura Y. 2000. Quantum control of chemical reaction dynamics in a classical way. J Chem Phys. 113: 3510-3518

Viola L, Lloyd S. 1998. Decoherence control in quantum information processing: Simple models, EPrint arXiv: quant-ph/9809058

Magnus W. 1954. On the exponential solution of differential equations for linear operator. Comm Pure Appl Math 7,649-673

Warren W S, Rabitz H, Dahleh M. 1993a. Science 259, 1581

Warren W S, Rabitz H, Dahleh M. 1993b. Coherent Control of Quantum Dynamics: The Dream Is Alive, Science. 259(12):1581-1585

Wei J, Norman E. 1964. On global representations of the solutions of linear differential equations as a product of exponentials [J] Proc of the Amer Math Soc, 15:327-334

Wolf J A. 1967. Spaces of constant curvature. McGraw Hill,New York

Zhang Chuan-Wei, Li Chuan-Feng, Guo Guang-Can. 1999. General strategies for discrimination of quantum states. Physics Letters A, 261:25-29

Zhang Chuan-Wei, Li Chuan-Feng, Guo Guang-Can. 2000. Quantum clone and states estimation for n-state system. Physics Letters A, 271:31-34